中国基础研究竞争力报告2020

China's Basic Research Competitiveness Report 2020

中国科学院武汉文献情报中心
科技大数据湖北省重点实验室 ◎ 研发
中国产业智库大数据中心

钟永恒　王　辉　刘　佳　等 ◎ 著

科 学 出 版 社

北　京

内 容 简 介

本书基于国家自然科学基金、SCI 论文和发明专利的相关数据，构建基础研究竞争力指数，对我国的基础研究竞争力展开分析。本书主要内容分为三大部分：第一部分是基础研究竞争力整体评价报告；第二部分是中国省域基础研究竞争力报告，以省（自治区、直辖市）为研究对象，基于国家自然科学基金、SCI 论文和发明专利对我国省域的基础研究竞争力进行评价分析与排名；第三部分是中国大学与科研机构基础研究竞争力报告，以大学与科研机构为研究对象，分别从自然科学基金项目经费的项目类别及学科分布、SCI 论文的学科分布、ESI 学科分布介绍其具体情况。

本书适合科研机构、科研人员、科技管理部门和管理者、科技服务部门阅读和参考。

图书在版编目（CIP）数据

中国基础研究竞争力报告. 2020／钟永恒等著. —北京：科学出版社，2021.1

ISBN 978-7-03-066568-3

Ⅰ. ①中… Ⅱ. ①钟… Ⅲ. ①基础研究-竞争力-研究报告-中国-2020 Ⅳ. ①G322

中国版本图书馆 CIP 数据核字（2020）第 207880 号

责任编辑：张 莉／责任校对：贾伟娟

责任印制：徐晓晨／封面设计：有道文化

科学出版社出版

北京东黄城根北街 16 号

邮政编码：100717

http://www.sciencep.com

北京九州迅驰传媒文化有限公司 印刷

科学出版社发行 各地新华书店经销

*

2021 年 1 月第 一 版 开本：787×1092 1/16

2021 年 3 月第二次印刷 印张：20 1/2

字数：465 000

定价：98.00 元

（如有印装质量问题，我社负责调换）

《中国基础研究竞争力报告2020》研究组

组　　长　钟永恒

副 组 长　王　辉　刘　佳

成　　员　（按姓氏拼音顺序排列）

江玲玲　李晓妍　李贞贞　刘　佳

孙　源　王　辉　勇美菁　赵展一

钟永恒

研发单位　中国科学院武汉文献情报中心

科技大数据湖北省重点实验室

中国产业智库大数据中心

前 言

基础科学研究指从事自然和社会规律、逻辑及现象等问题研究的活动，简称基础研究，是科技创新的源头。从全球科学技术发展态势看，科技竞争日益向基础研究竞争前移。科技强国首先是基础研究强国，是持续重视的基础研究政策导向、长期稳定的基础研究投入、长期有效的原创性成果积累的结果。加强基础研究是提高我国原始性创新能力、积累智力资本的重要途径，是跻身世界科技强国的必要条件，是建设创新型国家的根本动力和源泉。

2018 年以来，国务院印发《关于全面加强基础科学研究的若干意见》《关于优化科研管理提升科研绩效若干措施的通知》等文件，中共中央办公厅、国务院办公厅印发《关于深化项目评审、人才评价、机构评估改革的意见》《关于进一步弘扬科学家精神加强作风和学风建设的意见》等文件，都提出了优化科研环境，提升基础研究能力和水平的具体改革举措。

2020 年 9 月 11 日，习近平在科学家座谈会上的讲话中指出：当今世界正经历百年未有之大变局，我国发展面临的国内外环境发生深刻复杂变化，我国“十四五”时期以及更长时期的发展对加快科技创新提出了更为迫切的要求。现在，我国经济社会发展和民生改善比过去任何时候都更加需要科学技术解决方案，都更加需要增强创新这个第一动力。同时，在激烈的国际竞争面前，在单边主义、保护主义上升的大背景下，我们必须走适合国情的创新路子，特别是要把原始创新能力提升摆在更加突出的位置，努力实现更多“从 0 到 1”的突破。持之以恒加强基础研究。基础研究是科技创新的源头。我国基础研究虽然取得显著进步，但同国际先进水平的差距还是明显的。我国面临的很多“卡脖子”技术问题，根子是基础理论研究跟不上，源头和底层的东西没有搞清楚。基础研究一方面要遵循科学发现自身规律，以探索世界奥秘的好奇心来驱动，鼓励自由探索和充分的交流辩论；另一方面要通过重大科技问题带动，在重大应用研究中抽象出理论问题，进而探索科学规律，使基础研究和应用研究相互促进。要明确我国基础研究领域方向和发展目标，久久为功，持续不断坚持下去。要加大基础研究投入，首先是国家财政要加大投入力度，同时要引导企业和金融机构以适当形式加大支持，鼓励社会以捐赠和建立基金等方式多渠道投入，扩大资金来源，形成持续稳定投入机制。对开展基础研究有成效的科研单位和企业，要在财政、金融、税收等方面给予必要政策支持。要创造有利于基础研究的良好科研生态，建立健全科学评价体系、激励机制，鼓励广大科研人员解放思想、大胆创新，让科学家潜心搞研究。要办好一流学术期刊和各类学术平台，加强国内国际学术交流。[①]

“十三五”时期，我国基础研究工作取得了显著的成绩，基础研究投入持续增长，从2011年的411.8亿元增至2019年的1209亿元，科技论文数量持续快速增长，干细胞、纳米、蛋白质、合成生物学、病原学、全球变化及应对、量子信息、量子计算、脑科学等学科取得了重大突破。我国基础研究稳步发展，重大原创突破如“星星之火”正在蓄积“燎原之势”，但距离基础研究强国目标仍有很大差距。因此，持续跟踪先进国家基础研究发展态势，准确研判我国基础研究竞争力，科学筹划基础研究发展，对于打造科技核心竞争力、构筑先发优势、蓄积长远发展原动力，具有重要战略意义。

为了支撑科技创新，中国科学院武汉文献情报中心中国产业智库大数据中心（citt100.whlib.ac.cn）、科技大数据湖北省重点实验室长期跟踪监测世界发达国家和地区及我国各级政府科技创新、基础研究的发展态势、政策规划、投入产出等数据信息，建成了基础研究大数据体系和知识服务系统，通过大数据分析和可视化呈现，反映先进国家基础研究发展轨迹，总结基础研究发展规律；客观评价中国各地区各机构基础研究综合竞争力，凝练各地区基础研究优势学科方向和重点研究机构，辅助基础研究管理工作与政策制定。

《中国基础研究竞争力报告2020》作为中国科学院武汉文献情报中心中国产业智库大数据中心、科技大数据湖北省重点实验室持续发布的年度报告，基于国家自然科学基金、SCI论文和发明专利的相关数据，构建基础研究竞争力指数，对我国的基础研究竞争力展开分析研究。本书主要内容分为三大部分：第一部分是基础研究竞争力整体评价报告，主要从基础研究投入和基础研究产出两方面展开，并对其基本数据进行分析及可视化展示；第二部分是中国省域基础研究竞争力报告，以省（自治区、直辖市）为研究对象，基于国家自然科学基金、SCI论文和发明专利对我国省域基础研究竞争力进行评价分析与排名，分析我国各省（自治区、直辖市）的基础研究竞争力情况，然后以省（自治区、直辖市）为单元，分别从自然科学基金项目经费的项目类别及学科分布、SCI论文的机构分布、ESI学科分布介绍其具体情况，帮助各省（自治区、直辖市）了解其基础研究的现状；第三部分是中国大学与科研机构基础研究竞争力报告，以大学与科研机构为研究对象，基于国家自然科学基金、SCI论文和发明专利对我国大学与科研机构的基础研究竞争力进行评价分析与排名，然后以大学与科研机构为单元，分别从自然科学基金项目经费的项目类别及学科分布、SCI论文的学科分布、ESI学科分布介绍其具体情况，帮助各机构了解其基础研究的现状。

本书的完成得到了湖北省科学技术厅杜耘副厅长、周德文副厅长，湖北省科学技术厅基础研究处吴骏处长、郭嵩副处长，高新技术处王东梅处长，战略规划处张镧处长，中国科学院武汉分院袁志明院长、李海波书记，中国科学院武汉文献情报中心张智雄主任、陈丹书记，科学出版社科学人文分社侯俊琳社长、张莉副编审，以及众多专家的指导和支持；也得到了湖北省科技创新“十四五”规划编制研究专题项目——湖北省“十四五”基础研究重点领域和重大部署研究的资助，得到中国科学院武汉文献情报中心“一三五”择优支持项目——中国基础研究竞争力分析的资助，在此一并表示衷心的感谢。

① 新华网. 习近平：在科学家座谈会上的讲话[EB/OL].［2020-09-11］. http://www.xinhuanet.com/politics/leaders/2020-09/11/c_1126483997.htm.

基础研究涉及领域、学科众多，具有创新性和前瞻性，由于本书作者专业和水平所限，对诸多问题理解难免不尽完善，如有不妥之处，希望各位专家和读者提出宝贵意见和建议，以便进一步修改和完善。

中国科学院武汉文献情报中心
科技大数据湖北省重点实验室　钟永恒
中国产业智库大数据中心

2020 年 10 月于武汉小洪山

目　录

图目录

表目录

第1章 导 论

基础研究是指以认识自然现象与自然规律为直接目的，而不是以社会实用为直接目的的研究，其成果多具有理论性，需要通过应用研究的环节才能转化为现实生产力。基础研究具有独创性、非共识性、可转化性、探索性、不确定性、长期性、极度超前性等特点。基础研究是人类文明进步的动力、科技进步的先导、人才培养的摇篮。随着知识经济的迅速崛起，综合国力竞争的前沿已从技术开发拓展到基础研究。基础研究既是知识生产的主要源泉和科技发展的先导与动力，也是一个国家和地区科技发展水平的标志，代表着国家和地区的科技实力。

1.1 研究目的与意义

中美贸易摩擦让我们看清了一个事实：现阶段很多企业的命运其实不掌握在自己手上，不少产业发展仍然受制于“卡脖子”的国外核心技术，即便国内市场规模巨大的通信和互联网产业也是如此。究其原因，是我国的科技创新仍然有不少短板，尤其是基础研究与发达国家和地区相比仍然存在不小差距。在中美贸易摩擦升级、华为公司遭受明显不公正打压的当下，华为公司创始人兼首席执行官任正非对国家基础研究的焦虑愈加强烈。任正非认为：“新技术的生命周期太短了，如果不进入基础研究，就会落后于时代。一个公司不做基础研究，就会变成一个代工厂；没有基础技术研究的深度，就没有系统集成的高水准，不搞基础研究，就不可能创造机会、引导消费；芯片光砸钱不行，要砸数学家、物理学家等；我们（华为公司）将持续加强研究基础理论和基础技术创新的投资，引领产业发展方向，为人类社会及产业界做贡献。可以进一步完善研究创新的投资决策流程，但要考虑研究创新的特点，给予研究团队试错的空间，不能管得太死。”[1, 2]

重视和发展基础研究是提高国家原始创新能力和国际科技竞争力的重要前提，是建设创新型国家的动力源泉，也是跻身世界科技强国的必要条件。纵观世界主要科技强国及创新型国家，都长期重视基础研究，在战略部署上强化将基础研究作为创新基础，并且拥有强大的基础研究实力[3]。美国政府分别于 2009 年、2011 年、2015 年连续发布三版《美国创新战略》，均高度重视基础研究，加大基础研究投入，实现美国国家科学基金会、美国国家标准与技术研究院、能源部科学办公室三大基础研究机构的预算增加 1 倍[4]。欧盟“地平线 2020”（*Horizon 2020*）计划的战略优先领域之一就是基础研究，作为其后续计划的“地平线欧洲”（*Horizon Europe*，2021—2027）计划，又将基础研究作为三大重点关注领域之一[5, 6]。日本内阁在 2016 年颁布了《第五期科学技术基本计划（2016—2020）》，重点论述了加强基础研究对日本发展的重要性[7]。韩国在 2018 年先后发布了《第四期科学技术基本计划（2018—2022）》等计划，确立了“以研究者为中心”而非“以课题为中心”的支持体系，加大对基础研究的投入力度[8, 9]。俄罗斯进入 21 世纪以后开始重新审视其基础研究发展战略，制订了许多发展计划，包括 2012 年发布的《2013—2020 年俄罗斯国家科技发展计划》《2013—2020 年俄罗斯基础研究长期计划》《2013—2020 俄罗斯国家级科学院发展计划》等，强化对基础研究发展的宏观统筹，目标是重返世界基础研究大国行列[10]。

近年来，我国对基础研究的重视程度逐步提高，加强投入力度。支持基础研究的政策措施逐步出台，明确支持量子科学、脑科学、纳米科学、干细胞、合成生物学、发育编程、全球变化及应对、蛋白质机器、大科学装置前沿研究等基础研究重点领域原创方向，同时，对数学、物理学等基础学科进行倾斜性支持。在创新平台建设方面，一方面，优化国家重点实验室建设的学科领域布局和建设模式；另一方面，促进新型研发机构发展，提升国家创新体系整体效能。在管理体制方面，完善符合基础研究规律的分类评价体系，营造有利于基础研究发展的创新环境。

经过多年发展，我国的基础科学研究取得长足进步，整体水平显著提高，国际影响力日益提升，支撑引领经济社会发展的作用不断增强。但与建设世界科技强国的要求相比，我国基础科学研究的短板依然突出，数学等基础学科仍是最薄弱的环节，重大原创性成果缺乏，基础研究投入不足、结构不合理，顶尖人才和团队匮乏，评价激励制度亟待完善，企业重视不够，全社会支持基础研究的环境需要进一步优化。

中国基础研究竞争力的评价及其评价策略研究受到学术界、管理界、企业界的持续关注。《中国基础研究竞争力报告》的价值主要体现在以下三个方面。

一是长期跟踪国内外基础研究的发展态势、政策规划、投入产出等数据信息，建立起一套基础研究数据资源的标准管理系统，持续跟踪监测世界发达国家和地区及我国各级政府基础研究各项指标进展情况，形成基础研究大数据体系，通过大数据分析和可视化分析呈现，反映各地区基础研究发展轨迹，总结基础研究发展规律。

二是客观评价中国各地区基础研究综合竞争力，通过数据分析挖掘，凝练各地区基础研究优势学科方向和重点研究机构，辅助基础研究管理工作与政策制定。

三是为相关政府部门、相关大学与科研机构判断自身基础研究发展状况、制定政策和措施提供参考。

1.2 研究内容

1.2.1 基础研究竞争力的内涵

基础研究竞争力研究主要是从基础研究投入、基础研究队伍与基地建设、基础研究产出这三个角度展开。基础研究投入包括基础研究投入总经费和国家自然科学基金、国家科技重大专项、国家重点研发计划、技术创新引导专项（基金）、基地人才专项五类国家科技计划。基础研究队伍与基地建设包括基础研究队伍建设和基础研究基地建设：基础研究队伍建设包括从事基础研究的人员、高水平学者等；基础研究基地建设包括国家重点实验室、重大科技基础设施等。基础研究产出包括学术论文、专利、专著和奖励等。2018 年，国务院印发的《关于全面加强基础科学研究的若干意见》，明确要“发挥国家自然科学基金支持源头创新的重要作用，更加聚焦基础学科和前沿探索，支持人才和团队建设。加强国家科技重大专项与国家其他重大项目和重大工程的衔接，推动基础研究成果共享，发挥好基础研究的基石作用。拓展实施国家重大科技项目，推动对其他重大基础前沿和战略必争领域的前瞻部署。加快实施国家重点研发计划，聚焦国家重大战略任务，进一步加强基础研究前瞻部署，从基础前沿、重大关键共性技术到应用示范进行全链条创新设计、一体化组织实施。健全技术创新引导专项（基金）运行机制，引导地方、企业和社会力量加大对基础研究的支持。优化基地和人才专项布局，加快基础研究创新基地建设和能力提升，促进科技资源开放共享。”[11]2020 年 3 月，科技部制定了《加强“从 0 到 1”基础研究工作方案》，对整个基础研究进行了系统安排，从优化原始创新环境、强化国家科技计划项目的原创导向、加强基础研究人才培养、创新科学研究方法和手段、提升企业的自主创新能力等方面进行了具体的部署[12]。上述政策的实施，将有力推动我国基础研究的高质量发展。

我们认为，基础研究竞争力主要是涉及基础研究的资源投入与成果产出的能力，具体包括基础研究的科研经费投入、项目数量、队伍情况、基地数量、产出成果等方面的综合能力。本书主要从国家自然科学基金、学术论文和发明专利的角度研究基础研究竞争力，包括表征人才实力与基础研究资源投入的国家自然科学基金指标、表征基础研究学术产出与影响力的 SCI 论文、发明专利等指标，具体而言，从国家自然科学基金的项目数量、经费数量、获批机构数量、项目主持人数量，以及发表的 SCI 论文数、SCI 论文被引频次、发明专利申请量等方面分析基础研究竞争力。

1.2.2 国家自然科学基金的内涵

1986 年，为推动我国科技体制改革，变革科研经费拨款方式，国务院设立了国家自然科学基金（National Natural Science Foundation of China，NSFC），这是我国实施科教兴国和人才强国战略的一项重要举措。作为我国支持基础研究的主要渠道之一，国家自然科学基金有力地促进了我国基础研究持续、稳定和协调发展，已经成为我国国家创新体系的重要组成部分。国家自然科学基金坚持支持基础研究，主要分为八大学部，即数理科学部、化学科学部、生命科学部、地球科学部、工程与材料科学部、信息科学部、管理科学部、医学科学部，与国家自然科学基金委员会下设的8个科学部相对应。同时，国家自然科学基金已形成了由探索、人才、工具、融合四大系列组成的资助格局。探索系列主要包括面上项目、重点项目、国际（地区）合作研究项目等；人才系列主要包括青年科学基金项目、优秀青年科学基金项目、国家杰出青年科学基金项目、创新研究群体科学基金项目、地区科学基金项目等；工具系列主要包括国家重大科研仪器研制项目等；融合系列主要包括重大项目、重大研究计划项目、联合基金项目、基础科学中心项目等[13]。

2019年，国家自然科学基金委员会坚持以习近平新时代中国特色社会主义思想为指导，在构建新时代国家自然科学基金体系总体目标的指引下，确立了三大改革任务：明确基于四类科学问题属性的资助导向，建立“负责人、讲信誉、计贡献”的智能辅助分类评审机制，构建源于知识体系逻辑结构、促进知识和应用融通的学科布局[14]。

2019年，国家自然科学基金的投入达到289.1亿元，成为基础研究的主要资助渠道之一。同时，科学基金不断探索科技管理改革，创新资助管理机制，完善同行评议体系，提升资助管理水平。通过长期持续支持，推动学科均衡协调可持续发展，培育和稳定了高水平人才队伍，涌现了一批有国际影响的重大成果。同时，由于其评审过程与经费管理体现了公开、公正、公平，在科技界获得了崇高的声誉，被科研人员公认为国内最规范、最公正、最能反映研究者竞争能力的研究基金。获得国家自然科学基金资助的竞争能力已经成为衡量全国各地区和科研机构基础研究水平的一项重要指标，并在实际科研评价中得到应用。

1.2.3 学术论文和发明专利的内涵

学术论文是对某个科学领域中的学术问题进行研究后表述科学研究成果的理论文章，具有学术性、科学性、创造性、学理性。学术论文是某一学术课题在实验性、理论性或观测性上具有新的科学研究成果或创新见解和知识的科学记录；或是某种已知原理应用于实际中取得新进展的科学总结，用以提供学术会议上宣读、交流或讨论；或在学术刊物上发表；或作其他用途的书面文件。

SCI论文是指美国科学引文索引（Science Citation Index，SCI）收录的论文。科学引文索引是由美国科学信息研究所（ISI）1961年创办出版的引文数据库，是国际公认的进行科学统计与科学评价的主要检索工具之一。科学引文索引以其独特的引证途径和综合全面的科学数据，通过统计大量的引文，然后得出某期刊、某论文在某学科内的影响因子、被引频次、即时指数等量化指标来对期刊、论文等进行分析与排行。被引频次高，说明该论文在它所研究的领域里产生了巨大的影响，被国际同行重视，学术水平高。由于基础研究的学术产出主要表现形式之一是学术论文，而SCI收录的论文主要选自自然科学的基础研究领域，所以SCI指标常被应用于评价基础研究的成果产出及其影响力。本书采用2个SCI论文指标：2019年SCI论文数量、2019年SCI论文总被引数量。

专利，从字面上是指专有的权利和利益。专利是由国家专利主管机关（国家知识产权局）授予申请人在一定期限内对其发明创造所享有的独占实施的专有权。在现代，专利一般是由政府机关或者代表若干国家的区域性组织根据申请而颁发的一种文件，这种文件记载了发明创造的内容，并且在一定时期内产生这样一种法律状态，即获得专利的发明创造在一般情况下他人只有经专利权人许可才能予以实施。中国专利法规定可以获得专利保护的发明创造有发明、实用新型和外观设计三种，其中发明专利是最主要的一种。

《中华人民共和国专利法》第二条第二款对发明的定义是："发明是指对产品、方法或者其改进所提出的新的技术方案。"发明专利并不要求它是经过实践证明可以直接应用于工业生产的技术成果，它可以是一项解决技术问题的方案或是一种构思，具有在工业上应用的可能性，但这也不能将这种技术方案或构思与单纯地提出课题、设想相混同，因单纯的课题、设想不具备工业上应用的可能性。发明专利是测度一定时期内基础研究支撑科技创新能力的重要指标。本书选用 1 个专利指标，即 2019 年在华发明专利申请量。

1.2.4 基本科学指标评价的内涵

基本科学指标（Essential Science Indicate，ESI）是衡量科学研究绩效、跟踪科学发展趋势的评价工具。ESI 对全球所有研究机构在近 11 年被科学引文索引数据库（Science Citation Index Expanded，SCIE）和社会科学引文索引数据库（Social Sciences Citation Index，SSCI）收录的文献类型为 article 或 review 的论文进行统计，按总被引频次高低确定衡量研究绩效的阈值，每隔两月发布各学科世界排名前 1%的研究机构榜单。被 SCIE、SSCI 收录的每种期刊对应一个学科，其中综合类期刊中的部分论文对应到其他学科[15]。

ESI 评价通常应用于：①分析评价科学家、期刊、研究机构以及国家或地区在 22 个学科中的排名情况；②评价发现学科的研究热点和前沿研究成果；③评价高校的优势学科、提升潜势学科，以及学术竞争力的评价分析，为学科建设规划提供决策依据；④通过分析学科领域的热点论文，把握研究前沿；⑤分析某一学科的高被引论文及机构，寻求科研合作伙伴和调整科研研究方向；⑥评价某一学科在世界范围内的影响与竞争情况[16]。本书主要统计各区域入围 ESI 全球前 1%的机构及其机构排名、各机构入围 ESI 全球前 1%的学科及其学科排名。

1.2.5 本书的框架结构

本书基于国家自然科学基金、SCI 论文和发明专利的相关数据，构建基础研究竞争力指数，对我国的基础研究竞争力展开分析。本书主要内容分为三大部分：第一部分是基础研究竞争力整体评价报告。本部分从基础研究投入和基础研究产出的两方面展开，并对其基本数据进行分析及可视化展示。第二部分是中国省域基础研究竞争力报告。本部分以各省级行政单元（包括自治区、直辖市，以下简称各地区）为研究对象，基于国家自然科学基金、SCI 论文和发明专利对我国省域的基础研究竞争力进行评价分析与排名，分析我国各地区的基础研究竞争力情况；然后分别从自然科学基金项目经费的项目类别及学科分布、SCI 论文的机构分布、ESI 学科分布介绍具体情况，揭示各地区基础研究的现状。第三部分是中国大学与科研机构基础研究竞争力报告。本部分以大学与科研机构为研究对象，基于国家自然科学基金、SCI 论文和发明专利对我国大学与科研机构的基础研究竞争力进行评价分析与排名；然后以大学与科研机构为单元，分别从自然科学基金项目经费的项目类别及学科分布、SCI 论文的学科分布、ESI 学科分布介绍其具体情况，帮助各机构了解其基础研究的现状。

1.3 研究方法

本报告采用基于国家自然科学基金、SCI 论文、发明专利的基础研究竞争力指数方法对中国基础研究竞争力进行总体分析、省域分析、机构分析，形成中国基础研究竞争力总报告、中国省域基础研究竞争力报告和中国大学与科研机构基础研究竞争力报告。

《中国基础研究竞争力报告 2018》的研究方法主要是构建了基于国家自然科学基金的基础研究竞争力指数[17]，对基于国家自然科学基金为基础的人力资源和科技资源、基于论文和专利的学术产出与影响力进行分析，而对各省（自治区、直辖市）整体的科技财政经费投入、创新平台建设、人才队伍规模没有涉及。《中国基础研究竞争力报告 2019》在《中国基础研究竞争力报告 2018》研究方法的基础上，增加了各省（自治区、直辖市）科技财政经费投入、创新平台建设、人才队伍规模等维度的横向比较，从各省（自治区、直辖市）宏观上反映科技投入。

《中国基础研究竞争力报告 2020》沿用了《中国基础研究竞争力报告 2018》的基础研究竞争力指数（Basic Research Competitive Index，BRCI），包括国家自然科学基金、SCI 论文、发明专利三大类指标，不仅仅揭示了以国家自然科学基金为指标的基础研究人力资源与科技资源投入问题，也反映了以 SCI 论文、发明专利为指标的基础研究学术产出与影响力问题。具体而言，是从国家自然科学基金的项目数量、经费数量、获批机构数量、项目主持人数量，以及发表的 SCI 论文数、SCI 论文被引频次、发明专利申请量等方面分析基础研究竞争力，形成了针对区域（适用于所选行政区域，可以是省级、地市级等，本书以省级为分析单元）的中国区域基础研究竞争力指数和针对机构（适用于所选机构，本书以大学与科研院所为分析单元）的中国大学与研究机构基础研究竞争力指数，具体公式如下：

中国省域基础研究竞争力指数计算方法如下。

$$BRCI_{\text{某地区-某年}} = \sqrt[7]{\frac{A_i}{\overline{A}} \times \frac{B_i}{\overline{B}} \times \frac{C_i}{\overline{C}} \times \frac{D_i}{\overline{D}} \times \frac{E_i}{\overline{E}} \times \frac{F_i}{\overline{F}} \times \frac{G_i}{\overline{G}}}$$

式中，A_i表示某年某地区国家自然科学基金项目数量，$\overline{A}$表示某年 31 个地区国家自然科学基金项目平均数量；B_i表示某年某地区国家自然科学基金经费数量，$\overline{B}$表示某年 31 个地区国家自然科学基金经费平均数量；C_i 表示某年某地区国家自然科学基金项目申请机构数量，$\overline{C}$表示某年 31 个地区国家自然科学基金项目申请机构平均数量；D_i表示某年某地区国家自然科学基金主持人数量，$\overline{D}$表示某年 31 个地区国家自然科学基金主持人平均数量；E_i表示某年某地区发表的 SCI 论文数量，$\overline{E}$表示某年 31 个地区发表的 SCI 论文平均数量；F_i表示某年某地区 SCI 论文被引频次，$\overline{F}$表示某年 31 个地区 SCI 论文平均被引频次；G_i表示某年某地区发明专利申请量，$\overline{G}$表示某年 31 个地区平均发明专利申请量。

中国大学与研究机构基础研究竞争力指数计算方法如下：

$$BRCI_{某机构-某年}=\sqrt[6]{\frac{A_i}{\overline{A}}\times\frac{B_i}{\overline{B}}\times\frac{C_i}{\overline{C}}\times\frac{D_i}{\overline{D}}\times\frac{E_i}{\overline{E}}\times\frac{F_i}{\overline{F}}}$$

式中，A_i 表示某年某机构国家自然科学基金项目数量，$\overline{A}$ 表示某年所有机构国家自然科学基金项目平均数量；B_i 表示某年某机构国家自然科学基金经费数量，$\overline{B}$ 表示某年所有机构国家自然科学基金经费平均数量；C_i 表示某年某机构国家自然科学基金主持人数量，$\overline{C}$ 表示某年所有机构国家自然科学基金主持人平均数量；D_i 表示某年某机构发表的 SCI 论文数量，$\overline{D}$ 表示某年所有机构发表的 SCI 论文平均数量；E_i 表示某年某机构 SCI 论文被引频次，$\overline{E}$ 表示某年所有机构 SCI 论文平均被引频次；F_i 表示某年某机构发明专利申请量，$\overline{F}$ 表示某年所有机构发明专利平均申请量。

部分机构的 SCI 论文数量或发明专利申请量可能为 0，这将导致某机构某年的基础研究竞争力指数为 0。为了解决这种问题，本报告采用拉普拉斯平滑方法[18]，在计算中国省域基础研究竞争力指数或中国大学与研究机构基础研究竞争力指数时，将 0 值替换为较小值（0.01）进行计算。

国家自然科学基金委员会于 2019 年度面向香港特别行政区和澳门特别行政区依托单位科学技术人员，试点开放国家自然科学基金优秀青年科学基金项目（港澳）申请。香港大学、香港中文大学、香港科技大学、香港理工大学、香港城市大学、香港浸会大学、澳门大学、澳门科技大学 8 所大学已注册为国家自然科学基金依托单位，国家自然科学基金委员会只接受上述依托单位提交的项目申请[19]。2019 年以前，国家自然科学基金只接受依托单位为中国大陆地区的项目申请。所以，本书中国省域基础研究竞争力指数、中国大学与研究机构基础研究竞争力指数的计算中，国家自然科学基金项目数量、国家自然科学基金经费数量、国家自然科学基金项目申请机构数量、国家自然科学基金主持人数量、SCI 论文数量、SCI 论文平均被引频次、发明专利申请量等只统计中国大陆地区的数据。

1.4 数据来源与采集分析

本书原始数据有国家自然科学基金数据、SCI 论文数据、基本科学指标、发明专利数据、科学技术财政经费投入、创新平台、科技奖励、人才队伍相关数据，其中国家自然科学基金数据来自国家自然科学基金网络信息系统（ISIS 系统），SCI 论文数据来自科睿唯安旗下的 Web of Science 核心合集数据库，ESI 数据来自科睿唯安旗下的 ESI 指标数据库，发明专利数据来自中外专利数据库服务平台（CNIPR），科学技术财政经费投入来自各地区财政厅，创新平台数据来自各地区科技厅，科技奖励数据来自科技部，人才队伍数据来自中国科学院、中国工程院、科技部、国家自然科学基金委员会等。其中，国家科学技术奖励数包括国家技术发明奖、国家科学技术进步奖、国家自然科学奖和国家最高科学技术奖，不包括国际科学技术合作奖。数据获取时间为 2020 年 3 月 15 日～4 月 30 日。数据经中国产业智库大数据平台（citt100.whlib.ac.cn）采集、清洗、整理和集成分析。

参 考 文 献

[1] 任正非.发展芯片，光砸钱不行，还要砸人[EB/OL].[2018-05-28]. http://www.asiafinance.cn/jmnc/126852.jhtml?from=timeline.

[2] 任正非.不懂战略退却的人，就不会战略进攻[EB/OL].[2018-05-28].http://finance.sina.com.cn/roll/2019-05-23/doc-ihvhiqay0749232.shtml.

[3] 陈云伟，曹玲静，张志强，等. 科技强国面向未来的科技战略布局特点分析[J]. 世界科技研究与发展，2020，42（1）：5-37.

[4] 袁永，张宏丽，李妃养. 奥巴马政府三版《美国创新战略》研究[J]. 决策咨询，2017，1：30-34.

[5] 中国－欧盟科技合作促进办公室. 欧盟“地平线 2020”计划（*Horizon 2020*）[EB/OL].[2014-07-01]. http://www.dragon-star.eu/wp-content/uploads/2014/09/CECO-Horizon-2020-Brochure-CN.pdf.

[6] European Commission. Horizon Europe—the next research and innovation framework programme[EB/OL].[2018-05-02]. https://ec.europa.eu/info/horizon-europe-next-research-and-innovation-framework-programme_en.

[7] 日本内阁府. 科学技术基本计划[EB/OL].[2016-01-22]. https://www8.cao.go.jp/cstp/kihonkeikaku/index5.html.

[8] 叶京. 韩国公布推进 2019 年度基础研究项目的实施计划[EB/OL].[2019-01-11]. http://www.casisd.cn/zkcg/ydkb/kjzcyzxkb/kjzczxkb2019/kjzczxkb201901/201901/t20190111_5228105.html.

[9] 郭滕达. 韩国第四期科学技术基本计划及其政策启示[J]. 世界科技研究与发展，2018，40（4）：85-92.

[10] 张丽娟，袁珩. 俄罗斯政府基础研究投入、布局和主要发展措施[J]. 世界科技研究与发展，2018，40（6）：51-61.

[11] 中华人民共和国中央人民政府. 国务院关于全面加强基础科学研究的若干意见[EB/OL].[2018-05-28]. http://www.gov.cn/zhengce/content/2018-01/31/content_5262539.htm.

[12] 中华人民共和国科技部. 科技部 发展改革委 教育部 中科院 自然科学基金委关于印发《加强“从 0 到 1”基础研究工作方案》的通知[EB/OL].[2020-04-20]. http://www.111zw.cn/mostinfo/xinxifenlei/fgzc/gfxwj/gfxwj2020/202003/t20200303_152074.htm.

[13] 国家自然科学基金委员会. 国家自然科学基金“十三五”发展规划[EB/OL].[2018-04-20]. http://www.nsfc.gov.cn/nsfc/cen/bzgh_135/01.html.

[14] 国家自然科学基金委员会. 2019 年度国家自然科学基金改革举措[EB/OL].[2019-01-01]. http://www.nsfc.gov.cn/nsfc/cen/xmzn/2019xmzn/ggjc.html.

[15] 管翠中，范爱红，贺维平，等. 学术机构入围 FSI 前 1%学科时间的曲线拟合预测方法研究——以清华大学为例[J]. 图书情报工作，2016，22：88-93.

[16] 颜惠，黄创. ESI 评价工具及其改进漫谈[J]. 情报理论与实践，2016，39（5）：101-104.

[17] 钟永恒，王辉，刘佳，等.中国基础研究竞争力报告 2018[M].北京：科学出版社，2018.

[18] 漆原，乔宇. 针对朴素贝叶斯文本分类方法的改进[J]. 电子科学技术，2017，4（5）：114-116，129.

[19] 国家自然科学基金委员会. 2019 年度国家自然科学基金优秀青年科学基金项目（港澳）申请指南[EB/OL].[2019-08-28]. http://www.nsfc.gov.cn/publish/portal0/tab568/info75491.htm.

第2章　中国基础研究综合分析

2.1　中国基础研究概况

2018年，全国共投入研究与试验发展（R&D）经费19 677.93亿元，比2017年增加2071.83亿元，增长11.77%，增速较上年减缓0.5个百分点；研究与试验发展经费投入强度为2.14%，比2017年提高0.01个百分点。按研究与试验发展人员（全时工作量）计算的人均经费为44.91万元，比2017年增加1.31万元。分活动类型来看，全国基础研究经费为1090.37亿元，比2017年增长11.78%；应用研究经费为2190.87亿元，增长18.48%；试验发展经费为16 396.69亿元，比2017年增长10.93%。基础研究、应用研究和试验发展经费所占比重分别为5.54%、11.13%和83.33%。分地区来看，研究与试验发展经费投入超过千亿元的地区有6个，分别为广东省（占13.7%）、江苏省（占12.7%）、北京市（占9.5%）、山东省（占8.3%）、浙江省（占7.3%）和上海市（占6.9%）。研究与试验发展经费投入强度超过全国平均水平的地区有9个，分别为北京市、上海市、广东省、江苏省、天津市、浙江省、陕西省、安徽省和山东省（表2-1）。

表2-1　2018年各地区研究与试验发展经费情况

地区	研究与试验发展经费/亿元	研究与试验发展经费投入强度/%
全国	19 677.93	2.14
北京市	1 870.77	6.17
上海市	1 359.20	4.16
广东省	2 704.70	2.78
江苏省	2 504.43	2.70
天津市	492.40	2.62
浙江省	1 445.69	2.57
陕西省	532.42	2.18
安徽省	648.95	2.16

续表

地区	研究与试验发展经费/亿元	研究与试验发展经费投入强度/%
山东省	1 643.33	2.15
湖北省	822.05	2.09
重庆市	410.21	2.01
辽宁省	460.08	1.82
湖南省	658.27	1.81
四川省	737.08	1.81
福建省	642.79	1.80
江西省	310.69	1.41
河南省	671.52	1.40
河北省	499.74	1.39
宁夏回族自治区	45.58	1.23
甘肃省	97.05	1.18
山西省	175.78	1.05
云南省	187.30	1.05
黑龙江省	134.99	0.83
贵州省	121.61	0.82
吉林省	115.03	0.76
内蒙古自治区	129.22	0.75
广西壮族自治区	144.85	0.71
青海省	17.30	0.60
海南省	26.87	0.56
新疆维吾尔自治区	64.31	0.53
西藏自治区	3.71	0.25

资料来源：《中国科技统计年鉴 2019》

2019 年，美国科学引文索引收录的中国论文共 494 831 篇，全球排名第二位，SCI 论文发文量五十强学科见表 2-2。中国 SCI 论文学科主要集中在材料科学、跨学科，工程、电气和电子等领域，其中，材料科学、跨学科共发表 SCI 论文 53 695 篇，工程、电气和电子共发表 SCI 论文 44 458 篇。

表 2-2　2019 年中国 SCI 论文发文量五十强学科

排名	学科	SCI 发文量	排名	学科	SCI 发文量
1	材料科学、跨学科	53 695	9	计算机科学、信息系统	19 652
2	工程、电气和电子	44 458	10	纳米科学和纳米技术	18 756
3	化学、跨学科	29 078	11	肿瘤学	17 866
4	化学、物理	27 509	12	生物化学与分子生物学	17 521
5	物理学、应用	26 584	13	工程、化学	15 836
6	环境科学	25 160	14	光学	14 993
7	能源和燃料	20 587	15	药理学和药剂学	14 990
8	电信	20 067	16	医学、研究和试验	14 006

续表

排名	学科	SCI发文量	排名	学科	SCI发文量
17	工程、机械	11 593	34	化学、应用	7 902
18	化学、分析	10 957	35	数学、应用	7 639
19	细胞生物学	10 796	36	食品科学和技术	7 524
20	物理学、凝聚态物质	10 718	37	环保和可持续发展的科学技术	7 471
21	计算机科学、理论和方法	9 671	38	自动化和控制系统	7 408
22	计算机科学、人工智能	9 572	39	植物学	7 268
23	冶金和冶金工程学	9 500	40	电化学	7 068
24	工程、跨学科	9 343	41	物理学、跨学科	6 947
25	生物工程学和应用微生物学	9 303	42	遗传学和遗传性	6 577
26	工程、环境	9 094	43	热动力学	6 555
27	多学科科学	8 997	44	神经科学	6 194
28	机械学	8 807	45	医学、全科和内科	6 182
29	设备和仪器	8 653	46	化学、有机	6 058
30	地球学、跨学科	8 361	47	计算机科学、跨学科应用	5 757
31	工程、市政	8 121	48	数学	5 685
32	聚合物科学	7 972	49	毒物学	5 169
33	免疫学	7 939	50	水资源	4 849
全部		494 831			

资料来源：科技大数据湖北省重点实验室、中国产业智库大数据中心

2019年，国家知识产权局共受理国内外发明专利申请1 400 661件，中国（不含港澳台地区数据）经初步审查合格并公布的发明专利申请共1 054 984件，发明专利申请技术领域分布如表2-3所示。中国发明专利技术领域分布显示，电数字数据处理、借助于测定材料的化学或物理性质来测试或分析材料是研发活跃领域。

表2-3　2019年中国发明专利申请量五十强技术领域及申请量

排序	申请量/件	IPC号	分类号含义
1	69 643	G06F	电数字数据处理
2	33 568	G01N	借助于测定材料的化学或物理性质来测试或分析材料
3	27 654	G06Q	专门适用于行政、商业、金融、管理、监督或预测目的的数据处理系统或方法；其他类目不包含的专门适用于行政、商业、金融、管理、监督或预测目的的处理系统或方法
4	22 508	H04L	数字信息的传输，例如电报通信
5	21 616	G06K	数据识别；数据表示；记录载体；记录载体的处理
6	19 966	A61K	医用、牙科用或梳妆用的配制品
7	15 209	C02F	水、废水、污水或污泥的处理
8	14 669	H01L	半导体器件；其他类目中不包括的电固体器件
9	14 625	G06T	一般的图像数据处理或产生
10	13 088	B01D	分离的方法或装置
11	12 595	G01R	测量电变量；测量磁变量
12	12 016	A61B	诊断；外科；鉴定

续表

排序	申请量/件	IPC 号	分类号含义
13	11 501	H04N	图像通信，如电视
14	11 379	H01M	用于直接转变化学能为电能的方法或装置，例如电池组
15	11 369	B65G	运输或贮存装置，例如装载或倾斜用输送机；车间输送机系统；气动管道输送机
16	10 680	B01J	化学或物理方法，例如，催化作用、胶体化学；其有关设备
17	10 460	C04B	石灰；氧化镁；矿渣；水泥；其组合物，例如：砂浆、混凝土或类似的建筑材料；人造石；陶瓷
18	10 356	C08L	高分子化合物的组合物
19	10 319	A01G	园艺；蔬菜、花卉、稻、果树、葡萄、啤酒花或海菜的栽培；林业；浇水
20	10 002	H02J	电缆或电线的安装或光电组合电缆或电线的安装
21	9 825	B29C	塑料的成型或连接；塑性状态物质的一般成型；已成型产品的后处理，例如修整
22	9 696	B23K	钎焊或脱焊；焊接；用钎焊或焊接方法包覆或镀敷；局部加热切割，如火焰切割；用激光束加工
23	9 250	C12N	微生物或酶；其组合物
24	9 248	A23L	不包含在 A21D 或 A23B 至 A23J 小类中的食品、食料或非酒精饮料；它们的制备或处理，例如烹调、营养品质的改进、物理处理
25	8 816	G05B	一般的控制或调节系统；这种系统的功能单元；用于这种系统或单元的监视或测试装置
26	8 612	H04W	无线通信网络
27	8 155	G01M	机器或结构部件的静或动平衡的测试；其他类目中不包括的结构部件或设备的测试
28	7 908	F24F	空气调节；空气增湿；通风；空气流作为屏蔽的应用
29	7 285	C07D	杂环化合物
30	6 718	E02D	基础；挖方；填方
31	6 624	C09D	涂料组合物，例如色漆、清漆或天然漆；填充浆料；化学涂料或油墨的去除剂；油墨；改正液；木材着色剂；用于着色或印刷的浆料或固体；原料为此的应用
32	6 613	G01S	无线电定向；无线电导航；采用无线电波测距或测速；采用无线电波的反射或再辐射的定位或存在检测；采用其他波的类似装置
33	6 563	G01B	长度、厚度或类似线性尺寸的计量；角度的计量；面积的计量；不规则的表面或轮廓的计量
34	6 545	B23P	金属的其他加工；组合加工；万能机床
35	6 431	B24B	用于磨削或抛光的机床、装置或工艺
36	6 121	B25J	机械手；装有操纵装置的容器
37	5 896	G02B	光学元件、系统或仪器
38	5 744	A01K	畜牧业；禽类、鱼类、昆虫的管理；捕鱼；饲养或养殖其他类不包含的动物；动物的新品种
39	5 662	E21B	土层或岩石的钻进（采矿、采石入 E21C；开凿立井、掘进平巷或隧洞入 E21D）；从井中开采油、气、水、可溶解或可熔化物质或矿物泥浆
40	5 659	B21D	金属板或用它制造的特定产品的矫直、复形或去除局部变形
41	5 573	C22C	合金
42	5 541	E04B	一般建筑物构造；墙，例如，间壁墙；屋顶；楼板；顶棚；建筑物的隔绝或其他防护（墙、楼板或顶棚上的开口的边沿构造入 E06B1/00）
43	5 522	C07C	无环或碳环化合物（高分子化合物入 C08；有机化合物的电解或电泳生产入 C25B3/00，C25B7/00）
44	5 410	C12Q	包含酶、核酸或微生物的测定或检验方法（免疫检测入 G01N33/53）；其所用的组合物或试纸；这种组合物的制备方法；在微生物学方法或酶学方法中的条件反应控制

续表

排序	申请量/件	IPC号	分类号含义
45	5 160	B08B	一般清洁；一般污垢的防除
46	5 150	B65D	用于物件或物料贮存或运输的容器，如袋、桶、瓶子、箱盒、罐头、纸板箱、板条箱、圆桶、罐、槽、料仓、运输容器；所用的附件、封口或配件；包装元件；包装件
47	5 122	B65B	包装物件或物料的机械，装置或设备，或方法；启封
48	4 985	H05K	印刷电路；电设备的外壳或结构零部件；电气元件组件的制造
49	4 917	G05D	非电变量的控制或调节系统（金属的连续铸造入B22D11/16；阀门本身入F16K；非电变量的检测见G01各有关小类；电或磁变量的调节入G05F）
50	4 895	G01C	测量距离、水准或者方位；勘测；导航；陀螺仪；摄影测量学或视频测量学（液体水平面的测量入G01F；无线电导航，通过利用无线电波的传播效应，例如多普勒效应，传播时间来测定距离或速度，利用其他波的类似装置入G01S）

资料来源：科技大数据湖北省重点实验室、中国产业智库大数据中心

2.2 中国与全球主要国家和地区基础研究投入比较分析

2.2.1 中国与全球主要国家和地区研究与试验发展经费投入比较

研究与试验发展经费投入强度（研究与试验发展经费投入/国内生产总值）以直观的量化方式比较各个国家和地区的研发水平和差异，是国际上用于衡量一个国家或一个地区在科技创新方面努力程度的指标。我国研究与试验发展经费投入强度已达到中等发达国家水平。2019年，我国研究与试验发展经费投入强度为2.1%，全球排名与挪威并列第15位，较2018年（第14位）下降了1位（表2-4）。

表2-4 全球主要国家和地区研究与试验发展经费投入强度及排名

国家（地区）	2015年研究与实验发展经费投入强度（排名）	2016年研究与实验发展经费投入强度（排名）	2017年研究与实验发展经费投入强度（排名）	2018年研究与实验发展经费投入强度（排名）	2019年研究与实验发展经费投入强度（排名）
以色列	4.2（1）	4.11（2）	4.3（1）	4.3（1）	4.6（1）
韩国	4.2（2）	4.29（1）	4.23（2）	4.2（2）	4.6（1）
瑞典	3.4（5）	3.16（5）	3.28（4）	3.3（4）	3.4（3）
瑞士	3.1（6）	2.97（8）	2.97（7）	3.4（3）	3.4（3）
日本	3.5（3）	3.58（3）	3.49（3）	3.1（5）	3.2（5）
奥地利	2.9（9）	3（7）	3.1（5）	3.1（6）	3.2（5）
丹麦	3.1（7）	3.08（6）	3.02（6）	2.9（8）	3.1（7）
德国	3（8）	2.84（9）	2.88（9）	2.9（7）	3（8）
美国	2.8（10）	2.73（10）	2.8（10）	2.7（10）	2.8（9）
芬兰	3.5（4）	3.17（4）	2.93（8）	2.7（9）	2.8（9）
比利时	2.4（13）	2.46（11）	2.46（11）	2.5（11）	2.6（11）
法国	2.3（14）	2.26（13）	2.23（12）	2.2（12）	2.2（12）
新加坡	2（18）	2（16）	2.2（15）	2.2（13）	2.2（12）
冰岛	2.6（12）	1.89（19）	2.22（13）	2.1（15）	2.2（12）

续表

国家（地区）	2015年研究与实验发展经费投入强度（排名）	2016年研究与实验发展经费投入强度（排名）	2017年研究与实验发展经费投入强度（排名）	2018年研究与实验发展经费投入强度（排名）	2019年研究与实验发展经费投入强度（排名）
中国	2.1（17）	2.05（15）	2.09（17）	2.1（14）	2.1（15）
挪威	1.7（22）	1.71（20）	1.93（20）	2（16）	2.1（15）
荷兰	2.1（16）	1.97（18）	2.01（18）	2（17）	2（17）
澳大利亚	2.3（15）	2.2（14）	2.2（16）	1.9（19）	1.9（18）
斯洛文尼亚	2.7（11）	2.39（12）	2.21（14）	2（18）	1.9（18）
捷克共和国	2（19）	2（17）	1.98（19）	1.7（21）	1.8（20）
加拿大	1.6（24）	1.61（22）	1.61（22）	1.6（22）	1.7（21）
英国	1.7（21）	1.7（21）	1.71（21）	1.7（20）	1.7（21）
马来西亚	1.1（32）	1.09（33）	1.26（29）	1.3（23）	1.4（23）
意大利	1.3（27）	1.29（26）	1.34（26）	1.3（24）	1.4（23）
匈牙利	1.4（25）	1.37（25）	1.39（25）	1.2（30）	1.4（23）
葡萄牙	1.4（26）	1.29（27）	1.28（28）	1.3（28）	1.3（26）
爱沙尼亚	1.8（20）	1.43（24）	1.48（24）	1.3（25）	1.3（26）
巴西	1.2（30）	1.24（29）	1.17（32）	1.3（27）	1.3（26）
卢森堡	1.2（31）	1.26（28）	1.29（27）	1.2（29）	1.3（26）
新西兰	1.3（29）	1.17（32）	1.15（33）	1.3（26）	1.2（30）
西班牙	1.3（28）	1.22（30）	1.22（30）	1.2（31）	1.2（30）
希腊	0.8（43）	0.83（39）	0.96（39）	1（35）	1.1（32）
俄罗斯联邦	1.1（33）	1.19（31）	1.13（34）	1.1（33）	1.1（32）
爱尔兰	1.7（23）	1.52（23）	1.55（23）	1.2（32）	1（34）
波兰	0.9（39）	0.94（36）	1.01（36）	1（34）	1（34）
阿拉伯联合酋长国	0.5（63）	0.7（48）	0.87（41）	1（36）	1（34）
土耳其	0.9（37）	1.01（35）	1.01（37）	0.9（38）	1（34）
塞尔维亚	1（34）	0.78（44）	0.88（40）	0.9（37）	0.9（38）
立陶宛	1（36）	1.01（34）	1.04（35）	0.8（40）	0.9（38）
斯洛伐克	0.8（40）	0.89（37）	1.19（31）	0.8（44）	0.9（38）
克罗地亚	0.8（41）	0.79（41）	0.85（42）	0.9（39）	0.9（38）
沙特阿拉伯	0.1（110）	0.07（106）	0.82（44）	0.8（41）	0.8（42）
南非	0.8（45）	0.73（45）	0.73（48）	0.8（42）	0.8（42）
肯尼亚	1（35）	0.79（42）	0.79（45）	0.8（45）	0.8（42）
泰国	0.4（70）	0.36（72）	0.63（52）	0.6（53）	0.8（42）
保加利亚	0.7（52）	0.78（43）	0.98（38）	0.8（46）	0.8（42）
塞内加尔	0.5（58）	0.54（58）	0.54（61）	0.7（49）	0.8（42）
摩洛哥	0.7（47）	0.71（47）	0.71（50）	0.7（47）	0.7（49）
印度	0.8（42）	0.82（40）	0.83（43）	0.6（52）	0.6（50）
埃及	0.7（51）	0.68（51）	0.72（49）	0.7（48）	0.6（50）
埃塞俄比亚	—	—	—	—	0.6（50）

续表

国家（地区）	2015年研究与实验发展经费投入强度（排名）	2016年研究与实验发展经费投入强度（排名）	2017年研究与实验发展经费投入强度（排名）	2018年研究与实验发展经费投入强度（排名）	2019年研究与实验发展经费投入强度（排名）
突尼斯	0.7（50）	0.68（50）	0.65（51）	0.6（50）	0.6（50）
白俄罗斯	0.7（49）	0.67（52）	0.52（63）	0.5（60）	0.6（50）
塞浦路斯	0.5（60）	0.47（62）	0.46（67）	0.5（59）	0.6（50）
马耳他	0.9（38）	0.85（38）	0.76（46）	0.6（54）	0.5（56）
博茨瓦纳	0.5（59）	0.25（81）	0.54（60）	0.5（56）	0.5（56）
阿尔及利亚	—	—	—	—	0.5（56）
阿根廷	0.6（56）	0.61（55）	0.61（55）	0.6（51）	0.5（56）
坦桑尼亚联合共和国	0.5（61）	0.53（60）	0.53（62）	0.5（57）	0.5（56）
越南	0.2（90）	0.19（89）	0.37（73）	0.4（66）	0.5（56）
拉脱维亚	0.6（55）	0.69（49）	0.62（53）	0.4（64）	0.5（56）
卡塔尔	0.5（65）	0.47（63）	0.47（66）	0.5（58）	0.5（56）
罗马尼亚	0.4（69）	0.38（67）	0.49（64）	0.5（63）	0.5（56）
墨西哥	0.5（62）	0.54（59）	0.55（59）	0.5（61）	0.5（56）
哥斯达黎加	0.5（64）	0.56（57）	0.58（57）	0.6（55）	0.5（56）
乌克兰	0.8（44）	0.66（54）	0.62（54）	0.5（62）	0.4（67）
厄瓜多尔	0.4（74）	0.34（73）	0.45（68）	0.4（65）	0.4（67）
乌拉圭	0.2（82）	0.32（75）	0.34（77）	0.4（71）	0.4（67）
加纳	0.4（71）	0.38（69）	—	0.4（68）	0.4（67）
智利	0.4（72）	0.38（68）	0.39（71）	0.4（70）	0.4（67）
北马其顿	0.2（85）	—	0.44（69）	0.4（67）	0.4（67）
纳米比亚	0.1（100）	0.14（96）	0.34（76）	0.3（72）	0.3（73）
莫桑比克	0.5（66）	0.42（66）	0.34（75）	0.3（73）	0.3（73）
约旦	0.4（67）	0.43（65）	0.43（70）	0.3（74）	0.3（73）
黑山	0.4（68）	0.37（70）	0.38（72）	0.4（69）	0.3（73）
尼泊尔	0.3（76）	0.3（76）	0.3（79）	0.3（77）	0.3（73）
摩尔多瓦共和国	0.4（73）	0.37（71）	0.37（74）	0.3（75）	0.3（73）
格鲁吉亚	0.2（94）	0.1（103）	0.1（104）	0.3（79）	0.3（73）
马里	0.7（53）	0.67（53）	0.58（58）	0.3（76）	0.3（73）
赞比亚	0.3（75）	0.28（79）	0.28（81）	0.3（80）	0.3（73）
多哥	0.2（86）	0.22（84）	0.27（82）	0.3（81）	0.3（73）
伊朗	0.7（46）	0.33（74）	0.33（78）	0.3（83）	0.3（73）
巴基斯坦	0.3（79）	0.29（78）	0.25（84）	0.2（85）	0.2（84）
哥伦比亚	0.2（84）	0.2（88）	0.24（86）	0.3（82）	0.2（84）
亚美尼亚	0.2（83）	0.24（82）	0.25（83）	0.2（86）	0.2（84）
布基纳法索	0.2（89）	0.2（87）	0.2（90）	0.2（87）	0.2（84）
阿曼	0.1（102）	0.17（93）	0.24（85）	0.2（84）	0.2（84）
波斯尼亚和黑塞哥维那	0.3（80）	0.26（80）	0.22（88）	0.2（89）	0.2（84）
阿塞拜疆	0.2（88）	0.21（86）	0.22（87）	0.2（90）	0.2（84）

续表

国家（地区）	2015年研究与实验发展经费投入强度（排名）	2016年研究与实验发展经费投入强度（排名）	2017年研究与实验发展经费投入强度（排名）	2018年研究与实验发展经费投入强度（排名）	2019年研究与实验发展经费投入强度（排名）
毛里求斯	0.2（91）	0.18（90）	0.18（91）	0.2（92）	0.2（84）
乌干达	0.6（57）	0.48（61）	0.48（65）	0.2（93）	0.2（84）
玻利维亚	0.2（96）	0.16（94）	0.16（93）	0.2（94）	0.2（84）
阿尔巴尼亚共和国	0.2（99）	0.15（95）	0.15（95）	0.2（95）	0.2（84）
巴拉圭	0.1（108）	0.09（104）	0.13（98）	0.1（99）	0.2（84）
萨尔瓦多	0（117）	0.06（107）	0.08（106）	0.1（98）	0.1（96）
哈萨克斯坦	0.2（92）	0.17（92）	0.17（92）	0.1（96）	0.1（96）
菲律宾	0.1（105）	0.14（97）	0.14（96）	0.1（97）	0.1（96）
蒙古	0.3（81）	0.23（83）	0.15（94）	0.2（91）	0.1（96）
布隆迪共和国	—	—	—	—	0.1（96）
秘鲁	0.2（95）	—	0.13（97）	0.1（101）	0.1（96）
柬埔寨	—	—	—	0.1（100）	0.1（96）
塔吉克斯坦	0.1（104）	0.12（100）	0.12（101）	0.1（103）	0.1（96）
吉尔吉斯斯坦	0.2（98）	0.13（98）	0.12（100）	0.1（102）	0.1（96）
斯里兰卡	0.2（97）	0.1（102）	0.1（102）	0.1（105）	0.1（96）
尼加拉瓜	—	—	—	—	0.1（96）
巴林	0（115）	—	0.1（103）	0.1（104）	0.1（96）
特立尼达和多巴哥	0（113）	—	0.08（107）	0.1（106）	0.1（96）
印度尼西亚	0.1（109）	0.08（105）	0.08（105）	0.1（107）	0.1（96）
科威特	0.1（107）	0.3（77）	0.3（80）	0.3（78）	0.1（96）
巴拿马	0.2（93）	0.18（91）	0.06（108）	0.1（108）	0.1（96）
危地马拉	0（114）	0.04（108）	0.04（109）	0（109）	0（112）
洪都拉斯	0（116）	—	—	0（110）	0（112）
马达加斯加	0.1（106）	0.11（101）	0.02（110）	0（111）	0（112）

注：其中中国的数据不包括港澳台地区的相关数据

资料来源：Global Innovation Index. https://www.globalinnovationindex.org/analysis-indicator

2.2.2 中国与全球主要国家和地区研究与试验发展人员投入比较

研发人员比例也是反映国家创新能力的重要指标。我国研究与试验发展人员投入与发达国家的差距很大。2019年，我国每百万人口中的全职研究人员数为1234.8人，全球排名第46位；同时期，以色列每百万人口中的全职研究人员数为8250.5人，全球排名第1位；中国每百万人口中的全职研究人员数约为以色列的14.97%（表2-5）。

表2-5 全球主要国家和地区研究与试验发展人员投入人数及排名 （单位：人/百万人口）

国家（地区）	2015年研究与实验发展人员投入人数（排名）	2016年研究与实验发展人员投入人数（排名）	2017年研究与实验发展人员投入人数（排名）	2018年研究与实验发展人员投入人数（排名）	2019年研究与实验发展人员投入人数（排名）
以色列	8337.1（1）	8255.4（1）	8255.4（1）	8250.5（1）	8250.5（1）
丹麦	7271.3（2）	7198.18（2）	7483.58（2）	7514.7（2）	7923.2（2）
韩国	6533.2（5）	6899（4）	7087.35（3）	7113.2（4）	7514.4（3）

续表

国家（地区）	2015年研究与实验发展人员投入人数（排名）	2016年研究与实验发展人员投入人数（排名）	2017年研究与实验发展人员投入人数（排名）	2018年研究与实验发展人员投入人数（排名）	2019年研究与实验发展人员投入人数（排名）
瑞典	6508.5（6）	6868.11（5）	7021.88（4）	7153.4（3）	7268.2（4）
新加坡	6437.7（7）	6665.19（6）	6658.5（6）	6729.7（5）	6729.7（5）
芬兰	7223.3（3）	6985.94（3）	6816.77（5）	6525（7）	6707.5（6）
挪威	5575（8）	5703.61（8）	5915.6（7）	5787（8）	6407.5（7）
冰岛	7012.2（4）	5993.08（7）	5902.53（8）	6635.1（6）	6118.9（8）
奥地利	4699.5（11）	4814.55（10）	4955.03（11）	5157.5（12）	5439.8（9）
日本	5194.8（9）	5386.15（9）	5230.72（9）	5210（11）	5304.9（10）
瑞士	4495.2（12）	4481.07（14）	4481.07（17）	5257.3（10）	5257.4（11）
德国	4362.6（14）	4459.48（16）	4431.08（19）	4893.2（13）	5036.2（12）
荷兰	4315.5（15）	4478.05（15）	4548.14（14）	4842.7（14）	5007.1（13）
比利时	4020.8（21）	4175.88（19）	4875.34（12）	4734（15）	4905.5（14）
卢森堡	4930.8（10）	4577.3（11）	5058.28（10）	4350.9（19）	4682.5（15）
澳大利亚	4280.4（16）	4530.73（12）	4530.73（15）	4539.5（17）	4539.5（16）
斯洛文尼亚	4202.2（17）	4149.91（20）	3820.99（24）	3899.2（24）	4467.8（17）
法国	4124.6（18）	4201.06（18）	4168.78（21）	4307.2（21）	4441.1（18）
英国	4107.7（19）	4252.36（17）	4470.78（18）	4429.6（18）	4377（19）
葡萄牙	4083.8（20）	3699.87（24）	3824.19（23）	3928.6（23）	4350.5（20）
爱尔兰	3438（24）	3732.06（23）	4575.2（13）	5563.4（9）	4288.6（21）
加拿大	4493.7（13）	4518.51（13）	4518.51（16）	4552.5（16）	4274.7（22）
美国	3978.7（22）	4018.63（21）	4231.99（20）	4313.4（20）	4256.3（23）
新西兰	3692.9（23）	4008.71（22）	4008.71（22）	4052.4（22）	4052.4（24）
捷克共和国	3202.2（26）	3418.46（25）	3611.91（25）	3518.8（25）	3689.9（25）
爱沙尼亚	3423.6（25）	3270.77（26）	3189.19（28）	3305.3（27）	3568.9（26）
中国香港	2970.7（28）	3135.99（27）	3297.56（26）	3404.8（26）	3411.7（27）
希腊	2486.3（33）	2699.26（31）	3201.27（27）	2599.3（32）	3152.8（28）
立陶宛	2836.3（29）	2961.47（29）	2822.4（30）	2931.7（29）	3013.2（29）
波兰	1870.2（36）	2037.21（35）	2139.1（34）	2158.5（37）	3001.9（30）
匈牙利	2515.1（32）	2650.58（32）	2568.84（33）	2645.7（31）	2924（31）
西班牙	2633.5（31）	2640.93（33）	2654.65（32）	2719.7（30）	2873.4（32）
俄罗斯联邦	3084.6（27）	3101.63（28）	3131.11（29）	2979.1（28）	2851.7（33）
斯洛伐克	2702.2（30）	2718.53（30）	2654.78（31）	2598.9（33）	2795（34）
阿拉伯联合酋长国	—	—	2003.39（38）	2406.6（34）	2406.6（35）
马来西亚	1777.2（37）	1793.55（39）	2017.42（37）	2274（35）	2357.9（36）
意大利	1934.3（35）	2006.68（36）	2018.09（36）	2131.5（39）	2294.5（37）
保加利亚	1699.3（39）	1817.86（38）	1989.43（39）	2243.7（36）	2130.5（38）
塞尔维亚	1235.5（44）	1464.82（40）	2071.22（35）	2132.8（38）	2079.1（39）
马耳他	2039.6（34）	2132.99（34）	1951.42（40）	1930.8（40）	2075（40）
突尼斯	1393.9（41）	1393.1（42）	1787.26（42）	1784.1（42）	1965（41）

续表

国家（地区）	2015年研究与实验发展人员投入人数（排名）	2016年研究与实验发展人员投入人数（排名）	2017年研究与实验发展人员投入人数（排名）	2018年研究与实验发展人员投入人数（排名）	2019年研究与实验发展人员投入人数（排名）
克罗地亚	1522（40）	1437.31（41）	1501.54（43）	1793.1（41）	1865.4（42）
拉脱维亚	1768（38）	1884.03（37）	1833.54（41）	1599.6（43）	1785.9（43）
土耳其	1188.7（45）	1156.51（45）	1156.51（46）	1215.8（46）	1385.8（44）
格鲁吉亚	—	585.41（58）	585.41（61）	1336.6（44）	1336.6（45）
中国	1071.1（47）	1113.07（46）	1176.58（45）	1205.7（47）	1234.8（46）
阿根廷	1255.8（43）	1193.85（43）	1202.07（44）	1220（45）	1232.6（47）
泰国	546.1（57）	543.47（59）	874.29（51）	865.4（53）	1210.4（48）
塞浦路斯	775.5（50）	749.79（50）	1013.77（48）	1007.9（50）	1174.4（49）
乌克兰	1163.3（46）	1165.18（44）	1006（49）	1037.2（49）	1119.5（50）
摩洛哥	864.5（48）	856.92（48）	1032.54（47）	1069（48）	1069（51）
罗马尼亚	862（49）	921.5（47）	894.81（50）	912.4（51）	890.2（52）
巴西	710.3（55）	698.1（52）	698.1（55）	900.3（52）	881.4（53）
阿尔及利亚	—	—	—	—	820.8（54）
北马其顿	331.1（65）	—	858.81（52）	854.3（54）	729.2（55）
摩尔多瓦共和国	752.2（53）	651.96（55）	662.1（59）	634.8（61）	723.9（56）
黑山	762.9（52）	646.76（56）	835.76（53）	833（55）	714.3（57）
越南	—	—	674.81（58）	672.1（58）	700.8（58）
哈萨克斯坦	763.5（51）	734.05（51）	734.05（54）	687.6（56）	687.6（59）
伊朗	736.1（54）	691.41（53）	691.41（56）	671（59）	671（60）
埃及	466（60）	681.61（54）	679.81（57）	680.3（57）	669.4（61）
乌拉圭	529.2（59）	504.16（60）	524.25（63）	645.2（60）	667.7（62）
卡塔尔	586.9（56）	597.06（57）	597.06（60）	603.8（62）	603.8（63）
约旦	—	—	307.98（70）	598.6（63）	601.1（64）
塞内加尔	361.3（64）	361.12（63）	361.12（68）	535.5（65）	549.3（65）
哥斯达黎加	1289（42）	357.81（64）	572.98（62）	573（64）	529.9（66）
智利	389.2（62）	427.98（61）	455.5（64）	502.1（66）	502.1（67）
科威特	135.1（80）	128.38（79）	128.38（83）	129.3（84）	491.8（68）
南非	408.2（61）	404.69（62）	437.06（65）	473.1（67）	473.1（69）
波斯尼亚和黑塞哥维那	150.6（77）	266.61（67）	328.7（69）	404.4（68）	463.9（70）
厄瓜多尔	179.5（69）	180.3（71）	400.72（66）	400.7（69）	400.7（71）
巴林	—	—	361.99（67）	368.9（70）	368.9（72）
巴基斯坦	166（70）	166.92（73）	294.36（71）	293.6（71）	293.6（73）
墨西哥	386.4（63）	322.54（65）	241.8（72）	244.2（72）	244.2（74）
阿曼	159.9（76）	127.27（80）	201.97（74）	216（75）	244（75）
肯尼亚	227.5（67）	230.73（68）	230.73（73）	225（73）	225（76）
印度	159.9（75）	156.64（77）	156.64（81）	216.2（74）	216.2（77）
菲律宾	78.3（85）	221.31（69）	189.41（75）	187.7（76）	187.7（78）
毛里求斯	183.9（68）	181.11（70）	181.11（77）	181.8（78）	181.8（79）

续表

国家（地区）	2015年研究与实验发展人员投入人数（排名）	2016年研究与实验发展人员投入人数（排名）	2017年研究与实验发展人员投入人数（排名）	2018年研究与实验发展人员投入人数（排名）	2019年研究与实验发展人员投入人数（排名）
博茨瓦纳	—	164.9（75）	175.51（78）	179.5（79）	179.5（80）
玻利维亚	162.1（72）	165.95（74）	165.95（79）	166（80）	166（81）
阿尔巴尼亚共和国	147.9（79）	157.34（76）	157.34（80）	156.1（81）	156.1（82）
纳米比亚	—	—	141.41（82）	143.3（82）	143.3（83）
巴拉圭	529.2（59）	504.16（60）	524.25（63）	645.2（60）	122.1（84）
斯里兰卡	103.1（82）	110.91（82）	110.91（85）	99.7（85）	107（85）
印度尼西亚	89.9（84）	89.53（83）	89.53（87）	89.2（86）	89.2（86）
津巴布韦	95.1（83）	—	89.61（86）	88.7（87）	88.7（87）
哥伦比亚	161.5（74）	151.94（78）	114.89（84）	132（83）	88.5（88）
萨尔瓦多	—	—	—	63.4（88）	65.9（89）
马拉维	48.8（90）	49.57（85）	49.57（89）	48.3（89）	48.3（90）
布基纳法索	47.8（91）	47.49（86）	47.49（90）	47.6（90）	47.6（91）
埃塞俄比亚	—	—	—	—	45（92）
莫桑比克	38.1（96）	37.51（92）	41.53（92）	41.5（91）	41.5（93）
赞比亚	43（93）	40.87（88）	40.87（93）	41（92）	41（94）
巴拿马	117.1（81）	118.96（81）	39.41（94）	39.1（93）	39.1（95）
加纳	38.8（94）	38.68（89）	—	38.4（95）	38.4（96）
多哥	36.5（98）	35.93（93）	38.17（96）	37.6（96）	38.3（97）
马里	31.6（101）	29.17（94）	29.17（98）	30.8（97）	32.8（98）
马达加斯加	51（88）	51.02（84）	51.02（88）	24.7（100）	30.6（99）
柬埔寨	—	—	—	30.4（98）	30.4（100）
乌干达	37.2（97）	38.09（91）	38.09（97）	26.5（99）	26.5（101）
洪都拉斯	—	—	—	22.8（101）	22.8（102）
危地马拉	27.2（102）	26.74（95）	26.74（99）	22.2（102）	22.2（103）
坦桑尼亚联合共和国	35.6（99）	18.49（96）	18.49（100）	18.3（103）	18.3（104）
卢旺达	11.7（103）	12.29（97）	12.29（101）	12.3（104）	12.3（105）

注：其中中国的数据不包括港澳台地区的相关数据

资料来源：Global Innovation Index. https://www.globalinnovationindex.org/analysis-indicator

2.3 中国与全球主要国家和地区基础研究产出比较分析

2.3.1 全球主要国家和地区科技论文产出比较

2019年，中国（不含港澳台地区）SCI论文发表量494 831篇，排名世界第二位，与2018年排名相同。2018年与2019年，SCI发文量前二十名的国家名单未变。SCI发文量前十的国家中，美国、中国、英国、德国、法国、澳大利亚排名位次未变，其他国家的排名有升有降（表2-6）。

表 2-6　2015～2019 年 SCI 论文发表量世界排行榜二十强名单

排名	区域	2015 年 SCI 论文发文量（排名）	2016 年 SCI 论文发文量（排名）	2017 年 SCI 论文发文量（排名）	2018 年 SCI 论文发文量（排名）	2019 年 SCI 论文发文量（排名）
全球		2 516 565	2 426 633	2 293 151	2 880 928	27 36749
1	美国	668 931（1）	629 299（1）	600 962（1）	727 527（1）	709 534（1）
2	中国	382 349（2）	411 868（2）	389 519（2）	413 564（2）	494 831（2）
3	英国	170 932（3）	157 450（3）	152 316（3）	187 458（3）	184 427（3）
4	德国	161 738（4）	157 385（4）	149 780（4）	171 518（4）	169 538（4）
5	日本	116 446（5）	116 476（5）	108 434（5）	127 590（6）	118 224（5）
6	意大利	104 983（7）	102 790（7）	95 592（7）	115 430（7）	113 876（6）
7	加拿大	101 855（8）	100 789（8）	94 425（8）	114 269（8）	112 616（7）
8	印度	99 350（9）	97 939（9）	92 487（9）	129 085（5）	112 233（8）
9	法国	110 584（6）	106 134（6）	99 841（6）	113 102（9）	109 000（9）
10	澳大利亚	—	89 741（10）	86 842（10）	1 068 98（10）	106 511（10）
11	西班牙	83 745（11）	80 954（11）	78 065（11）	100 466（11）	94 220（11）
12	韩国	75 606（12）	74 750（12）	72 418（12）	83 268（12）	83 364（12）
13	巴西	58 456（14）	58 505（13）	58 650（13）	78 757（13）	69 117（13）
14	新西兰	58 882（13）	54 548（15）	54 184（15）	63 987（15）	65 551（14）
15	俄罗斯	92 600（10）	56 788（14）	54 996（14）	77 885（14）	59 643（15）
16	瑞士	45 116（16）	43 206（16）	42 823（16）	50 038（17）	50 251（16）
17	伊朗	—	42 122（17）	40 304（17）	54 418（16）	50 065（17）
18	土耳其	41 010（17）	39 291（18）	37 509（18）	48 473（18）	44 043（18）
19	波兰	38 182（19）	38 266（19）	37 271（19）	46 546（19）	43 657（19）
20	瑞典	38 382（18）	37 903（20）	36 917（20）	42 557（20）	43 216（20）

注：其中中国的 SCI 论文数不包含港澳台地区的数据

资料来源：科技大数据湖北省重点实验室、中国产业智库大数据中心

2.3.2　全球主要国家和地区专利产出比较

德温特创新索引库收录的专利中，2019 年中国申请专利数量排名稳居全球第一位（表 2-7），较 2018 年专利申请量增长 21.69%。

表 2-7　2016～2019 年全球主要国家和地区专利申请趋势

序号	国家（地区）	2016 年专利申请量/项	2017 年专利申请量/项	2018 年专利申请量/项	2019 年专利申请量/项
全球		2 630 810	2 910 065	3 412 477	3 532 523
1	中国	1 923 857	2 112 809	2 286 411	2 782 236
2	美国	345 225	263 437	265 661	284 635
3	日本	252 394	215 323	197 152	210 831
4	韩国	174 575	145 783	146 599	154 086
5	德国	68 032	62 198	64 615	64 405

续表

序号	国家（地区）	2016 年专利申请量/项	2017 年专利申请量/项	2018 年专利申请量/项	2019 年专利申请量/项
6	俄罗斯	36 600	36 052	34 041	33 676
7	印度	39 648	19 255	21 713	25 435
8	法国	14 971	15 007	18 865	14 609
9	加拿大	33 169	12 771	14 127	18 749
10	澳大利亚	25 096	25 981	25 896	17 560

注：本表中统计的专利申请量仅包含德温特创新索引库中收录的专利申请量，不等于各国实际申请的专利数量。中国的数据不包括港澳台地区的相关数据

资料来源：科技大数据湖北省重点实验室、中国产业智库大数据中心

2.4 2019 年中国国家自然科学基金整体情况

2.4.1 年度趋势

2019 年，国家自然科学基金委员会共接收各类国家自然科学基金项目申请 250 703 项，突破 25 万项，比 2018 年同期增加 25 351 项，增幅 11.25%；经评审，共资助各类项目 45 356 项，直接费用 289.13 亿元；资助项目数量和项目经费均比 2018 年有所上升（图 2-1）。

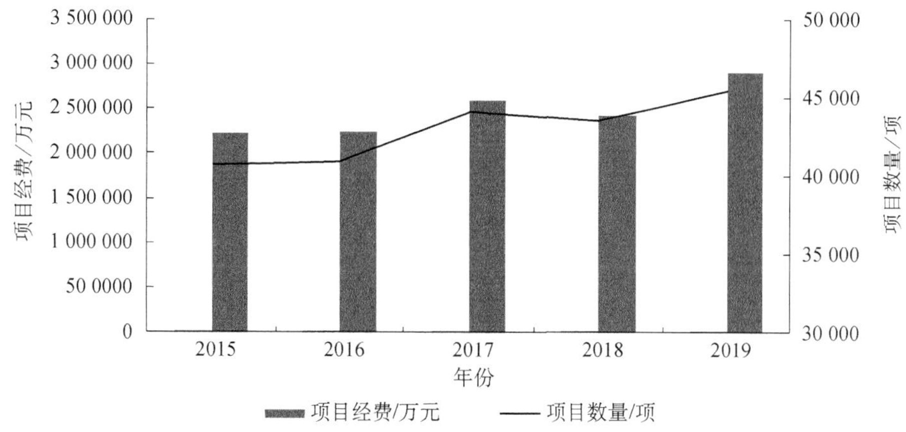

图 2-1　2015～2019 年国家自然科学基金资助项目数量及项目经费

资料来源：科技大数据湖北省重点实验室、中国产业智库大数据中心

2.4.2 项目类别分布

2019 年，国家自然科学基金对优秀青年人才的培养和支持力度进一步加大。青年科学基金项目、国家杰出青年科学基金项目、优秀青年科学基金项目经费总额占比达到 21.15%，资助经费总额为 611 604 万元，较 2018 年增加了 13.70%。同时，国家自然科学基金提高了重点项目和重大项目的资助规模，资助经费分别达到 221 840 万元、177 192.7 万元，资助经费较 2018 年均有增加（图 2-2）。

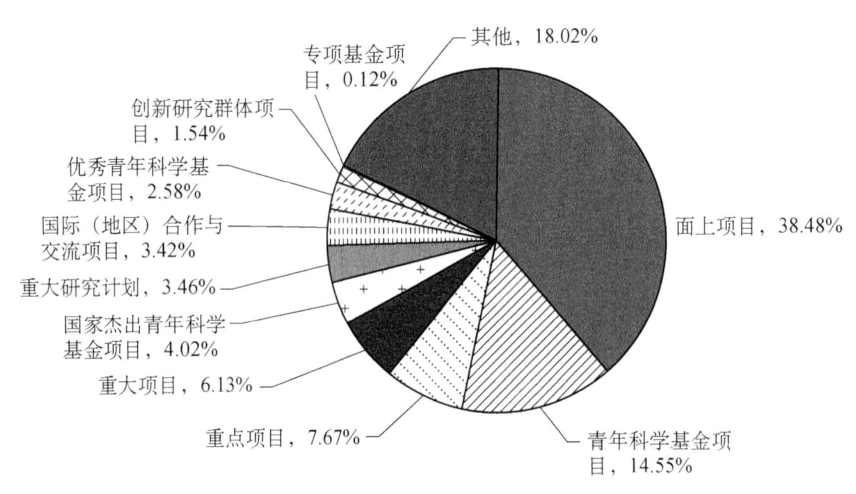

图 2-2　2019 年国家自然科学基金项目资助各类别项目经费占基金总经费比例

资料来源：科技大数据湖北省重点实验室、中国产业智库大数据中心

2.4.3　学科分布

2019 年，国家自然科学基金资助分学科项目经费比例如图 2-3 所示。医学仍然是最为活跃的自然科学研究领域之一，获国家自然科学基金资助项目经费总额达 507 506.6 万元，占总经费比重为 17.78%。

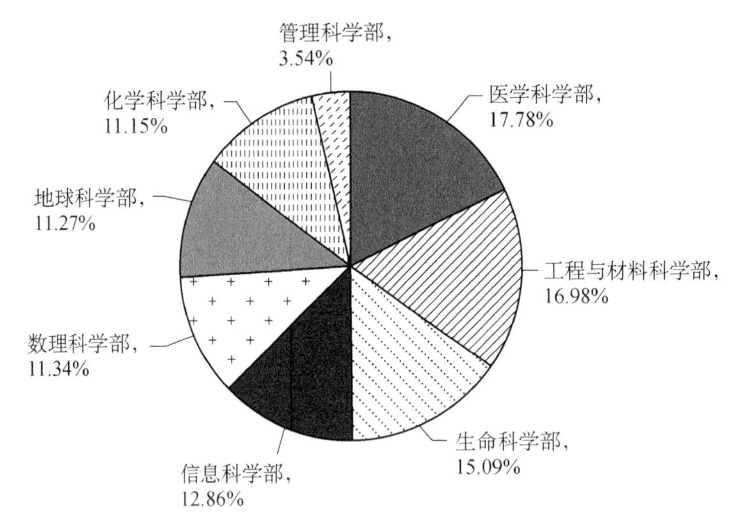

图 2-3　2019 年国家自然科学基金项目资助各学科项目经费占基金总经费比例

资料来源：科技大数据湖北省重点实验室、中国产业智库大数据中心

2.4.4　省域分布

2019 年，各地区获得国家自然科学基金经费占国家自然科学基金经费总额的比例中，北京市、上海市、江苏省、广东省、湖北省稳居前五名。与 2018 年相比，北京市、上海市、广东省、辽宁省、福建省、甘肃省、河南省、云南省等地获得的项目经费占国家自然科学基金经

费总额的比例有所上升，其中北京市增幅最大。吉林省获得的项目经费占国家自然科学基金经费总额的比例与上年持平。其他地区获得的项目经费占国家自然科学基金经费总额的比例有所下降，其中湖北省的占比下降幅度最大（图 2-4）。

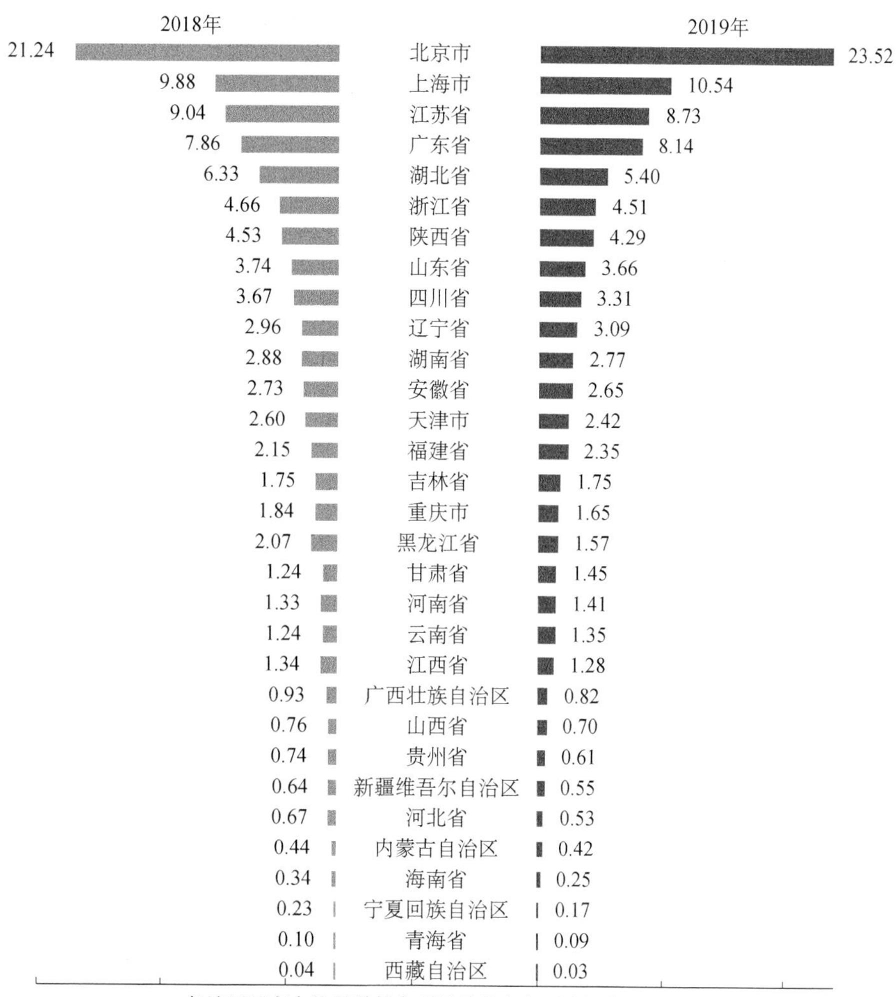

图 2-4　2018～2019 年国家自然科学基金各地区资助项目经费占基金总经费比例

资料来源：科技大数据湖北省重点实验室、中国产业智库大数据中心

第3章 中国省域基础研究竞争力报告

3.1 中国省域基础研究竞争力指数 2019 排行榜

采用中国省域基础研究竞争力指数计算方法 $BRCI_{某地区-某年}=\sqrt[7]{\frac{A_i}{\overline{A}}\times\frac{B_i}{\overline{B}}\times\frac{C_i}{\overline{C}}\times\frac{D_i}{\overline{D}}\times\frac{E_i}{\overline{E}}\times\frac{F_i}{\overline{F}}\times\frac{G_i}{\overline{G}}}$，代入 2019 年国家自然科学基金的项目个数、项目经费、项目申请机构数、主持人数，以及 SCI 论文数、论文被引频次、发明专利申请量等数据，得出中国省域基础研究竞争力指数排行榜（图 3-1）。

2019 年，我国 31 个地区（不包含港澳台地区）的基础研究竞争力可分为 5 个梯队。

第一梯队为北京市，北京市的基础研究资源雄厚，其综合 BRCI 为 4.8909，远远高于其他地区，基础研究综合竞争力最强。

第二梯队包括江苏省、广东省、上海市，其综合 BRCI 指数大于 2，小于 3，基础研究综合竞争力很强。

第三梯队包括浙江省、湖北省、山东省、陕西省、四川省、湖南省，其综合 BRCI 指数大于 1，小于 2，基础研究综合竞争力较强。

第四梯队包括辽宁省、安徽省、天津市、河南省、福建省、重庆市、黑龙江省、吉林省，其综合 BRCI 大于 0.5，小于 1，基础研究综合竞争力较弱。

第五梯队包括江西省、云南省、甘肃省、广西壮族自治区、河北省、山西省、贵州省、新疆维吾尔自治区、内蒙古自治区、海南省、宁夏回族自治区、青海省、西藏自治区，其综合 BRCI 指数小于 0.5，基础研究综合竞争力很弱。

对比 2018 年和 2019 年基础研究竞争力情况可以发现，中国各地区基础研究竞争力排名前十的地区依次为：北京市、江苏省、广东省、上海市、浙江省、湖北省、山东省、陕西省、四川省、湖南省，排名与 2018 年一致。安徽省的基础研究竞争力下降较明显，从 2017 年排名第

10位下降到2019年排名第12位。

2018年基础研究竞争力指数（综合排名）	2018年省份	2019年省份	2019年基础研究竞争力指数（综合排名）	梯队
4.7523(1)	北京市	北京市	4.8909(1)	第一梯队
3.0355(2)	江苏省	江苏省	2.9671(2)	第二梯队
2.6578(3)	广东省	广东省	2.7676(3)	
2.2407(4)	上海市	上海市	2.3859(4)	
1.6142(5)	浙江省	浙江省	1.5959(5)	第三梯队
1.5843(6)	湖北省	湖北省	1.5921(6)	
1.4325(7)	山东省	山东省	1.4764(7)	
1.3308(8)	陕西省	陕西省	1.3962(8)	
1.2284(9)	四川省	四川省	1.1764(9)	
		湖南省	1.0044(10)	
0.954(10)	湖南省	辽宁省	0.909(11)	第四梯队
0.9516(11)	安徽省	安徽省	0.849(12)	
0.8925(12)	辽宁省	天津市	0.7759(13)	
0.7764(13)	天津市	河南省	0.7237(14)	
0.7111(14)	河南省	福建省	0.6927(15)	
0.6863(15)	福建省	重庆市	0.5868(16)	
0.6081(16)	黑龙江省	黑龙江省	0.5642(17)	
0.603(17)	重庆市	吉林省	0.5187(18)	
0.5128(18)	吉林省			
0.4538(19)	江西省	江西省	0.4783(19)	第五梯队
0.392(20)	云南省	云南省	0.4071(20)	
0.3789(21)	甘肃省	甘肃省	0.3931(21)	
0.3585(22)	广西壮族自治区	广西壮族自治区	0.3473(22)	
0.3512(23)	河北省	河北省	0.3257(23)	
0.3016(24)	山西省	山西省	0.2857(24)	
0.254(25)	贵州省	贵州省	0.2396(25)	
0.1936(26)	新疆维吾尔自治区	新疆维吾尔自治区	0.184(26)	
0.14(27)	内蒙古自治区	内蒙古自治区	0.1628(27)	
0.1028(28)	海南省	海南省	0.1034(28)	
0.0755(29)	宁夏回族自治区	宁夏回族自治区	0.0744(29)	
0.0428(30)	青海省	青海省	0.0426(30)	
0.0132(31)	西藏自治区	西藏自治区	0.0135(31)	

图3-1 2018年和2019年中国省域基础研究综合竞争力指数排名

资料来源：科技大数据湖北省重点实验室、中国产业智库大数据中心

3.2 中国省域基础研究投入产出概况

2019年，中国各地区公共预算科学技术支出预算经费总额为5521.41亿元；各地区共有国家重点实验室461个，省级重点实验室4840个；各地区共计获得国家科技奖励241项（表3-1）；新增国家自然科学基金杰出青年科学基金入选者296人。截至2019年，各地区入选院士共1408人（表3-2）。

2019年，国家自然科学基金共资助45 356项项目，项目经费总额达289.1亿元，各地区争取国家自然科学基金项目资助情况如表3-3；发表SCI论文494 831篇，发明专利申请共1 054 984件，各地区SCI论文发文量及发明专利申请量见表3-4。

表 3-1　2019 年中国各地区基础研究基本数据（经费、平台、奖励）一览表

地区	2019 年公共预算科学技术支出预算经费/亿元（排名）	国家重点实验室/个（排名）	省级重点实验室/个（排名）	国家科技奖励数/项（排名）
北京市	326.813 8（6）	123（1）	457（2）	75（1）
江苏省	575.6（2）	34（3）	73（25）	23（2）
广东省	1 179.142 2（1）	27（4）	184（10）	10（7）
上海市	389.5（4）	43（2）	130（15）	21（3）
浙江省	516.06（3）	13（9）	237（5）	10（7）
湖北省	319.247 9（7）	23（5）	181（11）	15（4）
山东省	304.820 2（8）	21（6）	201（8）	11（6）
陕西省	71.8（17）	21（7）	93（22）	10（7）
四川省	125.880 6（12）	12（12）	121（16）	8（11）
湖南省	170.7（10）	13（9）	307（4）	12（5）
辽宁省	66.61（18）	16（8）	472（1）	10（7）
安徽省	377.437（5）	8（18）	181（11）	3（14）
天津市	109.954 8（14）	11（13）	321（3）	3（14）
河南省	27.725 7（26）	13（9）	205（7）	1（23）
福建省	147.294 2（11）	7（19）	211（6）	3（14）
重庆市	35（23）	10（16）	172（13）	3（14）
黑龙江省	14.7（28）	6（20）	106（18）	4（13）
吉林省	39.18（22）	11（13）	97（19）	7（12）
江西省	183.3（9）	3（24）	193（9）	2（19）
云南省	62.1（19）	4（23）	58（28）	2（19）
甘肃省	29.2（25）	9（17）	108（17）	3（14）
广西壮族自治区	72.62（16）	1（28）	94（21）	1（23）
河北省	94.822 3（15）	11（13）	97（19）	2（19）
山西省	57.34（20）	5（21）	87（23）	0（25）
贵州省	117.722 9（13）	5（21）	34（29）	2（19）
新疆维吾尔自治区	40.792 6（21）	2（27）	86（24）	0（25）
内蒙古自治区	17.616 3（27）	3（24）	156（14）	0（25）
海南省	7.319 3（30）	1（28）	66（26）	0（25）
宁夏回族自治区	29.309 2（24）	3（24）	26（30）	0（25）
青海省	8.904 8（29）	1（28）	63（27）	0（25）
西藏自治区	2.9（31）	1（28）	23（31）	0（25）

资料来源：科技大数据湖北省重点实验室、中国产业智库大数据中心

表 3-2　2019 年中国各地区基础研究基本数据（人才）一览表

地区	2019 年新增国家自然科学基金杰出青年科学基金入选者/人（排名）	累计入选院士人数/人（排名）
北京市	101（1）	730（1）
江苏省	25（3）	90（3）

续表

地区	2019年新增国家自然科学基金杰出青年科学基金入选者/人（排名）	累计入选院士人数/人（排名）
广东省	19（4）	28（9）
上海市	41（2）	176（2）
浙江省	12（7）	24（11）
湖北省	14（6）	55（4）
山东省	3（16）	17（14）
陕西省	6（11）	35（7）
四川省	6（11）	32（8）
湖南省	6（11）	13（16）
辽宁省	9（9）	38（5）
安徽省	14（5）	37（6）
天津市	12（7）	23（12）
河南省	1（20）	7（18）
福建省	7（10）	19（13）
重庆市	4（15）	2（25）
黑龙江省	3（16）	5（20）
吉林省	6（11）	27（10）
江西省	0（23）	4（21）
云南省	1（20）	10（17）
甘肃省	2（19）	14（15）
广西壮族自治区	0（23）	0（23）
河北省	1（20）	4（21）
山西省	3（16）	6（19）
贵州省	0（23）	4（21）
新疆维吾尔自治区	0（23）	4（21）
内蒙古自治区	0（23）	2（25）
海南省	0（23）	0（23）
宁夏回族自治区	0（23）	0（23）
青海省	0（23）	2（25）
西藏自治区	0（23）	0（23）

资料来源：科技大数据湖北省重点实验室、中国产业智库大数据中心

表3-3　2019年中国各地区争取国家自然科学基金数据一览表

地区	项目数/项（排名）	项目经费/万元（排名）	机构数/个（排名）	主持人/人（排名）
北京市	7 237（1）	680 120.77（1）	291（1）	7 058（1）
江苏省	4 290（3）	252 312.91（3）	85（3）	4 230（2）
广东省	4 253（4）	235 291.58（4）	106（2）	4 182（4）
上海市	4 330（2）	304 670.13（2）	73（4）	4 226（3）
浙江省	2 181（7）	130 255.81（6）	56（8）	2 144（7）
湖北省	2 573（5）	155 987.87（5）	60（6）	2 528（5）
山东省	2 028（8）	105 704.18（8）	61（5）	2 000（8）

续表

地区	项目数/项（排名）	项目经费/万元（排名）	机构数/个（排名）	主持人/人（排名）
陕西省	2 303（6）	124 091.69（7）	56（8）	2 272（6）
四川省	1 594（9）	95 715.67（9）	60（7）	1 568（9）
湖南省	1 431（10）	80 227.08（11）	36（13）	1 414（10）
辽宁省	1 316（11）	89 405.04（10）	48（11）	1 300（11）
安徽省	1 067（13）	76 606.58（12）	28（20）	1 044（13）
天津市	1 134（12）	70 033.88（13）	34（15）	1 118（12）
河南省	1 001（14）	40 716.1（19）	53（10）	996（14）
福建省	927（15）	67 841.04（14）	35（14）	913（15）
重庆市	889（17）	47 787.66（16）	24（24）	875（17）
黑龙江省	814（18）	45 525.41（17）	24（24）	808（18）
吉林省	710（20）	50 478.61（15）	25（22）	700（20）
江西省	918（16）	36 904.9（21）	34（16）	907（16）
云南省	813（19）	39 111.43（20）	38（12）	803（19）
甘肃省	669（21）	4 1877（18）	31（18）	661（21）
广西壮族自治区	612（22）	23 671.1（22）	33（17）	608（22）
河北省	332（26）	15 313.5（26）	29（19）	331（26）
山西省	414（24）	20 284（23）	18（27）	409（24）
贵州省	429（23）	17 713.1（24）	26（21）	425（23）
新疆维吾尔自治区	360（25）	15 797.48（25）	24（24）	355（25）
内蒙古自治区	316（27）	12 188.03（27）	25（22）	314（27）
海南省	184（28）	7 121.6（28）	16（28）	184（28）
宁夏回族自治区	136（29）	4 960.1（29）	9（29）	134（29）
青海省	71（30）	2 709（30）	9（29）	71（30）
西藏自治区	24（31）	875（31）	6（31）	24（31）

资料来源：科技大数据湖北省重点实验室、中国产业智库大数据中心

表 3-4　2019 年中国各地区 SCI 论文及发明专利情况一览表

地区	SCI 论文数/篇（排名）	SCI 论文被引频次/次（排名）	入选 ESI 机构数/个（排名）	入选 ESI 学科数/个（排名）	发明专利申请量/件（排名）
北京市	77 184（1）	135 781（1）	107（1）	22（1）	99 014（4）
江苏省	51 237（2）	106 663（2）	31（2）	18（5）	149 151（2）
广东省	35 487（4）	72 397（4）	30（3）	20（2）	170 987（1）
上海市	39 583（3）	74 783（3）	29（4）	20（2）	57 247（7）
浙江省	25 103（8）	48 523（8）	21（6）	19（4）	99 454（3）
湖北省	26 623（7）	59 398（5）	20（7）	18（5）	42 203（8）
山东省	26 689（6）	57 393（6）	26（5）	18（5）	59 825（5）
陕西省	27 184（5）	53 483（7）	17（9）	17（10）	30 653（11）
四川省	22 636（9）	43 015（10）	16（10）	18（5）	34 953（9）
湖南省	17 651（10）	48 163（9）	11（13）	18（5）	32 522（10）
辽宁省	17 301（11）	33 103（11）	18（8）	15（14）	19 113（15）

续表

地区	SCI 论文数/篇（排名）	SCI 论文被引频次/次（排名）	入选 ESI 机构数/个（排名）	入选 ESI 学科数/个（排名）	发明专利申请量/件（排名）
安徽省	13 188（13）	26 604（13）	10（15）	16（12）	59 424（6）
天津市	14 396（12）	30 870（12）	11（13）	15（14）	19 773（14）
河南省	11 979（15）	23 341（15）	13（11）	10（19）	27 095（13）
福建省	10 302（18）	21 323（16）	12（12）	17（10）	27 154（12）
重庆市	10 960（17）	20 869（18）	7（21）	15（14）	18 403（16）
黑龙江省	12 713（14）	24 829（14）	10（15）	16（12）	12 575（18）
吉林省	11 583（16）	21 021（17）	8（19）	15（14）	10 368（21）
江西省	6 000（21）	11 444（20）	8（19）	8（20）	12 509（19）
云南省	4 918（23）	7 437（23）	9（17）	8（20）	8 183（23）
甘肃省	6 151（20）	11 870（19）	9（17）	14（18）	5 427（25）
广西壮族自治区	4 318（24）	7 025（24）	6（24）	7（23）	10 831（20）
河北省	6 562（19）	10 535（21）	7（21）	8（20）	18 070（17）
山西省	5 348（22）	9 309（22）	7（21）	5（25）	7 908（24）
贵州省	2 745（25）	3 312（25）	3（26）	3（27）	9 300（22）
新疆维吾尔自治区	2 327（26）	3 276（26）	4（25）	7（23）	3 034（27）
内蒙古自治区	1 863（27）	2 094（27）	2（28）	2（28）	4 022（26）
海南省	1 367（28）	1 941（28）	3（26）	4（26）	1 934（29）
宁夏回族自治区	779（29）	1 314（29）	1（29）	1（30）	2 365（28）
青海省	540（30）	535（30）	0（31）	0（31）	1 115（30）
西藏自治区	114（31）	100（31）	1（29）	2（28）	372（31）

资料来源：科技大数据湖北省重点实验室、中国产业智库大数据中心

3.3 中国省域基础研究竞争力分析

3.3.1 北京市

2019 年，北京市的基础研究竞争力指数为 4.8909，排名第 1 位。北京市争取国家自然科学基金项目总数为 7237 项，项目经费总额为 680 120.77 万元，全国排名均为第 1 位。北京市争取国家自然科学基金项目经费金额大于 1 亿元的有 2 个学科（图 3-2）；北京市整体争取国家自然科学基金项目经费与 2018 年相比呈上升趋势；争取国家自然科学基金项目经费最多的学科为凝聚态物性Ⅱ：电子结构、电学、磁学和光学性质，项目数量 99 个，项目经费 13 156 万元（表 3-5）；发表 SCI 论文数量最多的学科为工程、电气和电子（表 3-6）。北京市争取国家自然科学基金经费超过 1 亿元的有 16 个机构（表 3-7）；北京市共有 108 个机构进入相关学科的 ESI 全球前 1%行列，其中包括 23 所高校（图 3-3），32 个中国科学院研究所（图 3-4），53 所医院、企业及非中国科学院的研究机构（图 3-5）。北京市发明专利申请量 99 014 件，全国排名第 4，主要专利权人如表 3-8 所示。

2019 年，北京市地方财政科技投入经费预算 326.8138 亿元，全国排名第 6 位；拥有国家

重点实验室 123 个，获得国家科技奖励 75 项，全国排名均为第 1 位；拥有省级重点实验室 457 个，全国排名第 2 位；拥有院士 730 人，新增国家自然科学基金杰出青年科学基金入选者 101 人，各项高端人才数全国排名均为第 1 位。

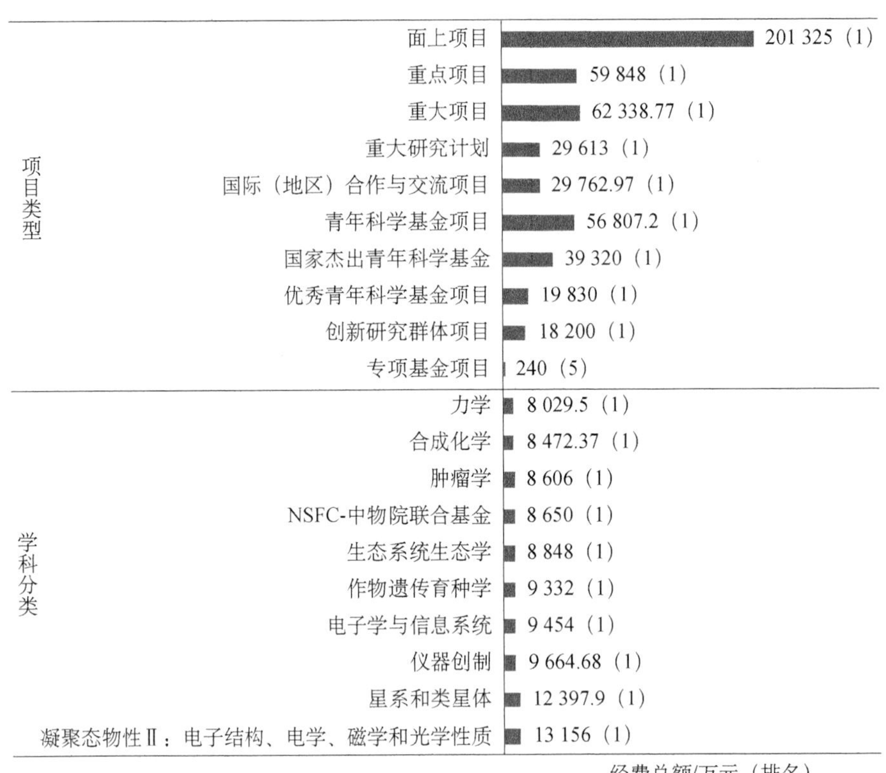

图 3-2　2019 年北京市争取国家自然科学基金项目情况

资料来源：科技大数据湖北省重点实验室、中国产业智库大数据中心

表 3-5　2019 年北京市争取国家自然科学基金项目经费十强学科及近 5 年变化趋势

项目经费趋势	学科	指标	2015 年	2016 年	2017 年	2018 年	2019 年
	合计	项目数/项	7 065	6 929	7 045	6 907	7 237
		项目金额/万元	522 427.59	516 099.01	586 948.98	512 206.28	680 120.77
		机构数/个	312	326	311	309	291
		主持人数/人	6 899	6 786	6 862	6 761	7 058
	凝聚态物性Ⅱ：电子结构、电学、磁学和光学性质	项目数/项	92	91	95	79	99
		项目金额/万元	7 111.3	6 595.7	6 807.5	6 173.79	13 156
		机构数/个	19	19	26	16	19
		主持人数/人	92	90	95	79	97
	星系和类星体	项目数/项	12	13	15	16	21
		项目金额/万元	854.1	1226	2 099.42	2 459	12 397.9
		机构数/个	4	3	4	4	6
		主持人数/人	12	13	15	16	20

续表

项目经费趋势	学科	指标	2015年	2016年	2017年	2018年	2019年
	仪器创制	项目数/项	3	1	2	2	4
		项目金额/万元	106	20	696.21	560.7	9 664.68
		机构数/个	3	1	2	2	4
		主持人数/人	3	1	2	2	4
	电子学与信息系统	项目数/项	12	15	7	8	16
		项目金额/万元	494.5	1 861.55	284	992	9 454
		机构数/个	8	13	6	5	13
		主持人数/人	12	15	7	8	16
	作物遗传育种学	项目数/项	2	0	2	3	37
		项目金额/万元	86	0	119	145	9 332
		机构数/个	2	0	2	3	7
		主持人数/人	2	0	2	3	35
	生态系统生态学	项目数/项	16	11	14	13	16
		项目金额/万元	631.5	814	730	737	8 848
		机构数/个	8	8	10	7	10
		主持人数/人	15	11	14	13	16
	NSFC-中物院联合基金	项目数/项	21	16	16	8	11
		项目金额/万元	5 120	1 454	3 434	888	8 650
		机构数/个	12	5	8	4	10
		主持人数/人	21	16	16	8	11
	肿瘤学	项目数/项	3	3	4	1	4
		项目金额/万元	676	575	554.57	293	8 606
		机构数/个	2	3	4	1	4
		主持人数/人	3	3	4	1	4
	合成化学	项目数/项	1	8	10	4	6
		项目金额/万元	337	1 684	5 755.8	1 075.5	8 472.37
		机构数/个	1	6	6	2	3
		主持人数/人	1	8	9	4	6
	力学	项目数/项	2	1	17	2	4
		项目金额/万元	318	18	2 504	16	8 029.5
		机构数/个	1	1	10	1	4
		主持人数/人	2	1	17	2	4

资料来源：科技大数据湖北省重点实验室、中国产业智库大数据中心

表 3-6　2019 年北京市发表 SCI 论文数量二十强学科

序号	研究领域	发文量全国排名	发文量/篇	被引次数/次	篇均被引/次
1	工程、电气和电子	1	6 458	4 758	0.74
2	材料科学、跨学科	1	6 393	11 203	1.75
3	环境科学	1	3 978	5 480	1.38
4	物理学、应用	1	3 818	6 989	1.83

续表

序号	研究领域	发文量全国排名	发文量/篇	被引次数/次	篇均被引/次
5	化学、跨学科	1	3 693	7 596	2.06
6	能源和燃料	1	3 327	5 519	1.66
7	化学、物理	1	3 227	8 658	2.68
8	电信	1	2 555	1 562	0.61
9	纳米科学和纳米技术	1	2 538	6 276	2.47
10	计算机科学、信息系统	1	2 291	1 360	0.59
11	工程、化学	1	2 204	4 107	1.86
12	光学	1	2 152	1 327	0.62
13	地球学、跨学科	1	1 827	1 362	0.75
14	多学科科学	1	1 820	2 448	1.35
15	工程、机械	1	1 790	1 475	0.82
16	计算机科学、人工智能	1	1 587	1 673	1.05
17	物理学、凝聚态物质	1	1 583	4 625	2.92
18	肿瘤学	3	1 559	1 040	0.67
19	生物化学与分子生物学	2	1 522	1 862	1.22
20	工程、环境	1	1 486	3 296	2.22
全市合计		1	66 326	161 211	2.43

资料来源：科技大数据湖北省重点实验室、中国产业智库大数据中心

表 3-7　2019 年北京市争取国家自然科学基金项目经费三十强机构

序号	机构名称	项目数量/项（排名）	项目经费/万元（排名）	发文量/篇（排名）	被引次数/次（排名）	发明专利申请数/件（排名）	BRCI（排名）
1	清华大学	603（7）	71 144.71（3）	7 395（3）	16 853（4）	3 039（11）	82.6163（3）
2	北京大学	723（6）	109 126.68（1）	6 714（8）	11 196（16）	638（146）	66.759（7）
3	北京航空航天大学	317（22）	22 916.86（18）	3 969（22）	6 943（31）	1 974（25）	40.120 3（21）
4	北京理工大学	254（33）	18 162.43（26）	3 349（29）	7 119（30）	1 890（31）	34.726 1（27）
5	中国农业大学	220（38）	22 304.1（20）	2 434（42）	4 461（52）	774（106）	25.953 7（34）
6	北京科技大学	168（51）	14 608.71（35）	2 910（32）	6 095（33）	1 114（68）	25.422 4（36）
7	北京工业大学	142（67）	7 326（94）	1 878（63）	3 257（77）	1 924（29）	19.728 2（55）
8	北京师范大学	193（44）	16 365.88（30）	2 204（52）	4 294（55）	249（403）	19.033（58）
9	北京交通大学	139（73）	8 510.73（78）	2 131（56）	3 379（74）	710（127）	17.370 7（67）
10	北京化工大学	116（89）	9 182.5（74）	1 713（70）	5 288（39）	711（126）	17.289 4（68）
11	北京邮电大学	104（101）	7 924.06（86）	2 221（51）	3 466（70）	1 039（73）	16.831 5（71）
12	首都医科大学	274（31）	13 987.36（42）	3 555（27）	3 621（64）	32（3406）	15.616 4（76）
13	中国地质大学（北京）	96（109）	8 358.51（79）	1 264（93）	2 783（89）	293（339）	11.767 4（90）
14	中国科学院大学	70（150）	7 003.5（101）	1 601（77）	3 063（80）	202（521）	10.202 5（100）
15	中国科学院化学研究所	69（154）	8 089.68（85）	755（138）	3 551（68）	172（611）	9.155 6（113）
16	中国科学院生态环境研究中心	105（100）	8 119.5（84）	664（154）	1 839（130）	116（901）	8.656 2（121）
17	中国科学院地理科学与资源研究所	95（110）	8 914.04（76）	724（144）	1 471（154）	145（726）	8.653 3（122）

续表

序号	机构名称	项目数量/项（排名）	项目经费/万元（排名）	发文量/篇（排名）	被引次数/次（排名）	发明专利申请数/件（排名）	BRCI（排名）
18	中国科学院物理研究所	85（120）	10 412.3（63）	393（229）	1 063（191）	64（1645）	6.374 3（156）
19	中国科学院地质与地球物理研究所	92（111）	7 093.5（100）	454（210）	573（277）	101（1018）	6.134 5（165）
20	中国科学院高能物理研究所	79（131）	9 186（73）	333（259）	771（231）	104（993）	6.102（167）
21	中国科学院理化技术研究所	33（296）	10 108.98（66）	372（242）	1260（164）	229（449）	5.826 7（171）
22	中国科学院半导体研究所	42（240）	7437.88（92）	345（251）	919（209）	238（430）	5.640 5（179）
23	中国科学院国家天文台	61（170）	12 620.5（55）	243（320）	393（338）	46（2329）	4.378 5（214）
24	中国科学院力学研究所	36（281）	10 700.66（61）	209（362）	344（362）	135（784）	4.077 7（230）
25	中国科学院遗传与发育生物学研究所	64（163）	10 133（65）	110（526）	523（298）	41（2632）	3.814 9（240）
26	中国科学院生物物理研究所	70（150）	12 939.28（50）	115（510）	372（349）	33（3317）	3.753 2（242）
27	中国科学院动物研究所	72（142）	7 135.5（97）	266（300）	471（309）	18（6649）	3.747 5（244）
28	中国科学院电子学研究所	29（321）	12 763.5（54）	214（353）	153（522）	181（586）	3.577 9（253）
29	中国科学院青藏高原研究所	36（281）	10 408（64）	155（440）	393（338）	3（51793）	2.093 5（344）
30	中国石油化工股份有限公司石油勘探开发研究院	7（670）	6 769.2（104）	11（1405）	20（1092）	7（21068）	0.509 3（535）

资料来源：科技大数据湖北省重点实验室、中国产业智库大数据中心

	综合	农业科学	生物与生化	化学	临床医学	计算机科学	经济与商学	工程科学	环境/生态学	地球科学	免疫学	材料科学	数学	微生物学	分子生物与遗传学	综合交叉学科	神经科学与行为	药理学与毒物学	物理学	植物与动物科学	精神病学/心理学	社会学	进入ESI学科数
中国科学院大学	73	25	107	6	1668	164	0	56	23	35	625	5	0	173	277	0	723	170	169	34	710	523	18
清华大学	86	801	148	16	1405	8	170	5	86	167	583	8	106	356	271	27	721	515	39	543	0	364	20
北京大学	87	317	142	26	222	76	112	76	78	52	308	20	61	321	180	114	262	60	52	290	311	206	21
北京师范大学	520	253	921	340	4322	0	0	342	105	128	0	452	77	0	0	0	300	0	594	812	346	432	14
北京航空航天大学	526	0	0	277	0	65	0	34	0	0	0	76	0	0	0	0	0	0	371	0	0	1282	6
中国农业大学	571	7	318	558	0	0	0	587	292	0	0	0	0	179	476	0	0	616	0	0	0	1053	10
首都医科大学	583	0	608	0	299	0	0	0	0	0	398	0	0	0	520	0	209	235	0	0	0	1387	7
北京理工大学	600	0	0	173	0	161	0	60	0	0	0	106	0	0	0	0	0	0	598	0	0	1002	6
北京化工大学	661	0	775	77	0	0	0	333	0	0	0	101	0	0	0	0	0	0	0	0	0	0	4
北京科技大学	681	0	0	248	0	247	0	193	1058	0	0	52	0	0	0	0	0	0	0	0	0	0	5
中国石油大学	822	0	0	240	0	0	0	101	0	200	0	270	0	0	0	0	0	0	0	0	0	0	4
北京工业大学	1181	0	0	541	0	454	0	251	925	0	0	291	0	0	0	0	0	0	0	0	0	0	5
华北电力大学	1252	0	0	927	0	0	0	82	615	0	0	657	0	0	0	0	0	0	0	0	0	1475	5
北京交通大学	1266	0	0	0	0	122	0	117	0	0	0	467	0	0	0	0	0	0	0	0	0	1467	4
北京林业大学	1480	276	1023	889	0	0	0	1028	555	0	0	752	0	0	0	0	0	0	0	267	0	0	7
北京邮电大学	1549	0	0	0	0	32	0	336	0	0	0	0	0	0	0	0	0	0	669	0	0	0	3
中国人民大学	1649	0	0	871	0	0	229	1251	0	0	0	0	0	0	0	0	0	0	0	0	0	670	4
首都师范大学	1926	0	0	861	0	0	0	0	0	0	0	936	0	0	0	0	0	0	0	823	0	0	3
北京中医药大学	2856	0	0	0	2274	0	0	0	0	0	0	0	0	0	0	0	0	477	0	0	0	0	2
北京工商大学	3724	563	0	0	0	0	0	0	0	0	0	0	0	0	0	0	0	0	0	0	0	0	1
北京建筑大学	4925	0	0	0	0	0	0	1359	0	0	0	0	0	0	0	0	0	0	0	0	0	0	1
对外经贸大学	5072	0	0	0	0	0	0	0	0	0	0	0	0	0	0	0	0	0	0	0	0	0	0
北方工业大学	5476	0	0	0	0	0	0	1424	0	0	0	0	0	0	0	0	0	0	0	0	0	0	1

图3-3　2019年北京市高校ESI前1%学科分布

	综合	农业科学	生物与生化	化学	临床医学	计算机科学	经济与商学	工程科学	环境/生态学	地球科学	免疫学	材料科学	数学	微生物学	分子生物与基因	综合交叉学科	神经科学与行为	药理学与毒物学	物理学	植物与动物科学	精神病学/心理学	一般社会科学	空间科学	进入ESI的学科数
中国科学院	3	4	10	1	368	2	189	1	2	2	118	1	6	18	32	14	131	8	3	4	233	156	35	22
中国科学院化学研究所	423	0	0	23	0	0	0	1413	0	0	0	30	0	0	0	0	0	0	0	0	0	0	0	3
中国科学院物理研究所	631	0	0	304	0	0	0	0	0	0	0	109	0	0	0	0	0	0	124	0	0	0	0	3
中国科学院高能物理研究所	756	0	0	454	0	0	0	0	0	0	0	358	0	0	0	0	0	0	95	0	0	0	0	3
中国科学院生态环境研究中心	1016	435	0	495	0	0	0	470	70	0	0	0	0	0	0	0	0	0	0	1153	0	0	0	5
中国科学院地质与地球物理研究所	1177	0	0	0	0	0	0	0	0	0	0	0	0	0	0	0	0	0	0	0	0	0	0	1
中国科学院理化技术研究所	1265	0	0	285	0	0	0	1293	0	0	0	198	0	0	0	0	0	0	0	0	0	0	0	3
中国科学院地理科学与资源研究所	1284	163	0	0	0	0	0	746	182	197	0	0	0	0	0	0	0	0	0	1132	0	467	0	6
中国科学院过程工程研究所	1371	0	938	324	0	0	0	562	0	0	0	339	0	0	0	0	0	0	0	0	0	0	0	4
中国科学院大气物理研究所	1409	0	0	0	0	0	0	0	643	64	0	0	0	0	0	0	0	0	0	0	0	0	0	2
中国科学院遗传与发育生物学研究所	1449	489	994	0	3031	0	0	0	0	0	0	0	0	0	487	0	0	0	0	144	0	0	0	5
中国科学院植物研究所	1571	344	0	0	0	0	0	0	303	0	0	0	0	0	0	0	0	0	0	133	0	0	0	3
中国科学院动物研究所	1617	0	824	0	3276	0	0	0	748	0	0	0	0	0	469	0	0	0	0	425	0	0	0	5
中国科学院生物物理研究所	1622	0	483	0	3023	0	0	0	0	0	730	0	0	0	595	0	0	0	0	0	0	0	0	4
中国科学院微生物研究所	1658	0	541	0	0	0	0	0	0	0	0	0	0	192	0	0	0	0	0	347	0	0	0	3
中国科学院国家天文台	1687	0	0	0	0	0	0	0	0	0	0	0	0	0	0	0	0	0	0	0	0	0	109	1
中国科学院半导体研究所	1806	0	0	0	0	0	0	1370	0	0	0	402	0	0	0	0	0	0	581	0	0	0	0	3
中国科学院北京纳米能源与系统研究所	1927	0	0	0	0	0	0	0	0	0	0	173	0	0	0	0	0	0	0	0	0	0	0	1
中国科学院数学与系统科学研究院	2029	0	0	0	0	0	0	402	0	0	0	0	31	0	0	0	0	0	0	0	0	0	0	2
中国科学院自动化研究所	2157	0	0	0	0	151	0	309	0	0	0	0	0	0	0	0	805	0	0	0	0	0	0	3
中国科学院心理研究所	2446	0	0	0	0	0	0	0	0	0	0	0	0	0	0	0	459	0	0	0	323	0	0	2
中国科学院北京基因组研究所	2489	0	778	0	4394	0	0	0	0	0	0	0	0	0	697	0	0	0	0	0	0	0	0	3
中国科学院理论物理研究所	2604	0	0	0	0	0	0	0	0	0	0	0	0	0	0	0	0	0	609	0	0	0	0	1
中国科学院力学研究所	2963	0	0	0	0	0	0	651	0	0	0	668	0	0	0	0	0	0	0	0	0	0	0	2
中国科学院电工研究所	3353	0	0	0	0	0	0	613	0	0	0	0	0	0	0	0	0	0	0	0	0	0	0	1
中国科学院遥感与数字地球研究所	3440	0	0	0	0	0	0	0	1082	431	0	0	0	0	0	0	0	0	0	0	0	0	0	2
中国科学院计算技术研究所	3490	0	0	0	0	261	0	678	0	0	0	0	0	0	0	0	0	0	0	0	0	0	0	2
中国科学院古脊椎动物与古人类研究所	3628	0	0	0	0	0	0	0	0	637	0	0	0	0	0	0	0	0	0	0	0	1137	0	2
中国科学院工程热物理研究所	4359	0	0	0	0	0	0	596	0	0	0	0	0	0	0	0	0	0	0	0	0	0	0	1
中国科学院微电子研究所	4438	0	0	0	0	0	0	1557	0	0	0	0	0	0	0	0	0	0	0	0	0	0	0	1
中国科学院信息工程研究所	5163	0	0	0	0	361	0	0	0	0	0	0	0	0	0	0	0	0	0	0	0	0	0	1
中国科学院科技战略咨询研究所	5366	0	0	0	0	0	0	1339	0	0	0	0	0	0	0	0	0	0	0	0	0	0	0	1

图 3-4　2019 年中国科学院及京属各研究所 ESI 前 1%学科分布

	综合	农业科学	生物与生化	化学	临床医学	计算机科学	经济与商学	工程科学	环境/生态学	地球科学	免疫学	材料科学	数学	微生物学	分子生物与基因	综合交叉学科	神经科学与行为	药理学与毒物学	物理学	植物与动物科学	精神病学/心理学	社会科学	进入ESI学科数
中国医学科学院北京协和医学院	404	797	345	607	202	0	0	0	0	0	292	793	0	268	236	0	541	57	0	822	0	890	12
中国农业科学院	580	13	417	788	0	0	0	1394	357	0	0	0	0	91	331	0	0	826	0	23	0	0	9
国家纳米科学中心	881	0	0	264	0	0	0	0	0	0	0	72	0	0	0	0	0	0	0	0	0	0	2
中国疾病预防控制中心	1041	701	0	0	667	0	0	0	744	0	225	0	0	124	0	0	0	892	0	0	0	461	7
中国教育部	1058	736	0	325	3303	0	0	424	0	0	0	334	0	0	0	0	0	0	0	0	0	0	5
中国人民解放军总医院	1224	0	790	0	660	0	0	0	0	0	0	0	0	0	744	0	866	622	0	0	0	0	5
中国医学科学院北京协和医院	1565	0	0	0	745	0	0	0	0	0	0	0	0	0	0	0	0	0	0	0	0	0	1
中国地质科学院	1626	0	0	0	0	0	0	0	0	79	0	0	0	0	0	0	0	0	0	0	0	0	1
中国人民解放军军事医学科学院	1683	0	889	0	1646	0	0	0	0	0	0	0	0	0	0	0	0	473	0	0	0	0	3
中国医学科学院阜外医院	1742	0	0	0	675	0	0	0	0	0	0	0	0	0	0	0	0	0	0	0	0	0	1
中国气象局	2014	0	0	0	0	0	0	0	895	137	0	0	0	0	0	0	0	0	0	0	0	0	2
中国石油天然气集团有限公司	2055	0	0	974	0	0	0	711	0	275	0	0	0	0	0	0	0	0	0	0	0	0	3
中国医学科学院肿瘤医院	2070	0	0	0	944	0	0	0	0	0	0	0	0	0	0	0	0	0	0	0	0	0	1
中国医学科学院基础医学研究所	2103	0	0	0	1510	0	0	0	0	0	0	0	0	0	771	0	0	0	0	0	0	0	2
国家海洋局	2172	0	0	0	0	0	0	0	747	392	0	0	0	0	0	0	0	0	0	902	0	0	3
中国环境科学研究院	2236	0	0	0	0	0	0	867	268	681	0	0	0	0	0	0	0	0	0	0	0	0	3
中国林业科学研究院	2310	651	0	0	0	0	0	0	770	0	0	0	0	0	0	0	0	0	0	343	0	0	3
中国农业科学院作物科学研究所	2375	236	0	0	0	0	0	0	0	0	0	0	0	0	0	0	0	0	0	244	0	0	2
中国水产科学研究院	2545	0	0	0	0	0	0	0	999	0	0	0	0	0	0	0	0	0	0	333	0	0	2
中国中医科学院	2667	0	0	0	2150	0	0	0	0	0	0	0	0	0	0	0	0	499	0	0	0	0	2
中国石油化工集团公司	2965	0	0	969	0	0	0	967	0	484	0	0	0	0	0	0	0	0	0	0	0	0	3
中国地震局	2722	0	0	0	0	0	0	0	0	206	0	0	0	0	0	0	0	0	0	0	0	0	1
中国医学科学院药物研究所	2733	0	0	1141	0	0	0	0	0	0	0	0	0	0	0	0	0	321	0	0	0	0	2
中国气象科学研究院	2801	0	0	0	0	0	0	0	0	242	0	0	0	0	0	0	0	0	0	0	0	0	1
北京市神经外科研究所	3014	0	0	0	1343	0	0	0	0	0	0	0	0	0	0	0	0	0	0	0	0	0	1
中国农业科学院植物保护研究所	3171	633	0	0	0	0	0	0	0	0	0	0	0	0	0	0	0	0	0	460	0	0	2
中国疾病预防控制中心慢性非传染性疾病预防控制中心	3215	0	0	0	1296	0	0	0	0	0	0	0	0	0	0	0	0	0	0	0	0	0	1
中国原子能科学研究院	3245	0	0	0	0	0	0	0	0	0	0	0	0	0	0	0	0	0	0	0	0	0	0
中日友好医院	3385	0	0	0	1884	0	0	0	0	0	0	0	0	0	0	0	0	0	0	0	0	0	1
中国医学科学院药用植物研究所	3402	0	0	0	0	0	0	0	0	0	0	0	0	0	0	0	0	530	0	1102	0	0	2
北京市农林科学院	3423	586	0	0	0	0	0	0	0	0	0	0	0	0	0	0	0	0	0	661	0	0	2
中国疾病预防控制中心病毒预防控制所	3663	0	0	0	3392	0	0	0	0	0	0	0	0	397	0	0	0	0	0	0	0	0	2
中国人民解放军总医院第五医学中心	3688	0	0	0	2288	0	0	0	0	0	0	0	0	0	0	0	0	0	0	0	0	0	1
中国农业科学院农业资源与农业区划研究所	3700	320	0	0	0	0	0	0	1024	0	0	0	0	0	0	0	0	0	0	0	0	0	2
中国农业科学院蔬菜花卉研究所	3866	0	0	0	0	0	0	0	0	0	0	0	0	0	0	0	0	0	0	883	0	0	1
微软亚洲研究院	3871	0	0	0	0	258	0	567	0	0	0	0	0	0	0	0	0	0	0	0	0	0	2
北京医院	4132	0	0	0	2592	0	0	0	0	0	0	0	0	0	0	0	0	0	0	0	0	0	1
中国水利水电科学研究院	4152	0	0	0	0	0	0	1222	929	0	0	0	0	0	0	0	0	0	0	0	0	0	2
中国农业科学院北京畜牧兽医研究所	4419	0	0	0	0	0	0	0	0	0	0	0	0	0	0	0	0	0	0	1205	0	0	1
中国地质调查局	4423	0	0	0	0	0	0	0	0	549	0	0	0	0	0	0	0	0	0	0	0	0	1
中国海洋石油总公司	4440	0	0	0	0	0	0	1443	0	681	0	0	0	0	0	0	0	0	0	0	0	0	2
北京有色金属研究总院	4677	0	0	0	0	0	0	0	0	0	0	916	0	0	0	0	0	0	0	0	0	0	1
首都儿科研究所	4697	0	0	0	2864	0	0	0	0	0	0	0	0	0	0	0	0	0	0	0	0	0	1
中国钢研科技集团有限公司	4790	0	0	0	0	0	0	0	0	0	0	830	0	0	0	0	0	0	0	0	0	0	1
中国林业科学研究院森林生态环境与保护研究所	4867	0	0	0	0	0	0	0	0	0	0	0	0	0	0	0	0	0	0	971	0	0	1
中国疾病预防控制中心性病艾滋病预防控制中心	4963	0	0	0	0	0	0	0	0	0	0	0	0	0	0	0	0	0	0	0	0	1592	1
北京航空材料研究院	4979	0	0	0	0	0	0	0	0	0	0	899	0	0	0	0	0	0	0	0	0	0	1
国家电网有限公司	5166	0	0	0	0	0	0	926	0	0	0	0	0	0	0	0	0	0	0	0	0	0	1
中国航空工业集团公司	5181	0	0	0	0	0	0	1499	0	0	0	0	0	0	0	0	0	0	0	0	0	0	1
中国疾病预防控制中心职业卫生与中毒控制所	5245	0	0	0	2934	0	0	0	0	0	0	0	0	0	0	0	0	0	0	0	0	0	1
中国人民解放军总医院第六医学中心	5402	0	0	0	4355	0	0	0	0	0	0	0	0	0	0	0	0	0	0	0	0	0	1
中国社会科学院	5440	0	0	0	0	0	0	0	0	0	0	0	0	0	0	0	0	0	0	0	0	1202	1
中国高血压联盟	5833	0	0	0	3590	0	0	0	0	0	0	0	0	0	0	0	0	0	0	0	0	0	1

图3-5　2019年北京市其他机构ESI前1%学科分布

表 3-8 2019 年北京市在华发明专利申请量二十强企业和二十强科研机构列表

序号	二十强企业	发明专利申请量/件	二十强科研机构	发明专利申请量/件
1	京东方科技集团股份有限公司	3 824	清华大学	2 594
2	北京百度网讯科技有限公司	1 518	北京工业大学	1 886
3	中国联合网络通信集团有限公司	1 297	北京航空航天大学	1 875
4	北京字节跳动网络技术有限公司	1 295	北京理工大学	1 781
5	联想（北京）有限公司	1 163	北京科技大学	1 032
6	国家电网有限公司	1 131	北京邮电大学	924
7	百度在线网络技术（北京）有限公司	1 038	中国农业大学	752
8	北京奇艺世纪科技有限公司	871	华北电力大学	680
9	北京达佳互联信息技术有限公司	868	北京化工大学	675
10	视联动力信息技术股份有限公司	813	北京交通大学	670
11	中国电力科学研究院有限公司	778	北京大学	555
12	北京小米移动软件有限公司	768	中国石油大学（北京）	453
13	北京三快在线科技有限公司	763	中国科学院微电子研究所	414
14	中国工商银行股份有限公司	671	中国水利水电科学研究院	384
15	中国银行股份有限公司	660	中国矿业大学（北京）	383
16	中国石油天然气股份有限公司	569	北京林业大学	365
17	中国石油化工股份有限公司	501	中国原子能科学研究院	320
18	泰康保险集团股份有限公司	484	中国科学院自动化研究所	293
19	北京明略软件系统有限公司	479	中国科学院过程工程研究所	288
20	秒针信息技术有限公司	416	中国地质大学（北京）	265

注：此表只统计排名第一位的专利权人的专利申请量，下同

资料来源：科技大数据湖北省重点实验室、中国产业智库大数据中心

3.3.2 江苏省

2019 年，江苏省的基础研究竞争力指数为 2.9671，排名第 2 位。江苏省争取国家自然科学基金项目总数为 4290 项，项目经费总额为 252 312.91 万元，全国排名均为第 3 位。江苏省争取国家自然科学基金项目经费金额大于 5000 万元的有 1 个学科（图 3-6）；江苏省整体争取国家自然科学基金项目经费与 2018 年相比呈上升趋势；争取国家自然科学基金项目经费最多的学科为土壤学，项目数量 72 个，项目经费 7310.49 万元（表 3-9）；发表 SCI 论文数量最多的学科为材料科学、跨学科（表 3-10）。江苏省争取国家自然科学基金经费超过 1 亿元的有 6 个机构（表 3-11）；江苏省共有 31 个机构进入相关学科的 ESI 全球前 1%行列（图 3-7）。江苏省发明专利申请量 149 151 件，全国排名第 2 位，主要专利权人如表 3-12 所示。

2019 年，江苏省地方财政科技投入经费预算 575.6 亿元，全国排名第 2 位；拥有国家重点实验室 34 个，全国排名第 3 位；获得国家科技奖励 23 项，全国排名第 2 位；拥有省级重点实验室 73 个，全国排名第 25 位；拥有院士 90 人，新增国家自然科学基金杰出青年科学基金入选者 25 人，各项高端人才数全国排名均为第 3 位。

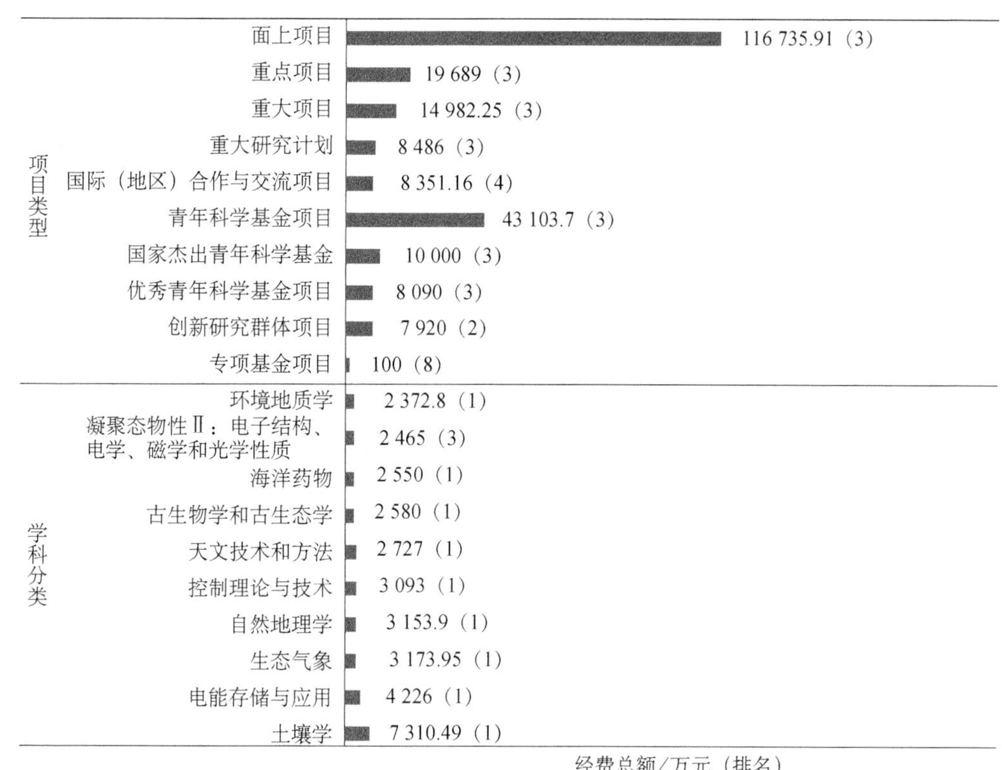

图 3-6　2019 年江苏省争取国家自然科学基金项目情况

资料来源：科技大数据湖北省重点实验室、中国产业智库大数据中心

表 3-9　2019 年江苏省争取国家自然科学基金项目经费十强学科及近 5 年变化趋势

项目经费趋势	学科	指标	2015 年	2016 年	2017 年	2018 年	2019 年
	合计	项目数/项	3 966	3 878	4 276	4 164	4 290
		项目金额/万元	198 641.42	190 660.47	226 181.57	218 082.42	252 312.91
		机构数/个	87	82	91	93	85
		主持人数/人	3 919	3 842	4 227	4 129	4 230
	土壤学	项目数/项	0	0	2	54	72
		项目金额/万元	0	0	390	2 561.2	7 310.49
		机构数/个	0	0	1	15	14
		主持人数/人	0	0	2	54	70
	电能存储与应用	项目数/项	0	15	13	16	26
		项目金额/万元	0	684.5	810	1 019	4 226
		机构数/个	0	7	3	5	9
		主持人数/人	0	15	13	16	25
	生态气象	项目数/项	19	18	15	15	13
		项目金额/万元	1 162.5	1 982	731	670	3 173.95
		机构数/个	4	3	3	4	5
		主持人数/人	19	18	15	15	12

续表

项目经费趋势	学科	指标	2015年	2016年	2017年	2018年	2019年
	自然地理学	项目数/项	28	22	33	30	49
		项目金额/万元	1 362.8	2 116.5	2 165.94	2 033	3 153.9
		机构数/个	11	7	12	13	9
		主持人数/人	28	21	33	30	49
	控制理论与技术	项目数/项	46	38	32	31	36
		项目金额/万元	2 384	1 634	1 420	1 330	3 093
		机构数/个	18	13	17	15	13
		主持人数/人	46	38	32	31	36
	天文技术和方法	项目数/项	18	21	18	19	21
		项目金额/万元	717	1 727.49	850	1 579	2 727
		机构数/个	7	2	4	3	2
		主持人数/人	18	21	18	19	21
	古生物学和古生态学	项目数/项	14	16	17	18	19
		项目金额/万元	1 286.8	769	1 295	912	2 580
		机构数/个	2	2	2	3	2
		主持人数/人	14	16	17	18	19
	海洋药物	项目数/项	0	0	2	0	3
		项目金额/万元	0	0	41	0	2 550
		机构数/个	0	0	2	0	1
		主持人数/人	0	0	2	0	2
	凝聚态物性Ⅱ：电子结构、电学、磁学和光学性质	项目数/项	43	35	47	46	37
		项目金额/万元	2 207	1 878.83	2 654.7	2 590.6	2 465
		机构数/个	18	18	19	16	13
		主持人数/人	43	35	47	46	37
	环境地质学	项目数/项	0	0	0	0	2
		项目金额/万元	0	0	0	0	2 372.8
		机构数/个	0	0	0	0	1
		主持人数/人	0	0	0	0	1

资料来源：科技大数据湖北省重点实验室、中国产业智库大数据中心

表 3-10　2019 年江苏省发表 SCI 论文数量二十强学科

序号	研究领域	发文量全国排名	发文量/篇	被引次数/次	篇均被引/次
1	材料科学、跨学科	2	5 612	17 146	3.06
2	工程、电气和电子	2	5 005	7 173	1.43
3	化学、跨学科	2	3 152	11 342	3.60
4	环境科学	2	2 891	7 544	2.61
5	物理学、应用	2	2 880	8 983	3.12
6	化学、物理	2	2 808	14 103	5.02
7	电信	2	2 348	3 017	1.28
8	计算机科学、信息系统	2	2 135	2 722	1.27

续表

序号	研究领域	发文量全国排名	发文量/篇	被引次数/次	篇均被引/次
9	纳米科学和纳米技术	2	2 063	8 317	4.03
10	能源和燃料	2	1 967	7 275	3.70
11	生物化学与分子生物学	1	1 912	4 004	2.09
12	工程、化学	2	1 843	8 087	4.39
13	肿瘤学	4	1 752	2 764	1.58
14	药理学和药剂学	1	1 525	2 395	1.57
15	光学	2	1 412	1 585	1.12
16	医学、研究和试验	2	1 381	1 827	1.32
17	食品科学和技术	1	1 245	3 176	2.55
18	工程、市政	1	1 188	2 005	1.69
19	工程、机械	2	1 182	2 148	1.82
20	物理学、凝聚态物质	2	1 178	5 328	4.52
全省合计		2	45 479	120 941	2.66

资料来源：科技大数据湖北省重点实验室、中国产业智库大数据中心

表 3-11　2019 年江苏省争取国家自然科学基金项目经费三十强机构

序号	机构名称	项目数量/项（排名）	项目经费/万元（排名）	发文量/篇（排名）	被引次数/次（排名）	发明专利申请数/件（排名）	BRCI（排名）
1	南京大学	472（13）	40 439.69（9）	4 072（20）	9 613（21）	857（91）	46.411 4（17）
2	东南大学	305（23）	22 006.88（22）	4 480（16）	9 251（22）	3159（9）	45.585 9（19）
3	苏州大学	328（20）	18 925（25）	3 680（25）	9 048（24）	972（80）	36.145 1（24）
4	江苏大学	164（53）	7 572.1（90）	2 684（36）	8 497（25）	1 966（26）	25.988（33）
5	南京航空航天大学	164（53）	10 084（67）	2 905（33）	4 799（43）	2 164（23）	25.464 3（35）
6	江南大学	146（61）	7 145（96）	2 174（54）	4 654（46）	1 837（32）	21.423 5（44）
7	南京理工大学	137（75）	7 370.5（93）	2 337（43）	4 703（44）	1 735（38）	21.121 3（47）
8	中国矿业大学	136（77）	8 185.6（82）	2 337（43）	5 168（41）	1 199（59）	20.505（50）
9	南京农业大学	214（39）	13 897（43）	1 912（62）	3 558（67）	431（224）	19.923 2（54）
10	河海大学	133（78）	7 635（88）	1 923（61）	3 995（59）	1 471（49）	19.278 8（57）
11	南京医科大学	296（26）	14 361.12（38）	2 708（35）	4 341（54）	96（1083）	19.031 4（59）
12	南京工业大学	115（90）	7 745.1（87）	1 700（72）	4 555（49）	877（86）	16.955（70）
13	扬州大学	146（61）	6 200.5（115）	1 511（78）	3 391（73）	717（125）	15.950 8（74）
14	南京信息工程大学	141（69）	9 345.55（72）	1 322（88）	2 937（84）	508（181）	15.201 2（79）
15	南京邮电大学	88（116）	4 144.5（157）	1 278（92）	2 305（108）	1 599（40）	13.121 8（85）
16	南京林业大学	71（144）	2 834.6（205）	1 150（99）	3 017（81）	1 076（71）	11.051 5（94）
17	南京师范大学	107（98）	6 098.59（118）	1 058（108）	2 201（113）	334（293）	11.049 6（95）
18	中国药科大学	97（107）	5 371.5（130）	1 051（110）	2 182（116）	300（330）	10.255（98）
19	南通大学	78（132）	3 221.41（186）	875（125）	1 217（169）	760（112）	9.028 8（116）
20	江苏科技大学	54（193）	1 658.3（303）	646（159）	1 838（131）	731（118）	7.234 3（140）

续表

序号	机构名称	项目数量/项（排名）	项目经费/万元（排名）	发文量/篇（排名）	被引次数/次（排名）	发明专利申请数/件（排名）	BRCI（排名）
21	南京中医药大学	114（91）	6 989（102）	681（149）	898（214）	62（1693）	6.979 1（143）
22	江苏师范大学	51（198）	2 054.7（260）	507（194）	1 484（151）	418（238）	6.210 9（159）
23	常州大学	32（301）	1 805（285）	654（155）	1 344（159）	721（122）	5.848 2（170）
24	江苏省农业科学院	65（162）	2 175（252）	198（382）	347（360）	241（420）	4.161 9（225）
25	中国科学院南京土壤研究所	44（232）	5 462（129）	248（318）	729（238）	58（1821）	3.917 6（233）
26	徐州医科大学	47（220）	2 081.5（257）	510（193）	663（253）	66（1596）	3.897 4（236）
27	中国科学院南京地理与湖泊研究所	53（195）	3 270.9（183）	229（336）	555（287）	61（1728）	3.655 7（250）
28	苏州科技大学	38（263）	1 503（324）	223（342）	341（365）	285（352）	3.422 2（263）
29	中国科学院紫金山天文台	30（317）	3 823.5（165）	111（522）	231（441）	18（6649）	1.934 7（358）
30	中国科学院南京地质古生物研究所	21（395）	2 398（237）	138（465）	398（333）	2（71748）	1.258 2（431）

资料来源：科技大数据湖北省重点实验室、中国产业智库大数据中心

	综合	农业科学	生物与生化	化学	临床医学	计算机科学	工程科学	环境/生态学	地球科学	免疫学	材料科学	数学	微生物学	分子生物与基因	神经科学与行为	药理学与毒物学	物理学	植物与动物科学	社会科学	进入ESI学科数
南京大学	9	55	122	7	15	27	33	8	8	23	21	18	0	29	16	19	6	50	13	17
苏州大学	20	90	121	21	27	71	63	0	0	22	11	37	0	31	25	17	23	0	0	13
东南大学	24	0	131	40	40	3	8	79	0	0	39	10	0	0	31	43	19	0	25	12
南京医科大学	39	0	120	177	8	0	0	0	0	17	0	0	0	12	14	12	0	0	36	8
南京农业大学	55	4	124	170	0	0	122	23	0	0	0	0	13	35	0	0	0	5	0	8
江苏大学	58	23	177	44	61	0	44	0	0	0	54	0	0	0	0	60	0	0	0	7
南京理工大学	61	0	0	55	0	32	29	0	0	0	47	0	0	0	0	0	0	0	0	4
南京工业大学	64	0	158	35	0	0	66	0	0	0	40	0	0	0	0	0	0	0	0	4
江南大学	66	7	115	58	87	0	54	0	0	0	104	0	0	0	0	0	0	0	0	6
南京航空航天大学	70	0	0	110	0	40	21	0	0	0	45	0	0	0	0	0	0	0	39	5
中国矿业大学	86	0	0	112	0	58	32	60	24	0	89	27	0	0	0	0	0	0	0	7
南京师范大学	101	49	0	77	0	0	84	68	50	0	118	41	0	0	0	0	0	70	0	8
扬州大学	104	32	0	78	89	60	102	0	0	0	107	0	0	0	0	0	0	35	0	7
中国药科大学	105	0	164	70	79	0	0	0	0	0	162	0	0	0	0	2	0	0	0	5
南京信息工程大学	117	0	0	0	0	13	82	51	14	0	0	0	0	0	0	0	0	0	0	4
南京邮电大学	125	0	0	83	0	37	80	0	0	0	67	0	0	0	0	0	0	0	0	4
河海大学	126	0	0	0	0	45	41	28	41	0	124	0	0	0	0	0	0	0	0	5
南通大学	152	0	0	0	55	0	152	0	0	0	0	0	0	0	28	68	0	0	0	4
南京中医药大学	176	0	0	0	52	0	0	0	0	0	0	0	0	0	0	20	0	0	0	2
中国科学院南京土壤研究所	180	11	0	0	0	0	210	19	0	0	0	0	0	0	0	0	0	109	0	4
常州大学	188	0	0	87	0	0	158	0	0	0	112	0	0	0	0	0	0	0	0	3
江苏师范大学	194	0	0	114	0	0	159	0	0	0	0	0	0	0	0	0	0	0	0	2
南京林业大学	215	89	0	185	0	0	148	0	0	0	153	0	0	0	0	0	0	68	0	5
徐州医科大学	239	0	0	0	68	0	0	0	0	0	0	0	0	0	0	75	0	0	0	2
中国科学院南京地理与湖泊研究所	255	0	0	0	0	0	205	27	46	0	0	0	0	0	0	0	0	110	0	4
江苏科技大学	262	0	0	193	0	0	137	0	0	0	117	0	0	0	0	0	0	0	0	3
江苏省农业科学院	321	46	0	0	0	0	0	0	0	0	0	0	0	0	0	0	0	48	0	2
解放军理工大学	330	0	0	0	0	49	93	0	0	0	0	0	0	0	0	0	0	0	0	2
江苏省疾病预防控制中心	418	0	0	0	119	0	0	0	0	0	0	0	0	0	0	0	0	0	0	1
昆山杜克大学	423	0	0	0	75	0	0	0	0	0	0	0	0	0	0	0	0	0	0	1
南京财经大学	435	87	0	0	0	0	0	0	0	0	0	0	0	0	0	0	0	0	0	1

图 3-7　2019 年江苏省各机构 ESI 前 1%学科分布

表 3-12　2019 年江苏省在华发明专利申请量二十强企业和二十强科研机构列表

序号	二十强企业	发明专利申请量/件	二十强科研机构	发明专利申请量/件
1	苏州浪潮智能科技有限公司	2790	东南大学	2930
2	昆山国显光电有限公司	490	南京航空航天大学	2118
3	国电南瑞科技股份有限公司	325	江苏大学	1878
4	德淮半导体有限公司	295	南京理工大学	1703
5	苏宁云计算有限公司	263	江南大学	1702
6	苏州思必驰信息科技有限公司	254	南京邮电大学	1586
7	瑞声通讯科技（常州）有限公司	253	河海大学	1362
8	南京钢铁股份有限公司	234	中国矿业大学	1103
9	国网江苏省电力有限公司电力科学研究院	197	南京林业大学	1063
10	三一重机有限公司	192	苏州大学	907
11	中国船舶科学研究中心（中国船舶重工集团公司第七〇二研究所）	165	南京工业大学	835
12	苏州金螳螂建筑装饰股份有限公司	164	南京大学	823
13	博众精工科技股份有限公司	153	南通大学	732
14	苏州精濑光电有限公司	151	江苏科技大学	716
15	金螳螂精装科技（苏州）有限公司	151	常州大学	701
16	国网江苏省电力有限公司南通供电分公司	145	扬州大学	694
17	南京南瑞继保电气有限公司	143	江苏理工学院	570
18	蜂巢能源科技有限公司	141	河海大学常州校区	529
19	无锡先导智能装备股份有限公司	140	南京工程学院	516
20	江苏徐工工程机械研究院有限公司	139	南京信息工程大学	505

资料来源：科技大数据湖北省重点实验室、中国产业智库大数据中心

3.3.3　广东省

2019 年，广东省的基础研究竞争力 BRCI 为 2.7676，排名第 3 位。广东省争取国家自然科学基金项目总数为 4253 项，项目经费总额为 235 291.58 万元，全国排名均为第 4 位。广东省争取国家自然科学基金项目经费金额大于 4000 万元的有 2 个学科（图 3-8）；广东省整体争取国家自然科学基金项目经费与 2018 年相比呈上升趋势；争取国家自然科学基金项目经费最多的学科为计算机科学，项目数量 5 个，项目经费 4316 万元（表 3-13）；发表 SCI 论文数量最多的学科为材料科学、跨学科（表 3-14）。广东省争取国家自然科学基金经费超过 1 亿元的有 8 个机构（表 3-15）；广东省共有 30 个机构进入相关学科的 ESI 全球前 1%行列（图 3-9）。广东省发明专利申请量 170 987 件，全国排名第 1 位，主要专利权人如表 3-16 所示。

2019 年，广东省地方财政科技投入经费预算 1179.1422 亿元，全国排名第 1 位；拥有国家重点实验室 27 个，全国排名第 4 位；获得国家科技奖励 10 项，全国排名第 7 位；拥有省级重点实验室 184 个，全国排名第 10 位；拥有院士 28 人，全国排名第 9 位；新增国家自然科学基金杰出青年科学基金入选者 19 人，全国排名第 4 位。

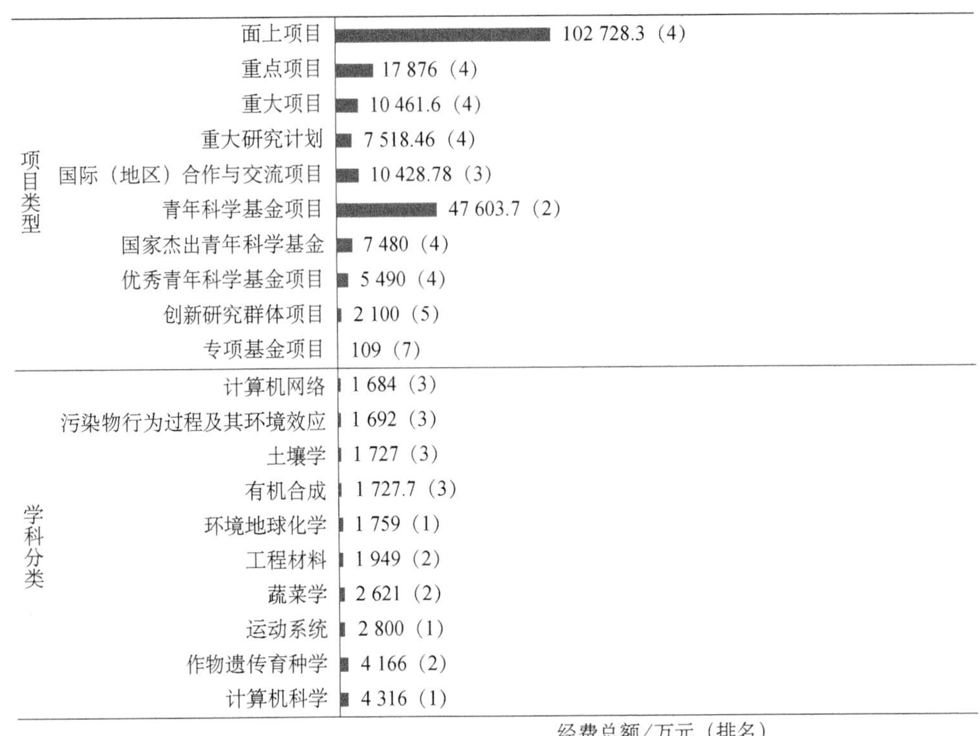

图 3-8 2019 年广东省争取国家自然科学基金项目情况

资料来源：科技大数据湖北省重点实验室、中国产业智库大数据中心

表 3-13 2019 年广东省争取国家自然科学基金项目经费十强学科及近 5 年变化趋势

项目经费趋势	学科	指标	2015 年	2016 年	2017 年	2018 年	2019 年
	合计	项目数/项	2 507	2 804	3 466	3 670	4 253
		项目金额/万元	143 896.17	147 242.43	198 273.89	189 646.22	235 291.58
		机构数/个	109	113	119	123	106
		主持人数/人	2 470	2 768	3 412	3 630	4 182
	计算机科学	项目数/项	0	3	3	3	5
		项目金额/万元	0	1 350	1 260	4 810	4 316
		机构数/个	0	2	2	2	3
		主持人数/人	0	3	3	3	5
	作物遗传育种学	项目数/项	0	0	1	1	19
		项目金额/万元	0	0	26	60	4 166
		机构数/个	0	0	1	1	8
		主持人数/人	0	0	1	1	18
	运动系统	项目数/项	1	0	0	0	3
		项目金额/万元	274	0	0	0	2 800
		机构数/个	1	0	0	0	2
		主持人数/人	1	0	0	0	2
	蔬菜学	项目数/项	4	8	4	8	9
		项目金额/万元	123	285	169	340	2 621
		机构数/个	4	3	3	4	4
		主持人数/人	4	8	4	8	8

续表

项目经费趋势	学科	指标	2015年	2016年	2017年	2018年	2019年
	工程材料	项目数/项	23	26	19	23	30
		项目金额/万元	1 481	1 615	934	983	1 949
		机构数/个	6	6	8	7	7
		主持人数/人	23	26	19	23	30
	环境地球化学	项目数/项	0	0	0	0	27
		项目金额/万元	0	0	0	0	1 759
		机构数/个	0	0	0	0	14
		主持人数/人	0	0	0	0	27
	有机合成	项目数/项	4	4	5	29	37
		项目金额/万元	255	403	116	1 807.5	1 727.7
		机构数/个	3	3	5	8	12
		主持人数/人	4	4	5	28	37
	土壤学	项目数/项	0	0	0	27	34
		项目金额/万元	0	0	0	1 061.1	1 727
		机构数/个	0	0	0	10	15
		主持人数/人	0	0	0	27	34
	污染物行为过程及其环境效应	项目数/项	0	0	0	4	26
		项目金额/万元	0	0	0	383.15	1 692
		机构数/个	0	0	0	4	15
		主持人数/人	0	0	0	4	26
	计算机网络	项目数/项	12	14	20	26	29
		项目金额/万元	590	545	1 055	1 068	1 684
		机构数/个	9	10	8	11	12
		主持人数/人	12	14	19	26	29

资料来源：科技大数据湖北省重点实验室、中国产业智库大数据中心

表 3-14　2019 年广东省发表 SCI 论文数量二十强学科

序号	研究领域	发文量全国排名	发文量/篇	被引次数/次	篇均被引/次
1	材料科学、跨学科	4	3 506	13 032	3.72
2	工程、电气和电子	5	2 813	3 968	1.41
3	肿瘤学	2	2 183	3 330	1.53
4	化学、跨学科	4	2 045	9 049	4.42
5	环境科学	3	1 883	5 488	2.91
6	化学、物理	4	1 797	10 109	5.63
7	物理学、应用	4	1 794	6 758	3.77
8	纳米科学和纳米技术	4	1 534	7 010	4.57
9	生物化学与分子生物学	3	1 479	3 475	2.35
10	电信	4	1 328	1 940	1.46
11	计算机科学、信息系统	4	1 325	2 128	1.61
12	能源和燃料	4	1 312	5 415	4.13

续表

序号	研究领域	发文量全国排名	发文量/篇	被引次数/次	篇均被引/次
13	医学、研究和试验	3	1 252	1 853	1.48
14	药理学和药剂学	3	1 249	1 859	1.49
15	细胞生物学	4	996	2 533	2.54
16	光学	5	942	1 487	1.58
17	免疫学	2	876	1 205	1.38
18	工程、化学	6	848	4 413	5.20
19	计算机科学、人工智能	3	772	1 722	2.23
20	物理学、凝聚态物质	4	705	3 938	5.59
全省合计		4	30 639	90 712	2.96

资料来源：科技大数据湖北省重点实验室、中国产业智库大数据中心

表 3-15　2019 年广东省争取国家自然科学基金项目经费三十强机构

序号	机构名称	项目数量/项（排名）	项目经费/万元（排名）	发文量/篇（排名）	被引次数/次（排名）	发明专利申请数/件（排名）	BRCI（排名）
1	中山大学	1 031（2）	55 064.7（5）	7 199（5）	13 693（6）	1 305（53）	79.432 1（5）
2	华南理工大学	285（29）	19 471.04（24）	4 066（21）	11 914（13）	3 189（7）	44.903 9（20）
3	深圳大学	368（16）	17 661.9（28）	2 507（40）	5 985（34）	1 065（72）	32.953 3（29）
4	广东工业大学	160（59）	10 901.78（60）	1 337（86）	4 003（58）	2 543（19）	22.452 4（42）
5	暨南大学	273（32）	11 587.34（57）	1 843（65）	3 574（66）	512（180）	21.432 3（43）
6	华南农业大学	146（61）	12 997.5（49）	1 355（85）	2 843（87）	892（84）	17.824 4（63）
7	南方医科大学	279（30）	14 408.9（36）	1 933（60）	3 065（79）	139（758）	17.743 6（65）
8	南方科技大学	212（40）	15 434.7（34）	812（133）	2 530（100）	422（234）	16.535 7（73）
9	广州大学	140（71）	6 711（106）	867（126）	2 663（92）	639（144）	13.656 1（82）
10	华南师范大学	127（82）	6 285.42（113）	1 168（97）	2 518（102）	440（217）	12.805 8（88）
11	中国科学院深圳先进技术研究院	102（102）	5 776.99（124）	457（207）	1 069（189）	402（249）	8.580 8（123）
12	广州医科大学	146（61）	5 002.74（136）	995（113）	1 716（138）	42（2570）	7.985 9（128）
13	汕头大学	36（281）	1 407（344）	587（171）	1 057（193）	163（648）	4.297 4（216）
14	东莞理工学院	43（235）	1 455（334）	252（312）	600（269）	427（231）	4.254 7（219）
15	中国科学院南海海洋研究所	68（159）	6 324.4（111）	235（327）	328（375）	74（1422）	4.205 1（220）
16	佛山科学技术学院	38（263）	1 271.6（363）	263（302）	397（334）	841（93）	4.202 3（221）
17	北京大学深圳研究生院	27（338）	1 282（362）	550（181）	946（207）	157（670）	3.709 9（247）
18	中国科学院广州地球化学研究所	55（186）	5 330.6（131）	277（290）	648（257）	25（4547）	3.642 7（251）
19	广州中医药大学	88（116）	4 201.5（154）	703（146）	852（221）	3（51793）	3.548 6（257）
20	中国科学院华南植物园	47（220）	2 464（231）	209（362）	333（370）	34（3214）	2.757 8（292）
21	广东海洋大学	20（407）	1 027（398）	293（276）	384（343）	227（453）	2.642 4（303）

续表

序号	机构名称	项目数量/项（排名）	项目经费/万元（排名）	发文量/篇（排名）	被引次数/次（排名）	发明专利申请数/件（排名）	BRCI（排名）
22	中国科学院广州能源研究所	17（454）	927（420）	209（362）	568（280）	151（695）	2.339 6（325）
23	广东石油化工学院	9（613）	1 019（401）	101（551）	254（421）	314（315）	1.650 1（382）
24	中国科学院广州生物医药与健康研究院	22（380）	1 864（280）	62（663）	149（529）	24（4781）	1.366 8（416）
25	香港理工大学深圳研究院	28（328）	1 713（296）	15（1205）	34（885）	15（8139）	0.839 8（490）
26	香港中文大学深圳研究院	17（454）	1 008.5（404）	45（767）	81（659）	3（51793）	0.684（506）
27	中国农业科学院深圳农业基因组研究所	13（526）	2 883（201）	15（1205）	34（885）	12（10657）	0.674 3（507）
28	香港大学深圳研究院	15（490）	1 765（288）	12（1342）	9（1644）	7（21068）	0.466 1（545）
29	广东省人民医院	19（420）	1 343（356）	186（390）	173（506）	0（113702）	0.417 9（560）
30	香港城市大学深圳研究院	31（308）	1 410.5（342）	13（1289）	14（1287）	0（113702）	0.209 4（632）

资料来源：科技大数据湖北省重点实验室、中国产业智库大数据中心

	综合	农业科学	生物与生化	化学	临床医学	计算机科学	经济与商学	工程科学	环境/生态学	地球科学	免疫学	材料科学	数学	微生物学	分子生物与基因	神经科学与行为	药理学与毒物学	物理学	植物与动物科学	精神病学/心理学	社会科学	进入ESI学科数
中山大学	8	31	103	22	3	21	11	34	12	30	4	32	20	9	6	8	9	13	18	8	5	20
华南理工大学	19	9	112	15	92	23	0	13	54	0	0	13	0	0	0	0	0	36	0	0	41	10
南方医科大学	69	0	140	211	17	0	0	0	0	0	0	0	0	0	30	26	28	0	0	0	0	6
暨南大学	74	39	137	96	51	0	0	103	50	0	0	77	0	0	0	0	27	0	104	0	0	9
深圳大学	81	0	146	108	84	26	0	60	0	0	0	62	0	0	0	0	0	37	0	0	0	7
深圳大学城	84	0	163	71	125	52	0	51	42	0	0	59	0	0	0	0	0	0	0	0	0	7
华南师范大学	96	0	0	81	0	0	0	111	0	0	0	92	23	0	0	0	0	0	58	0	0	5
华大基因	99	0	111	0	78	0	0	0	0	0	0	0	0	0	8	0	0	0	54	0	0	4
华南农业大学	112	16	180	139	0	0	0	200	82	0	0	135	0	18	0	0	0	0	12	0	0	8
中国科学院广州地球化学研究所	114	0	0	0	0	0	0	135	9	9	0	0	0	0	0	0	0	0	0	0	0	3
广州医科大学	124	0	174	0	35	0	0	0	0	0	0	0	0	0	45	0	58	0	0	0	0	4
东工业大学	146	0	0	144	0	51	0	52	69	0	0	109	0	0	0	0	0	0	0	0	0	5
汕头大学	156	0	0	0	56	0	0	0	0	0	0	0	0	0	0	0	0	0	0	0	0	1
华南肿瘤学国家重点实验室	165	0	0	0	38	0	0	0	0	0	0	0	0	0	49	0	0	0	0	0	0	2
南方科技大学	172	0	0	107	0	0	0	202	0	0	0	86	0	0	0	0	0	0	0	0	0	3
中国科学院深圳先进技术研究院	178	0	0	203	108	61	0	136	0	0	0	93	0	0	0	0	0	0	0	0	0	5
广东省医学科学院	193	0	0	0	36	0	0	0	0	0	0	0	0	0	0	0	0	0	0	0	0	1
中国科学院南海海洋研究所	213	0	0	0	0	0	0	0	66	36	0	0	0	0	0	0	0	0	51	0	0	3
中国科学院华南植物园	224	18	0	0	0	0	0	0	53	0	0	0	0	0	0	0	0	0	33	0	0	3
广东医科大学	230	0	0	0	65	0	0	0	0	0	0	0	0	0	0	0	0	0	0	0	0	1
广州大学	234	0	0	0	0	54	0	125	0	0	0	0	0	0	0	0	0	0	0	0	0	2
广州中医药大学	275	0	0	0	77	0	0	0	0	0	0	0	0	0	0	0	49	0	0	0	0	2
中国科学院广州能源研究所	303	0	0	0	0	0	0	79	0	0	0	0	0	0	0	0	0	0	0	0	0	1
中国科学院广州生物医药与健康研究院	305	0	0	214	0	0	0	0	0	0	0	0	0	0	0	0	0	0	0	0	0	1
广东药科大学	310	0	0	213	122	0	0	0	0	0	0	0	0	0	0	0	0	0	0	0	0	2
呼吸疾病国家重点实验室	313	0	0	0	70	0	0	0	0	0	0	0	0	0	0	0	0	0	0	0	0	1
华为技术有限公司	343	0	0	0	0	22	0	127	0	0	0	0	0	0	0	0	0	0	0	0	0	2
广东省农业科学院	397	70	0	0	0	0	0	0	0	0	0	0	0	0	0	0	0	0	81	0	0	2
深圳市第二人民医院	417	0	0	0	132	0	0	0	0	0	0	0	0	0	0	0	0	0	0	0	0	1
中国人民解放军南部战区总医院	441	0	0	0	128	0	0	0	0	0	0	0	0	0	0	0	0	0	0	0	0	1

图 3-9　2019 年广东省各机构 ESI 前 1%学科分布

表 3-16　2019 年广东省在华发明专利申请量二十强企业和二十强科研机构列表

序号	二十强企业	发明专利申请量/件	二十强科研机构	发明专利申请量/件
1	珠海格力电器股份有限公司	6458	华南理工大学	3087
2	腾讯科技（深圳）有限公司	4158	广东工业大学	2520
3	平安科技（深圳）有限公司	3169	中山大学	1241
4	OPPO 广东移动通信有限公司	3125	深圳大学	1030
5	维沃移动通信有限公司	2735	华南农业大学	843
6	广东电网有限责任公司	1808	佛山科学技术学院	834
7	深圳壹账通智能科技有限公司	1421	广州大学	627
8	华为技术有限公司	1343	暨南大学	496
9	深圳市华星光电半导体显示技术有限公司	1159	五邑大学	469
10	广东美的制冷设备有限公司	1152	华南师范大学	422
11	努比亚技术有限公司	1107	东莞理工学院	417
12	深圳供电局有限公司	886	南方科技大学	408
13	深圳前海微众银行股份有限公司	722	中国科学院深圳先进技术研究院	387
14	深圳市华星光电技术有限公司	679	深圳先进技术研究院	328
15	广东博智林机器人有限公司	639	哈尔滨工业大学（深圳）	319
16	平安普惠企业管理有限公司	553	广东石油化工学院	314
17	南方电网科学研究院有限责任公司	541	清华大学深圳研究生院	255
18	珠海格力智能装备有限公司	504	电子科技大学中山学院	224
19	广东小天才科技有限公司	495	广东海洋大学	214
20	广州小鹏汽车科技有限公司	485	深圳职业技术学院	177

资料来源：科技大数据湖北省重点实验室、中国产业智库大数据中心

3.3.4　上海市

2019 年，上海市的基础研究竞争力指数为 2.3859，排名第 4 位。上海市争取国家自然科学基金项目总数为 4330 项，项目经费总额为 304 670.13 万元，全国排名均为第 2 位。上海市争取国家自然科学基金项目经费金额大于 5000 万元的有 1 个学科（图 3-10）；上海市整体争取国家自然科学基金项目经费与 2018 年相比呈上升趋势；争取国家自然科学基金项目经费最多的学科为自动化，项目数量 2 个，项目经费 8005.04 万元（表 3-17）；发表 SCI 论文数量最多的学科为材料科学、跨学科（表 3-18）。上海市争取国家自然科学基金经费超过 1 亿元的有 7 个机构（表 3-19）；上海市共有 29 个机构进入相关学科的 ESI 全球前 1%行列（图 3-11）。上海市发明专利申请量 57 247 件，全国排名第 7 位，主要专利权人如表 3-20 所示。

2019 年，上海市地方财政科技投入经费预算 389.5 亿元，全国排名第 4 位；拥有国家重点实验室 43 个，全国排名第 2 位；获得国家科技奖励 21 项，全国排名第 3 位；拥有省级重点实验室 130 个，全国排名第 15 位；拥有院士 176 人，全国排名第 2 位；新增国家自然科学基金杰出青年科学基金入选者 41 人，全国排名第 2 位。

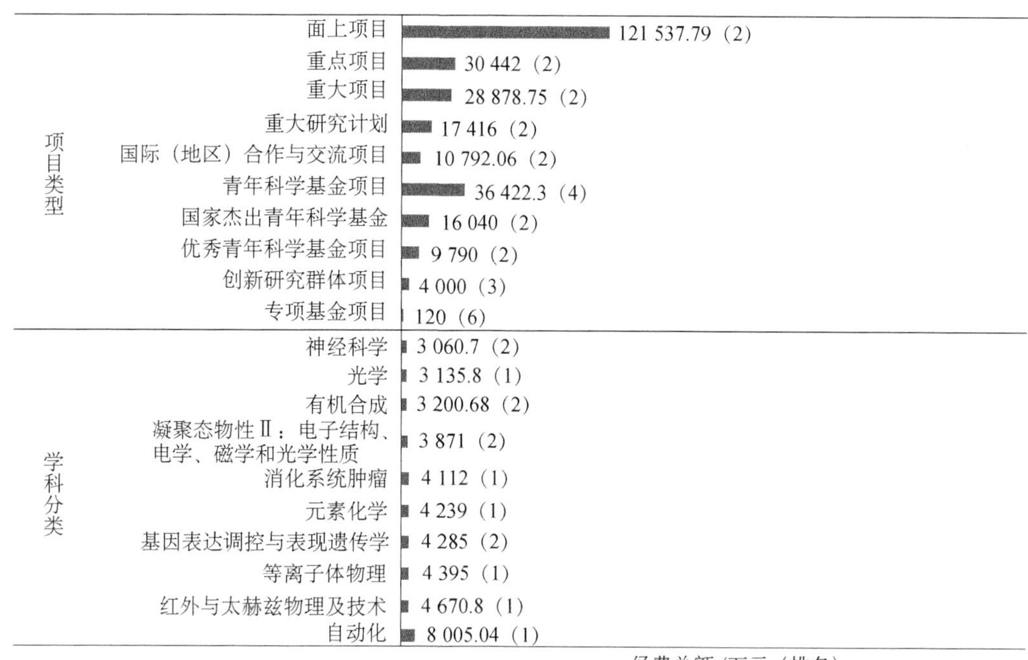

图 3-10　2019 年上海市争取国家自然科学基金项目情况

资料来源：科技大数据湖北省重点实验室、中国产业智库大数据中心

表 3-17　2019 年上海市争取国家自然科学基金项目经费十强学科及近 5 年变化趋势

项目经费趋势	学科	指标	2015 年	2016 年	2017 年	2018 年	2019 年
	合计	项目数/项	3 740	3 758	4 151	4 006	4 330
		项目金额/万元	221 284.99	221 816.25	281 415.54	238 379.4	304 670.13
		机构数/个	82	81	82	73	73
		主持人数/人	3 660	3 695	4 042	3 935	4 226
	自动化	项目数/项	0	0	1	0	2
		项目金额/万元	0	0	165.3	0	8 005.04
		机构数/个	0	0	1	0	2
		主持人数/人	0	0	1	0	2
	红外与太赫兹物理及技术	项目数/项	4	6	9	5	14
		项目金额/万元	1 106	535	665	237	4 670.8
		机构数/个	1	4	5	2	6
		主持人数/人	4	6	9	5	13
	等离子体物理	项目数/项	5	10	10	8	16
		项目金额/万元	223.67	505	927	451	4 395
		机构数/个	4	5	5	6	7
		主持人数/人	5	10	10	8	15
	基因表达调控与表观遗传学	项目数/项	22	14	20	15	25
		项目金额/万元	1 133	926.6	1 737	947	4 285
		机构数/个	8	4	7	4	8
		主持人数/人	22	14	20	15	23

续表

项目经费趋势	学科	指标	2015 年	2016 年	2017 年	2018 年	2019 年
	元素化学	项目数/项	3	1	6	6	12
		项目金额/万元	105	65	339	340	4 239
		机构数/个	2	1	5	4	5
		主持人数/人	3	1	6	6	11
	消化系统肿瘤	项目数/项	77	62	73	81	88
		项目金额/万元	3 343	2 651	2 863	3 031	4 112
		机构数/个	7	4	6	5	5
		主持人数/人	77	62	73	81	88
	凝聚态物性Ⅱ：电子结构、电学、磁学和光学性质	项目数/项	32	35	45	35	30
		项目金额/万元	3 252.6	2 219.6	5 231.5	2 978	3 871
		机构数/个	12	13	12	10	11
		主持人数/人	32	35	43	35	30
	有机合成	项目数/项	6	1	22	43	38
		项目金额/万元	425	19	2 463.4	3 543.27	3 200.68
		机构数/个	6	1	6	10	10
		主持人数/人	6	1	22	42	38
	光学	项目数/项	33	42	39	48	35
		项目金额/万元	1 957	4 173	5 456.03	3 584.14	3 135.8
		机构数/个	10	12	13	13	10
		主持人数/人	33	42	38	48	35
	神经科学	项目数/项	5	8	5	6	45
		项目金额/万元	228	412	355	1 641	3 060.7
		机构数/个	4	5	5	3	9
		主持人数/人	5	8	5	6	45

资料来源：科技大数据湖北省重点实验室、中国产业智库大数据中心

表 3-18　2019 年上海市发表 SCI 论文数量二十强学科

序号	研究领域	发文量全国排名	发文量/篇	被引次数/次	篇均被引/次
1	材料科学、跨学科	3	4 175	12 759	3.06
2	工程、电气和电子	4	2 829	3 433	1.21
3	化学、跨学科	3	2 442	8 768	3.59
4	肿瘤学	1	2 436	3 294	1.35
5	化学、物理	3	2 088	9 901	4.74
6	物理学、应用	3	2 027	5 748	2.84
7	纳米科学和纳米技术	3	1 632	6 417	3.93
8	环境科学	4	1 514	4 422	2.92
9	生物化学与分子生物学	4	1 406	3 259	2.32
10	医学、研究和试验	1	1 399	1 968	1.41
11	光学	3	1 382	1 368	0.99
12	能源和燃料	3	1 322	4 702	3.56

续表

序号	研究领域	发文量全国排名	发文量/篇	被引次数/次	篇均被引/次
13	细胞生物学	1	1 193	3 125	2.62
14	药理学和药剂学	5	1 187	1 888	1.59
15	工程、化学	3	1 141	4 363	3.82
16	计算机科学、信息系统	5	1 139	1 324	1.16
17	工程、机械	4	1 119	1 716	1.53
18	电信	6	1 117	1 189	1.06
19	工程、市政	3	885	1 534	1.73
20	物理学、凝聚态物质	3	877	3 310	3.77
全市合计		3	33 310	84 488	2.54

资料来源：科技大数据湖北省重点实验室、中国产业智库大数据中心

表 3-19　2019 年上海市争取国家自然科学基金项目经费三十强机构

序号	机构名称	项目数量/项（排名）	项目经费/万元（排名）	发文量/篇（排名）	被引次数/次（排名）	发明专利申请数/件（排名）	BRCI（排名）
1	上海交通大学	1 264（1）	81 716.58（2）	9 656（2）	17 013（3）	2 224（22）	107.820 5（1）
2	复旦大学	780（4）	54 969.48（6）	6 492（9）	11 627（15）	719（123）	62.541 8（9）
3	同济大学	517（11）	32 097.26（12）	4 181（18）	9 178（23）	1 555（45）	50.83（14）
4	上海大学	164（53）	11 597.12（56）	2 439（41）	5 152（42）	1 011（78）	22.635 6（41）
5	华东理工大学	142（67）	16 730.8（29）	2 184（53）	5 199（40）	584（162）	20.526 1（49）
6	华东师范大学	176（49）	11 136.7（58）	1 809（66）	3 546（69）	578（164）	18.748 8（60）
7	东华大学	84（122）	4 825.8（141）	1 321（89）	3 294（76）	1 153（65）	13.363 7（84）
8	上海理工大学	71（144）	2 989（195）	1 058（108）	2 477（103）	780（104）	10.060 9（103）
9	中国人民解放军第二军医大学	162（57）	7 473（91）	920（122）	1 502（149）	51（2085）	8.824（118）
10	上海中医药大学	141（69）	6 508.5（108）	627（162）	914（211）	43（2502）	6.902 3（145）
11	中国科学院上海生命科学研究院	124（85）	16 051（31）	283（284）	974（203）	34（3214）	6.505 6（152）
12	中国科学院上海硅酸盐研究所	50（202）	3 293.7（182）	446（213）	1 649（143）	136（779）	5.514 7（181）
13	上海师范大学	45（230）	2 961（196）	485（201）	895（215）	101（1018）	4.558 9（209）
14	上海海事大学	35（289）	1 119.1（383）	458（206）	844（222）	460（206）	4.502（210）
15	中国科学院上海光学精密机械研究所	40（247）	6 225（114）	333（259）	259（416）	223（465）	4.268 9（217）
16	上海科技大学	56（182）	3 763.5（166）	333（259）	649（256）	64（1645）	4.198 3（223）
17	上海工程技术大学	24（363）	830（443）	563（178）	972（204）	520（179）	4.084 9（229）
18	上海海洋大学	28（328）	1 400（346）	419（223）	576（276）	297（335）	3.728 6（245）
19	上海应用技术大学	18（433）	854（436）	426（222）	625（263）	732（117）	3.501 1（261）
20	中国科学院上海微系统与信息技术研究所	28（328）	3 259（185）	237（325）	322（383）	222（471）	3.354 8（265）
21	中国科学院上海有机化学研究所	37（271）	9 838.46（69）	151（446）	662（255）	31（3531）	3.307 8（267）

续表

序号	机构名称	项目数量/项（排名）	项目经费/万元（排名）	发文量/篇（排名）	被引次数/次（排名）	发明专利申请数/件（排名）	BRCI（排名）
22	中国科学院上海药物研究所	50（202）	3 467.38（175）	235（327）	579（274）	28（4007）	3.215 5（269）
23	中国科学院上海技术物理研究所	21（395）	4 630.8（146）	142（460）	261（414）	193（545）	2.793 4（290）
24	上海电力大学	14（508）	810（455）	274（296）	736（236）	255（398）	2.556（308）
25	中国科学院上海高等研究院	29（321）	2 187（250）	126（487）	268（412）	95（1093）	2.421 3（319）
26	上海财经大学	36（281）	1 577.5（313）	166（409）	206（462）	2（71748）	1.297 7（427）
27	中国科学院上海天文台	23（369）	1 345（355）	104（541）	158（515）	7（21068）	1.186 9（438）
28	上海空间电源研究所	1（1127）	800（459）	10（1464）	12（1392）	107（965）	0.265 6（609）
29	中国商用飞机有限责任公司上海飞机设计研究院	1（1127）	800（459）	10（1464）	0（6499）	92（1129）	0.079 4（701）
30	中国石油化工股份有限公司上海石油化工研究院	2（968）	1 325（357）	11（1405）	8（1764）	0（113702）	0.073 6（705）

资料来源：科技大数据湖北省重点实验室、中国产业智库大数据中心

	综合	农业科学	生物与生化	化学	临床医学	计算机科学	经济与商学	工程科学	环境/生态学	地球科学	免疫学	材料科学	数学	微生物学	分子生物与基因	神经科学与行为	药理学与毒物学	物理学	植物与动物科学	精神病学/心理学	社会科学	进入ESI学科数
上海交通大学	6	17	97	25	1	7	5	4	20	0	6	6	11	11	2	5	3	9	32	5	11	19
复旦大学	7	72	102	13	2	44	7	50	18	44	5	7	4	12	4	3	5	14	24	0	4	19
同济大学	22	0	113	47	21	20	0	12	11	31	27	38	39	0	19	43	44	44	0	0	17	15
华东理工大学	31	84	123	10	0	73	0	40	0	0	0	44	0	0	0	0	57	0	0	0	0	7
华东师范大学	44	0	160	33	96	62	0	87	29	38	0	64	21	0	0	0	0	41	42	0	20	12
中国科学院上海生命科学研究院	46	0	105	0	41	0	0	0	0	0	13	0	0	24	3	21	56	0	11	0	0	8
上海大学	50	0	168	43	0	43	0	39	67	0	0	43	24	0	0	0	0	28	0	0	42	9
中国人民解放军军医大学	52	0	134	159	14	0	0	0	0	0	10	0	0	0	18	27	13	0	108	0	0	8
中国科学院上海有机化学研究所	62	0	0	16	0	0	0	0	0	0	0	0	0	0	0	0	0	0	0	0	0	1
东华大学	75	0	0	51	0	69	0	59	0	0	0	41	0	0	0	0	0	0	0	0	0	4
中国科学院上海硅酸盐研究所	77	0	0	66	0	0	0	170	0	0	0	27	0	0	0	0	0	0	0	0	0	3
中国科学院上海药物研究所	121	0	153	69	109	0	0	0	0	0	0	160	0	0	0	0	15	0	0	0	0	5
中国科学院上海应用物理研究所	123	0	0	65	0	0	0	0	0	0	0	74	0	0	0	0	0	0	0	0	0	2
上海师范大学	160	0	0	118	0	0	0	209	0	0	0	120	31	0	0	0	0	0	95	0	0	5
上海理工大学	177	0	0	172	0	0	0	76	0	0	0	123	0	0	0	0	0	0	0	0	0	3
上海中医院大学	200	0	0	0	60	0	0	0	0	0	0	0	0	0	0	0	23	0	0	0	0	2
中国科学院上海光学精密机械研究所	226	0	0	0	0	0	0	0	0	0	0	157	0	0	0	0	0	38	0	0	0	2
中国科学院上海微系统与信息技术研究所	246	0	0	166	0	0	0	183	0	0	0	126	0	0	0	0	0	0	0	0	0	3
上海科技大学	248	0	0	168	0	0	0	0	0	0	0	0	0	0	0	0	0	0	0	0	0	1
上海海洋大学	258	76	0	0	0	0	0	0	0	0	0	0	0	0	0	0	0	0	39	0	0	2
上海应用技术学院	326	0	0	163	0	0	0	0	0	0	0	0	0	0	0	0	0	0	0	0	0	1
中国科学院上海技术物理研究所	340	0	0	0	0	0	0	0	0	0	0	149	0	0	0	0	0	0	0	0	0	1
上海海事大学	349	0	0	0	0	0	0	109	0	0	0	0	0	0	0	0	0	0	0	0	0	1
上海市疾病预防控制中心	358	0	0	0	101	0	0	0	0	0	0	0	0	0	0	0	0	0	0	0	34	2
上海电力学院	359	0	0	0	0	0	0	169	0	0	0	0	0	0	0	0	0	0	0	0	0	1
中国科学院上海高等研究院	360	0	0	188	0	0	0	0	0	0	0	0	0	0	0	0	0	0	0	0	0	1
上海财经大学	374	0	0	0	0	0	8	0	0	0	0	0	0	0	0	0	0	0	0	0	33	2
上海工程技术大学	386	0	0	0	0	0	0	217	0	0	0	0	0	0	0	0	0	0	0	0	0	1
中国宝武钢铁集团	421	0	0	0	0	0	0	0	0	0	0	151	0	0	0	0	0	0	0	0	0	1

图 3-11　2019 年上海市各机构 ESI 前 1%学科分布

表 3-20 2019 年上海市在华发明专利申请量二十强企业和二十强科研机构列表

序号	二十强企业	发明专利申请量/件	二十强科研机构	发明专利申请量/件
1	上海联影医疗科技有限公司	425	上海交通大学	2000
2	国网上海市电力公司	424	同济大学	1488
3	上海华虹宏力半导体制造有限公司	305	东华大学	1105
4	上海易点时空网络有限公司	281	上海大学	952
5	上海华力集成电路制造有限公司	273	上海理工大学	749
6	中国建筑第八工程局有限公司	273	上海应用技术大学	730
7	上海华力微电子有限公司	248	复旦大学	680
8	沪东中华造船（集团）有限公司	235	华东师范大学	527
9	拉扎斯网络科技（上海）有限公司	229	华东理工大学	509
10	五冶集团上海有限公司	224	上海工程技术大学	505
11	上海天马微电子有限公司	222	上海海事大学	450
12	上海外高桥造船有限公司	220	上海海洋大学	295
13	上海眼控科技股份有限公司	216	上海电力学院	262
14	上海天马有机发光显示技术有限公司	214	上海卫星工程研究所	243
15	上海掌门科技有限公司	214	上海电力大学	229
16	网宿科技股份有限公司	212	中国科学院上海光学精密机械研究所	214
17	口碑（上海）信息技术有限公司	209	中国科学院上海微系统与信息技术研究所	211
18	深兰科技（上海）有限公司	200	上海电机学院	210
19	上海纳米技术及应用国家工程研究中心有限公司	180	中国科学院上海技术物理研究所	192
20	上海连尚网络科技有限公司	177	上海航天控制技术研究所	168

资料来源：科技大数据湖北省重点实验室、中国产业智库大数据中心

3.3.5 浙江省

2019 年，浙江省的基础研究竞争力指数为 1.5959，排名第 5 位。浙江省争取国家自然科学基金项目总数为 2181 项，全国排名第 7 位；项目经费总额为 130 255.81 万元，全国排名第 6 位。浙江省争取国家自然科学基金项目经费金额大于 5000 万元的有 1 个学科（图 3-12）；浙江省整体争取国家自然科学基金项目经费与 2018 年相比呈上升趋势；争取国家自然科学基金项目经费最多的学科为工程建造与服役，项目数量 13 个，项目经费 8643 万元（表 3-21）；发表 SCI 论文数量最多的学科为材料科学、跨学科（表 3-22）。浙江省争取国家自然科学基金经费超过 1 亿元的有 1 个机构（表 3-23）；浙江省共有 21 个机构进入相关学科的 ESI 全球前 1%行列（图 3-13）。浙江省发明专利申请量 99 454 件，全国排名第 3 位，主要专利权人如表 3-24 所示。

2019 年，浙江省地方财政科技投入经费预算 516.06 亿元，全国排名第 3 位；拥有国家重点实验室 13 个，全国排名第 9 位；获得国家科技奖励 10 项，全国排名第 7 位；拥有省级重点实验室 237 个，全国排名第 5 位；拥有院士 24 人，全国排名第 11 位；新增国家自然科学基金杰出青年科学基金入选者 12 人，全国排名第 7 位。

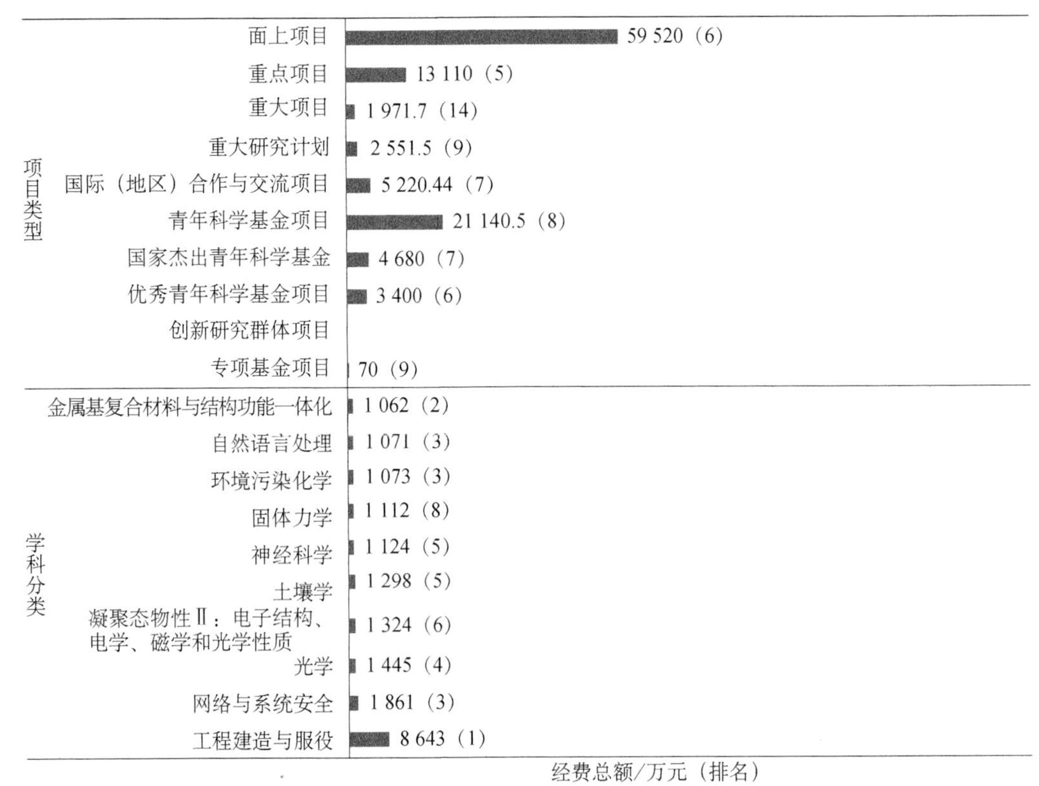

图 3-12　2019 年浙江省争取国家自然科学基金项目情况

资料来源：科技大数据湖北省重点实验室、中国产业智库大数据中心

表 3-21　2019 年浙江省争取国家自然科学基金项目经费十强学科及近 5 年变化趋势

项目经费趋势	学科	指标	2015 年	2016 年	2017 年	2018 年	2019 年
	合计	项目数/项	1 791	1 899	2 039	2 089	2 181
		项目金额/万元	92 751.5	103 320.94	109 775.7	112 369	130 255.81
		机构数/个	54	57	56	57	56
		主持人数/人	1 766	1 874	2 005	2 063	2 144
	工程建造与服役	项目数/项	21	15	19	12	13
		项目金额/万元	937.17	1 137.8	814.3	873	8 643
		机构数/个	8	5	7	6	4
		主持人数/人	21	14	19	12	13
	网络与系统安全	项目数/项	45	42	44	24	36
		项目金额/万元	2 932.4	2 075	2 895	951.6	1 861
		机构数/个	14	13	8	8	10
		主持人数/人	45	42	43	24	36
	光学	项目数/项	11	8	8	11	16
		项目金额/万元	449	350	273	649	1 445
		机构数/个	10	6	7	6	9
		主持人数/人	11	8	8	11	16

续表

项目经费趋势	学科	指标	2015年	2016年	2017年	2018年	2019年
	凝聚态物性Ⅱ：电子结构、电学、磁学和光学性质	项目数/项	17	16	13	19	21
		项目金额/万元	932	674	1 056	930.48	1 324
		机构数/个	9	5	6	8	10
		主持人数/人	17	16	13	19	21
	土壤学	项目数/项	0	0	1	17	23
		项目金额/万元	0	0	1 050	852	1 298
		机构数/个	0	0	1	4	7
		主持人数/人	0	0	1	17	23
	神经科学	项目数/项	0	3	4	2	19
		项目金额/万元	0	154	269	305	1 124
		机构数/个	0	2	2	1	4
		主持人数/人	0	3	3	2	19
	固体力学	项目数/项	9	19	17	13	17
		项目金额/万元	752	1 499	1 688.5	934	1 112
		机构数/个	3	4	3	6	5
		主持人数/人	9	18	15	13	17
	环境污染化学	项目数/项	0	1	5	11	9
		项目金额/万元	0	350	246	702	1 073
		机构数/个	0	1	1	6	6
		主持人数/人	0	1	5	11	9
	自然语言处理	项目数/项	0	0	0	1	8
		项目金额/万元	0	0	0	27	1 071
		机构数/个	0	0	0	1	5
		主持人数/人	0	0	0	1	8
	金属基复合材料与结构功能一体化	项目数/项	13	15	16	13	14
		项目金额/万元	981	695	1 235.5	833	1 062
		机构数/个	3	6	6	6	5
		主持人数/人	13	15	16	13	14

资料来源：科技大数据湖北省重点实验室、中国产业智库大数据中心

表 3-22　2019 年浙江省发表 SCI 论文数量二十强学科

序号	研究领域	发文量全国排名	发文量/篇	被引次数/次	篇均被引/次
1	材料科学、跨学科	11	2 126	6 948	3.27
2	工程、电气和电子	8	1 871	2 346	1.25
3	化学、跨学科	6	1 405	4 441	3.16
4	肿瘤学	5	1 274	1 683	1.32
5	化学、物理	8	1 273	6 560	5.15
6	环境科学	8	1 184	3 524	2.98
7	医学、研究和试验	5	1 153	1 435	1.24
8	物理学、应用	9	1 111	3 048	2.74

续表

序号	研究领域	发文量全国排名	发文量/篇	被引次数/次	篇均被引/次
9	生物化学与分子生物学	6	1 104	2 326	2.11
10	药理学和药剂学	6	989	1 281	1.30
11	工程、化学	7	845	3 629	4.29
12	纳米科学和纳米技术	8	838	3 344	3.99
13	能源和燃料	10	833	2 842	3.41
14	计算机科学、信息系统	10	822	990	1.20
15	电信	9	782	878	1.12
16	光学	8	736	948	1.29
17	细胞生物学	6	701	1 610	2.30
18	生物工程学和应用微生物学	6	623	1 201	1.93
19	免疫学	5	608	579	0.95
20	化学、分析	6	593	1 351	2.28
全省合计		8	20 871	50 964	2.44

资料来源：科技大数据湖北省重点实验室、中国产业智库大数据中心

表 3-23　2019 年浙江省争取国家自然科学基金项目经费三十强机构

序号	机构名称	项目数量/项（排名）	项目经费/万元（排名）	发文量/篇（排名）	被引次数/次（排名）	发明专利申请数/件（排名）	BRCI（排名）
1	浙江大学	917（3）	68 751.06（4）	10 006（1）	19 378（2）	4 074（5）	107.134 5（2）
2	浙江工业大学	144（66）	7 301.5（95）	1 683（73）	4 193（56）	2 630（17）	21.372 3（45）
3	杭州电子科技大学	101（105）	5 916.79（121）	899（124）	1 685（140）	1 629（39）	13.070 5（86）
4	宁波大学	102（102）	4 990.51（138）	1 302（91）	2 543（99）	681（133）	12.598 4（89）
5	温州医科大学	114（91）	5 324.5（132）	1 679（74）	2 774（90）	186（565）	11.235 3（92）
6	浙江理工大学	81（125）	4 020.47（158）	772（135）	2 131（119）	751（115）	10.180 1（101）
7	浙江师范大学	49（206）	2 554.2（226）	489（200）	2 240（110）	353（277）	6.577 6（150）
8	中国科学院宁波材料技术与工程研究所	49（206）	3 200（187）	440（216）	1 651（142）	289（345）	6.168 5（163）
9	中国计量大学	49（206）	1 980（267）	549（182）	798（224）	773（108）	6.166 5（164）
10	杭州师范大学	51（198）	2 404.5（235）	450（211）	895（215）	198（532）	5.072 4（190）
11	温州大学	34（293）	1 924（272）	366（244）	1 006（200）	456（208）	4.809 6（198）
12	浙江农林大学	57（180）	2 628（218）	296（275）	761（233）	182（582）	4.781 8（200）
13	浙江工商大学	41（243）	1 616.5（307）	381（235）	745（234）	247（407）	4.320 8（215）
14	浙江中医药大学	58（177）	2 650.5（217）	427（220）	494（305）	54（1968）	3.879 4（238）
15	浙江海洋大学	14（508）	820（448）	276（293）	680（250）	803（101）	3.063 9（275）
16	绍兴文理学院	16（470）	599（528）	204（374）	420（324）	384（257）	2.358 9（323）
17	台州学院	16（470）	540.5（557）	158（428）	787（230）	216（485）	2.241 8（334）
18	自然资源部第二海洋研究所	36（281）	2 615（224）	95（562）	102（617）	80（1318）	2.115 9（343）

续表

序号	机构名称	项目数量/项（排名）	项目经费/万元（排名）	发文量/篇（排名）	被引次数/次（排名）	发明专利申请数/件（排名）	BRCI（排名）
19	嘉兴学院	14（508）	665.5（501）	206（370）	292（393）	305（326）	2.083 2（345）
20	浙江省农业科学院	22（380）	728（478）	138（465）	226（450）	204（515）	2.060 7（348）
21	浙江科技学院	18（433）	639.5（512）	137（467）	168（508）	322（308）	1.934 7（357）
22	浙江财经大学	21（395）	714.5（481）	162（417）	332（372）	25（4547）	1.561（391）
23	湖州师范学院	12（549）	419.5（617）	134（474）	206（462）	165（636）	1.452 7（405）
24	西湖大学	31（308）	2 358.88(242)	47（752）	48（781）	20（5763）	1.225 1（435）
25	中国水稻研究所	13（526）	609（522）	98（556）	142（543）	51（2085）	1.164 6（447）
26	宁波诺丁汉大学	11（564）	398.5（629）	171（404）	292（393）	17（7091）	1.057 4（460）
27	浙江省肿瘤医院	10（591）	379（643）	167（408）	129（563）	41（2632）	1.022 6（466）
28	杭州医学院	19（420）	604.5（524）	102（547）	122（580）	7（21068）	0.930 5（478）
29	中国农业科学院茶叶研究所	9（613）	384（638）	55（706）	108（608）	46（2329）	0.813 7（495）
30	浙江省中医药研究院	7（670）	352（658）	10（1464）	18（1151）	3（51793）	0.254 6（611）

资料来源：科技大数据湖北省重点实验室、中国产业智库大数据中心

	综合	农业科学	生物与生化	化学	临床医学	计算机科学	经济与商学	工程科学	环境生态学	地球科学	免疫学	材料科学	数学	微生物学	分子生物与基因	神经科学与行为	药理学与毒物学	物理学	植物与动物科学	社会科学	进入ESI学科数
浙江大学	5	6	99	4	7	6	9	5	7	34	3	5	15	4	7	10	4	11	7	7	20
温州医科大学	92	0	149	197	34	0	0	0	0	0	0	146	0	0	40	36	30	0	0	0	8
浙江工业大学	93	78	181	53	0	64	0	62	55	0	0	83	0	0	0	0	0	0	0	0	8
宁波大学	128	92	0	121	81	0	0	101	0	0	0	114	0	0	0	0	0	0	84	0	7
浙江师范大学	129	0	0	74	0	0	0	121	0	0	0	98	19	0	0	0	0	0	0	0	5
杭州师范大学	133	0	0	109	134	0	0	224	0	0	0	0	0	0	0	37	0	0	78	0	6
中国科学院宁波材料技术与工程研究所	149	0	0	88	0	0	0	0	0	0	0	55	0	0	0	0	0	0	0	0	3
浙江理工大学	155	0	0	85	0	0	0	139	0	0	0	94	0	0	0	0	0	0	0	0	4
温州大学	203	0	0	111	0	0	0	165	0	0	0	133	0	0	0	0	0	0	0	0	4
杭州电子大学	214	0	0	0	0	53	0	73	0	0	0	137	0	0	0	0	0	0	0	0	4
中国计量大学	222	0	0	169	0	0	0	130	0	0	0	145	0	0	0	0	0	0	0	0	4
浙江农林大学	252	60	0	0	0	0	0	182	78	0	0	0	0	0	0	0	0	0	65	0	5
浙江工商大学	282	42	0	0	0	0	0	177	0	0	0	0	0	0	0	0	0	0	0	0	3
浙江中医药大学	304	0	0	0	82	0	0	0	0	0	0	0	0	0	0	0	55	0	0	0	3
浙江省农业科学院	332	58	0	0	0	0	0	0	0	0	0	0	0	0	0	0	0	0	43	0	3
浙江省肿瘤医院	346	0	0	0	62	0	0	0	0	0	0	0	0	0	0	0	0	0	0	0	2
绍兴文理学院	356	0	0	0	0	0	0	167	0	0	0	0	0	0	0	0	0	0	0	0	2
中国水稻研究所	371	0	0	0	0	0	0	0	0	0	0	0	0	0	0	0	0	0	49	0	2
浙江省人民医院	409	0	0	0	99	0	0	0	0	0	0	0	0	0	0	0	0	0	0	0	2
宁波诺丁汉大学	410	0	0	0	0	0	0	157	0	0	0	0	0	0	0	0	0	0	0	0	2
浙江财经大学	449	0	0	0	0	0	0	216	0	0	0	0	0	0	0	0	0	0	0	0	2

图 3-13　2019 年浙江省各机构 ESI 前 1%学科分布

表 3-24　2019 年浙江省在华发明专利申请量二十强企业和二十强科研机构列表

序号	二十强企业	发明专利申请量/件	二十强科研机构	发明专利申请量/件
1	宁波奥克斯电气股份有限公司	979	浙江大学	3793
2	网易（杭州）网络有限公司	879	浙江工业大学	2578

续表

序号	二十强企业	发明专利申请量/件	二十强科研机构	发明专利申请量/件
3	支付宝（杭州）信息技术有限公司	718	杭州电子科技大学	1576
4	浙江大华技术股份有限公司	583	浙江海洋大学	794
5	宁波方太厨具有限公司	392	中国计量大学	733
6	华电电力科学研究院有限公司	342	浙江理工大学	711
7	杭州安恒信息技术股份有限公司	316	宁波大学	666
8	浙江吉利控股集团有限公司	303	温州大学	438
9	杭州迪普科技股份有限公司	289	绍兴文理学院	361
10	新华三技术有限公司	231	浙江师范大学	348
11	浙江舜宇光学有限公司	200	浙江科技学院	306
12	浙江吉利汽车研究院有限公司	192	嘉兴学院	296
13	中国电建集团华东勘测设计研究院有限公司	168	中国科学院宁波材料技术与工程研究所	251
14	国网浙江省电力有限公司电力科学研究院	166	浙江工商大学	233
15	维沃移动通信（杭州）有限公司	161	台州学院	208
16	杭州复杂美科技有限公司	149	杭州师范大学	193
17	杰克缝纫机股份有限公司	149	浙江省农业科学院	191
18	浙江合众新能源汽车有限公司	148	温州医科大学	182
19	宁波吉利汽车研究开发有限公司	139	浙江农林大学	181
20	浙江亚厦装饰股份有限公司	133	温州职业技术学院	181

资料来源：科技大数据湖北省重点实验室、中国产业智库大数据中心

3.3.6 湖北省

2019 年，湖北省的基础研究竞争力指数为 1.5921，排名第 6 位。湖北省争取国家自然科学基金项目总数为 2573 项，项目经费总额为 155 987.87 万元，全国排名均为第 5 位。湖北省争取国家自然科学基金项目经费金额大于 3000 万元的有 1 个学科（图 3-14）；湖北省整体争取国家自然科学基金项目经费与 2018 年相比呈上升趋势；争取国家自然科学基金项目经费最多的学科为岩土力学与岩土工程，项目数量 28 个，项目经费 3226.9 万元（表 3-25）；发表 SCI 论文数量最多的学科为材料科学、跨学科（表 3-26）。湖北省争取国家自然科学基金经费超过 1 亿元的有 4 个机构（表 3-27）；湖北省共有 20 个机构进入相关学科的 ESI 全球前 1%行列（图 3-15）。湖北省发明专利申请量 42 203 件，全国排名第 8 位，主要专利权人如表 3-28 所示。

2019 年，湖北省地方财政科技投入经费预算 319.2479 亿元，全国排名第 7 位；拥有国家重点实验室 23 个，全国排名第 5 位；获得国家科技奖励 15 项，全国排名第 4 位；拥有省级重点实验室 181 个，全国排名第 11 位；拥有院士 55 人，全国排名第 4 位；新增国家自然科学基金杰出青年科学基金入选者 14 人，全国排名第 6 位。

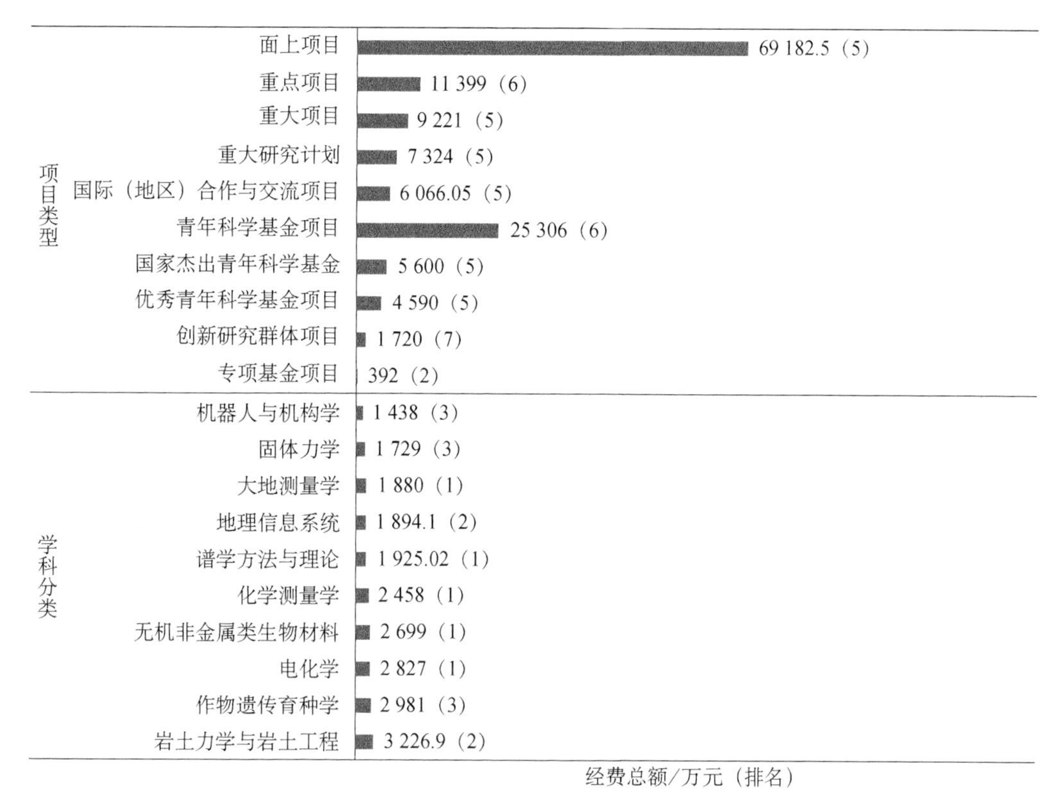

图 3-14　2019 年湖北省争取国家自然科学基金项目情况

资料来源：科技大数据湖北省重点实验室、中国产业智库大数据中心

表 3-25　2019 年湖北省争取国家自然科学基金项目经费十强学科及近 5 年变化趋势

项目经费趋势	学科	指标	2015 年	2016 年	2017 年	2018 年	2019 年
	合计	项目数/项	2 393	2 317	2 607	2 560	2 573
		项目金额/万元	120 381.08	121 117.13	153 529.65	152 640.99	155 987.87
		机构数/个	61	62	64	55	60
		主持人数/人	2 369	2 289	2 564	2 521	2 528
	岩土力学与岩土工程	项目数/项	25	24	31	21	28
		项目金额/万元	1 331	2 167	1 926	1 934.51	3 226.9
		机构数/个	5	6	7	5	6
		主持人数/人	25	23	30	21	28
	作物遗传育种学	项目数/项	2	1	2	3	25
		项目金额/万元	84	62	111	110	2 981
		机构数/个	1	1	2	2	5
		主持人数/人	2	1	2	3	25
	电化学	项目数/项	2	1	2	7	8
		项目金额/万元	86	20	129	592	2 827
		机构数/个	1	1	1	5	3
		主持人数/人	2	1	2	7	7

续表

项目经费趋势	学科	指标	2015年	2016年	2017年	2018年	2019年
	无机非金属类生物材料	项目数/项	6	10	20	16	36
		项目金额/万元	319	410	1 942	959	2 699
		机构数/个	1	5	8	6	10
		主持人数/人	6	10	20	16	34
	化学测量学	项目数/项	0	1	2	0	2
		项目金额/万元	0	200	770.4	0	2 458
		机构数/个	0	1	2	0	1
		主持人数/人	0	1	2	0	2
	谱学方法与理论	项目数/项	5	2	9	8	10
		项目金额/万元	192	85	755	678	1 925.02
		机构数/个	3	2	6	5	3
		主持人数/人	5	2	9	8	10
	地理信息系统	项目数/项	22	20	28	25	35
		项目金额/万元	1 202	931	1 615	1 018.5	1 894.1
		机构数/个	3	6	5	5	6
		主持人数/人	22	20	28	25	35
	大地测量学	项目数/项	34	27	37	27	32
		项目金额/万元	2 080	2 029	3 410.5	1 570	1 880
		机构数/个	6	5	6	6	6
		主持人数/人	32	27	37	27	32
	固体力学	项目数/项	16	15	11	15	23
		项目金额/万元	503	903	460	662	1 729
		机构数/个	9	7	3	8	7
		主持人数/人	16	15	10	15	23
	机器人与机构学	项目数/项	3	6	5	5	5
		项目金额/万元	145	526	160	236	1 438
		机构数/个	3	5	3	4	2
		主持人数/人	3	6	5	5	5

资料来源：科技大数据湖北省重点实验室、中国产业智库大数据中心

表 3-26　2019 年湖北省发表 SCI 论文数量二十强学科

序号	研究领域	发文量全国排名	发文量/篇	被引次数/次	篇均被引/次
1	材料科学、跨学科	6	2 860	9 866	3.45
2	工程、电气和电子	7	2 312	3 851	1.67
3	化学、物理	6	1 545	8 940	5.79
4	环境科学	5	1 471	3 833	2.61
5	物理学、应用	6	1 422	5 182	3.64
6	化学、跨学科	7	1 392	5 650	4.06
7	能源和燃料	6	1 289	4 749	3.68

续表

序号	研究领域	发文量全国排名	发文量/篇	被引次数/次	篇均被引/次
8	纳米科学和纳米技术	5	1 049	4 749	4.53
9	计算机科学、信息系统	6	1 045	1 999	1.91
10	生物化学与分子生物学	7	1 002	2 214	2.21
11	电信	7	916	1 348	1.47
12	光学	6	867	1 402	1.62
13	地球学、跨学科	2	863	1 677	1.94
14	肿瘤学	7	816	1 197	1.47
15	医学、研究和试验	7	797	891	1.12
16	工程、化学	9	764	4 074	5.33
17	药理学和药剂学	7	761	996	1.31
18	遥感	2	674	1 257	1.86
19	计算机科学、理论和方法	6	661	1 174	1.78
20	细胞生物学	7	636	1 633	2.57
全省合计		6	23 142	66 682	2.88

资料来源：科技大数据湖北省重点实验室、中国产业智库大数据中心

表 3-27　2019 年湖北省争取国家自然科学基金项目经费三十强机构

序号	机构名称	项目数量/项（排名）	项目经费/万元（排名）	发文量/篇（排名）	被引次数/次（排名）	发明专利申请数/件（排名）	BRCI（排名）
1	华中科技大学	771（5）	46 822.09（7）	7 189（6）	16 493（5）	2 613（18）	81.174 9（4）
2	武汉大学	451（14）	30 377.26（15）	5 387（14）	12 140（11）	1 578（42）	52.687 3（13）
3	武汉理工大学	139（73）	8 354（80）	2 273（47）	7 207（29）	1 812（34）	23.330 8（40）
4	中国地质大学（武汉）	208（41）	12 862.3（52）	1 631（76）	3 877（61）	763（111）	21.201 2（46）
5	华中农业大学	203（42）	15 747（32）	1 671（75）	3 122（78）	612（154）	20.253 1（51）
6	武汉科技大学	76（135）	3 197.1（188）	821（131）	1 586（145）	708（129）	9.135 9（114）
7	华中师范大学	90（112）	4 854.5（140）	743（140）	1 856（129）	130（811）	7.887 3（130）
8	湖北大学	61（170）	2 221.9（248）	539（186）	1 328（160）	418（238）	6.587 5（149）
9	三峡大学	35（289）	1 544.5（317）	470（204）	1 399（156）	827（97）	5.723 1（174）
10	长江大学	40（247）	1 664（300）	596（170）	1 055（194）	388（255）	5.300 8（183）
11	武汉工程大学	34（293）	1 170.5（374）	414（224）	1 206（170）	435（222）	4.644 4（205）
12	湖北工业大学	31（308）	1 149（381）	350（248）	815（223）	697（132）	4.424 1（212）
13	中南民族大学	34（293）	1 553（315）	327（264）	789（229）	185（571）	3.782（241）
14	中国科学院水生生物研究所	41（243）	2 243（246）	292（277）	442（319）	38（2840）	2.917 1（282）
15	中国人民解放军海军工程大学	23（369）	1 375（349）	198（382）	395（335）	187（562）	2.671 3（299）
16	武汉纺织大学	16（470）	595.5（530）	252（312）	599（270）	411（245）	2.619 4（304）

续表

序号	机构名称	项目数量/项（排名）	项目经费/万元（排名）	发文量/篇（排名）	被引次数/次（排名）	发明专利申请数/件（排名）	BRCI（排名）
17	中国科学院武汉岩土力学研究所	23（369）	2 084（256）	161（419）	333（370）	158（665）	2.613 9（305）
18	中国科学院武汉物理与数学研究所	37（271）	7 120.02（98）	103（543）	125（569）	62（1693）	2.524（311）
19	湖北民族大学	14（508）	552.5（547）	65（647）	568（280）	80（1318）	1.489 6（401）
20	中国农业科学院油料作物研究所	13（526）	857（434）	96（559）	242（431）	76（1384）	1.435 1（407）
21	中国科学院武汉植物园	19（420）	991.3（408）	125（489）	290（395）	18（6649）	1.413 5（409）
22	中国科学院武汉病毒研究所	13（526）	1 064（391）	103（543）	276（407）	40（2696）	1.364 2（417）
23	江汉大学	11（564）	383（639）	121（501）	140（549）	153（686）	1.265 2（430）
24	湖北中医药大学	20（407）	656（504）	86（588）	103（615）	31（3531）	1.161 9（448）
25	长江水利委员会长江科学院	16（470）	1 226.9（366）	34（868）	31（923）	99（1046）	1.019（467）
26	湖北医药学院	11（564）	282（709）	202（379）	253（422）	12（10657）	0.945 6（475）
27	中国科学院测量与地球物理研究所	15（490）	631（520）	76（608）	125（569）	14（8990）	0.929 5（479）
28	中南财经政法大学	27（338）	801（458）	157（430）	256（418）	0（113702）	0.447 4（550）
29	湖北省农业科学院	10（591）	282（709）	58（688）	67（699）	0（113702）	0.182 9（649）
30	武汉第二船舶设计研究所	4（810）	561（544）	3（2710）	0（6499）	0（113702）	0.021 2（747）

资料来源：科技大数据湖北省重点实验室、中国产业智库大数据中心

	综合	农业科学	生物与生化	化学	临床医学	计算机科学	工程科学	环境生态学	地球科学	免疫学	材料科学	数学	微生物学	分子生物与基因	神经科学与行为	药理学与毒物学	物理学	植物与动物科学	社会科学	进入ESI学科数
华中科技大学	11	68	106	30	12	4	7	48	0	11	12	25	0	15	9	14	12	105	15	18
武汉大学	17	45	109	24	20	16	31	36	12	21	29	26	21	25	40	26	32	38	10	20
中国地质大学	40	0	0	73	0	42	43	26	2	0	70	0	0	0	0	0	0	0	47	9
武汉理工大学	51	0	0	34	0	0	49	0	0	0	26	0	0	0	0	0	0	0	0	5
华中农业大学	60	10	128	127	0	0	179	45	0	0	0	0	8	22	0	71	0	6	0	11
华中师范大学	79	0	0	50	0	0	0	0	0	0	79	36	0	0	0	0	22	101	0	7
湖北大学	186	0	0	115	0	0	0	0	0	0	84	0	0	0	0	0	0	0	0	4
中国科学院水生生物研究所	217	0	0	0	0	0	0	43	0	0	0	0	0	0	0	0	0	29	0	4
武汉科技大学	241	0	0	212	0	0	142	0	0	0	101	0	0	0	0	0	0	0	0	5
武汉工程大学	242	0	0	147	0	0	164	0	0	0	122	0	0	0	0	0	0	0	0	5
中南民族大学	253	0	0	125	0	0	208	0	0	0	0	0	0	0	0	0	0	0	0	4
中国科学院武汉物理与数学研究所	260	0	0	160	0	0	0	0	0	0	0	0	0	0	0	0	0	0	0	3
三峡大学	278	0	0	192	0	0	172	0	0	0	0	0	0	0	0	0	0	0	0	4
中国科学院武汉病毒研究所	329	0	0	0	0	0	0	0	0	0	0	0	15	0	0	0	0	0	0	3
中国科学院武汉植物园	333	88	0	0	0	0	0	74	0	0	0	0	0	0	0	0	0	40	0	5
中国农业科学院油料作物研究所	392	91	0	0	0	0	0	0	0	0	0	0	0	0	0	0	0	98	0	4
湖北医药学院	396	0	0	0	95	0	0	0	0	0	0	0	0	0	0	0	0	0	0	3
中国科学院武汉岩土力学研究所	407	0	0	0	0	0	149	0	0	0	0	0	0	0	0	0	0	0	0	3
中国科学院测量与地球物理研究所	425	0	0	0	0	0	0	0	48	0	0	0	0	0	0	0	0	0	0	3
海军工程大学	438	0	0	0	0	0	124	0	0	0	0	0	0	0	0	0	0	0	0	3

图 3-15　2019 年湖北省各机构 ESI 前 1%学科分布

表 3-28 2019 年湖北省在华发明专利申请量二十强企业和二十强科研机构列表

序号	二十强企业	发明专利申请量/件	二十强科研机构	发明专利申请量/件
1	武汉华星光电半导体显示技术有限公司	1161	华中科技大学	2381
2	长江存储科技有限责任公司	604	武汉理工大学	1767
3	中铁第四勘察设计院集团有限公司	596	武汉大学	1412
4	武汉华星光电技术有限公司	466	三峡大学	809
5	武汉船用机械有限责任公司	356	中国地质大学（武汉）	741
6	中国一冶集团有限公司	348	武汉科技大学	687
7	烽火通信科技股份有限公司	327	湖北工业大学	679
8	武汉天马微电子有限公司	310	华中农业大学	578
9	武汉钢铁有限公司	291	武汉轻工大学	561
10	中国船舶重工集团公司第七一九研究所	237	武汉工程大学	421
11	东风商用车有限公司	225	湖北大学	407
12	湖北中烟工业有限责任公司	199	武汉纺织大学	389
13	武汉格罗夫氢能汽车有限公司	184	长江大学	372
14	长江勘测规划设计研究有限责任公司	175	中国人民解放军海军工程大学	184
15	格力电器（武汉）有限公司	170	中南民族大学	180
16	东风汽车集团有限公司	160	湖北文理学院	156
17	武汉新芯集成电路制造有限公司	151	江汉大学	152
18	中冶南方工程技术有限公司	144	中国科学院武汉岩土力学研究所	141
19	中交第二航务工程局有限公司	130	华中师范大学	130
20	武汉虹信通信技术有限责任公司	123	湖北科技学院	104

资料来源：科技大数据湖北省重点实验室、中国产业智库大数据中心

3.3.7 山东省

2019 年，山东省的基础研究竞争力指数为 1.4764，排名第 7 位。山东省争取国家自然科学基金项目总数为 2028 项，项目经费总额为 105 704.18 万元，全国排名均为第 8 位。山东省争取国家自然科学基金项目经费金额大于 3000 万元的有 2 个学科（图 3-16）；山东省整体争取国家自然科学基金项目经费与 2018 年相比呈上升趋势；争取国家自然科学基金项目经费最多的学科为岩土力学与岩土工程，项目数量 25 个，项目经费 4105 万元（表 3-29）；发表 SCI 论文数量最多的学科为材料科学、跨学科（表 3-30）。山东省争取国家自然科学基金经费超过 1 亿元的有 2 个机构（表 3-31）；山东省共有 26 个机构进入相关学科的 ESI 全球前 1%行列（图 3-17）。山东省发明专利申请量 59 825 件，全国排名第 5 位，主要专利权人如表 3-32 所示。

2019 年，山东省地方财政科技投入经费预算 304.8202 亿元，全国排名第 8 位；拥有国家重点实验室 21 个，全国排名第 6 位；获得国家科技奖励 11 项，全国排名第 6 位；拥有省级重点实验室 201 个，全国排名第 8 位；拥有院士 17 人，全国排名第 14 位；新增国家自然科学基金杰出青年科学基金入选者 3 人，全国排名第 16 位。

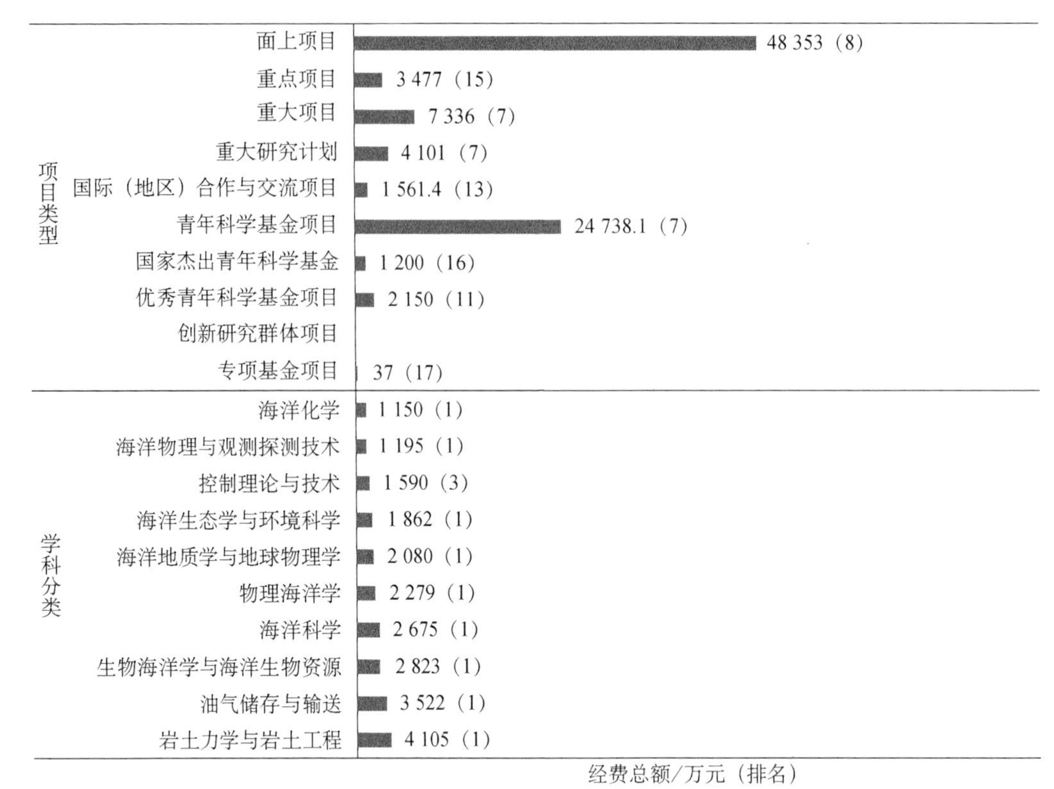

图 3-16 2019 年山东省争取国家自然科学基金项目情况

资料来源：科技大数据湖北省重点实验室、中国产业智库大数据中心

表 3-29 2019 年山东省争取国家自然科学基金项目经费十强学科及近 5 年变化趋势

项目经费趋势	学科	指标	2015 年	2016 年	2017 年	2018 年	2019 年
	合计	项目数/项	1 737	1 694	1 969	1 950	2 028
		项目金额/万元	85 572.74	81 504.26	96 646.47	90 097.66	105 704.18
		机构数/个	67	66	69	63	61
		主持人数/人	1 720	1 685	1 940	1 938	2 000
	岩土力学与岩土工程	项目数/项	11	4	10	18	25
		项目金额/万元	378	123	989	1 171	4 105
		机构数/个	5	3	4	8	7
		主持人数/人	10	4	9	18	24
	油气储存与输送	项目数/项	13	8	13	19	20
		项目金额/万元	608	641	585	1 092	3 522
		机构数/个	3	2	1	2	2
		主持人数/人	13	8	13	19	19
	生物海洋学与海洋生物资源	项目数/项	20	19	11	21	42
		项目金额/万元	1 840.5	1 397	826	2 114.63	2 823
		机构数/个	4	7	4	4	8
		主持人数/人	19	19	11	21	42

续表

项目经费趋势	学科	指标	2015年	2016年	2017年	2018年	2019年
	海洋科学	项目数/项	3	10	4	0	8
		项目金额/万元	1 580	11 928	2 170	0	2 675
		机构数/个	2	3	3	0	4
		主持人数/人	2	9	4	0	7
	物理海洋学	项目数/项	40	28	33	35	31
		项目金额/万元	9 737.09	1 843.8	2 587.5	2 793	2 279
		机构数/个	4	3	3	5	4
		主持人数/人	39	28	32	35	31
	海洋地质学与地球物理学	项目数/项	38	29	31	34	24
		项目金额/万元	2 502.32	1 404	1 458	1 676	2 080
		机构数/个	6	7	5	5	4
		主持人数/人	38	29	31	33	24
	海洋生态学与环境科学	项目数/项	3	1	4	3	27
		项目金额/万元	671	20	327.5	111	1 862
		机构数/个	2	1	4	1	6
		主持人数/人	3	1	4	3	27
	控制理论与技术	项目数/项	34	24	41	36	28
		项目金额/万元	2 415.61	1 027	1 951	1 555	1 590
		机构数/个	16	13	17	12	11
		主持人数/人	34	24	41	36	28
	海洋物理与观测探测技术	项目数/项	18	15	15	19	10
		项目金额/万元	704.9	602	790.51	954	1 195
		机构数/个	5	7	5	5	7
		主持人数/人	18	15	15	19	10
	海洋化学	项目数/项	1	0	1	1	20
		项目金额/万元	70	0	24	25	1 150
		机构数/个	1	0	1	1	6
		主持人数/人	1	0	1	1	20

资料来源：科技大数据湖北省重点实验室、中国产业智库大数据中心

表 3-30 2019年山东省发表SCI论文数量二十强学科

序号	研究领域	发文量全国排名	发文量/篇	被引次数/次	篇均被引/次
1	材料科学、跨学科	8	2 541	8 400	3.31
2	化学、物理	5	1 637	8 225	5.02
3	工程、电气和电子	10	1 629	2 829	1.74
4	化学、跨学科	5	1 585	4 604	2.90
5	生物化学与分子生物学	5	1 317	2 769	2.10
6	环境科学	6	1 297	3 130	2.41
7	能源和燃料	7	1 266	4 951	3.91

续表

序号	研究领域	发文量全国排名	发文量/篇	被引次数/次	篇均被引/次
8	药理学和药剂学	4	1 243	1 660	1.34
9	肿瘤学	6	1 210	1 496	1.24
10	医学、研究和试验	6	1 141	1 328	1.16
11	物理学、应用	8	1 126	3 587	3.19
12	工程、化学	4	1 093	4 946	4.53
13	纳米科学和纳米技术	6	921	3 750	4.07
14	计算机科学、信息系统	9	839	1 231	1.47
15	生物工程学和应用微生物学	3	818	1 652	2.02
16	化学、分析	3	800	3 015	3.77
17	电信	10	730	876	1.20
18	细胞生物学	5	708	1 607	2.27
19	数学、应用	3	611	1 705	2.79
20	聚合物科学	5	611	1 842	3.01
全省合计		7	23 123	63 603	2.75

资料来源：科技大数据湖北省重点实验室、中国产业智库大数据中心

表 3-31　2019 年山东省争取国家自然科学基金项目经费三十强机构

序号	机构名称	项目数量/项（排名）	项目经费/万元（排名）	发文量/篇（排名）	被引次数/次（排名）	发明专利申请数/件（排名）	BRCI（排名）
1	山东大学	539（9）	31 801.9（13）	5 548（13）	10 560（18）	2 083（24）	57.838 4（11）
2	中国海洋大学	168（51）	12 919（51）	1 710（71）	3 431（71）	503（184）	18.179 2（61）
3	中国石油大学（华东）	110（94）	9 096（75）	1 714（69）	4 092（57）	1 015（77）	17.133 8（69）
4	青岛大学	128（81）	4 890（139）	2 023（57）	5 662（37）	478（198）	15.701（75）
5	山东科技大学	78（132）	3 886（162）	1 231（94）	5 517（38）	839（94）	12.896 6（87）
6	济南大学	55（186）	1 929.5（271）	1 225（95）	3 303（75）	1 035（75）	9.673 9（106）
7	山东师范大学	76（135）	3 750.18（167）	865（127）	2 195（115）	376（266）	8.950 8（117）
8	青岛科技大学	39（258）	1 624（305）	982（115）	2 994（83）	786（102）	7.614 8（136）
9	山东农业大学	73（139）	3 368.5（178）	677（150）	11 62（180）	364（272）	7.482 9（138）
10	中国科学院海洋研究所	81（125）	6 376（110）	483（202）	676（252）	121（863）	6.193 5（160）
11	齐鲁工业大学	43（235）	1 432（338）	676（151）	1 481（152）	617（151）	6.182 8（161）
12	山东理工大学	53（195）	1 733.5（294）	520（190）	1 068（190）	553（170）	6.091 2（168）
13	曲阜师范大学	38（263）	1 353.5（353）	601（168）	1 905（126）	157（670）	4.784 7（199）
14	青岛农业大学	37（271）	1 635（304）	382（234）	888（219）	372（268）	4.613 8（207）
15	鲁东大学	43（235）	1 434.5（337）	338（257）	711（242）	215（491）	4.089 9（228）
16	青岛理工大学	32（301）	1 348（354）	277（290）	795（227）	355（276）	3.930 2（232）
17	中国科学院青岛生物能源与过程研究所	33（296）	1 604（310）	207（368）	712（241）	167（631）	3.371 4（264）
18	烟台大学	26（348）	939（416）	298（274）	798（224）	143（736）	3.005 6（279）

续表

序号	机构名称	项目数量/项（排名）	项目经费/万元（排名）	发文量/篇（排名）	被引次数/次（排名）	发明专利申请数/件（排名）	BRCI（排名）
19	山东建筑大学	29（321）	819.1（450）	219（348）	271（410）	316（313）	2.759 2（291）
20	聊城大学	21（395）	635.5（514）	348（249）	1 195（173）	100（1029）	2.712 2（296）
21	自然资源部第一海洋研究所	26（348）	1 995（264）	135（472）	158（515）	108（959）	2.161 6（338）
22	临沂大学	22（380）	756.5（469）	156（434）	288（399）	178（593）	2.154 5（339）
23	山东中医药大学	22（380）	891（428）	163（415）	198（476）	50（2133）	1.695 6（373）
24	中国科学院烟台海岸带研究所	14（508）	588（536）	144（457）	388（341）	100（1029）	1.673 8（377）
25	济宁医学院	16（470）	440.5（595）	305（271）	380（344）	35（3094）	1.581 1（386）
26	中国水产科学研究院黄海水产研究所	17（454）	955（415）	129（482）	145（534）	82（1284）	1.560 8（392）
27	滨州医学院	23（369）	589（535）	213（355）	295（389）	20（5763）	1.540 7（396）
28	泰山医学院	18（433）	810（455）	94（566）	180（502）	44（2451）	1.372 1（415）
29	山东省农业科学院	12（549）	425（611）	124（491）	117（589）	1（113701）	0.558 4（523）
30	山东省医学科学院	25（356）	810.5（454）	60（674）	67（699）	0（113702）	0.297 7（596）

资料来源：科技大数据湖北省重点实验室、中国产业智库大数据中心

	综合	农业科学	生物与生化	化学	临床医学	计算机科学	工程科学	环境生态学	地球科学	免疫学	材料科学	数学	微生物学	分子生物与基因	神经科学与行为	药理学与毒物学	物理学	植物与动物科学	社会科学	进入ESI学科数
山东大学	12	82	104	23	13	38	25	34	55	12	30	7	22	17	20	10	10	47	18	20
中国海洋大学	72	28	144	101	0	0	94	25	21	0	103	0	0	0	0	48	0	19	0	11
青岛大学	100	0	0	99	49	0	95	0	0	0	95	0	0	0	32	62	0	0	0	8
济南大学	113	0	0	62	73	0	112	0	0	0	82	0	0	0	0	0	0	0	0	6
山东第一医科大学	115	0	171	0	30	0	0	0	0	0	0	0	0	0	0	50	0	0	0	5
青岛科技大学	140	0	0	64	0	0	117	0	0	0	96	0	0	0	0	0	0	0	0	5
山东科技大学	164	0	0	120	0	0	78	0	47	0	139	6	0	0	0	0	0	0	0	7
山东农业大学	166	15	0	176	0	0	0	0	0	0	0	0	0	0	0	0	0	14	0	5
中国科学院海洋研究所	167	0	0	0	0	0	0	71	40	0	0	0	0	0	0	0	0	25	0	5
山东师范大学	175	0	0	100	0	0	129	0	0	0	0	0	0	0	0	0	0	66	0	5
曲阜师范大学	191	0	0	117	0	0	99	0	0	0	0	0	0	0	0	0	0	0	0	5
中国科学院青岛生物能源与过程研究所	211	0	166	119	0	0	215	0	0	0	130	0	0	0	0	0	0	0	0	6
中国科学院烟台海岸带研究所	221	0	0	150	0	0	0	37	0	0	0	0	0	0	0	0	0	106	0	5
齐鲁工业大学	225	0	0	137	0	0	154	0	0	0	144	0	0	0	0	0	0	0	0	5
聊城大学	249	0	0	134	0	0	180	0	0	0	0	0	0	0	0	0	0	0	0	4
青岛农业大学	276	53	0	209	0	0	0	0	0	0	0	0	0	0	0	0	0	67	0	5
烟台大学	279	0	0	178	0	0	228	0	0	0	0	0	0	0	0	72	0	0	0	5
山东理工大学	296	0	0	171	0	0	218	0	0	0	0	0	0	0	0	0	0	0	0	4
鲁东大学	341	0	0	0	0	0	166	0	0	0	0	0	0	0	0	0	0	0	0	3
滨州医学院	369	0	0	0	105	0	0	0	0	0	0	0	0	0	0	0	0	0	0	3
山东农业科学院	370	80	0	0	0	0	0	0	0	0	0	0	0	0	0	0	0	72	0	4
潍坊医学院	406	0	0	0	120	0	0	0	0	0	0	0	0	0	0	0	0	0	0	3
山东中医药大学	408	0	0	0	110	0	0	0	0	0	0	0	0	0	0	0	0	0	0	3
青岛理工大学	413	0	0	0	0	0	174	0	0	0	0	0	0	0	0	0	0	0	0	3
山东建筑大学	440	0	0	0	0	0	213	0	0	0	0	0	0	0	0	0	0	0	0	3
山东财经大学	446	0	0	0	0	0	226	0	0	0	0	0	0	0	0	0	0	0	0	3

图 3-17　2019 年山东省各机构 ESI 前 1%学科分布

表 3-32　2019 年山东省在华发明专利申请量二十强企业和二十强科研机构列表

序号	二十强企业	发明专利申请量/件	二十强科研机构	发明专利申请量/件
1	青岛海尔空调器有限总公司	825	山东大学	1945
2	潍柴动力股份有限公司	767	济南大学	1026
3	歌尔股份有限公司	707	中国石油大学（华东）	961
4	歌尔科技有限公司	478	山东科技大学	818
5	万华化学集团股份有限公司	294	青岛科技大学	776
6	中车青岛四方机车车辆股份有限公司	289	齐鲁工业大学	584
7	山东钢铁股份有限公司	243	山东理工大学	512
8	浪潮商用机器有限公司	212	中国海洋大学	480
9	山东浪潮人工智能研究院有限公司	211	青岛大学	467
10	山东爱城市网信息技术有限公司	208	山东师范大学	371
11	浪潮电子信息产业股份有限公司	195	青岛农业大学	347
12	九阳股份有限公司	182	青岛理工大学	346
13	山东超越数控电子股份有限公司	180	山东农业大学	344
14	浪潮云信息技术有限公司	153	山东建筑大学	303
15	国网山东省电力公司电力科学研究院	151	鲁东大学	212
16	中国石油化工股份有限公司	135	山东交通学院	210
17	海信（山东）空调有限公司	132	哈尔滨工业大学（威海）	206
18	国网山东省电力公司临沂供电公司	130	临沂大学	178
19	中车青岛四方车辆研究所有限公司	129	中国科学院青岛生物能源与过程研究所	162
20	青岛海信电器股份有限公司	119	曲阜师范大学	157

资料来源：科技大数据湖北省重点实验室、中国产业智库大数据中心

3.3.8 陕西省

2019 年，陕西省的基础研究竞争力指数为 1.3962，排名第 8 位。陕西省争取国家自然科学基金项目总数为 2303 项，全国排名第 6 位；项目经费总额为 124 091.69 万元，全国排名第 7 位。陕西省争取国家自然科学基金项目经费金额大于 3000 万元的有 1 个学科（图 3-18）；陕西省整体争取国家自然科学基金项目经费与 2018 年相比呈上升趋势；争取国家自然科学基金项目经费最多的学科为第四纪地质学，项目数量 10 个，项目经费 3746.4 万元（表 3-33）；发表 SCI 论文数量最多的学科为工程、电气和电子（表 3-34）。陕西省争取国家自然科学基金经费超过 1 亿元的有 4 个机构（表 3-35）；陕西省共有 17 个机构进入相关学科的 ESI 全球前 1%行列（图 3-19）。陕西省发明专利申请量 30 653 件，全国排名第 11 位，主要专利权人如表 3-36 所示。

2019 年，陕西省地方财政科技投入经费预算 71.8 亿元，全国排名第 17 位；拥有国家重点实验室 21 个，全国排名第 7 位；获得国家科技奖励 10 项，全国排名第 7 位；拥有省级重点实验室 93 个，全国排名第 22 位；拥有院士 35 人，全国排名第 7 位；新增国家自然科学基金杰出青年科学基金入选者 6 人，全国排名第 11 位。

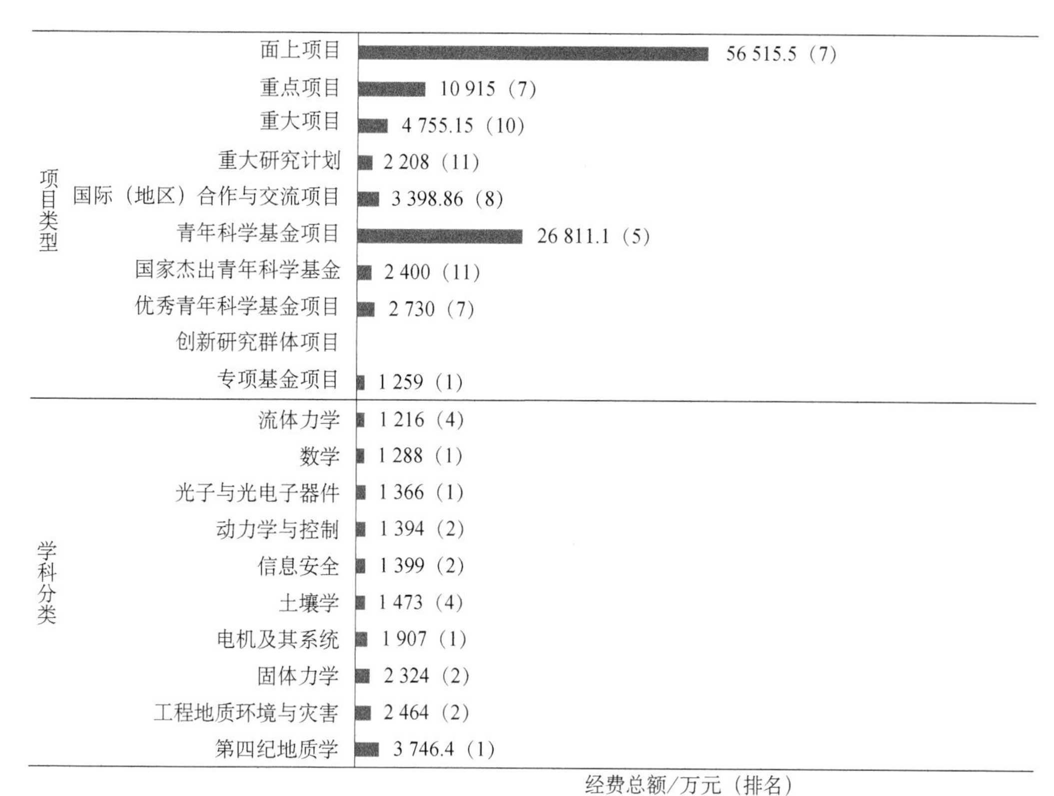

图 3-18　2019 年陕西省争取国家自然科学基金项目情况

资料来源：科技大数据湖北省重点实验室、中国产业智库大数据中心

表 3-33　2019 年陕西省争取国家自然科学基金项目经费十强学科及近 5 年变化趋势

项目经费趋势	学科	指标	2015 年	2016 年	2017 年	2018 年	2019 年
	合计	项目数/项	1 868	1 959	2 138	2 149	2 303
		项目金额/万元	92 470.6	98 961.95	119 064.97	109 243.23	124 091.69
		机构数/个	58	54	56	56	56
		主持人数/人	1 839	1 936	2 102	2 126	2 272
	第四纪地质学	项目数/项	12	12	4	0	10
		项目金额/万元	966	816.1	503	0	3 746.4
		机构数/个	3	5	3	0	3
		主持人数/人	11	12	4	0	8
	工程地质环境与灾害	项目数/项	0	0	0	3	13
		项目金额/万元	0	0	0	146	2 464
		机构数/个	0	0	0	2	3
		主持人数/人	0	0	0	3	13
	固体力学	项目数/项	34	27	27	35	38
		项目金额/万元	2 166	1 597	1 968	1 988	2 324
		机构数/个	6	5	8	9	7
		主持人数/人	34	26	27	34	38

续表

项目经费趋势	学科	指标	2015年	2016年	2017年	2018年	2019年
	电机及其系统	项目数/项	5	4	4	8	6
		项目金额/万元	287	125	170	1 109	1 907
		机构数/个	3	3	1	1	2
		主持人数/人	5	4	4	8	6
	土壤学	项目数/项	0	0	4	29	33
		项目金额/万元	0	0	476	2 116	1 473
		机构数/个	0	0	3	8	11
		主持人数/人	0	0	4	29	33
	信息安全	项目数/项	0	0	0	14	18
		项目金额/万元	0	0	0	476	1 399
		机构数/个	0	0	0	6	6
		主持人数/人	0	0	0	14	18
	动力学与控制	项目数/项	17	15	18	18	27
		项目金额/万元	578	725.5	750.5	803	1 394
		机构数/个	8	5	9	6	10
		主持人数/人	17	15	17	18	27
	光子与光电子器件	项目数/项	6	7	3	4	8
		项目金额/万元	362	363	112	137	1 366
		机构数/个	6	5	2	3	5
		主持人数/人	6	7	3	4	8
	数学	项目数/项	5	4	4	2	4
		项目金额/万元	239	209	388	360	1 288
		机构数/个	2	3	2	1	3
		主持人数/人	4	4	4	2	4
	流体力学	项目数/项	14	12	17	13	21
		项目金额/万元	508	598	773	599	1 216
		机构数/个	5	5	7	5	5
		主持人数/人	14	12	17	13	21

资料来源：科技大数据湖北省重点实验室、中国产业智库大数据中心

表 3-34　2019 年陕西省发表 SCI 论文数量二十强学科

序号	研究领域	发文量全国排名	发文量/篇	被引次数/次	篇均被引/次
1	工程、电气和电子	3	3 978	5 054	1.27
2	材料科学、跨学科	5	3 393	9 709	2.86
3	电信	3	1 858	2 259	1.22
4	物理学、应用	5	1 782	4 121	2.31
5	计算机科学、信息系统	3	1 566	1 964	1.25

续表

序号	研究领域	发文量全国排名	发文量/篇	被引次数/次	篇均被引/次
6	化学、物理	7	1 376	7 185	5.22
7	能源和燃料	5	1 295	4 357	3.36
8	环境科学	7	1 230	2 915	2.37
9	光学	4	1 161	1 116	0.96
10	工程、机械	3	1 147	2 275	1.98
11	化学、跨学科	11	1 136	3 285	2.89
12	纳米科学和纳米技术	7	905	3 421	3.78
13	机械学	3	826	1 932	2.34
14	生物化学与分子生物学	8	805	1 622	2.01
15	冶金和冶金工程学	4	768	2 036	2.65
16	计算机科学、理论和方法	3	733	621	0.85
17	工程、跨学科	3	718	1 333	1.86
18	工程、化学	10	704	3 090	4.39
19	计算机科学、人工智能	5	696	1 597	2.29
20	设备和仪器	3	683	1 049	1.54
全省合计		5	26 760	60 941	2.28

资料来源：科技大数据湖北省重点实验室、中国产业智库大数据中心

表 3-35　2019 年陕西省争取国家自然科学基金项目经费三十强机构

序号	机构名称	项目数量/项（排名）	项目经费/万元（排名）	发文量/篇（排名）	被引次数/次（排名）	发明专利申请数/件（排名）	BRCI（排名）
1	西安交通大学	506（12）	29 048.34（16）	6 434（11）	12 847（8）	2 953（12）	62.618 5（8）
2	西北工业大学	292（27）	15 508.75（33）	3 730（24）	9 949（20）	1 821（33）	38.042 2（23）
3	西安电子科技大学	181（46）	11 027.58（59）	2 509（39）	3 615（65）	1 939（27）	24.445 6（38）
4	西北农林科技大学	160（59）	8 277（81）	2 251（48）	4 655（45）	443（214）	17.925 2（62）
5	西北大学	164（53）	10 003.38（68）	1 319（90）	2 576（97）	350（280）	14.881 5（80）
6	长安大学	110（94）	6 322（112）	1 170（96）	2 597（96）	956（81）	14.018 4（81）
7	陕西师范大学	113（93）	5 479.54（128）	1 161（98）	2 657（94）	318（310）	11.474 1（91）
8	中国人民解放军第四军医大学	178（48）	9 772.15（70）	783（134）	1 197（172）	197（534）	11.158 7（93）
9	西安理工大学	81（125）	3 921（160）	1 101（106）	1 970（124）	816（99）	10.763 6（96）
10	陕西科技大学	53（195）	1 918（273）	611（166）	2 262（109）	1 148（66）	8.144 9（127）
11	西安建筑科技大学	55（186）	2 459.5（232）	716（145）	1 898（127）	596（158）	7.683 8（133）
12	西安科技大学	66（161）	2 662（216）	495（199）	1 354（158）	418（238）	6.914 3（144）
13	西安石油大学	40（247）	1 689（298）	273（298）	363（352）	344（286）	3.828（239）
14	中国人民解放军空军工程大学	28（328）	1 036.5（395）	555（180）	722（239）	151（695）	3.447 6（262）
15	西安工业大学	25（356）	737.5（472）	276（293）	522（299）	332（297）	3.016 2（278）

续表

序号	机构名称	项目数量/项（排名）	项目经费/万元（排名）	发文量/篇（排名）	被引次数/次（排名）	发明专利申请数/件（排名）	BRCI（排名）
16	中国科学院西安光学精密机械研究所	14（508）	875（431）	291（278）	234（440）	299（331）	2.218 6（335）
17	西安工程大学	17（454）	486（574）	197（385）	228（446）	365（271）	2.069 9（347）
18	西安邮电大学	15（490）	433（603）	249（316）	395（335）	208（508）	2.020 7（350）
19	中国科学院地球环境研究所	19（420）	5 488.15(127)	112（518）	378（347）	9（15824）	1.687 2（374）
20	延安大学	17（454）	494.5（569）	172（402）	278（403）	60（1761）	1.552 5（393）
21	陕西中医药大学	23（369）	858.5（433）	131（478）	96（626）	69（1531）	1.542 3（395）
22	西安医学院	9（613）	261（729）	170（406）	237（435）	74（1422）	1.136 3（450）
23	西安近代化学研究所	10（591）	365（651）	63（655）	77（668）	209（506）	1.039 8（462）
24	西京学院	7（670）	249.5（742）	115（510）	83（654）	170（620）	0.937 2（477）
25	榆林学院	14（508）	484（575）	51（725）	43（815）	84（1255）	0.917 6（480）
26	中国科学院国家授时中心	10（591）	385（637）	47（752）	78（666）	38（2840）	0.753 6（498）
27	西北核技术研究所	7（670）	406（624）	111（522）	36（866）	39（2771）	0.687 8（505）
28	中国科学院水利部水土保持研究所	11（564）	672（498）	45（767）	88（644）	0（113702）	0.218 9（629）
29	中国人民解放军火箭军工程大学	9（613）	435（601）	2（3439）	0（6499）	110（947）	0.117 6（685）
30	西安测绘研究所	3（883）	383（639）	3（2710）	2（3580）	0（113702）	0.040 9（724）

资料来源：科技大数据湖北省重点实验室、中国产业智库大数据中心

	综合	农业科学	生物与生化	化学	临床医学	计算机科学	经济与商学	工程科学	环境生态学	地球科学	材料科学	数学	分子生物与基因	神经科学与行为	药理学与毒物学	物理学	植物与动物科学	社会科学	进入ESI学科数
西安交通大学	16	0	135	36	28	12	6	6	80	29	20	28	32	24	24	16	0	21	15
西北工业大学	53	0	0	76	0	33	0	24	0	0	24	0	0	0	0	42	0	0	5
中国人民解放军空军军医大学	59	0	130	0	16	0	0	0	0	0	119	0	24	11	25	0	0	0	6
西北农林科技大学	63	5	136	124	0	0	0	97	22	0	0	0	48	0	64	0	8	0	8
西北大学	90	0	0	59	144	0	0	123	0	20	102	0	0	0	0	0	0	0	5
西安电子科技大学	94	0	0	0	0	5	0	23	0	51	0	0	0	0	0	0	0	0	3
陕西师范大学	118	44	0	68	0	0	0	156	0	0	76	0	0	0	0	0	0	0	4
中国科学院地球环境研究所	247	0	0	0	0	0	0	0	62	26	0	0	0	0	0	0	0	0	2
长安大学	256	0	0	0	0	0	0	98	0	52	167	0	0	0	0	0	0	0	3
西安理工大学	288	0	0	0	0	0	0	118	0	0	128	0	0	0	0	0	0	0	2
中国科学院西安光学精密机械研究所	289	0	0	0	0	55	0	116	0	0	0	0	0	0	0	0	0	0	2
陕西科技大学	293	0	0	162	0	0	0	0	0	0	110	0	0	0	0	0	0	0	2
中国科学院水利部水土保持研究所	294	14	0	0	0	0	0	220	63	0	0	0	0	0	0	0	0	0	3
瞬态光学与光子技术国家重点实验室	299	0	0	0	0	56	0	126	0	0	0	0	0	0	0	0	0	0	2
西安建筑科技大学	302	0	0	0	0	0	0	115	89	0	0	0	0	0	0	0	0	0	2
空军工程大学	388	0	0	0	0	0	0	138	0	0	0	0	0	0	0	0	0	0	1
西安医学院	393	0	0	0	91	0	0	0	0	0	0	0	0	0	0	0	0	0	1

图 3-19　2019 年陕西省各机构 ESI 前 1%学科分布

表 3-36 2019 年陕西省在华发明专利申请量二十强企业和二十强科研机构列表

序号	二十强企业	发明专利申请量/件	二十强科研机构	发明专利申请量/件
1	西安热工研究院有限公司	197	西安交通大学	2762
2	中国航空工业集团公司西安飞机设计研究所	183	西安电子科技大学	1900
3	中国航空工业集团公司西安航空计算技术研究所	168	西北工业大学	1668
4	西安奕斯伟硅片技术有限公司	160	陕西科技大学	1139
5	西安飞机工业（集团）有限责任公司	137	长安大学	931
6	中国航发动力股份有限公司	134	西安理工大学	808
7	西安帝凡合赢科技发展有限公司	129	西安建筑科技大学	575
8	西安艾润物联网技术服务有限责任公司	111	西北农林科技大学	429
9	西安易朴通讯技术有限公司	107	西安科技大学	397
10	西安万像电子科技有限公司	100	西安工程大学	354
11	中煤科工集团西安研究院有限公司	97	西北大学	346
12	中铁第一勘察设计院集团有限公司	97	西安石油大学	337
13	宝鸡石油机械有限责任公司	89	西安工业大学	330
14	中国重型机械研究院股份公司	82	陕西师范大学	309
15	国网陕西省电力公司电力科学研究院	78	陕西理工大学	295
16	中国航空工业集团公司西安飞行自动控制研究所	72	中国科学院西安光学精密机械研究所	284
17	陕西飞机工业（集团）有限公司	69	西安近代化学研究所	204
18	西安爱生技术集团公司	65	西安邮电大学	203
19	中铁宝桥集团有限公司	64	中国人民解放军第四军医大学	196
20	西安凯立新材料股份有限公司	64	西京学院	168

资料来源：科技大数据湖北省重点实验室、中国产业智库大数据中心

3.3.9 四川省

2019 年，四川省的基础研究竞争力指数为 1.1764，排名第 9 位。四川省争取国家自然科学基金项目总数为 1594 项，项目经费总额为 95 715.67 万元，全国排名均为第 9 位。四川省争取国家自然科学基金项目经费金额大于 3000 万元的有 1 个学科（图 3-20）；四川省整体争取国家自然科学基金项目经费与 2018 年相比呈上升趋势；争取国家自然科学基金项目经费最多的学科为有机合成，项目数量 23 个，项目经费 3278.5 万元（表 3-37）；发表 SCI 论文数量最多的学科为工程、电气和电子（表 3-38）。四川省争取国家自然科学基金经费超过 1 亿元的有 2 个机构（表 3-39）；四川省共有 16 个机构进入相关学科的 ESI 全球前 1%行列（图 3-21）。四川省发明专利申请量 34 953 件，全国排名第 9 位，主要专利权人如表 3-40 所示。

2019 年，四川省地方财政科技投入经费预算 125.8806 亿元，全国排名第 12 位；拥有国家重点实验室 12 个，全国排名第 12 位；获得国家科技奖励 8 项，全国排名第 11 位；拥有省级重点实验室 121 个，全国排名第 16 位；拥有院士 32 人，全国排名第 8 位；新增国家自然科学基金杰出青年科学基金入选者 6 人，全国排名第 11 位。

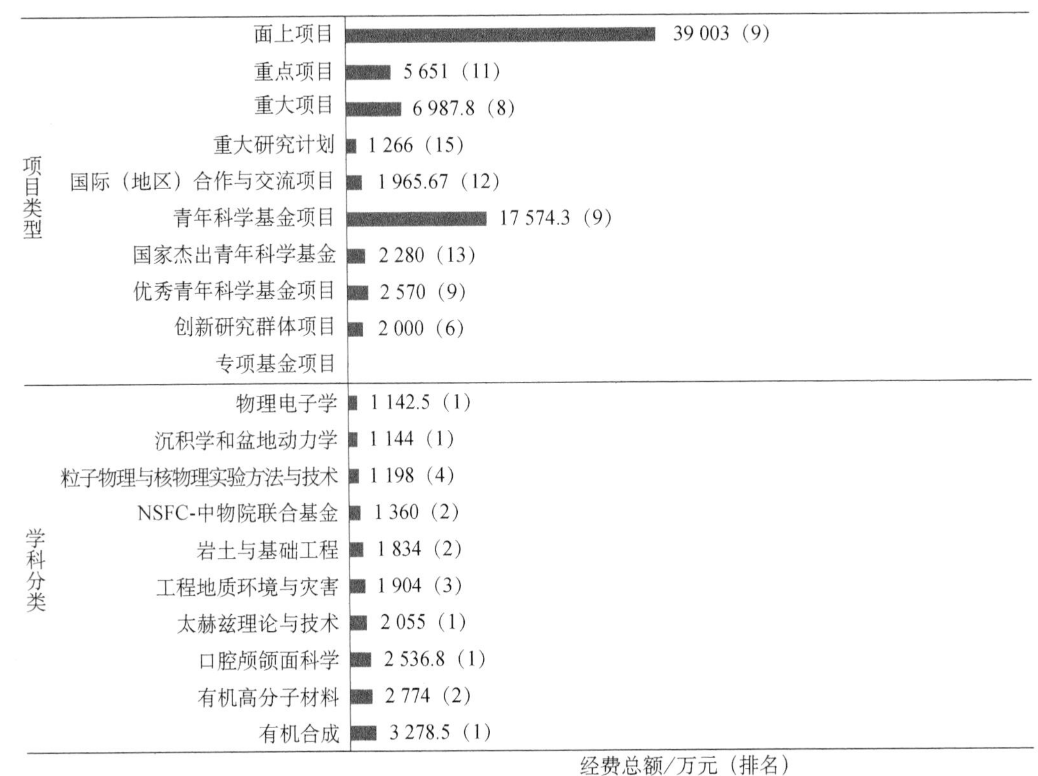

图 3-20　2019 年四川省争取国家自然科学基金项目情况

资料来源：科技大数据湖北省重点实验室、中国产业智库大数据中心

表 3-37　2019 年四川省争取国家自然科学基金项目经费十强学科及近 5 年变化趋势

项目经费趋势	学科	指标	2015 年	2016 年	2017 年	2018 年	2019 年
	合计	项目数/项	1 414	1 469	1 580	1 588	1 594
		项目金额/万元	75 554	65 847.29	82 787.18	88 526.87	95 715.67
		机构数/个	58	57	60	60	60
		主持人数/人	1 392	1 452	1 559	1 572	1 568
	有机合成	项目数/项	2	1	5	25	23
		项目金额/万元	80	19	280	3 940.5	3 278.5
		机构数/个	2	1	2	7	5
		主持人数/人	2	1	5	24	21
	有机高分子材料	项目数/项	3	2	1	3	2
		项目金额/万元	41	28	388	1 466.1	2 774
		机构数/个	2	1	1	1	1
		主持人数/人	3	2	1	3	1
	口腔颅颌面科学	项目数/项	0	1	1	0	3
		项目金额/万元	0	525	297	0	2 536.8
		机构数/个	0	1	1	0	1
		主持人数/人	0	1	1	0	2

续表

项目经费趋势	学科	指标	2015年	2016年	2017年	2018年	2019年
	太赫兹理论与技术	项目数/项	10	16	10	11	14
		项目金额/万元	640	1 412	1 695.5	504	2 055
		机构数/个	3	4	3	3	3
		主持人数/人	10	16	10	11	13
	工程地质环境与灾害	项目数/项	0	0	1	5	24
		项目金额/万元	0	0	20	196	1 904
		机构数/个	0	0	1	5	5
		主持人数/人	0	0	1	5	23
	岩土与基础工程	项目数/项	8	10	24	24	21
		项目金额/万元	599	325	1 453	1 200	1 834
		机构数/个	1	1	3	2	3
		主持人数/人	8	10	23	24	21
	NSFC-中物院联合基金	项目数/项	14	6	9	9	9
		项目金额/万元	4657	592	796	1 134	1 360
		机构数/个	8	4	4	3	7
		主持人数/人	14	6	9	9	9
	粒子物理与核物理实验方法与技术	项目数/项	13	14	18	14	20
		项目金额/万元	520	506	971	1 737.74	1 198
		机构数/个	5	5	5	6	8
		主持人数/人	13	14	18	14	20
	沉积学和盆地动力学	项目数/项	9	11	9	9	17
		项目金额/万元	378	438	412	427	1 144
		机构数/个	2	4	3	3	3
		主持人数/人	9	11	9	9	17
	物理电子学	项目数/项	3	10	8	9	4
		项目金额/万元	425	303	439.5	426	1 142.5
		机构数/个	1	2	4	4	1
		主持人数/人	3	10	8	9	4

资料来源：科技大数据湖北省重点实验室、中国产业智库大数据中心

表 3-38　2019 年四川省发表 SCI 论文数量二十强学科

序号	研究领域	发文量全国排名	发文量/篇	被引次数/次	篇均被引/次
1	工程、电气和电子	6	2 727	3 813	1.40
2	材料科学、跨学科	9	2 263	7 064	3.12
3	物理学、应用	7	1 326	3 312	2.50
4	电信	5	1 238	1 997	1.61
5	化学、跨学科	9	1 204	4 070	3.38

续表

序号	研究领域	发文量全国排名	发文量/篇	被引次数/次	篇均被引/次
6	化学、物理	11	1 126	5 071	4.50
7	计算机科学、信息系统	7	1 034	2 020	1.95
8	能源和燃料	8	913	2 407	2.64
9	环境科学	9	907	1 833	2.02
10	光学	7	802	845	1.05
11	纳米科学和纳米技术	10	735	3 055	4.16
12	肿瘤学	8	719	858	1.19
13	生物化学与分子生物学	9	686	1 571	2.29
14	工程、化学	11	672	2 447	3.64
15	药理学和药剂学	9	659	872	1.32
16	物理学、凝聚态物质	6	550	1 668	3.03
17	地球学、跨学科	5	539	691	1.28
18	医学、全科和内科	2	535	332	0.62
19	聚合物科学	6	525	1 339	2.55
20	医学、研究和试验	8	506	554	1.09
全省合计		9	19 666	45 819	2.33

资料来源：科技大数据湖北省重点实验室、中国产业智库大数据中心

表 3-39　2019 年四川省争取国家自然科学基金项目经费三十强机构

序号	机构名称	项目数量/项（排名）	项目经费/万元（排名）	发文量/篇（排名）	被引次数/次（排名）	发明专利申请数/件（排名）	BRCI（排名）
1	四川大学	540（8）	38 477.06（10）	7 361（4）	12 514（9）	1 576（43）	61.456 8（10）
2	电子科技大学	181（46）	14 267.9（39）	4 145（19）	10 533（19）	2 866（13）	35.356 3（25）
3	西南交通大学	132（80）	8 166.91（83）	1 970（59）	3 754（62）	1 570（44）	19.584 7（56）
4	西南石油大学	56（182）	2 743（212）	1 103（105）	2 427（105）	1 145（67）	9.826 9（105）
5	四川农业大学	69（154）	3 600（171）	1 138（100）	1 753（135）	256（395）	8.177 1（126）
6	成都理工大学	63（166）	4 344（153）	571（175）	893（217）	430（226）	7.109 3（141）
7	西南科技大学	39（258）	1 617（306）	629（161）	2 215（112）	309（321）	5.750 6（173）
8	成都中医药大学	51（198）	2 533（229）	345（251）	541（293）	105（982）	4.036 2（231）
9	四川师范大学	27（338）	876.4（429）	312（266）	1 499（150）	51（2085）	2.836 2（286）
10	西华大学	19（420）	733.5（476）	242（321）	406（331）	259（390）	2.475 5（314）
11	中国工程物理研究院化工材料研究所	25（356）	1 160（377）	129（482）	334（369）	192（550）	2.427 9（318）
12	西南医科大学	27（338）	915（423）	414（224）	524（296）	28（4007）	2.274 3（330）
13	成都信息工程大学	21（395）	682（491）	222（344）	217（456）	219（478）	2.165 8（337）
14	西南财经大学	38（263）	1 814.9（284）	274（296）	596（271）	4（39841）	1.970 1（353）
15	中国科学院成都生物研究所	16（470）	1 048（393）	146（454）	237（435）	73（1443）	1.651（381）

续表

序号	机构名称	项目数量/项（排名）	项目经费/万元（排名）	发文量/篇（排名）	被引次数/次（排名）	发明专利申请数/件（排名）	BRCI（排名）
16	成都大学	12（549）	436（599）	186（390）	428（322）	94（1102）	1.588 2（385）
17	中国工程物理研究院激光聚变研究中心	20（407）	643（511）	105（538）	83（654）	203（517）	1.579 7（387）
18	中国科学院、水利部成都山地灾害与环境研究所	15（490）	1 577（314）	136（470）	235（439）	42（2570）	1.573 6（389）
19	中国工程物理研究院材料研究所	21（395）	701（484）	68（636）	139（552）	101（1018）	1.469 7（404）
20	中国科学院光电技术研究所	11（564）	364（653）	129（482）	221（454）	190（554）	1.418 5（408）
21	西华师范大学	16（470）	424（613）	164（413）	589（272）	22（5215）	1.410 6（410）
22	中国工程物理研究院核物理与化学研究所	17（454）	645（509）	99（554）	135（555）	53（2006）	1.285 4（429）
23	中国空气动力研究与发展中心	29（321）	993（407）	55（706）	41（830）	39（2771）	1.165 6（445）
24	中国工程物理研究院流体物理研究所	18（433）	974（411）	63（655）	46（792）	51（2085）	1.080 7（456）
25	西南民族大学	11（564）	303.5（692）	118（506）	142（543）	66（1596）	1.056（461）
26	核工业西南物理研究院	11（564）	650（505）	62（663）	45（801）	2（71748）	0.496 5（536）
27	中国工程物理研究院电子工程研究所	4（810）	350（660）	30（905）	17（1183）	65（1626）	0.430 2（557）
28	中国地质调查局成都地质调查中心	7（670）	562（543）	19（1098）	39（841）	5（30585）	0.389 4（564）
29	中国工程物理研究院机械制造工艺研究所	6（711）	391（635）	4（2323）	3（2960）	93（1117）	0.285 1（603）
30	中国气象局成都高原气象研究所	1（1127）	400（627）	11（1405）	10（1552）	0（113702）	0.049 7（717）

资料来源：科技大数据湖北省重点实验室、中国产业智库大数据中心

	综合	农业科学	生物与生化	化学	临床医学	计算机科学	工程科学	环境生态学	地球科学	免疫学	材料科学	数学	分子生物与基因	神经科学与行为	药理学与毒物学	物理学	植物与动物科学	精神病学/心理学	社会科学	进入ESI学科数
四川大学	13	38	107	17	9	28	38	65	0	19	23	34	13	7	11	35	63	7	23	17
电子科技大学	45	0	147	105	0	9	17	0	0	0	53	29	0	22	0	20	0	0	43	9
西南交通大学	120	0	0	202	0	36	36	0	0	0	72	0	0	0	0	0	0	0	0	4
中国工程物理研究院	170	0	0	122	0	0	113	0	0	0	85	0	0	0	0	0	0	0	0	3
四川农业大学	171	26	178	0	0	0	0	0	0	0	0	0	0	0	0	0	20	0	0	3
西南石油大学	245	0	0	146	0	0	86	0	0	0	0	0	0	0	0	0	0	0	0	2
西南医科大学	271	0	0	156	0	0	178	0	0	0	134	0	0	0	0	0	0	0	0	3
中国科学院成都生物研究所	286	95	0	190	0	0	0	0	0	0	0	0	0	0	0	0	69	0	0	3
成都理工大学	295	0	0	0	0	0	0	0	39	0	0	0	0	0	0	0	0	0	0	1
西华师范大学	300	0	0	174	0	0	223	0	0	0	0	0	0	0	0	0	0	0	0	2
西华医科大学	363	0	0	0	88	0	0	0	0	0	0	0	0	0	0	0	0	0	0	1
中国科学院、水利部成都山地灾害与环境研究所	381	0	0	0	0	0	0	73	0	0	0	0	0	0	0	0	0	0	0	1
四川省人民医院	385	0	0	0	94	0	0	0	0	0	0	0	0	0	0	0	0	0	0	1
成都中医药大学	387	0	0	0	0	0	0	0	0	0	0	0	0	0	70	0	0	0	0	1
西南财经大学	414	0	0	0	0	0	0	0	0	0	0	0	0	0	0	0	0	0	44	1
川北医学院	436	0	0	0	129	0	0	0	0	0	0	0	0	0	0	0	0	0	0	1

图 3-21　2019 年四川省各机构 ESI 前 1%学科分布

表 3-40　2019 年四川省在华发明专利申请量二十强企业和二十强科研机构列表

序号	二十强企业	发明专利申请量/件	二十强科研机构	发明专利申请量/件
1	四川长虹电器股份有限公司	639	电子科技大学	2793
2	攀钢集团攀枝花钢铁研究院有限公司	278	四川大学	1478
3	中铁二院工程集团有限责任公司	241	西南交通大学	1462
4	中国五冶集团有限公司	233	西南石油大学	1110
5	业成科技（成都）有限公司	228	成都理工大学	412
6	成都飞机工业（集团）有限责任公司	216	西南科技大学	296
7	四川虹美智能科技有限公司	175	西华大学	244
8	成都新柯力化工科技有限公司	158	四川农业大学	236
9	西南电子技术研究所（中国电子科技集团公司第十研究所）	156	四川轻化工大学	216
10	中国石油集团川庆钻探工程有限公司	149	成都信息工程大学	205
11	中国电建集团成都勘测设计研究院有限公司	142	中国工程物理研究院激光聚变研究中心	201
12	成都先进金属材料产业技术研究院有限公司	131	中国工程物理研究院化工材料研究所	190
13	迈普通信技术股份有限公司	124	中国科学院光电技术研究所	187
14	中国电子科技集团公司第二十九研究所	122	成都工业学院	132
15	国网四川省电力公司电力科学研究院	102	攀枝花学院	117
16	成都光明光电股份有限公司	89	中国工程物理研究院材料研究所	98
17	成都四方伟业软件股份有限公司	84	成都中医药大学	96
18	中信国安建工集团有限公司	73	成都大学	92
19	东方电气集团东方汽轮机有限公司	70	中国工程物理研究院机械制造工艺研究所	91
20	四川天邑康和通信股份有限公司	66	中国民用航空飞行学院	77

资料来源：科技大数据湖北省重点实验室、中国产业智库大数据中心

3.3.10　湖南省

2019 年，湖南省的基础研究竞争力指数为 1.0044，排名第 10 位。湖南省争取国家自然科学基金项目总数为 1431 项，全国排名第 10 位，项目经费总额为 80 227.08 万元，全国排名第 11 位。湖南省争取国家自然科学基金项目经费金额大于 3000 万元的有 1 个学科（图 3-22）；湖南省整体争取国家自然科学基金项目经费与 2018 年相比呈上升趋势；争取国家自然科学基金项目经费最多的学科为岩土与基础工程，项目数量 35 个，项目经费 3228.05 万元（表 3-41）；发表 SCI 论文数量最多的学科为材料科学、跨学科（表 3-42）。湖南省争取国家自然科学基金经费超过 1 亿元的有 3 个机构（表 3-43）；湖南省共有 11 个机构进入相关学科的 ESI 全球前 1%行列（图 3-23）。湖南省发明专利申请量 32 522 件，全国排名第 10 位，主要专利权人如表 3-44 所示。

2019 年，湖南省地方财政科技投入经费预算 170.7 亿元，全国排名第 10 位；拥有国家重点实验室 13 个，全国排名第 9 位；获得国家科技奖励 12 项，全国排名第 5 位；拥有省级重点实验室 307 个，全国排名第 4 位；拥有院士 13 人，全国排名第 16 位；新增国家自然科学基金杰出青年科学基金入选者 6 人，全国排名第 11 位。

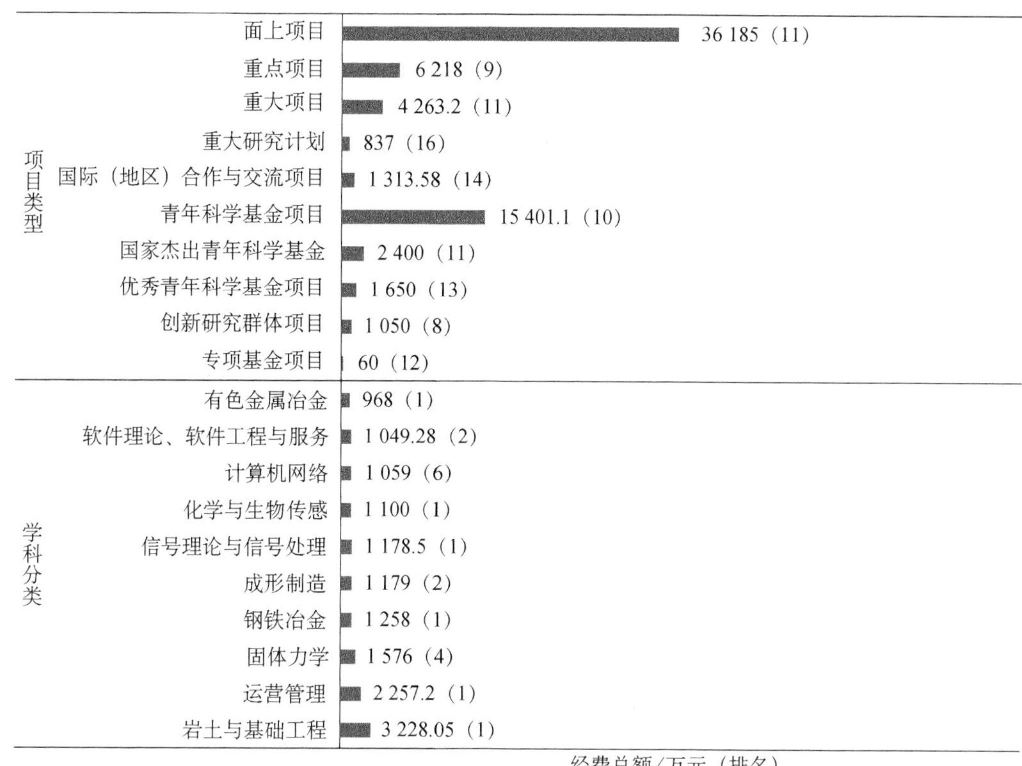

图 3-22　2019 年湖南省争取国家自然科学基金项目情况

资料来源：科技大数据湖北省重点实验室、中国产业智库大数据中心

表 3-41　2019 年湖南省争取国家自然科学基金项目经费十强学科及近 5 年变化趋势

项目经费趋势	学科	指标	2015 年	2016 年	2017 年	2018 年	2019 年
	合计	项目数/项	1 266	1 166	1 315	1 385	1 431
		项目金额/万元	59 557.49	53 299.96	63 069.1	69 360.31	80 227.08
		机构数/个	41	39	38	34	36
		主持人数/人	1 255	1 161	1 300	1 363	1 414
	岩土与基础工程	项目数/项	8	15	24	23	35
		项目金额/万元	372	636	1 291	1 074	3 228.05
		机构数/个	2	3	4	4	5
		主持人数/人	8	15	24	23	34
	运营管理	项目数/项	0	0	0	1	6
		项目金额/万元	0	0	0	19	2 257.2
		机构数/个	0	0	0	1	2
		主持人数/人	0	0	0	1	5
	固体力学	项目数/项	16	10	18	25	21
		项目金额/万元	725	346	1 867	1 697	1 576
		机构数/个	6	8	6	4	5
		主持人数/人	16	10	18	25	21

续表

项目经费趋势	学科	指标	2015年	2016年	2017年	2018年	2019年
	钢铁冶金	项目数/项	8	9	7	9	14
		项目金额/万元	343	611	315	400	1 258
		机构数/个	3	3	2	3	4
		主持人数/人	8	9	7	9	14
	成形制造	项目数/项	8	6	6	10	16
		项目金额/万元	333	382	247	469	1 179
		机构数/个	5	4	2	3	5
		主持人数/人	8	6	6	10	16
	信号理论与信号处理	项目数/项	1	2	3	1	5
		项目金额/万元	50	77	141	62	1 178.5
		机构数/个	1	1	3	1	4
		主持人数/人	1	2	3	1	5
	化学与生物传感	项目数/项	0	0	21	14	16
		项目金额/万元	0	0	1 642	1 479	1 100
		机构数/个	0	0	7	6	5
		主持人数/人	0	0	21	14	16
	计算机网络	项目数/项	8	7	9	9	15
		项目金额/万元	412	269	414.5	365	1 059
		机构数/个	5	4	3	6	5
		主持人数/人	8	7	8	9	15
	软件理论、软件工程与服务	项目数/项	17	16	20	14	20
		项目金额/万元	827	490	962	862	1 049.28
		机构数/个	7	5	8	4	6
		主持人数/人	17	16	20	14	20
	有色金属冶金	项目数/项	9	10	8	10	11
		项目金额/万元	521	598	300	495	968
		机构数/个	3	4	5	5	2
		主持人数/人	9	10	8	10	11

资料来源：科技大数据湖北省重点实验室、中国产业智库大数据中心

表 3-42　2019 年湖南省发表 SCI 论文数量二十强学科

序号	研究领域	发文量全国排名	发文量/篇	被引次数/次	篇均被引/次
1	材料科学、跨学科	10	2 260	8 659	3.83
2	工程、电气和电子	9	1 808	3 330	1.84
3	化学、物理	12	1 060	7 492	7.07
4	物理学、应用	10	1 058	3 780	3.57
5	计算机科学、信息系统	8	935	2 328	2.49
6	化学、跨学科	13	907	4 346	4.79

续表

序号	研究领域	发文量全国排名	发文量/篇	被引次数/次	篇均被引/次
7	电信	8	880	1 919	2.18
8	冶金和冶金工程学	3	775	1 545	1.99
9	环境科学	11	704	3 395	4.82
10	纳米科学和纳米技术	13	686	3 747	5.46
11	能源和燃料	13	616	3 936	6.39
12	工程、化学	12	567	5 032	8.87
13	化学、分析	8	558	1 668	2.99
14	肿瘤学	11	523	1 146	2.19
15	工程、市政	6	520	1 457	2.80
16	生物化学与分子生物学	13	516	1 325	2.57
17	光学	13	502	705	1.40
18	机械学	6	461	1 456	3.16
19	医学、研究和试验	10	460	679	1.48
20	工程、跨学科	8	447	873	1.95
全省合计		11	16 243	58 818	3.62

资料来源：科技大数据湖北省重点实验室、中国产业智库大数据中心

表 3-43　2019 年湖南省争取国家自然科学基金项目经费三十强机构

序号	机构名称	项目数量/项（排名）	项目经费/万元（排名）	发文量/篇（排名）	被引次数/次（排名）	发明专利申请数/件（排名）	BRCI（排名）
1	中南大学	528（10）	30 456.45（14）	7 142（7）	20 378（1）	2 438（20）	68.323 8（6）
2	湖南大学	233（36）	13 452.88（46）	2 639（37）	12 481（10）	783（103）	29.275 1（31）
3	国防科技大学	175（50）	10 615（62）	2 512（38）	2 382（106）	976（79）	20.043 5（52）
4	长沙理工大学	58（177）	3 594.55（172）	526（189）	2 576（97）	698（131）	8.549 8（124）
5	湘潭大学	47（220）	2 472（230）	770（136）	1 747（136）	753（114）	7.574 9（137）
6	湖南师范大学	62（168）	3 174.5（189）	763（137）	1 473（153）	144（730）	6.380 1（155）
7	湖南农业大学	40（247）	2 144.5（253）	445（214）	915（210）	351（279）	5.058 2（192）
8	湖南科技大学	40（247）	1 721（295）	385（233）	1 151（182）	380（260）	5.011 2（193）
9	南华大学	49（206）	2 027.5（263）	460（205）	634（259）	272（380）	4.860 7（196）
10	中南林业科技大学	37（271）	1 409（343）	312（266）	680（250）	246（409）	3.885（237）
11	湖南工业大学	20（407）	817.5（451）	251（314）	987（201）	382（259）	3.164 4（271）
12	中国科学院亚热带农业生态研究所	22（380）	2 252.5（244）	141（462）	367（350）	41（2632）	2.003 3（351）
13	湖南中医药大学	30（317）	1 063（392）	106（536）	124（573）	77（1369）	1.791 6（363）
14	吉首大学	16（470）	515.5（563）	95（562）	231（441）	46（2329）	1.287 3（428）
15	湖南理工学院	11（564）	450（590）	100（553）	187（495）	77（1369）	1.178 4（442）
16	长沙学院	7（670）	236（756）	81（597）	181（499）	138（764）	0.963 3（472）
17	衡阳师范学院	6（711）	160（852）	67（637）	74（675）	114（917）	0.693 4（504）
18	湖南文理学院	4（810）	165（837）	73（619）	50（772）	285（352）	0.674 1（508）
19	湖南工程学院	3（883）	91（992）	73（619）	90（637）	110（947）	0.521 9（530）
20	湖南城市学院	3（883）	55（1159）	43（786）	145（534）	177（597）	0.515（533）

续表

序号	机构名称	项目数量/项（排名）	项目经费/万元（排名）	发文量/篇（排名）	被引次数/次（排名）	发明专利申请数/件（排名）	BRCI（排名）
21	湖南人文科技学院	2（968）	87（1004）	32（880）	54（750）	67（1573）	0.333 5（579）
22	湖南工学院	2（968）	121（917）	28（937）	22（1058）	91（1142）	0.312 2（589）
23	湖南第一师范学院	3（883）	102（968）	38（822）	26（996）	26（4347）	0.305（592）
24	湘南学院	2（968）	80（1029）	29（925）	38（847）	21（5465）	0.251 5（612）
25	湖南工商大学	10（591）	2 094.2（255）	35（857）	65（708）	0（113702）	0.229 6（620）
26	湖南财政经济学院	4（810）	87.5（1003）	14（1246）	9（1644）	7（21068）	0.186 6（646）
27	湖南医药学院	2（968）	78（1043）	18（1119）	12（1392）	8（17930）	0.162 5（659）
28	湖南省农业科学院	6（711）	285（706）	29（925）	36（866）	0（113702）	0.124 1（679）
29	湖南杂交水稻研究中心	2（968）	265（725）	1（5122）	2（3580）	46（2329）	0.122 2（681）
30	中国航发湖南动力机械研究所	1（1127）	25（1305）	0（5123）	0（6499）	69（1531）	0.013 4（760）

资料来源：科技大数据湖北省重点实验室、中国产业智库大数据中心

	综合	农业科学	生物与生化	化学	临床医学	计算机科学	工程科学	环境生态学	地球科学	免疫学	材料科学	数学	分子生物与基因	神经科学与行为	药理学与毒物学	物理学	植物与动物科学	精神病学/心理学	社会科学	进入ESI学科数
中南大学	18	81	117	38	11	18	26	52	35	14	16	13	16	12	21	0	0	6	19	15
湖南大学	34	0	143	27	0	29	19	30	0	0	42	0	0	0	0	33	0	0	0	7
国防科技大学	110	0	0	0	0	25	35	0	0	0	105	0	0	0	0	34	0	0	0	4
湘潭大学	131	0	0	75	0	0	128	0	0	0	75	30	0	0	0	0	0	0	0	4
湖南师范大学	163	0	0	113	130	0	0	0	0	0	0	0	0	0	0	0	0	0	0	2
湖南农业大学	228	41	0	0	0	0	0	0	0	0	0	0	0	0	0	0	46	0	0	2
南华大学	232	0	0	182	80	0	0	0	0	0	0	0	0	0	0	0	0	0	0	2
长沙理工大学	269	0	0	0	0	0	106	0	0	0	154	0	0	0	0	0	0	0	0	2
湖南科技大学	316	0	0	161	0	0	189	0	0	0	0	0	0	0	0	0	0	0	0	2
湖南工业大学	331	0	0	0	0	0	0	0	0	0	155	0	0	0	0	0	0	0	0	1
中国科学院亚热带农业生态研究所	364	50	0	0	0	0	0	0	0	0	0	0	0	0	0	0	0	0	0	1

图 3-23　2019 年湖南省各机构 ESI 前 1%学科分布

表 3-44　2019 年湖南省在华发明专利申请量二十强企业和二十强科研机构列表

序号	二十强企业	发明专利申请量/件	二十强科研机构	发明专利申请量/件
1	国网湖南省电力有限公司	370	中南大学	2298
2	中车株洲电力机车有限公司	197	中国人民解放军国防科学技术大学	917
3	中国铁建重工集团股份有限公司	186	湘潭大学	738
4	株洲时代新材料科技股份有限公司	184	湖南大学	731
5	三一汽车制造有限公司	123	长沙理工大学	682
6	中国航发南方工业有限公司	114	湖南工业大学	379
7	中联重科股份有限公司	114	湖南科技大学	375
8	湖南快乐阳光互动娱乐传媒有限公司	93	湖南农业大学	326
9	奥士康科技股份有限公司	84	湖南文理学院	285
10	湖南国科微电子股份有限公司	77	南华大学	264
11	中国电建集团中南勘测设计研究院有限公司	72	中南林业科技大学	236
12	中国铁建重工集团有限公司	70	湖南城市学院	167
13	湖南达道新能源开发有限公司	70	怀化学院	149
14	华翔翔能电气股份有限公司	67	湖南师范大学	140

续表

序号	二十强企业	发明专利申请量/件	二十强科研机构	发明专利申请量/件
15	长沙而道新能源科技有限公司	66	长沙学院	138
16	桑顿新能源科技有限公司	65	衡阳师范学院	114
17	三一汽车起重机械有限公司	64	湖南工程学院	106
18	中冶长天国际工程有限责任公司	62	湖南科技学院	92
19	湖南联诚轨道装备有限公司	57	湖南工学院	91
20	邵东智能制造技术研究院有限公司	55	邵阳学院	87

资料来源：科技大数据湖北省重点实验室、中国产业智库大数据中心

3.3.11 辽宁省

2019年，辽宁省的基础研究竞争力指数为0.909，排名第11位。辽宁省争取国家自然科学基金项目总数为1316项，全国排名第11位，项目经费总额为89 405.04万元，全国排名第10位。辽宁省争取国家自然科学基金项目经费金额大于3000万元的有3个学科（图3-24）；辽宁省整体争取国家自然科学基金项目经费与2018年相比呈上升趋势；争取国家自然科学基金项目经费最多的学科为能源化工，项目数量11个，项目经费4539万元（表3-45）；发表SCI论文数量最多的学科为材料科学、跨学科（表3-46）。辽宁省争取国家自然科学基金经费超过1亿元的有3个机构（表3-47）；辽宁省共有18个机构进入相关学科的ESI全球前1%行列（图3-25）。辽宁省发明专利申请量19 113件，全国排名第15位，主要专利权人如表3-48所示。

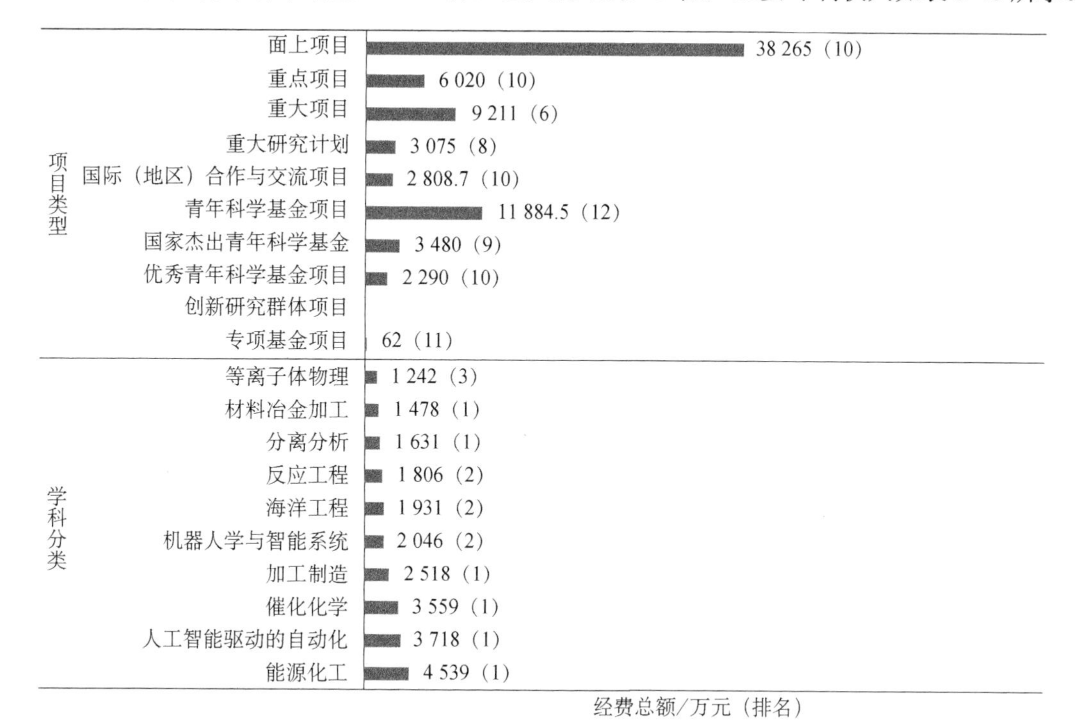

图3-24 2019年辽宁省争取国家自然科学基金项目情况

资料来源：科技大数据湖北省重点实验室、中国产业智库大数据中心

2019年，辽宁省地方财政科技投入经费预算66.61亿元，全国排名第18位；拥有国家重点实验室16个，全国排名第8位；获得国家科技奖励10项，全国排名第7位；拥有省级重点实验室472个，全国排名第1位；拥有院士38人，全国排名第5位；新增国家自然科学基金杰出青年科学基金入选者9人，全国排名第9位。

表3-45　2019年辽宁省争取国家自然科学基金项目经费十强学科及近5年变化趋势

项目经费趋势	学科	指标	2015年	2016年	2017年	2018年	2019年
	合计	项目数/项	1 414	1 424	1 422	1 251	1 316
		项目金额/万元	75 364.2	95 016.99	79 163.25	71 463.57	89 405.04
		机构数/个	54	54	55	49	48
		主持人数/人	1 391	1 410	1 405	1 234	1 300
	能源化工	项目数/项	0	1	1	6	11
		项目金额/万元	0	75	67	269	4 539
		机构数/个	0	1	1	4	3
		主持人数/人	0	1	1	6	10
	人工智能驱动的自动化	项目数/项	0	0	0	9	15
		项目金额/万元	0	0	0	763	3 718
		机构数/个	0	0	0	4	6
		主持人数/人	0	0	0	9	14
	催化化学	项目数/项	7	4	32	28	30
		项目金额/万元	546	245	2 272	1 414.2	3 559
		机构数/个	3	3	6	6	3
		主持人数/人	7	4	32	28	30
	加工制造	项目数/项	16	10	13	9	19
		项目金额/万元	1 085	1 302	814	505	2 518
		机构数/个	4	4	6	7	6
		主持人数/人	15	10	13	9	19
	机器人学与智能系统	项目数/项	0	0	0	13	14
		项目金额/万元	0	0	0	2 156	2 046
		机构数/个	0	0	0	5	7
		主持人数/人	0	0	0	13	14
	海洋工程	项目数/项	19	23	24	21	27
		项目金额/万元	889.9	1 231	1 000	952	1 931
		机构数/个	3	4	2	4	3
		主持人数/人	18	22	24	21	27
	反应工程	项目数/项	0	0	0	1	11
		项目金额/万元	0	0	0	66	1 806
		机构数/个	0	0	0	1	3
		主持人数/人	0	0	0	1	11
	分离分析	项目数/项	2	7	9	10	11
		项目金额/万元	89	1 017.5	471	704	1 631
		机构数/个	1	3	2	4	2
		主持人数/人	2	7	9	10	11

续表

项目经费趋势	学科	指标	2015年	2016年	2017年	2018年	2019年
	材料冶金加工	项目数/项	11	13	12	11	21
		项目金额/万元	529	552	790	570	1 478
		机构数/个	2	2	2	2	3
		主持人数/人	11	13	12	11	21
	等离子体物理	项目数/项	8	10	11	6	11
		项目金额/万元	276	799	487	311	1 242
		机构数/个	4	3	3	2	4
		主持人数/人	8	10	11	6	11

资料来源：科技大数据湖北省重点实验室、中国产业智库大数据中心

表3-46　2019年辽宁省发表SCI论文数量二十强学科

序号	研究领域	发文量全国排名	发文量/篇	被引次数/次	篇均被引/次
1	材料科学、跨学科	7	2 628	6 229	2.37
2	工程、电气和电子	12	1 406	2 585	1.84
3	化学、物理	9	1 206	4 962	4.11
4	化学、跨学科	12	1 080	2 873	2.66
5	冶金和冶金工程学	2	1 044	1 869	1.79
6	物理学、应用	13	862	2 477	2.87
7	工程、化学	8	797	2 858	3.59
8	纳米科学和纳米技术	9	784	2 626	3.35
9	环境科学	10	768	1 632	2.13
10	药理学和药剂学	8	759	1 064	1.40
11	能源和燃料	11	736	2 401	3.26
12	计算机科学、信息系统	11	677	1 123	1.66
13	工程、机械	5	655	903	1.38
14	肿瘤学	9	635	964	1.52
15	电信	11	623	1 074	1.72
16	生物化学与分子生物学	10	618	1 108	1.79
17	自动化和控制系统	5	523	1 670	3.19
18	工程、跨学科	6	497	756	1.52
19	机械学	5	468	1 014	2.17
20	医学、研究和试验	9	465	667	1.43
全省合计		10	17 231	40 855	2.37

资料来源：科技大数据湖北省重点实验室、中国产业智库大数据中心

表3-47　2019年辽宁省争取国家自然科学基金项目经费三十强机构

序号	机构名称	项目数量/项（排名）	项目经费/万元（排名）	发文量/篇（排名）	被引次数/次（排名）	发明专利申请数/件（排名）	BRCI（排名）
1	大连理工大学	298（25）	22 367.94（19）	3 842（23）	8 300（28）	1 926（28）	40.001 2（22）
2	东北大学	186（45）	14 364.2（37）	3 053（31）	5 751（36）	1 921（30）	28.763 4（32）
3	中国医科大学	133（78）	5 722（125）	2 015（58）	2 704（91）	36（3008）	9.361 2（111）
4	中国科学院大连化学物理研究所	99（106）	13 517.38（45）	587（171）	2 196（114）	82（1284）	8.767 2（119）
5	大连海事大学	49（206）	2 378（241）	738（142）	1 411（155）	543（174）	6.901（146）

续表

序号	机构名称	项目数量/项（排名）	项目经费/万元（排名）	发文量/篇（排名）	被引次数/次（排名）	发明专利申请数/件（排名）	BRCI（排名）
6	中国科学院金属研究所	49（206）	4 415.52（149）	520（190）	1 385（157）	281（359）	6.446 7（153）
7	沈阳农业大学	54（193）	2 810（206）	456（208）	601（268）	190（554）	4.942 2（194）
8	大连医科大学	59（176）	2 687（215）	647（158）	1 054（196）	35（3094）	4.436 5（211）
9	沈阳药科大学	26（348）	1 156.5（379）	620（164）	1 139（184）	106（978）	3.549 2（256）
10	大连工业大学	22（380）	1 502（325）	367（243）	615（266）	253（400）	3.351 7（266）
11	沈阳航空航天大学	22（380）	924.5（421）	246（319）	363（352）	290（343）	2.709 6（297）
12	沈阳工业大学	11（564）	703（483）	330（263）	743（235）	240（421）	2.355 9（324）
13	辽宁大学	13（526）	698（485）	255（310）	684（249）	217（482）	2.311 4（327）
14	中国科学院沈阳应用生态研究所	40（247）	2 623（221）	153（444）	252（424）	28（4007）	2.307 3（328）
15	中国科学院沈阳自动化研究所	21（395）	2 762（209）	166（409）	157（518）	119（874）	2.247 9（332）
16	辽宁工程技术大学	16（470）	755（470）	156（434）	290（395）	429（228）	2.245 3（333）
17	沈阳建筑大学	18（433）	967（413）	140（464）	93（631）	498（186）	2.027 1（349）
18	辽宁科技大学	13（526）	638（513）	204（374）	294（390）	259（390）	1.962 9（354）
19	渤海大学	12（549）	482（577）	206（370）	763（232）	101（1018）	1.830 6（360）
20	辽宁师范大学	18（433）	766（468）	241（322）	379（346）	37（2917）	1.749 2（368）
21	大连民族大学	13（526）	539（558）	115（510）	259（416）	246（409）	1.683 9（375）
22	辽宁石油化工大学	9（613）	670（499）	229（336）	349（359）	145（726）	1.667 3（379）
23	大连大学	9（613）	542（555）	173（400）	151（526）	258（392）	1.470 4（403）
24	沈阳化工大学	8（645）	607（523）	109（531）	190（488）	137（769）	1.247 2（433）
25	沈阳师范大学	10（591）	666（500）	114（513）	240（432）	44（2451）	1.182 8（439）
26	大连海洋大学	10（591）	568（541）	153（444）	113（598）	80（1318）	1.178 8（441）
27	东北财经大学	24（363）	676.5（495）	79（603）	562（284）	2（71748）	1.028 2（465）
28	锦州医科大学	11（564）	430（605）	190（388）	255（420）	6（24790）	0.895 8（483）
29	辽宁中医药大学	10（591）	443（593）	66（641）	103（615）	31（3531）	0.826 5（493）
30	中国人民解放军北部战区总医院	6（711）	260.5（730）	15（1205）	9（1644）	16（7562）	0.297 4（597）

资料来源：科技大数据湖北省重点实验室、中国产业智库大数据中心

	综合	农业科学	生物与生化	化学	临床医学	计算机科学	工程科学	环境生态学	材料科学	数学	分子生物与基因	神经科学与行为	药理学与毒物学	物理学	植物与动物科学	社会科学	进入ESI学科数
大连理工大学	23	0	139	18	0	10	10	31	28	32	0	0	0	30	0	29	9
中国科学院大连化学物理研究所	48	0	162	14	0	0	133	0	58	0	0	0	66	0	0	0	5
中国科学院金属研究所	67	0	0	67	0	0	185	0	15	0	0	0	0	0	0	0	3
东北大学	73	0	0	102	0	19	28	0	46	0	0	0	0	0	0	0	4
中国医科大学	82	0	145	0	19	0	0	0	0	0	38	19	32	0	0	0	5
大连医科大学	158	0	0	0	46	0	0	0	0	0	0	0	35	0	0	0	2
沈阳药科大学	162	0	0	136	137	0	0	0	0	0	0	0	8	0	0	0	3
中国科学院沈阳应用生态研究所	238	35	0	0	0	0	132	32	0	0	0	0	0	0	61	0	4
大连海事大学	265	0	0	0	0	72	69	0	0	0	0	0	0	0	0	0	2
渤海大学	273	0	0	189	0	66	74	0	0	0	0	0	0	0	0	0	3
辽宁大学	312	0	0	167	0	0	0	0	0	0	0	0	0	0	0	0	1
辽宁师范大学	319	0	0	191	0	0	0	0	0	0	0	0	0	0	0	0	1
辽宁工业大学	362	0	0	0	0	68	71	0	0	0	0	0	0	0	0	0	2
沈阳农业大学	368	47	0	0	0	0	0	0	0	0	0	0	0	0	77	0	2
锦州医科大学	380	0	0	0	100	0	0	0	0	0	0	0	0	0	0	0	1
沈阳航空航天大学	395	0	0	0	0	0	146	0	0	0	0	0	0	0	0	0	1
中国科学院沈阳自动化研究所	448	0	0	0	0	0	204	0	0	0	0	0	0	0	0	0	1
东北财经大学	456	0	0	0	0	0	190	0	0	0	0	0	0	0	0	0	1

图 3-25　2019 年辽宁省各机构 ESI 前 1%学科分布

表3-48　2019年辽宁省在华发明专利申请量二十强企业和二十强科研机构列表

序号	二十强企业	发明专利申请量/件	二十强科研机构	发明专利申请量/件
1	鞍钢股份有限公司	277	东北大学	1844
2	东软集团股份有限公司	223	大连理工大学	1841
3	中国航空工业集团公司沈阳飞机设计研究所	199	大连海事大学	541
4	中冶焦耐（大连）工程技术有限公司	198	沈阳建筑大学	496
5	东软医疗系统股份有限公司	158	辽宁工程技术大学	419
6	中国航发沈阳黎明航空发动机有限责任公司	149	沈阳航空航天大学	285
7	东软睿驰汽车技术（沈阳）有限公司	128	中国科学院金属研究所	260
8	国网辽宁省电力有限公司电力科学研究院	115	大连大学	258
9	沈阳飞机工业（集团）有限公司	108	大连工业大学	245
10	中国三冶集团有限公司	100	大连民族大学	243
11	中冶北方（大连）工程技术有限公司	94	辽宁科技大学	242
12	鞍钢集团矿业有限公司	81	大连交通大学	223
13	中车大连机车车辆有限公司	75	辽宁大学	216
14	本钢板材股份有限公司	58	沈阳工业大学	208
15	中触媒新材料股份有限公司	49	沈阳农业大学	184
16	沈阳富创精密设备有限公司	49	中国航发沈阳发动机研究所	181
17	瓦房店轴承集团国家轴承工程技术研究中心有限公司	48	辽宁石油化工大学	144
18	沈阳透平机械股份有限公司	45	沈阳化工大学	137
19	国网辽宁省电力有限公司鞍山供电公司	43	沈阳药科大学	106
20	沈阳兴华航空电器有限责任公司	42	中国科学院沈阳自动化研究所	101

资料来源：科技大数据湖北省重点实验室、中国产业智库大数据中心

3.3.12 安徽省

2019年，安徽省的基础研究竞争力指数为0.849，排名第12位。安徽省争取国家自然科学基金项目总数为1067项，全国排名第13位，项目经费总额为76 606.58万元，全国排名第12位。安徽省争取国家自然科学基金项目经费金额大于3000万元的有1个学科（图3-26）；安徽省整体争取国家自然科学基金项目经费与2018年相比呈上升趋势；争取国家自然科学基金项目经费最多的学科为粒子物理与核物理实验方法与技术，项目数量9个，项目经费4321万元（表3-49）；发表SCI论文数量最多的学科为材料科学、跨学科（表3-50）。安徽省争取国家自然科学基金经费超过1亿元的有1个机构（表3-51）；安徽省共有10个机构进入相关学科的ESI全球前1%行列（图3-27）。安徽省发明专利申请量59 424件，全国排名第6位，主要专利权人如表3-52所示。

2019年，安徽省地方财政科技投入经费预算377.437亿元，全国排名第5位；拥有国家重点实验室8个，全国排名第18位；获得国家科技奖励3项，全国排名第14位；拥有省级重点实验室181个，全国排名第11位；拥有院士37人，全国排名第6位；新增国家自然科学基金杰出青年科学基金入选者14人，全国排名第5位。

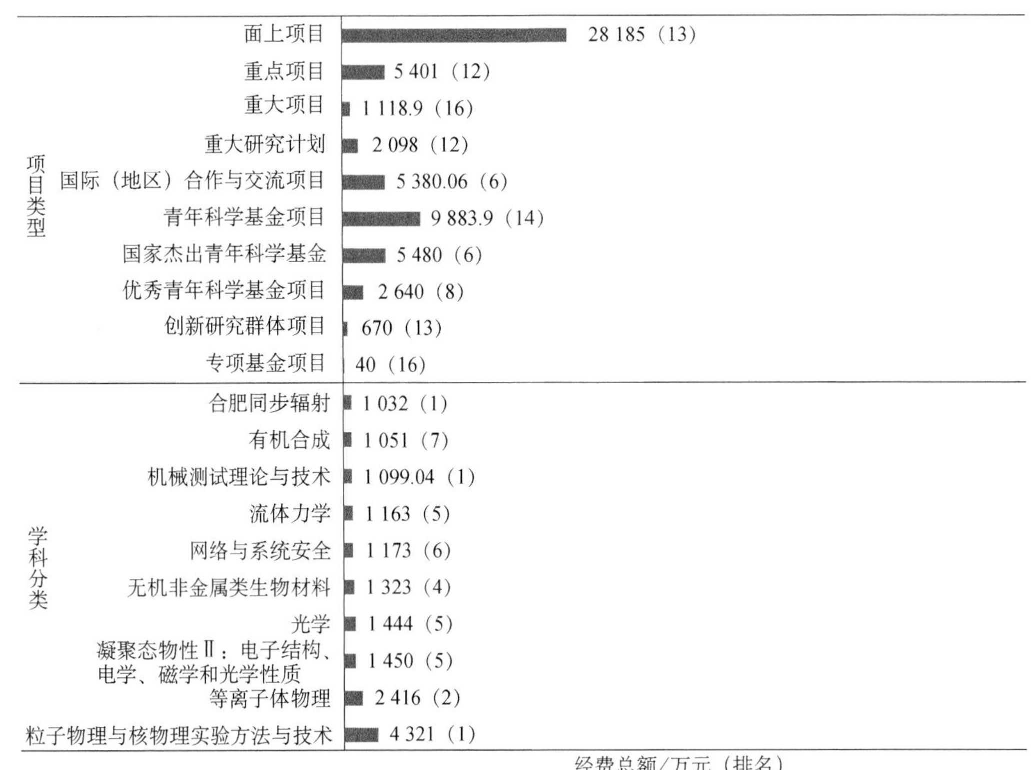

图 3-26　2019 年安徽省争取国家自然科学基金项目情况

资料来源：科技大数据湖北省重点实验室、中国产业智库大数据中心

表 3-49　2019 年安徽省争取国家自然科学基金项目经费十强学科及近 5 年变化趋势

项目经费趋势	学科	指标	2015 年	2016 年	2017 年	2018 年	2019 年
	合计	项目数/项	1 125	1 082	1 102	1 114	1 067
		项目金额/万元	66 990.41	66 441.14	77 113.12	65 877.38	76 606.58
		机构数/个	34	33	33	33	28
		主持人数/人	1 093	1 061	1 078	1 097	1 044
	粒子物理与核物理实验方法与技术	项目数/项	6	10	15	11	9
		项目金额/万元	298	919	959	445	4 321
		机构数/个	2	2	3	3	2
		主持人数/人	6	10	15	11	9
	等离子体物理	项目数/项	52	35	37	29	38
		项目金额/万元	2 502	2 063	2 028	1 460	2 416
		机构数/个	5	3	5	3	3
		主持人数/人	52	34	36	29	38
	凝聚态物性Ⅱ：电子结构、电学、磁学和光学性质	项目数/项	34	30	20	25	26
		项目金额/万元	2 294.5	1 918.5	1 041	1 194	1 450
		机构数/个	4	5	4	5	4
		主持人数/人	34	29	20	25	26

续表

项目经费趋势	学科	指标	2015年	2016年	2017年	2018年	2019年
	光学	项目数/项	19	16	21	25	21
		项目金额/万元	1 662	1 072	1 188.5	3 073.22	1 444
		机构数/个	6	5	5	6	7
		主持人数/人	19	16	19	24	21
	无机非金属类生物材料	项目数/项	3	3	4	9	11
		项目金额/万元	105	102	922.9	367	1 323
		机构数/个	3	3	3	4	4
		主持人数/人	3	3	4	9	10
	网络与系统安全	项目数/项	23	25	20	11	14
		项目金额/万元	949	1 304	2 166	560	1 173
		机构数/个	7	8	8	3	6
		主持人数/人	23	25	20	11	14
	流体力学	项目数/项	4	7	10	5	9
		项目金额/万元	294	602	722	188	1 163
		机构数/个	1	1	1	2	1
		主持人数/人	4	6	10	5	9
	机械测试理论与技术	项目数/项	2	5	6	8	6
		项目金额/万元	83	263	226	300	1 099.04
		机构数/个	1	3	2	2	2
		主持人数/人	2	5	6	8	6
	有机合成	项目数/项	4	4	8	7	12
		项目金额/万元	165	215	332	637	1 051
		机构数/个	4	4	4	3	3
		主持人数/人	4	4	8	7	12
	合肥同步辐射	项目数/项	7	6	5	7	5
		项目金额/万元	630	530	470	384	1 032
		机构数/个	4	3	2	3	1
		主持人数/人	7	6	5	7	5

资料来源：科技大数据湖北省重点实验室、中国产业智库大数据中心

表 3-50　2019 年安徽省发表 SCI 论文数量二十强学科

序号	研究领域	发文量全国排名	发文量/篇	被引次数/次	篇均被引/次
1	材料科学、跨学科	15	1 500	4 789	3.19
2	工程、电气和电子	13	1 356	1 637	1.21
3	化学、物理	14	885	4 556	5.15
4	物理学、应用	12	873	2 545	2.92
5	化学、跨学科	15	851	3 655	4.29
6	电信	13	597	567	0.95
7	计算机科学、信息系统	13	570	619	1.09
8	光学	10	569	567	1.00

续表

序号	研究领域	发文量全国排名	发文量/篇	被引次数/次	篇均被引/次
9	能源和燃料	14	560	2 132	3.81
10	纳米科学和纳米技术	14	542	2 272	4.19
11	环境科学	15	535	1 229	2.30
12	工程、化学	14	387	1 623	4.19
13	生物化学与分子生物学	18	363	642	1.77
14	药理学和药剂学	14	358	441	1.23
15	计算机科学、理论和方法	11	348	349	1.00
16	物理学、凝聚态物质	13	348	1 605	4.61
17	设备和仪器	13	319	562	1.76
18	医学、研究和试验	16	319	434	1.36
19	物理学，跨学科	7	315	427	1.36
20	计算机科学、人工智能	12	311	811	2.61
全省合计		14	11 906	31 462	2.64

资料来源：科技大数据湖北省重点实验室、中国产业智库大数据中心

表 3-51　2019 年安徽省争取国家自然科学基金项目经费三十强机构

序号	机构名称	项目数量/项（排名）	项目经费/万元（排名）	发文量/篇（排名）	被引次数/次（排名）	发明专利申请数/件（排名）	BRCI（排名）
1	中国科学技术大学	412（15）	42 360.36（8）	4 274（17）	10 740（17）	853（92）	45.732 8（18）
2	合肥工业大学	140（71）	8 629.54（77）	1 846（64）	3 956（60）	1 546（46）	20.039（53）
3	安徽大学	73（139）	3 984.5（159）	982（115）	2 169（118）	436（221）	9.340 9（112）
4	中国科学院合肥物质科学研究院	102（102）	6 521（107）	163（415）	327（376）	506（182）	6.299 5（157）
5	安徽医科大学	84（122）	3 888（161）	1 126（101）	1 666（141）	32（3406）	6.177 5（162）
6	安徽农业大学	42（240）	2 182（251）	500（195）	892（218）	353（277）	5.239 8（184）
7	安徽工业大学	37（271）	1 763（289）	400（228）	1 252（165）	438（218）	5.123 2（189）
8	安徽理工大学	28（328）	1 065（389）	337（258）	618（265）	922（82）	4.198 3（222）
9	安徽师范大学	35（289）	1 698.68（297）	387（232）	722（239）	242（417）	4.107 9（227）
10	安徽中医药大学	25（356）	1 183（371）	137（467）	149（529）	27（4 173）	1.550 9（394）
11	安徽工程大学	10（591）	305.5（689）	147（450）	205（465）	371（269）	1.506（399）
12	淮北师范大学	11（564）	438（598）	156（434）	547（292）	57（1 859）	1.437（406）
13	安徽建筑大学	9（613）	336（671）	118（506）	239（433）	239（427）	1.357 8（419）
14	皖南医学院	9（613）	327.5（675）	160（421）	167（509）	24（4 781）	0.913 5（481）
15	安庆师范大学	7（670）	263（726）	89（582）	121（584）	79（1 335）	0.849（489）
16	合肥学院	6（711）	135（887）	71（624）	113（598）	243（414）	0.828 6（492）
17	安徽科技学院	4（810）	131（891）	99（554）	140（549）	291（341）	0.813（496）
18	蚌埠医学院	6（711）	161（850）	239（324）	277（405）	12（10 657）	0.734 7（499）
19	安徽财经大学	6（711）	424（613）	54（710）	125（569）	23（4 975）	0.657 7（511）
20	阜阳师范学院	4（810）	97（984）	84（589）	71（682）	33（3 317）	0.467 4（544）
21	合肥师范学院	5（765）	146.5（873）	32（880）	24（1 026）	36（3 008）	0.388 9（566）
22	蚌埠学院	1（1 127）	66（1 088）	41（805）	17（1 183）	278（368）	0.275 4（606）
23	黄山学院	1（1 127）	25（1 305）	66（641）	29（956）	88（1 199）	0.228 9（621）
24	巢湖学院	1（1 127）	25（1305）	22（1 039）	12（1 392）	97（1071）	0.167 2（654）

续表

序号	机构名称	项目数量/项（排名）	项目经费/万元（排名）	发文量/篇（排名）	被引次数/次（排名）	发明专利申请数/件（排名）	BRCI（排名）
25	安徽省农业科学院	5（765）	326.5（678）	42（795）	63（716）	0（113 702）	0.139 5（672）
26	中国电子科技集团公司第四十一研究所	1（1 127）	9.5（1 451）	13（1 289）	2（3 580）	59（1 791）	0.089（695）
27	中国人民解放军陆军炮兵防空兵学院	1（1 127）	63（1 102）	6（1 880）	0（6 499）	13（9 757）	0.034 5（731）
28	合肥通用机械研究院有限公司	2（968）	52（1 181）	0（5 123）	0（6 499）	73（1 443）	0.019 3（750）

资料来源：科技大数据湖北省重点实验室、中国产业智库大数据中心

	综合	农业科学	生物与生化	化学	临床医学	计算机科学	工程科学	环境生态学	地球科学	免疫学	材料科学	数学	神经科学与行为	药理学与毒物学	物理学	植物与动物科学	社会科学	进入ESI学科数
中国科学技术大学	10	0	119	5	85	14	14	38	23	28	8	22	42	0	3	89	28	14
合肥工业大学	102	59	0	91	0	46	46	0	0	0	66	0	0	0	0	0	0	4
安徽医科大学	116	0	167	0	37	0	0	0	0	26	0	0	39	34	0	0	0	5
安徽大学	144	0	0	106	0	63	120	0	0	0	91	0	0	0	0	0	0	4
安徽师范大学	197	0	0	95	0	0	0	0	0	0	0	0	0	0	0	0	0	1
安徽工业大学	235	0	0	165	0	0	134	0	0	0	97	0	0	0	0	0	0	3
安徽农业大学	311	54	0	0	0	0	0	0	0	0	0	0	0	0	0	55	0	1
淮北师范大学	337	0	0	154	0	0	0	0	0	0	0	0	0	0	0	0	0	1
蚌埠医学院	412	0	0	0	106	0	0	0	0	0	0	0	0	0	0	0	0	1
皖南医学院	415	0	0	0	143	0	0	0	0	0	0	0	0	0	0	0	0	1

图 3-27　2019 年安徽省各机构 ESI 前 1%学科分布

表 3-52　2019 年安徽省在华发明专利申请量二十强企业和二十强科研机构列表

序号	二十强企业	发明专利申请量/件	二十强科研机构	发明专利申请量/件
1	中国十七冶集团有限公司	488	合肥工业大学	1482
2	安徽江淮汽车集团股份有限公司	430	安徽理工大学	897
3	奇瑞汽车股份有限公司	404	中国科学技术大学	826
4	马鞍山钢铁股份有限公司	306	中国科学院合肥物质科学研究院	493
5	长虹美菱股份有限公司	287	安徽大学	415
6	合肥国轩高科动力能源有限公司	265	安徽工业大学	412
7	中国电子科技集团公司第三十八研究所	189	安徽信息工程学院	407
8	新华三信息安全技术有限公司	180	安徽农业大学	349
9	科大讯飞股份有限公司	161	安徽工程大学	340
10	阳光电源股份有限公司	155	安徽科技学院	288
11	合肥晶弘电器有限公司	148	蚌埠学院	273
12	安徽冠东科技有限公司	139	合肥学院	242
13	合肥鑫晟光电科技有限公司	133	安徽师范大学	242
14	中冶华天工程技术有限公司	121	安徽建筑大学	231
15	合肥华凌股份有限公司	109	皖西学院	114
16	合肥联宝信息技术有限公司	95	芜湖职业技术学院	105
17	安徽合力股份有限公司	95	亳州职业技术学院	97
18	安徽安凯汽车股份有限公司	94	巢湖学院	96
19	合肥京东方光电科技有限公司	91	安徽机电职业技术学院	92
20	合肥美的电冰箱有限公司	78	宿州学院	91

资料来源：科技大数据湖北省重点实验室、中国产业智库大数据中心

3.3.13 天津市

2019年，天津市的基础研究竞争力指数为0.7759，排名第13位。天津市争取国家自然科学基金项目总数为1134项，全国排名第12位，项目经费总额为70 033.88万元，全国排名第13位。天津市争取国家自然科学基金项目经费金额大于1000万元的有6个学科（图3-28）；天津市整体争取国家自然科学基金项目经费与2018年相比呈上升趋势；争取国家自然科学基金项目经费最多的学科为组织工程与再生医学，项目数量4个，项目经费1510万元（表3-53）；发表SCI论文数量最多的学科为材料科学、跨学科（表3-54）。天津市争取国家自然科学基金经费超过1亿元的有2个机构（表3-55）；天津市共有11个机构进入相关学科的ESI全球前1%行列（图3-29）。天津市发明专利申请量19 773件，全国排名第14位，主要专利权人如表3-56所示。

2019年，天津市地方财政科技投入经费预算109.9548亿元，全国排名第14位；拥有国家重点实验室11个，全国排名第13位；获得国家科技奖励3项，全国排名第14位；拥有省级重点实验室321个，全国排名第3位；拥有院士23人，全国排名第12位；新增国家自然科学基金杰出青年科学基金入选者12人，全国排名第7位。

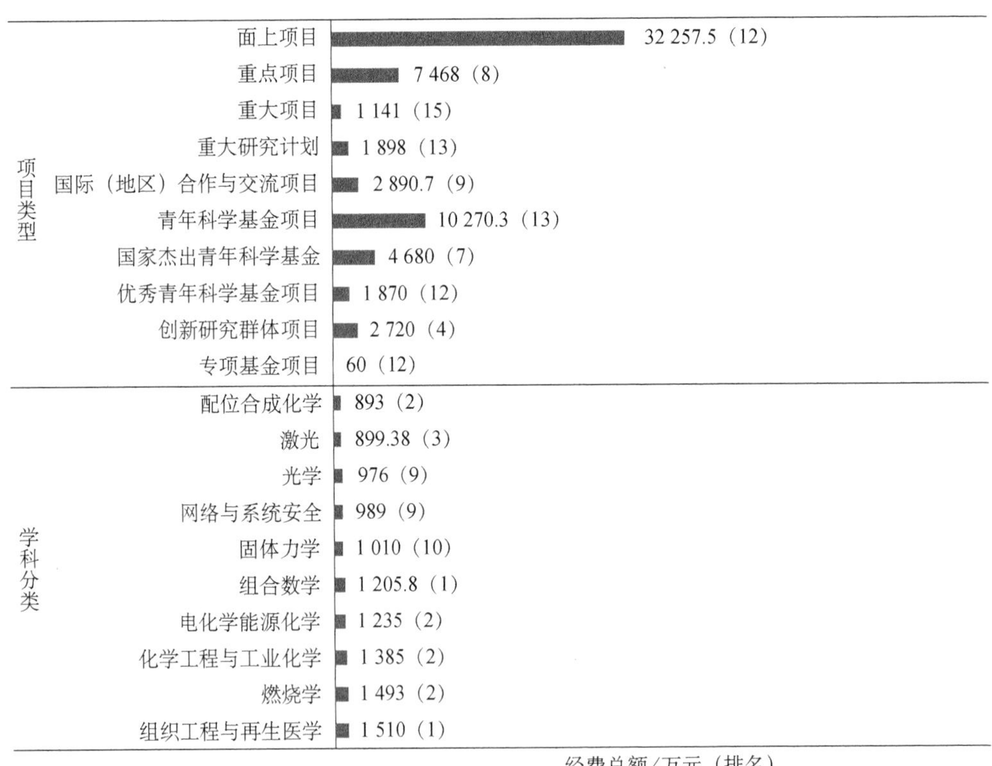

图3-28 2019年天津市争取国家自然科学基金项目情况

资料来源：科技大数据湖北省重点实验室、中国产业智库大数据中心

表 3-53 2019 年天津市争取国家自然科学基金项目经费十强学科及近 5 年变化趋势

项目经费趋势	学科	指标	2015 年	2016 年	2017 年	2018 年	2019 年
	合计	项目数/项	1 101	1 034	1 088	1 106	1 134
		项目金额/万元	54 127.15	53 641.65	61 244.43	62 701.52	70 033.88
		机构数/个	44	38	41	34	34
		主持人数/人	1 084	1 019	1 066	1 092	1 118
	组织工程与再生医学	项目数/项	2	3	1	1	4
		项目金额/万元	404	141	55	57	1 510
		机构数/个	1	1	1	1	1
		主持人数/人	2	3	1	1	4
	燃烧学	项目数/项	15	8	7	7	10
		项目金额/万元	1 088.5	540	347	643	1 493
		机构数/个	2	2	3	2	2
		主持人数/人	15	8	7	7	9
	化学工程与工业化学	项目数/项	0	0	2	3	6
		项目金额/万元	0	0	382	557	1 385
		机构数/个	0	0	1	1	1
		主持人数/人	0	0	2	2	6
	电化学能源化学	项目数/项	0	0	0	8	9
		项目金额/万元	0	0	0	788	1 235
		机构数/个	0	0	0	3	3
		主持人数/人	0	0	0	8	9
	组合数学	项目数/项	8	8	10	7	13
		项目金额/万元	241.84	130	417	215	1 205.8
		机构数/个	5	6	5	3	5
		主持人数/人	8	8	10	7	13
	固体力学	项目数/项	12	11	13	13	11
		项目金额/万元	531	486	678	1 483.6	1 010
		机构数/个	5	3	6	5	3
		主持人数/人	12	11	13	13	10
	网络与系统安全	项目数/项	17	12	21	11	16
		项目金额/万元	647	622	1 265	418	989
		机构数/个	7	4	7	6	5
		主持人数/人	17	12	21	11	16
	光学	项目数/项	21	14	13	14	13
		项目金额/万元	1 640	805	1 070	671.7	976
		机构数/个	7	6	4	4	4
		主持人数/人	21	14	12	14	13
	激光	项目数/项	1	1	2	2	6
		项目金额/万元	300	9	88	559.95	899.38
		机构数/个	1	1	2	1	2
		主持人数/人	1	1	2	2	6

续表

项目经费趋势	学科	指标	2015 年	2016 年	2017 年	2018 年	2019 年
	配位合成化学	项目数/项	0	1	6	7	8
		项目金额/万元	0	80	349	271	893
		机构数/个	0	1	3	4	3
		主持人数/人	0	1	6	7	8

资料来源：科技大数据湖北省重点实验室、中国产业智库大数据中心

表 3-54　2019 年天津市发表 SCI 论文数量二十强学科

序号	研究领域	发文量全国排名	发文量/篇	被引次数/次	篇均被引/次
1	材料科学、跨学科	12	1 902	6 107	3.21
2	工程、电气和电子	14	1 290	1 677	1.30
3	化学、跨学科	8	1 260	4 590	3.64
4	化学、物理	10	1 145	5 164	4.51
5	物理学、应用	11	1 004	3 070	3.06
6	工程、化学	5	872	3 152	3.61
7	能源和燃料	9	871	2 514	2.89
8	纳米科学和纳米技术	11	718	3 076	4.28
9	环境科学	12	667	1 863	2.79
10	光学	11	561	545	0.97
11	肿瘤学	12	519	786	1.51
12	计算机科学、信息系统	16	491	736	1.50
13	电信	15	484	627	1.30
14	生物化学与分子生物学	15	465	931	2.00
15	工程、机械	13	412	600	1.46
16	物理学、凝聚态物质	11	409	1 876	4.59
17	医学、研究和试验	14	371	610	1.64
18	工程、环境	11	356	1 559	4.38
19	聚合物科学	10	352	1 078	3.06
20	化学、应用	9	336	1 261	3.75
全市合计		12	14 485	41 822	2.89

资料来源：科技大数据湖北省重点实验室、中国产业智库大数据中心

表 3-55　2019 年天津市争取国家自然科学基金项目经费三十强机构

序号	机构名称	项目数量/项（排名）	项目经费/万元（排名）	发文量/篇（排名）	被引次数/次（排名）	发明专利申请数/件（排名）	BRCI（排名）
1	天津大学	362（17）	27 632.2（17）	5 178（15）	11 972（12）	3 626（6）	54.730 6（12）
2	南开大学	242（34）	17 727.9（27）	2 250（49）	6 774（32）	474（200）	25.131 3（37）
3	河北工业大学	81（125）	4 445.38（148）	963（120）	1 825（132）	728（119）	10.41 25（97）
4	天津医科大学	125（84）	7 117（99）	1 484（79）	2 112（120）	31（3531）	8.469 2（125）
5	天津工业大学	47（220）	2 055.5（259）	727（143）	1 580（146）	431（224）	6.519 3（151）
6	天津理工大学	38（263）	1 750（291）	576（174）	1 560（147）	219（478）	5.07（191）
7	天津科技大学	28（328）	1 173.5（373）	601（168）	1 164（179）	537（175）	4.771 7（201）
8	天津师范大学	37（271）	1 381.4（348）	353（246）	629（261）	56（1 891）	3.048 8（276）
9	天津中医药大学	44（232）	1 598（312）	259（307）	394（337）	39（2 771）	2.737 1（295）

续表

序号	机构名称	项目数量/项（排名）	项目经费/万元（排名）	发文量/篇（排名）	被引次数/次（排名）	发明专利申请数/件（排名）	BRCI（排名）
10	中国民航大学	18（433）	622（521）	215（351）	427（323）	234（435）	2.299 5（329）
11	天津城建大学	10（591）	349（662）	119（503）	248（426）	137（769）	1.299 7（426）
12	中国科学院天津工业生物技术研究所	16（470）	910（424）	60（674）	177（505）	37（2 917）	1.209 2（437）
13	天津商业大学	6（711）	181（811）	124（491）	287（400）	249（403）	1.119 8（453）
14	中国医学科学院血液病医院（中国医学科学院血液学研究所）	21（395）	1 079（388）	48（742）	44（807）	14（8 990）	0.885（484）
15	天津农学院	7（670）	237（753）	67（637）	46（792）	128（824）	0.734 1（500）
16	天津财经大学	14（508）	397（631）	46（761）	37（855）	3（51793）	0.488 4（537）
17	自然资源部天津海水淡化与综合利用研究所	3（883）	71（1 063）	8（1 625）	30（940）	41（2 632）	0.244 7（615）
18	交通运输部天津水运工程科学研究所	2（968）	85（1 008）	13（1 289）	2（3 580）	90（1 156）	0.173 4（652）
19	中国人民武装警察部队后勤学院	3（883）	130（892）	16（1 170）	18（1 151）	2（71 748）	0.168 7（653）
20	天津国际生物医药联合研究院	2（968）	110（941）	4（2 323）	9（1 644）	31（3 531）	0.16（661）
21	国家海洋技术中心	2（968）	48（1 197）	19（1 098）	7（1 912）	19（6 234）	0.159 7（662）
22	天津津航技术物理研究所	2（968）	83（1 018）	18（1 119）	1（4 576）	56（1 891）	0.150 1（666）
23	天津职业技术师范大学	4（810）	124（904）	66（641）	37（855）	0（113 702）	0.108 8（691）
24	中国地质调查局天津地质调查中心	5（765）	165（837）	14（1 246）	18（1 151）	0（113 702）	0.084 1（697）
25	天津市第五中心医院	2（968）	41（1 228）	15（1 205）	15（1 254）	0（113 702）	0.048 2（720）
26	农业农村部环境保护科研监测所	3（883）	146（874）	0（5 123）	0（6 499）	52（2 039）	0.024 8（738）
27	天津体育学院	1（1 127）	58（1 138）	5（2 066）	1（4 576）	0（113 702）	0.021 5（746）
28	中国地震局第一监测中心	1（1 127）	63（1 102）	4（2 323）	1（4 576）	0（113 702）	0.021（748）
29	国家海洋信息中心	2（968）	114（933）	0（5 123）	0（6 499）	5（30 585）	0.014 1（758）
30	天津市气候中心	2（968）	45（1 211）	0（5 123）	0（6 499）	0（113 702）	0.004 3（789）

资料来源：科技大数据湖北省重点实验室、中国产业智库大数据中心

	综合	农业科学	生物与生化	化学	临床医学	计算机科学	工程科学	环境生态学	材料科学	数学	分子生物与基因	神经科学与行为	药理学与毒物学	物理学	植物与动物科学	社会科学	进入ESI学科数
南开大学	21	51	125	11	72	75	58	15	31	12	43	0	45	21	93	0	13
天津大学	25	62	129	19	141	35	9	57	18	0	0	0	65	25	0	37	11
天津医科大学	71	0	142	0	18	0	0	0	156	0	33	17	40	0	0	0	6
天津工业大学	195	0	0	116	0	0	110	0	113	40	0	0	0	0	0	0	4
天津科技大学	219	25	173	153	0	0	0	0	0	0	0	0	0	0	0	0	3
河北工业大学	229	0	0	149	0	0	150	0	116	0	0	0	0	0	0	0	3
天津理工大学	240	0	0	130	0	0	162	0	132	0	0	0	0	0	0	0	3
天津师范大学	270	0	0	145	0	0	0	0	0	0	0	0	0	0	0	0	1
天津中医药大学	361	0	0	0	127	0	0	0	0	0	0	0	54	0	0	0	2
天津市疾病预防控制中心	384	0	0	0	66	0	0	0	0	0	0	0	0	0	0	0	1
中国医学科学院血液学研究所血液病医院	404	0	0	0	93	0	0	0	0	0	0	0	0	0	0	0	1

图 3-29　2019 年天津市各机构 ESI 前 1%学科分布

表 3-56　2019 年天津市在华发明专利申请量二十强企业和二十强科研机构列表

序号	二十强企业	发明专利申请量/件	二十强科研机构	发明专利申请量/件
1	贝壳技术有限公司	280	天津大学	3539
2	国网天津市电力公司	178	河北工业大学	705
3	中冶天工集团有限公司	164	天津科技大学	521
4	国网天津市电力公司电力科学研究院	142	南开大学	456
5	中国船舶重工集团公司第七〇七研究所	131	天津工业大学	419
6	中国铁路设计集团有限公司	98	天津商业大学	247
7	五八有限公司	97	中国民航大学	232
8	中国石油集团渤海钻探工程有限公司	87	天津理工大学	212
9	中国汽车技术研究中心有限公司	80	天津城建大学	134
10	天津五八到家科技有限公司	66	天津津航计算技术研究所	130
11	中汽研（天津）汽车工程研究院有限公司	63	天津农学院	118
12	中国电子科技集团公司第十八研究所	57	天津职业技术师范大学（中国职业培训指导教师进修中心）	101
13	天津力神电池股份有限公司	56	中国北方发动机研究所（天津）	99
14	中冶天工集团天津有限公司	55	交通运输部天津水运工程科学研究所	83
15	中水北方勘测设计研究有限责任公司	52	核工业理化工程研究院	68
16	海光信息技术有限公司	52	天津师范大学	56
17	中国铁建大桥工程局集团有限公司	51	天津津航技术物理研究所	56
18	大港油田集团有限责任公司	47	中国医学科学院生物医学工程研究所	54
19	紫光云技术有限公司	47	应急管理部天津消防研究所	48
20	英鸿纳米科技股份有限公司	47	天津中德应用技术大学	46

资料来源：科技大数据湖北省重点实验室、中国产业智库大数据中心

3.3.14　河南省

2019 年，河南省的基础研究竞争力指数为 0.7237，排名第 14 位。河南省争取国家自然科学基金项目总数为 1001 项，全国排名第 14 位，项目经费总额为 40 716.1 万元，全国排名第 19 位。河南省争取国家自然科学基金项目经费金额大于 500 万元的有 2 个学科（图 3-30）；河南省整体争取国家自然科学基金项目经费与 2018 年相比呈上升趋势；争取国家自然科学基金项目经费最多的学科为兽医微生物学，项目数量 7 个，项目经费 512 万元（表 3-57）；发表 SCI 论文数量最多的学科为材料科学、跨学科（表 3-58）。河南省争取国家自然科学基金经费超过 1 亿元的有 1 个机构（表 3-59）；河南省共有 13 个机构进入相关学科的 ESI 全球前 1%行列（图 3-31）。河南省发明专利申请量 27 059 件，全国排名第 13 位，主要专利权人如表 3-60 所示。

2019 年，河南省地方财政科技投入经费预算 27.7257 亿元，全国排名第 26 位；拥有国家重点实验室 13 个，全国排名第 9 位；获得国家科技奖励 1 项，全国排名第 23 位；拥有省级重点实验室 205 个，全国排名第 7 位；拥有院士 7 人，全国排名第 18 位；新增国家自然科学基金杰出青年科学基金入选者 1 人，全国排名第 20 位。

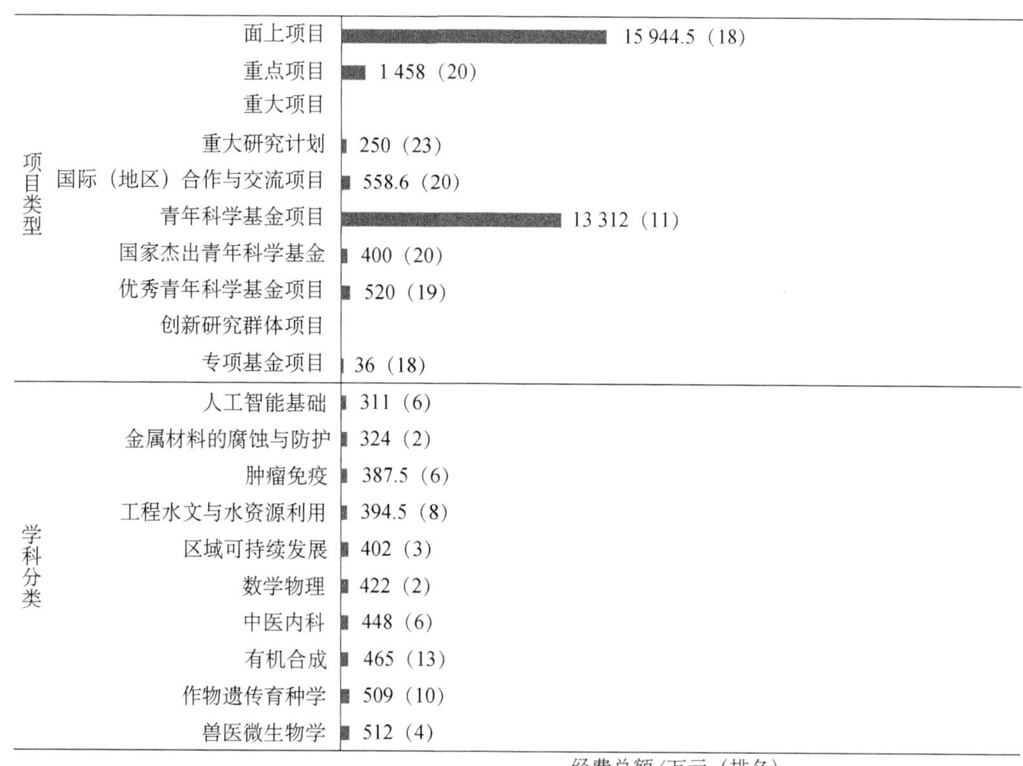

图 3-30 2019 年河南省争取国家自然科学基金项目情况

资料来源：科技大数据湖北省重点实验室、中国产业智库大数据中心

表 3-57 2019 年河南省争取国家自然科学基金项目经费十强学科及近 5 年变化趋势

项目经费趋势	学科	指标	2015 年	2016 年	2017 年	2018 年	2019 年
	合计	项目数/项	958	979	1 008	877	1 001
		项目金额/万元	33 258.7	38 376.84	39 048.52	32 009.22	40 716.1
		机构数/个	53	51	56	56	53
		主持人数/人	953	971	996	876	996
	兽医微生物学	项目数/项	2	0	1	2	7
		项目金额/万元	83	0	26	50	512
		机构数/个	1	0	1	2	3
		主持人数/人	2	0	1	2	7
	作物遗传育种学	项目数/项	1	0	1	1	14
		项目金额/万元	63	0	21	25	509
		机构数/个	1	0	1	1	6
		主持人数/人	1	0	1	1	14
	有机合成	项目数/项	13	13	7	10	2
		项目金额/万元	574	483	285	290.5	465
		机构数/个	8	8	5	6	1
		主持人数/人	13	13	7	10	2

续表

项目经费趋势	学科	指标	2015年	2016年	2017年	2018年	2019年
	中医内科	项目数/项	6	6	4	11	12
		项目金额/万元	288	223	143	481	448
		机构数/个	1	1	2	2	2
		主持人数/人	6	6	4	11	12
	数学物理	项目数/项	6	5	2	5	6
		项目金额/万元	220	47	45	149	442
		机构数/个	4	5	2	4	3
		主持人数/人	6	5	2	5	6
	区域可持续发展	项目数/项	9	6	10	1	4
		项目金额/万元	366	120	272	57.5	402
		机构数/个	6	6	7	1	3
		主持人数/人	9	6	10	1	4
	工程水文与水资源利用	项目数/项	6	7	10	9	9
		项目金额/万元	164	267	657	359	394.5
		机构数/个	3	3	3	4	3
		主持人数/人	6	7	10	9	9
	肿瘤免疫	项目数/项	1	0	6	4	6
		项目金额/万元	16.5	0	231	119	387.5
		机构数/个	1	0	2	2	2
		主持人数/人	1	0	6	4	6
	金属材料的腐蚀与防护	项目数/项	0	1	0	1	2
		项目金额/万元	0	21	0	26	324
		机构数/个	0	1	0	1	2
		主持人数/人	0	1	0	1	2
	人工智能基础	项目数/项	0	0	0	3	4
		项目金额/万元	0	0	0	114	311
		机构数/个	0	0	0	1	4
		主持人数/人	0	0	0	3	4

资料来源：科技大数据湖北省重点实验室、中国产业智库大数据中心

表 3-58　2019 年河南省发表 SCI 论文数量二十强学科

序号	研究领域	发文量全国排名	发文量/篇	被引次数/次	篇均被引/次
1	材料科学、跨学科	16	1 215	3 579	2.95
2	工程、电气和电子	16	799	1 063	1.33
3	化学、跨学科	16	778	2 343	3.01
4	化学、物理	17	673	2 684	3.99
5	肿瘤学	10	619	1 408	2.27
6	生物化学与分子生物学	11	576	1 385	2.40
7	药理学和药剂学	11	568	914	1.61
8	物理学、应用	16	568	1 691	2.98
9	计算机科学、信息系统	15	503	658	1.31
10	环境科学	16	495	905	1.83
11	电信	16	437	529	1.21

续表

序号	研究领域	发文量全国排名	发文量/篇	被引次数/次	篇均被引/次
12	细胞生物学	9	435	1 097	2.52
13	医学、研究和试验	13	391	788	2.02
14	能源和燃料	16	377	1 341	3.56
15	纳米科学和纳米技术	18	377	1 761	4.67
16	工程、化学	17	308	1 172	3.81
17	物理学、凝聚态物质	15	302	853	2.82
18	数学、应用	11	300	339	1.13
19	化学、有机	8	299	1 042	3.48
20	生物工程学和应用微生物学	12	290	731	2.52
全省合计		16	10 310	26 283	2.55

资料来源：科技大数据湖北省重点实验室、中国产业智库大数据中心

表 3-59　2019 年河南省争取国家自然科学基金项目经费三十强机构

序号	机构名称	项目数量/项（排名）	项目经费/万元（排名）	发文量/篇（排名）	被引次数/次（排名）	发明专利申请数/件（排名）	BRCI（排名）
1	郑州大学	305（23）	12 834.1（53）	3 573（26）	8 366（26）	736（116）	31.004 3（30）
2	河南大学	97（107）	4 380.5（151）	988（114）	2 527（101）	334（293）	10.253（99）
3	河南师范大学	64（163）	2 939（197）	691（147）	1 769（134）	405（248）	7.649 6（135）
4	河南理工大学	49（206）	2 447（234）	691（147）	1 270（163）	553（170）	6.782 8（147）
5	河南农业大学	70（150）	3 062（194）	413（226）	663（253）	248（406）	5.713 8（176）
6	河南科技大学	42（240）	1 661（301）	667（153）	1 045（197）	492（188）	5.700 6（177）
7	郑州轻工业学院	32（301）	1 021（399）	427（220）	1 011（199）	313（316）	4.110 7（226）
8	河南工业大学	27（338）	1 015.5（402）	380（236）	702（246）	286（351）	3.528 2（259）
9	华北水利水电大学	25（356）	957（414）	287（281）	354（356）	428（229）	3.100 5（273）
10	新乡医学院	32（301）	1 521（321）	275（295）	430（321）	68（1 555）	2.744 9（293）
11	信阳师范学院	31（308）	892（427）	217（349）	561（285）	73（1 443）	2.526 6（310）
12	河南中医药大学	31（308）	1 135（382）	206（370）	200（473）	152（689）	2.481 1（313）
13	洛阳师范学院	13（526）	478（579）	203（377）	553（288）	92（1 129）	1.747 7（370）
14	中原工学院	15（490）	458.5（586）	136（470）	191（486）	262（389）	1.698 1（372）
15	河南科技学院	15（490）	453（587）	171（404）	261（414）	139（758）	1.668 8（378）
16	中国人民解放军战略支援部队信息工程大学	14（508）	447.5（591）	79（603）	48（781）	239（427）	1.181 1（440）
17	南阳师范学院	9（613）	349（662）	107（535）	191（486）	127（829）	1.165 5（446）
18	周口师范学院	10（591）	219.5（771）	124（491）	136（553）	84（1 255）	1.010 1（468）
19	郑州航空工业管理学院	10（591）	327（676）	52（720）	87（648）	171（617）	0.975 9（471）
20	中国农业科学院棉花研究所	10（591）	304（690）	64（650）	108（608）	99（1 046）	0.944 6（476）
21	河南工程学院	9（613）	243（747）	70（628）	95（627）	99（1 046）	0.873（486）
22	许昌学院	5（765）	153（861）	96（559）	147（533）	177（597）	0.829 7（491）
23	商丘师范学院	6（711）	173.5（823）	49（737）	69（688）	111（939）	0.656 5（512）
24	新乡学院	6（711）	199（791）	50（730）	73（677）	66（1 596）	0.623 8（515）
25	河南省农业科学院	6（711）	177（820）	46（761）	68（694）	31（3 531）	0.525 7（529）
26	中国农业科学院郑州果树研究所	4（810）	165（837）	30（905）	35（877）	33（3 317）	0.382 3（568）

续表

序号	机构名称	项目数量/项（排名）	项目经费/万元（排名）	发文量/篇（排名）	被引次数/次（排名）	发明专利申请数/件（排名）	BRCI（排名）
27	黄河水利委员会黄河水利科学研究院	8（645）	334.5（674）	10（1464）	7（1912）	30（3 672）	0.339 7（577）
28	河南财经政法大学	8（645）	238（751）	31（894）	52（760）	1（113 701）	0.307 1（591）
29	中国船舶重工集团公司第七二五研究所	1（1 127）	299（696）	13（1289）	9（1644）	84（1 255）	0.215 6（631）
30	中钢集团洛阳耐火材料研究院有限公司	2（968）	515（565）	0（5123）	0（6 499）	20（5 763）	0.022 8（742）

资料来源：科技大数据湖北省重点实验室、中国产业智库大数据中心

	综合	农业科学	生物与生化	化学	临床医学	工程科学	材料科学	分子生物与基因	神经科学与行为	药理学与毒物学	植物与动物科学	进入ESI学科数
郑州大学	49	0	148	42	32	81	57	44	41	36	0	8
河南大学	137	0	0	86	118	198	106	0	0	0	0	4
河南师范大学	151	0	0	92	0	163	129	0	0	0	0	3
河南科技大学	254	94	0	0	140	219	0	0	0	0	0	3
河南理工大学	264	0	0	0	0	107	169	0	0	0	0	2
河南工业大学	292	67	0	194	0	194	0	0	0	0	0	3
河南农业大学	298	64	0	0	0	0	0	0	0	0	52	2
新乡医学院	318	0	0	0	90	0	0	0	0	0	0	1
郑州轻工业大学	328	0	0	184	0	193	0	0	0	0	0	2
信阳师范学院	355	0	0	198	0	0	0	0	0	0	0	1
洛阳师范大学	357	0	0	164	0	0	0	0	0	0	0	1
安阳师范学院	377	0	0	195	0	0	0	0	0	0	0	1
中国农业科学院棉花研究所	422	0	0	0	0	0	0	0	0	0	76	1

图 3-31　2019 年河南省各机构 ESI 前 1%学科分布

表 3-60　2019 年河南省在华发明专利申请量二十强企业和二十强科研机构列表

序号	二十强企业	发明专利申请量/件	二十强科研机构	发明专利申请量/件
1	河南中烟工业有限责任公司	312	郑州大学	695
2	郑州云海信息技术有限公司	242	河南理工大学	524
3	中航光电科技股份有限公司	223	河南科技大学	488
4	中铁工程装备集团有限公司	196	华北水利水电大学	418
5	新华三大数据技术有限公司	143	河南师范大学	376
6	中国航空工业集团公司洛阳电光设备研究所	135	河南大学	331
7	舞阳钢铁有限责任公司	127	郑州轻工业学院	307
8	许继集团有限公司	126	河南工业大学	276
9	国网河南省电力公司电力科学研究院	114	中原工学院	253
10	平高集团有限公司	101	中国人民解放军战略支援部队信息工程大学	228
11	中国烟草总公司郑州烟草研究院	92	河南农业大学	221
12	黄河勘测规划设计研究院有限公司	81	河南城建学院	194
13	郑州机械研究所有限公司	75	许昌学院	175
14	河南美力达汽车有限公司	70	郑州铁路职业技术学院	171
15	许昌许继软件技术有限公司	70	郑州航空工业管理学院	167
16	中国建筑第七工程局有限公司	65	河南中医药大学	152
17	中国船舶重工集团公司第七二五研究所	58	郑州工程技术学院	147
18	瑞德（新乡）路业有限公司	58	河南科技学院	137

续表

序号	二十强企业	发明专利申请量/件	二十强科研机构	发明专利申请量/件
19	中铁七局集团有限公司	54	南阳师范学院	125
20	河南光远新材料股份有限公司	54	黄河科技学院	114

资料来源：科技大数据湖北省重点实验室、中国产业智库大数据中心

3.3.15 福建省

2019 年，福建省的基础研究竞争力指数为 0.6927，排名第 15 位。福建省争取国家自然科学基金项目总数为 927 项，全国排名第 15 位，项目经费总额为 67 841.04 万元，全国排名第 14 位。福建省争取国家自然科学基金项目经费金额大于 2000 万元的有 3 个学科（图 3-32）；福建省整体争取国家自然科学基金项目经费与 2018 年相比呈上升趋势；争取国家自然科学基金项目经费最多的学科为经济科学，项目数量 2 个，项目经费 6060 万元（表 3-61）；发表 SCI 论文数量最多的学科为材料科学、跨学科（表 3-62）。福建省争取国家自然科学基金经费超过 1 亿元的有 1 个机构（表 3-63）；福建省共有 12 个机构进入相关学科的 ESI 全球前 1%行列（图 3-33）。福建省发明专利申请量 27 154 件，全国排名第 12 位，主要专利权人如表 3-64 所示。

2019 年，福建省地方财政科技投入经费预算 147.294 2 亿元，全国排名第 11 位；拥有国家重点实验室 7 个，全国排名第 19 位；获得国家科技奖励 3 项，全国排名第 14 位；拥有省级重点实验室 211 个，全国排名第 6 位；拥有院士 19 人，全国排名第 13 位；新增国家自然科学基金杰出青年科学基金入选者 7 人，全国排名第 10 位。

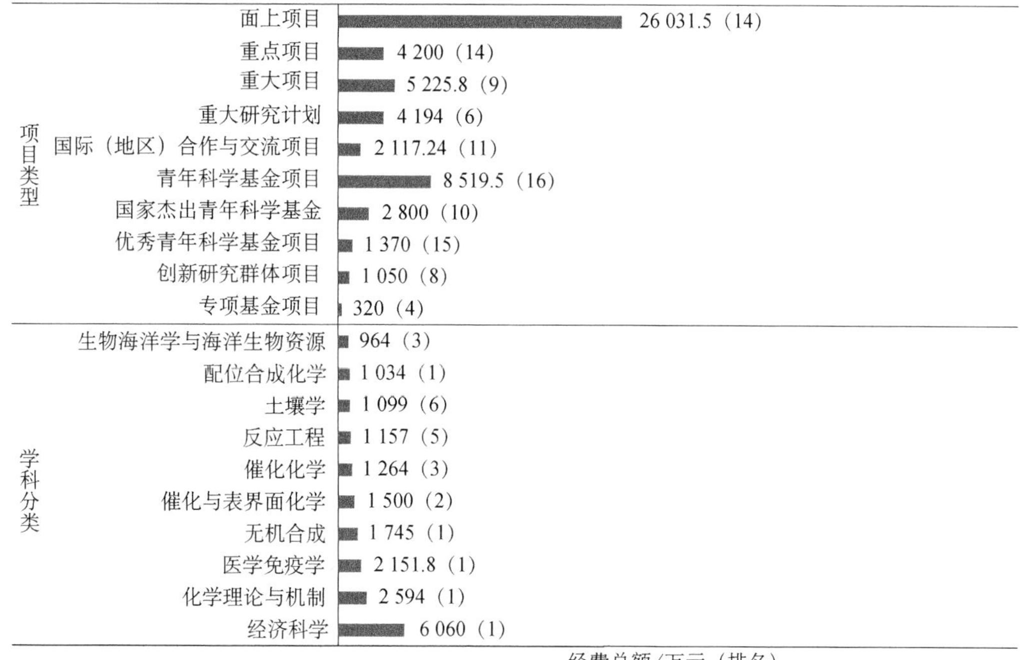

图 3-32　2019 年福建省争取国家自然科学基金项目情况

资料来源：科技大数据湖北省重点实验室、中国产业智库大数据中心

表 3-61　2019 年福建省争取国家自然科学基金项目经费十强学科及近 5 年变化趋势

项目经费趋势	学科	指标	2015 年	2016 年	2017 年	2018 年	2019 年
	合计	项目数/项	829	849	930	927	927
		项目金额/万元	41 296.73	41 728.24	51 533.03	51 941.5	67 841.04
		机构数/个	31	31	28	30	35
		主持人数/人	813	846	917	915	913
	经济科学	项目数/项	3	0	0	0	2
		项目金额/万元	69	0	0	0	6 060
		机构数/个	1	0	0	0	1
		主持人数/人	3	0	0	0	1
	化学理论与机制	项目数/项	1	0	1	0	2
		项目金额/万元	310	0	375	0	2 594
		机构数/个	1	0	1	0	1
		主持人数/人	1	0	1	0	1
	医学免疫学	项目数/项	0	0	0	2	2
		项目金额/万元	0	0	0	589	2 151.8
		机构数/个	0	0	0	1	1
		主持人数/人	0	0	0	2	1
	无机合成	项目数/项	1	0	1	5	9
		项目金额/万元	65	0	1 050	950.54	1 745
		机构数/个	1	0	1	3	2
		主持人数/人	1	0	1	5	9
	催化与表界面化学	项目数/项	0	0	0	2	1
		项目金额/万元	0	0	0	4.92	1 500
		机构数/个	0	0	0	2	1
		主持人数/人	0	0	0	2	1
	催化化学	项目数/项	7	6	9	22	23
		项目金额/万元	186.89	311	614.5	1 042.2	1 264
		机构数/个	4	4	4	7	6
		主持人数/人	7	6	9	22	23
	反应工程	项目数/项	0	0	0	11	4
		项目金额/万元	0	0	0	801	1 157
		机构数/个	0	0	0	4	3
		主持人数/人	0	0	0	11	4
	土壤学	项目数/项	0	0	1	6	12
		项目金额/万元	0	0	98	254	1 099
		机构数/个	0	0	1	4	4
		主持人数/人	0	0	1	6	12
	配位合成化学	项目数/项	0	2	8	15	15
		项目金额/万元	0	53.3	335	1 179	1 034
		机构数/个	0	1	4	3	4
		主持人数/人	0	2	8	15	15

续表

项目经费趋势	学科	指标	2015年	2016年	2017年	2018年	2019年
	生物海洋学与海洋生物资源	项目数/项	5	5	9	10	14
		项目金额/万元	316	259	1 639.2	3 798.3	964
		机构数/个	3	2	3	1	5
		主持人数/人	5	5	8	8	14

资料来源：科技大数据湖北省重点实验室、中国产业智库大数据中心

表3-62　2019年福建省发表SCI论文数量二十强学科

序号	研究领域	发文量全国排名	发文量/篇	被引次数/次	篇均被引/次
1	材料科学、跨学科	18	1 109	3 557	3.21
2	化学、跨学科	14	894	3 426	3.83
3	工程、电气和电子	17	758	1 189	1.57
4	化学、物理	16	701	3 467	4.95
5	环境科学	13	639	1 513	2.37
6	物理学、应用	17	539	1 657	3.07
7	纳米科学和纳米技术	15	493	1 990	4.04
8	肿瘤学	14	451	481	1.07
9	计算机科学、信息系统	17	444	799	1.80
10	电信	17	391	621	1.59
11	生物化学与分子生物学	17	385	650	1.69
12	能源和燃料	18	350	1 285	3.67
13	工程、化学	15	338	1 580	4.67
14	光学	15	310	328	1.06
15	化学、分析	16	286	1 070	3.74
16	生物工程学和应用微生物学	14	260	464	1.78
17	药理学和药剂学	19	255	248	0.97
18	医学、研究和试验	19	253	260	1.03
19	工程、环境	14	245	1436	5.86
20	数学、应用	15	214	219	1.02
全省合计		18	9 315	26 240	2.82

资料来源：科技大数据湖北省重点实验室、中国产业智库大数据中心

表3-63　2019年福建省争取国家自然科学基金项目经费三十强机构

序号	机构名称	项目数量/项（排名）	项目经费/万元（排名）	发文量/篇（排名）	被引次数/次（排名）	发明专利申请数/件（排名）	BRCI（排名）
1	厦门大学	338（18）	36 051.33（11）	2 809（34）	5 946（35）	838（95）	35.207 9（26）
2	福州大学	119（87）	6 930.74（103）	1 417（81）	4 410（53）	1 507（48）	17.752 6（64）
3	福建农林大学	85（120）	4 638（145）	1 028（112）	2 175（117）	389（254）	9.992 3（104）
4	福建师范大学	69（154）	4 162.5（156）	568（177）	1 194（174）	437（219）	7.651（134）
5	华侨大学	49（206）	1 874.5（278）	675（152）	1 546（148）	600（157）	6.746 4（148）
6	中国科学院福建物质结构研究所	60（172）	4 368.5（152）	449（212）	1 820（133）	122（857）	6.122 2（166）

续表

序号	机构名称	项目数量/项（排名）	项目经费/万元（排名）	发文量/篇（排名）	被引次数/次（排名）	发明专利申请数/件（排名）	BRCI（排名）
7	福建医科大学	56（182）	2 394.17（238）	1 116（102）	1 157（181）	39（2771）	4.843 6（197）
8	中国科学院城市环境研究所	22（380）	1 874（279）	214（353）	700（247）	66（1596）	2.596 3（306）
9	厦门理工学院	12（549）	543（554）	228（338）	311（384）	293（339）	1.953（356）
10	集美大学	11（564）	515.5（563）	210（359）	278（403）	240（421）	1.761 2（366）
11	自然资源部第三海洋研究所	19（420）	1 363.5（351）	102（547）	111（604）	59（1 791）	1.496 4（400）
12	福建中医药大学	26（348）	1 092（385）	93（568）	114（596）	28（4 007）	1.398 6（412）
13	福建工程学院	8（645）	232.5（761）	122（495）	246（428）	421（236）	1.363 3（418）
14	闽江学院	11（564）	428.5（608）	91（576）	88（644）	242（417）	1.228 2（434）
15	闽南师范大学	9（613）	276（717）	109（531）	115（593）	102（1 011）	0.996（470）
16	泉州师范学院	2（968）	122（911）	76（608）	123（576）	117（889）	0.513（534）
17	莆田学院	3（883）	89.8（997）	67（637）	62（718）	99（1 046）	0.474 1（541）
18	龙岩学院	2（968）	50（1187）	54（710）	64（712）	77（1 369）	0.349 3（575）
19	福建省立医院	4（810）	152（862）	24（995）	10（1 552）	10（13 245）	0.241 7（617）
20	武夷学院	2（968）	45.5（1 210）	28（937）	23（1 042）	33（3 317）	0.225 7（623）
21	厦门医学院	3（883）	64（1 096）	23（1 018）	23（1 042）	8（17 930）	0.209（633）
22	三明学院	1（1 127）	25（1 305）	23（1 018）	41（830）	85（1 243）	0.202 2（641）
23	宁德师范学院	1（1 127）	22（1 386）	23（1 018）	12（1 392）	46（2329）	0.145 6（669）
24	福建省农业科学院	4（810）	127（900）	78（606）	68（694）	0（113 702）	0.124 3（678）
25	福建省林业科学研究院	1（1 127）	24（1 336）	3（2 710）	7（1 912）	2（71 748）	0.057（713）
26	福建省亚热带植物研究所	1（1 127）	24（1 336）	1（5 122）	0（6 499）	13（9 757）	0.021 8（744）
27	厦门市气象局	1（1 127）	25（1 305）	1（5 122）	0（6 499）	1（113 701）	0.014 3（757）
28	福建海洋研究所	1（1 127）	140（880）	2（3 439）	0（6 499）	0（113 702）	0.009 9（766）
29	福建省地质工程勘察院	1（1 127）	61（1 111）	0（5 123）	0（6 499）	2（71 748）	0.008 6（771）
30	福建省地震局	1（1 127）	23（1 373）	0（5 123）	0（6 499）	0（113 702）	0.003（803）

资料来源：科技大数据湖北省重点实验室、中国产业智库大数据中心

	综合	农业科学	生物与生化	化学	临床医学	计算机科学	经济与商学	工程科学	环境生态学	地球科学	材料科学	数学	微生物学	分子生物与基因	药理学与毒物学	物理学	植物与动物科学	社会科学	进入ESI学科数
厦门大学	27	69	127	20	47	39	10	42	35	45	37	14	17	36	63	40	37	16	17
福州大学	56	0	0	29	0	74	0	72	0	0	50	0	0	0	0	0	0	0	5
中国科学院福建物质结构研究所	89	0	0	32	0	0	0	0	0	0	61	0	0	0	0	0	0	0	3
福建医科大学	182	0	0	0	43	0	0	0	0	0	0	0	0	0	0	0	0	0	2
福建师范大学	205	0	0	142	0	0	0	188	0	0	0	0	0	0	0	0	0	0	3
福建农林大学	207	37	0	0	0	0	0	0	0	0	0	0	0	0	0	0	27	0	3
华侨大学	216	0	0	128	0	0	0	114	0	0	148	0	0	0	0	0	0	0	4
中国科学院城市环境研究所	220	0	0	0	0	0	0	195	21	0	0	0	0	0	0	0	0	0	3
福建中医药大学	379	0	0	0	115	0	0	0	0	0	0	0	0	0	0	0	0	0	2
福建省立医院	427	0	0	0	116	0	0	0	0	0	0	0	0	0	0	0	0	0	2
闽江学院	450	0	0	0	0	0	0	221	0	0	0	0	0	0	0	0	0	0	2
福建省农业科学院	453	0	0	0	0	0	0	0	0	0	0	0	0	0	0	0	102	0	2

图 3-33　2019 年福建省各机构 ESI 前 1%学科分布

表 3-64　2019 年福建省在华发明专利申请量二十强企业和二十强科研机构列表

序号	二十强企业	发明专利申请量/件	二十强科研机构	发明专利申请量/件
1	厦门天马微电子有限公司	435	福州大学	1469
2	国网福建省电力有限公司	162	厦门大学	803
3	锐捷网络股份有限公司	143	华侨大学	588
4	厦门美图之家科技有限公司	120	福建师范大学	432
5	福建华佳彩有限公司	120	福建工程学院	404
6	宁德时代新能源科技股份有限公司	100	福建农林大学	385
7	厦门市美亚柏科信息股份有限公司	96	厦门理工学院	259
8	福建省中科生物股份有限公司	89	闽江学院	238
9	宁德新能源科技有限公司	86	集美大学	227
10	九牧厨卫股份有限公司	82	厦门大学嘉庚学院	138
11	厦门网宿有限公司	80	中国科学院福建物质结构研究所	121
12	福建天泉教育科技有限公司	80	泉州师范学院	116
13	厦门亿联网络技术股份有限公司	77	闽南师范大学	101
14	厦门建霖健康家居股份有限公司	76	莆田学院	97
15	福建福清核电有限公司	70	三明学院	84
16	厦门钨业股份有限公司	69	黎明职业大学	84
17	福建省福联集成电路有限公司	69	龙岩学院	71
18	福州瑞芯微电子股份有限公司	65	中国科学院城市环境研究所	63
19	科华恒盛股份有限公司	64	自然资源部第三海洋研究所	59
20	奥佳华智能健康科技集团股份有限公司	62	宁德师范学院	45

资料来源：科技大数据湖北省重点实验室、中国产业智库大数据中心

3.3.16　重庆市

2019 年，重庆市的基础研究竞争力指数为 0.5868，排名第 16 位。重庆市争取国家自然科学基金项目总数为 889 项，全国排名第 17 位，项目经费总额为 47 787.66 万元，全国排名第 16 位。重庆市争取国家自然科学基金项目经费金额大于 2000 万元的有 1 个学科（图 3-34）；重庆市整体争取国家自然科学基金项目经费与 2018 年相比呈上升趋势；争取国家自然科学基金项目经费最多的学科为运筹学，项目数量 6 个，项目经费 2742 万元（表 3-65）；发表 SCI 论文数量最多的学科为材料科学、跨学科（表 3-66）。重庆市争取国家自然科学基金经费超过 1 亿元的有 2 个机构（表 3-67）；重庆市共有 7 个机构进入相关学科的 ESI 全球前 1%行列（图 3-35）。重庆市发明专利申请量 18 403 件，全国排名第 16 位，主要专利权人如表 3-68 所示。

2019 年，重庆市地方财政科技投入经费预算 35 亿元，全国排名第 23 位；拥有国家重点实验室 10 个，全国排名第 16 位；获得国家科技奖励 3 项，全国排名第 14 位；拥有省级重点实验室 172 个，全国排名第 13 位；拥有院士 2 人，全国排名第 25 位；新增国家自然科学基金杰出青年科学基金入选者 4 人，全国排名第 15 位。

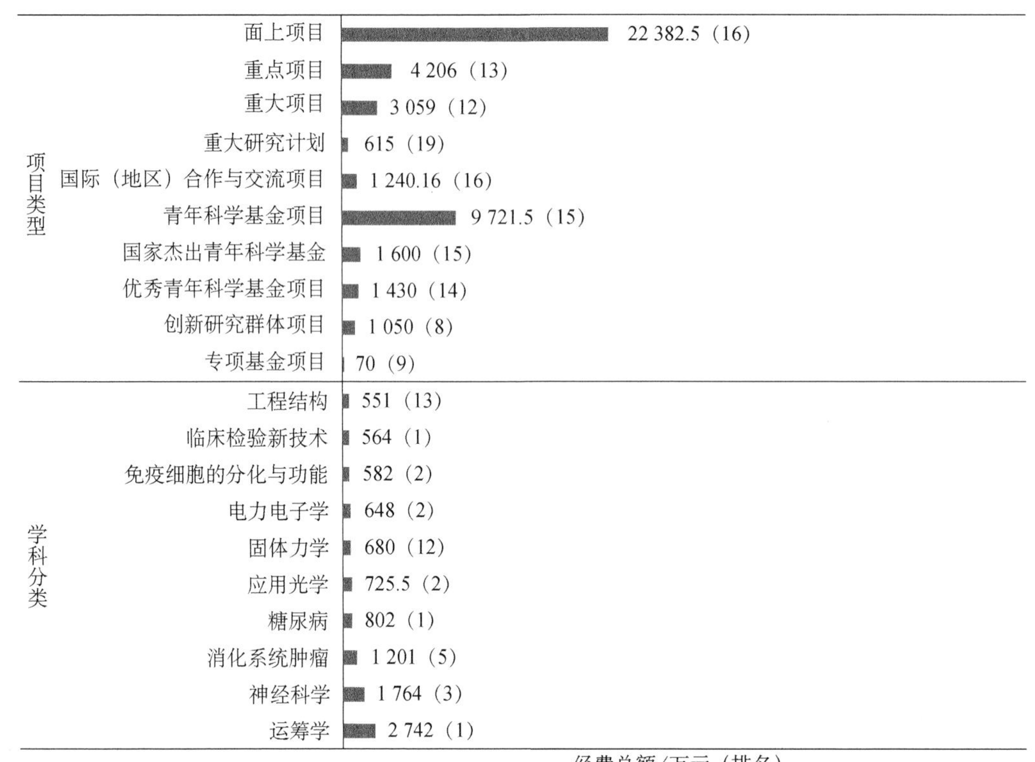

图 3-34　2019 年重庆市争取国家自然科学基金项目情况

资料来源：科技大数据湖北省重点实验室、中国产业智库大数据中心

表 3-65　2019 年重庆市争取国家自然科学基金项目经费十强学科及近 5 年变化趋势

项目经费趋势	学科	指标	2015 年	2016 年	2017 年	2018 年	2019 年
	合计	项目数/项	**860**	**866**	**890**	**913**	**889**
		项目金额/万元	**38 031.51**	**37 249.65**	**41 069.82**	**44 322.84**	**47 787.66**
		机构数/个	**28**	**26**	**24**	**25**	**24**
		主持人数/人	**853**	**862**	**882**	**900**	**875**
	运筹学	项目数/项	3	4	3	4	6
		项目金额/万元	**84**	**85**	**91**	**117**	**2 742**
		机构数/个	2	2	2	2	3
		主持人数/人	3	4	3	4	4
	神经科学	项目数/项	2	2	1	0	8
		项目金额/万元	**84**	**38**	**60**	**0**	**1 764**
		机构数/个	2	1	1	0	1
		主持人数/人	2	2	1	0	8
	消化系统肿瘤	项目数/项	13	8	6	16	17
		项目金额/万元	**505**	**312**	**212**	**701**	**1 201**
		机构数/个	3	2	2	3	3
		主持人数/人	13	8	6	15	17

续表

项目经费趋势	学科	指标	2015年	2016年	2017年	2018年	2019年
	糖尿病	项目数/项	4	3	3	3	6
		项目金额/万元	192	92	133	135	802
		机构数/个	2	2	2	2	2
		主持人数/人	4	3	3	3	6
	应用光学	项目数/项	1	1	0	1	2
		项目金额/万元	60	20	0	63	725.5
		机构数/个	1	1	0	1	1
		主持人数/人	1	1	0	1	2
	固体力学	项目数/项	8	9	7	10	9
		项目金额/万元	426	660	1 117	455	680
		机构数/个	3	3	3	3	3
		主持人数/人	8	9	7	10	9
	电力电子学	项目数/项	3	3	6	2	3
		项目金额/万元	159	103.5	212	120	648
		机构数/个	1	2	1	1	1
		主持人数/人	3	3	6	2	3
	免疫细胞的分化与功能	项目数/项	2	3	2	1	3
		项目金额/万元	43	165	84	23	582
		机构数/个	2	1	1	1	1
		主持人数/人	2	3	2	1	3
	临床检验新技术	项目数/项	5	4	3	8	8
		项目金额/万元	212	151	132	310	564
		机构数/个	2	2	3	3	3
		主持人数/人	5	4	3	8	8
	工程结构	项目数/项	11	10	11	18	14
		项目金额/万元	675	330	800	731.64	551
		机构数/个	5	6	5	5	5
		主持人数/人	10	10	11	18	14

资料来源：科技大数据湖北省重点实验室、中国产业智库大数据中心

表3-66　2019年重庆市发表SCI论文数量二十强学科

序号	研究领域	发文量全国排名	发文量/篇	被引次数/次	篇均被引/次
1	材料科学、跨学科	17	1 183	3 005	2.54
2	工程、电气和电子	15	1 118	1 602	1.43
3	电信	14	581	877	1.51
4	计算机科学、信息系统	14	545	847	1.55
5	化学、跨学科	18	515	1 222	2.37
6	物理学、应用	18	512	1 592	3.11
7	化学、物理	19	499	2 214	4.44
8	生物化学与分子生物学	14	478	945	1.98

续表

序号	研究领域	发文量全国排名	发文量/篇	被引次数/次	篇均被引/次
9	环境科学	18	464	1 267	2.73
10	能源和燃料	15	461	1 646	3.57
11	纳米科学和纳米技术	17	430	1 322	3.07
12	肿瘤学	16	408	677	1.66
13	化学、分析	12	382	1 123	2.94
14	工程、机械	14	366	628	1.72
15	药理学和药剂学	15	349	399	1.14
16	医学、研究和试验	15	336	407	1.21
17	冶金和冶金工程学	12	294	597	2.03
18	细胞生物学	14	275	600	2.18
19	免疫学	8	274	205	0.75
20	工程、化学	18	265	1 412	5.33
全市合计		17	9 735	22 587	2.32

资料来源：科技大数据湖北省重点实验室、中国产业智库大数据中心

表 3-67　2019 年重庆市争取国家自然科学基金项目经费三十强机构

序号	机构名称	项目数量/项（排名）	项目经费/万元（排名）	发文量/篇（排名）	被引次数/次（排名）	发明专利申请数/件（排名）	BRCI（排名）
1	重庆大学	237（35）	14 149.22（40）	3 445（28）	8 349（27）	1 797（37）	33.363 7（28）
2	西南大学	137（75）	5 887.02（122）	2 160（55）	4 526（50）	625（149）	16.829 5（72）
3	重庆医科大学	119（87）	4 814.5（142）	1 402（82）	2 008（122）	86（1 229）	9.089（115）
4	重庆邮电大学	41（243）	1 475.92（329）	542（185）	967（206）	869（89）	5.789 4（172）
5	重庆交通大学	20（407）	836.5（441）	249（316）	293（391）	318（310）	2.534 6（309）
6	重庆师范大学	23（369）	3 381（177）	205（373）	458（316）	50（2 133）	2.508 8（312）
7	中国人民解放军第三军医大学	201（43）	13 645.5（44）	965（119）	1 281（162）	0（113 702）	2.471 9（316）
8	重庆理工大学	18（433）	820.5（447）	231（333）	352（357）	213（496）	2.323 3（326）
9	重庆工商大学	17（454）	492.5（570）	215（351）	579（274）	193（545）	2.210 9（336）
10	重庆科技学院	17（454）	583（538）	149（448）	197（478）	334（293）	1.958 4（355）
11	长江师范学院	14（508）	335（673）	269（299）	409（330）	135（784）	1.793 7（362）
12	重庆文理学院	13（526）	337（670）	108（534）	145（534）	202（521）	1.353 7（421）
13	中国科学院重庆绿色智能技术研究院	9（613）	327（676）	90（580）	208（460）	127（829）	1.136 1（451）
14	重庆市中医院	8（645）	164（842）	15（1 205）	11（1 475）	23（4 975）	0.332 9（580）
15	重庆三峡学院	1（1127）	24（1 336）	61（670）	143（539）	107（965）	0.302 4（595）
16	重庆地质矿产研究院	2（968）	48（1 197）	4（2 323）	26（996）	26（4 347）	0.161 5（660）
17	西南政法大学	2（968）	68（1 077）	24（995）	9（1 644）	6（24 790）	0.151 4（665）
18	中国农业科学院柑桔研究所	3（883）	140（880）	1（5 122）	1（4 576）	3（51 793）	0.071 1（708）
19	中煤科工集团重庆研究院有限公司	1（1 127）	60（1 116）	4（2 323）	0（6 499）	140（751）	0.047 5（721）
20	重庆三峡中心医院	1（1 127）	21（1 403）	14（1 246）	8（1 764）	0（113 702）	0.030 5（735）
21	招商局重庆交通科研设计院有限公司	2（968）	79（1 035）	0（5 123）	0（6 499）	98（1 063）	0.021 7（745）

续表

序号	机构名称	项目数量/项（排名）	项目经费/万元（排名）	发文量/篇（排名）	被引次数/次（排名）	发明专利申请数/件（排名）	BRCI（排名）
22	重庆市妇幼保健院	1（1 127）	21（1 403）	1（5 122）	0（6 499）	2（71 748）	0.015 6（756）
23	重庆市药物种植研究所	1（1 127）	54（1 177）	0（5 123）	0（6 499）	10（13 245）	0.011 1（761）
24	重庆市国土资源和房屋勘测规划院	1（1 127）	24（1 336）	0（5 123）	0（6 499）	1（113 701）	0.006 6（780）

资料来源：科技大数据湖北省重点实验室、中国产业智库大数据中心

	综合	农业科学	生物与生化	化学	临床医学	计算机科学	工程科学	环境生态学	免疫学	材料科学	数学	分子生物与基因	神经科学与行为	药理学与毒物学	物理学	植物与动物科学	进入ESI学科数
重庆大学	42	0	170	56	136	41	18	64	0	36	33	0	0	0	45	99	10
西南大学	68	27	159	45	0	57	91	86	0	80	0	0	42	67	0	31	10
第三军医大学	76	0	141	208	23	0	0	0	15	0	0	27	15	31	0	0	7
重庆医科大学	91	0	157	0	24	0	0	0	24	0	0	51	23	41	0	0	6
重庆邮电大学	338	0	0	0	0	65	144	0	0	0	0	0	0	0	0	0	2
重庆工商大学	339	0	0	200	0	0	212	0	0	0	0	0	0	0	0	0	2
重庆交通大学	431	0	0	0	0	0	206	0	0	0	0	0	0	0	0	0	1

图 3-35 2019 年重庆市各机构 ESI 前 1%学科分布

表 3-68 2019 年重庆市在华发明专利申请量二十强企业和二十强科研机构列表

序号	二十强企业	发明专利申请量/件	二十强科研机构	发明专利申请量/件
1	OPPO（重庆）智能科技有限公司	529	重庆大学	1629
2	重庆长安汽车股份有限公司	313	重庆邮电大学	860
3	重庆特斯联智慧科技股份有限公司	180	西南大学	595
4	中冶赛迪工程技术股份有限公司	152	重庆科技学院	313
5	中冶建工集团有限公司	140	重庆交通大学	299
6	中煤科工集团重庆研究院有限公司	133	重庆理工大学	209
7	RealMe 重庆移动通信有限公司	125	重庆文理学院	194
8	国网重庆市电力公司电力科学研究院	102	重庆工商大学	191
9	重庆紫光华山智安科技有限公司	97	重庆工程职业技术学院	169
10	招商局重庆交通科研设计院有限公司	90	重庆电子工程职业学院	148
11	重庆懿熙品牌策划有限公司	90	重庆工业职业技术学院	142
12	中冶赛迪技术研究中心有限公司	70	长江师范学院	135
13	中国汽车工程研究院股份有限公司	70	中国科学院重庆绿色智能技术研究院	110
14	重庆长安新能源汽车科技有限公司	69	重庆三峡学院	103
15	重庆天蓬网络有限公司	67	重庆医药高等专科学校	91
16	重庆酷熊科技有限公司	67	重庆医科大学	85
17	重庆青山工业有限责任公司	67	中国兵器工业第五九研究所	82
18	东风小康汽车有限公司重庆分公司	57	重庆市农业科学院	77
19	重庆金融资产交易所有限责任公司	51	中国人民解放军陆军军医大学	55
20	中国电子科技集团公司第四十四研究所	50	重庆第二师范学院	53
	重庆中烟工业有限责任公司			

资料来源：科技大数据湖北省重点实验室、中国产业智库大数据中心

3.3.17 黑龙江省

2019 年，黑龙江省的基础研究竞争力指数为 0.5642，排名第 17 位。黑龙江省争取国家自然科学基金项目总数为 814 项，全国排名第 18 位，项目经费总额为 45 525.41 万元，全国排名第 17 位。黑龙江省争取国家自然科学基金项目经费金额大于 2000 万元的有 2 个学科(图 3-36)；黑龙江省整体争取国家自然科学基金项目经费与 2018 年相比呈下降趋势；争取国家自然科学基金项目经费最多的学科为海洋工程，项目数量 32 个，项目经费 2335 万元（表 3-69)；发表 SCI 论文数量最多的学科为材料科学、跨学科（表 3-70)。黑龙江省争取国家自然科学基金经费超过 1 亿元的有 1 个机构（表 3-71)；黑龙江省共有 10 个机构进入相关学科的 ESI 全球前 1%行列（图 3-37)。黑龙江省发明专利申请量 12 575 件，全国排名第 18 位，主要专利权人如表 3-72 所示。

2019 年，黑龙江省地方财政科技投入经费预算 14.7 亿元，全国排名第 28 位；拥有国家重点实验室 6 个，全国排名第 20 位；获得国家科技奖励 4 项，全国排名第 13 位；拥有省级重点实验室 106 个，全国排名第 18 位；拥有院士 5 人，全国排名第 20 位；新增国家自然科学基金杰出青年科学基金入选者 3 人，全国排名第 16 位。

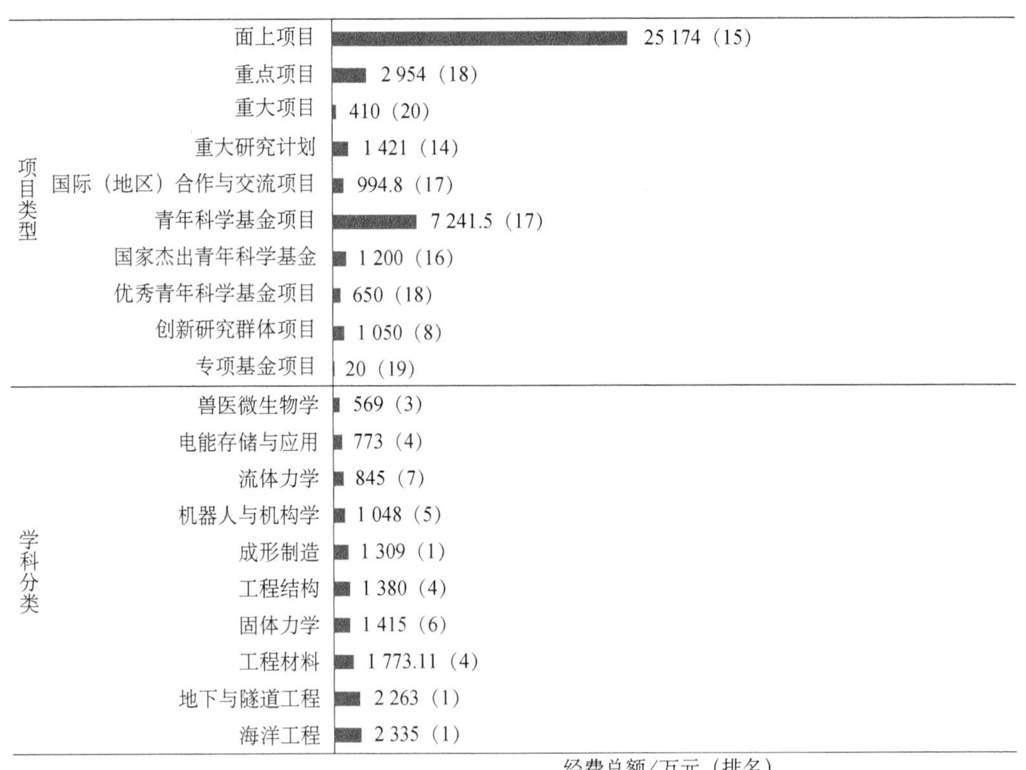

图 3-36 2019 年黑龙江省争取国家自然科学基金项目情况

资料来源：科技大数据湖北省重点实验室、中国产业智库大数据中心

表 3-69 2019 年黑龙江省争取国家自然科学基金项目经费十强学科及近 5 年变化趋势

项目经费趋势	学科	指标	2015 年	2016 年	2017 年	2018 年	2019 年
	合计	项目数/项	898	916	908	919	814
		项目金额/万元	45 438.7	49 784.53	48 380.78	50 029.95	45 525.41
		机构数/个	27	27	26	27	24
		主持人数/人	887	910	901	908	808
	海洋工程	项目数/项	29	30	34	35	32
		项目金额/万元	1 072	1 580	2 494	1 906	2 335
		机构数/个	2	2	2	1	3
		主持人数/人	29	30	33	35	32
	地下与隧道工程	项目数/项	13	11	11	12	18
		项目金额/万元	430	578	908	797	2 263
		机构数/个	3	2	2	3	4
		主持人数/人	13	11	11	12	18
	工程材料	项目数/项	23	25	15	17	18
		项目金额/万元	1 653	1 557.2	761	1 592.79	1 773.11
		机构数/个	4	5	3	2	1
		主持人数/人	23	25	15	16	18
	固体力学	项目数/项	13	16	14	16	24
		项目金额/万元	638	1 042	1 139.5	772	1 415
		机构数/个	4	2	2	2	5
		主持人数/人	13	16	14	16	24
	工程结构	项目数/项	14	17	25	16	19
		项目金额/万元	732	786.4	1 283	716.44	1 380
		机构数/个	4	5	7	3	3
		主持人数/人	14	17	25	16	18
	成形制造	项目数/项	17	13	17	16	21
		项目金额/万元	1 083	1 206	1 310	788	1 309
		机构数/个	1	2	2	1	3
		主持人数/人	17	13	17	16	21
	机器人与机构学	项目数/项	7	10	8	8	9
		项目金额/万元	1 345	1 027	868	1 214	1 048
		机构数/个	1	3	1	2	3
		主持人数/人	7	10	8	8	9
	流体力学	项目数/项	5	7	8	4	8
		项目金额/万元	254	606	460	182	845
		机构数/个	2	2	2	2	3
		主持人数/人	5	7	8	4	8
	电能存储与应用	项目数/项	0	9	5	11	9
		项目金额/万元	0	844	351	477	773
		机构数/个	0	1	2	2	2
		主持人数/人	0	9	5	11	9

续表

项目经费趋势	学科	指标	2015年	2016年	2017年	2018年	2019年
	兽医微生物学	项目数/项	0	1	0	0	8
		项目金额/万元	0	20	0	0	569
		机构数/个	0	1	0	0	2
		主持人数/人	0	1	0	0	8

资料来源：科技大数据湖北省重点实验室、中国产业智库大数据中心

表3-70　2019年黑龙江省发表SCI论文数量二十强学科

序号	研究领域	发文量全国排名	发文量/篇	被引次数/次	篇均被引/次
1	材料科学、跨学科	13	1 668	4 400	2.64
2	工程、电气和电子	11	1 496	2 059	1.38
3	物理学、应用	14	825	1 742	2.11
4	化学、物理	15	733	3 184	4.34
5	能源和燃料	12	693	1 924	2.78
6	化学、跨学科	17	658	1 434	2.18
7	电信	12	621	730	1.18
8	环境科学	14	610	1 645	2.70
9	计算机科学、信息系统	12	592	677	1.14
10	工程、机械	7	583	845	1.45
11	光学	14	501	617	1.23
12	纳米科学和纳米技术	16	448	1 461	3.26
13	机械学	8	431	938	2.18
14	设备和仪器	7	429	648	1.51
15	工程、化学	13	426	1 923	4.51
16	生物化学与分子生物学	16	415	1 171	2.82
17	工程、跨学科	12	346	580	1.68
18	药理学和药剂学	16	336	445	1.32
19	冶金和冶金工程学	8	332	905	2.73
20	自动化和控制系统	10	315	792	2.51
全省合计		13	12 458	28 120	2.26

资料来源：科技大数据湖北省重点实验室、中国产业智库大数据中心

表3-71　2019年黑龙江省争取国家自然科学基金项目经费三十强机构

序号	机构名称	项目数量/项（排名）	项目经费/万元（排名）	发文量/篇（排名）	被引次数/次（排名）	发明专利申请数/件（排名）	BRCI（排名）
1	哈尔滨工业大学	338（18）	22 024.41（21）	5 925（12）	12 929（7）	2 333（21）	49.757 9（15）
2	哈尔滨工程大学	89（115）	5 704（126）	1 771（67）	2 995（82）	1 599（40）	15.351 2（78）
3	哈尔滨医科大学	127（82）	5 132.5（135）	1 112（103）	1 921（125）	72（1 464）	8.681 1（120）
4	东北农业大学	56（182）	2 620（223）	914（123）	2 350（107）	379（262）	7.818 6（131）

续表

序号	机构名称	项目数量/项（排名）	项目经费/万元（排名）	发文量/篇（排名）	被引次数/次（排名）	发明专利申请数/件（排名）	BRCI（排名）
5	东北林业大学	46（227）	2 620.5（222）	819（132）	1 641（144）	226（457）	6.213 1（158）
6	哈尔滨理工大学	30（317）	1 403（345）	581（173）	908（212）	1 212（58）	5.496 5（182）
7	东北石油大学	21（395）	1 117（384）	363（245）	560（286）	277（370）	3.133 9（272）
8	黑龙江大学	18（433）	734.5（475）	428（219）	1 148（183）	147（713）	2.893 6（284）
9	黑龙江中医药大学	25（356）	987（409）	113（515）	338（367）	46（2 329）	1.825 6（361）
10	黑龙江八一农垦大学	9（613）	424（613）	164（413）	195（481）	144（730）	1.324 6（423）
11	哈尔滨师范大学	11（564）	490（572）	154（441）	345（361）	48（2 232）	1.314 7（424）
12	齐齐哈尔大学	5（765）	198（794）	131（478）	181（499）	107（965）	0.868 4（487）
13	中国农业科学院哈尔滨兽医研究所	11（564）	735（473）	94（566）	160（514）	5（30 585）	0.781 8（497）
14	黑龙江科技大学	5（765）	258（732）	44（779）	42（821）	79（1 335）	0.563 9（521）
15	齐齐哈尔医学院	4（810）	156（858）	109（531）	202（469）	12（10 657）	0.531 4（527）
16	中国地震局工程力学研究所	6（711）	446（592）	57（696）	24（1 026）	30（3 672）	0.531 3（528）
17	牡丹江医学院	2（968）	112（937）	60（674）	86（650）	45（2 395）	0.390 6（563）
18	哈尔滨商业大学	2（968）	45（1 211）	76（608）	51（766）	68（1 555）	0.342 7（576）
19	黑龙江省科学院	3（883）	108（950）	20（1 078）	19（1 117）	41（2 632）	0.283 3（604）
20	黑龙江工程学院	1（1 127）	23（1 373）	22（1 039）	8（1 764）	34（3 214）	0.129 4（677）
21	大庆师范学院	1（1 127）	22.5（1 384）	14（1 246）	8（1 764）	1（113 701）	0.066 4（710）
22	黑龙江省农业科学院	2（968）	83（1 018）	37（835）	19（1 117）	0（113 702）	0.065 6（711）
23	国家林业和草原局哈尔滨林业机械研究所	1（1 127）	24（1 336）	0（5 123）	0（6 499）	9（15 824）	0.009 5（768）
24	黑龙江省林业科学院	1（1 127）	58（1 138）	0（5 123）	0（6 499）	2（71 748）	0.008 6（772）

资料来源：科技大数据湖北省重点实验室、中国产业智库大数据中心

	综合	农业科学	生物与生化	化学	临床医学	计算机科学	工程科学	环境生态学	材料科学	数学	微生物学	分子生物与基因	神经科学与行为	药理学与毒物学	物理学	植物与动物科学	社会科学	进入ESI学科数
哈尔滨工业大学	15	61	116	31	124	11	3	13	9	3	0	0	0	0	17	0	24	10
哈尔滨医科大学	78	0	132	0	22	0	0	0	0	0	0	26	35	33	0	0	0	5
哈尔滨工程大学	107	0	0	97	0	67	47	0	52	0	0	0	0	0	0	0	0	4
东北林业大学	181	48	0	129	0	0	227	0	136	0	0	0	0	0	0	44	0	4
黑龙江大学	192	0	0	94	0	0	187	0	115	0	0	0	0	0	0	0	0	3
东北农林大学	208	20	176	0	0	0	0	0	0	0	0	0	0	0	0	45	0	2
哈尔滨师范大学	307	0	0	186	0	0	0	0	142	0	0	0	0	0	0	0	0	2
哈尔滨理工大学	336	0	0	0	0	0	176	0	164	0	0	0	0	0	0	0	0	2
中国农业科学院哈尔滨兽医研究所	383	0	0	0	0	0	0	0	0	0	20	0	0	0	0	0	0	1
东北石油大学	402	0	0	0	0	0	161	0	0	0	0	0	0	0	0	0	0	1

图 3-37　2019 年黑龙江省各机构 ESI 前 1%学科分布

表 3-72 2019 年黑龙江省在华发明专利申请量二十强企业和二十强科研机构列表

序号	二十强企业	发明专利申请量/件	二十强科研机构	发明专利申请量/件
1	哈尔滨锅炉厂有限责任公司	120	哈尔滨工业大学	2247
2	中国船舶重工集团公司第七〇三研究所	104	哈尔滨工程大学	1585
3	哈尔滨汽轮机厂有限责任公司	91	哈尔滨理工大学	1197
4	中国航发哈尔滨东安发动机有限公司	81	东北农业大学	377
5	哈尔滨市科佳通用机电股份有限公司	78	东北石油大学	268
6	大庆油田有限责任公司	70	东北林业大学	221
7	航天科技控股集团股份有限公司	62	黑龙江八一农垦大学	143
8	黑龙江兰德超声科技股份有限公司	61	黑龙江大学	139
9	哈尔滨安天科技集团股份有限公司	49	齐齐哈尔大学	105
10	哈尔滨电机厂有限责任公司	46	佳木斯大学	98
11	中国航发哈尔滨轴承有限公司	45	哈尔滨学院	98
12	中车齐齐哈尔车辆有限公司	41	黑龙江科技大学	74
13	哈尔滨电气动力装备有限公司	39	哈尔滨医科大学	72
14	哈尔滨飞机工业集团有限责任公司	39	哈尔滨商业大学	68
15	国网黑龙江省电力有限公司电力科学研究院	39	牡丹江师范学院	50
16	黑龙江惊哲森林食品集团有限公司	35	哈尔滨师范大学	48
17	东北轻合金有限责任公司	30	牡丹江医学院	45
18	建龙北满特殊钢有限责任公司	28	黑龙江中医药大学	44
19	大庆石油管理局有限公司	24	黑龙江省科学院	41
20	牡丹江恒丰纸业股份有限公司	21	中国水产科学研究院黑龙江水产研究所	38

资料来源：科技大数据湖北省重点实验室、中国产业智库大数据中心

3.3.18 吉林省

2019 年，吉林省的基础研究竞争力指数为 0.5187，排名第 18 位。吉林省争取国家自然科学基金项目总数为 710 项，全国排名第 20 位，项目经费总额为 50 478.61 万元，全国排名第 15 位。吉林省争取国家自然科学基金项目经费金额大于 2000 万元的有 1 个学科（图 3-38）；吉林省整体争取国家自然科学基金项目经费与 2018 年相比呈上升趋势；争取国家自然科学基金项目经费最多的学科为有机高分子材料，项目数量 3 个，项目经费 8314 万元（表 3-73）；发表 SCI 论文数量最多的学科为材料科学、跨学科（表 3-74）。吉林省争取国家自然科学基金经费超过 1 亿元的有 2 个机构（表 3-75）；吉林省共有 8 个机构进入相关学科的 ESI 全球前 1%行列（图 3-39）。吉林省发明专利申请量 10 368 件，全国排名第 21 位，主要专利权人如表 3-76 所示。

2019 年，吉林省地方财政科技投入经费预算 39.18 亿元，全国排名第 22 位；拥有国家重点实验室 11 个，全国排名第 13 位；获得国家科技奖励 7 项，全国排名第 12 位；拥有省级重点实验室 97 个，全国排名第 19 位；拥有院士 27 人，全国排名第 10 位；新增国家自然科学基金杰出青年科学基金入选者 6 人，全国排名第 11 位。

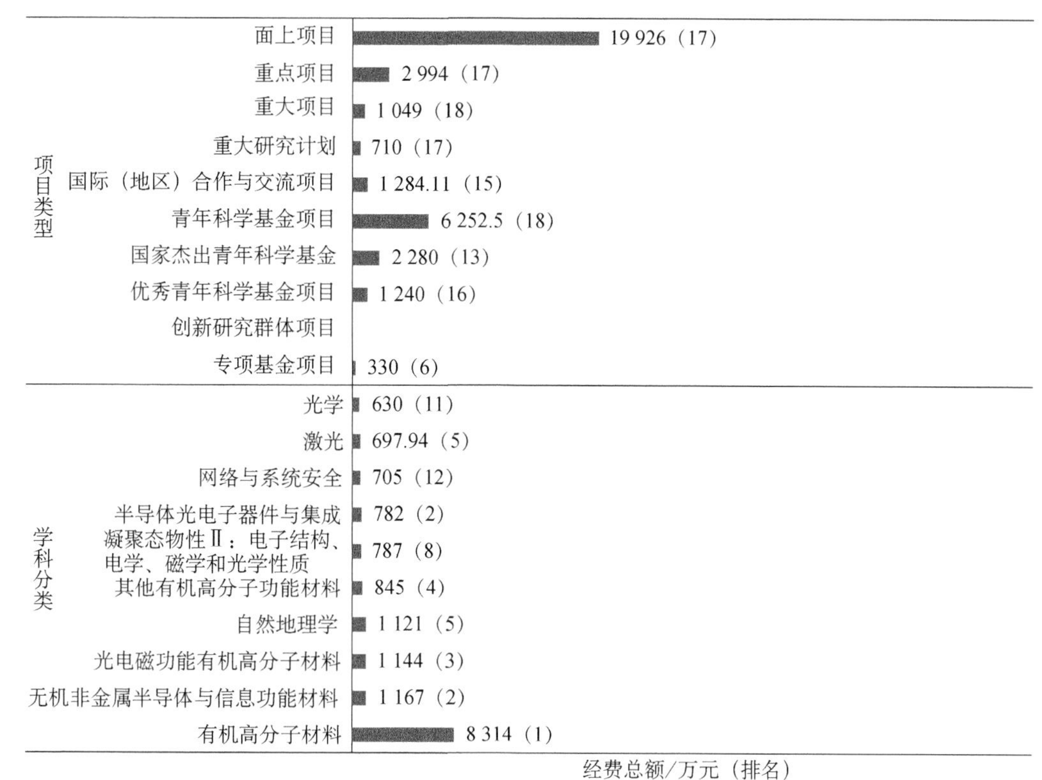

图 3-38　2019 年吉林省争取国家自然科学基金项目情况

资料来源：科技大数据湖北省重点实验室、中国产业智库大数据中心

表 3-73　2019 年吉林省争取国家自然科学基金项目经费十强学科及近 5 年变化趋势

项目经费趋势	学科	指标	2015 年	2016 年	2017 年	2018 年	2019 年
	合计	项目数/项	762	764	798	721	710
		项目金额/万元	42 252.04	39 304.2	54 324.94	42 170.78	50 478.61
		机构数/个	29	27	27	27	25
		主持人数/人	746	757	786	713	700
	有机高分子材料	项目数/项	1	1	1	2	3
		项目金额/万元	63	130	200	161	8 314
		机构数/个	1	1	1	2	2
		主持人数/人	1	1	1	2	3
	无机非金属半导体与信息功能材料	项目数/项	3	6	8	5	12
		项目金额/万元	149	244	587	260	1 167
		机构数/个	2	4	3	4	5
		主持人数/人	3	6	8	5	12
	光电磁功能有机高分子材料	项目数/项	13	15	13	14	10
		项目金额/万元	1 330.04	644	594	843	1 144
		机构数/个	4	4	3	4	4
		主持人数/人	13	15	13	14	10

续表

项目经费趋势	学科	指标	2015 年	2016 年	2017 年	2018 年	2019 年
	自然地理学	项目数/项	9	16	16	18	18
		项目金额/万元	497	846	1 114	1 148	1 121
		机构数/个	2	3	5	5	3
		主持人数/人	9	16	16	18	18
	其他有机高分子功能材料	项目数/项	10	9	8	9	9
		项目金额/万元	516	543	370	772	845
		机构数/个	4	2	3	3	3
		主持人数/人	10	9	8	9	9
	凝聚态物性Ⅱ：电子结构、电学、磁学和光学性质	项目数/项	11	9	21	16	16
		项目金额/万元	664	768	7 531.58	899	787
		机构数/个	6	3	5	4	5
		主持人数/人	11	9	21	16	16
	半导体光电子器件与集成	项目数/项	5	8	12	6	5
		项目金额/万元	237	331	1 131	506	782
		机构数/个	4	4	3	3	3
		主持人数/人	5	8	11	6	5
	网络与系统安全	项目数/项	9	12	5	7	7
		项目金额/万元	365	414	162	354	705
		机构数/个	4	6	4	2	3
		主持人数/人	9	12	5	7	7
	激光	项目数/项	3	5	5	3	8
		项目金额/万元	100	505	877.86	69	697.94
		机构数/个	2	4	3	3	4
		主持人数/人	3	5	5	3	8
	光学	项目数/项	9	15	13	12	14
		项目金额/万元	274	701	587	713	630
		机构数/个	5	4	5	6	5
		主持人数/人	9	15	13	12	14

资料来源：科技大数据湖北省重点实验室、中国产业智库大数据中心

表 3-74　2019 年吉林省发表 SCI 论文数量二十强学科

序号	研究领域	发文量全国排名	发文量/篇	被引次数/次	篇均被引/次
1	材料科学、跨学科	14	1 557	4 672	3.00
2	化学、跨学科	10	1 142	3 704	3.24
3	化学、物理	13	890	3 701	4.16
4	物理学、应用	15	804	2 241	2.79
5	工程、电气和电子	18	723	726	1.00
6	纳米科学和纳米技术	12	689	2 578	3.74
7	光学	9	602	614	1.02
8	生物化学与分子生物学	12	547	1 037	1.90

续表

序号	研究领域	发文量全国排名	发文量/篇	被引次数/次	篇均被引/次
9	环境科学	17	489	744	1.52
10	药理学和药剂学	12	454	736	1.62
11	化学、分析	10	441	1 255	2.85
12	肿瘤学	15	427	614	1.44
13	医学、研究和试验	12	412	612	1.49
14	能源和燃料	17	365	1 199	3.28
15	聚合物科学	9	357	846	2.37
16	计算机科学、信息系统	18	345	280	0.81
17	细胞生物学	13	335	746	2.23
18	电信	18	327	231	0.71
19	物理学、凝聚态物质	14	311	1 314	4.23
20	设备和仪器	15	273	726	2.66
全省合计		15	11 490	28 576	2.49

资料来源：科技大数据湖北省重点实验室、中国产业智库大数据中心

表 3-75　2019 年吉林省争取国家自然科学基金项目经费二十五强机构

序号	机构名称	项目数量/项（排名）	项目经费/万元（排名）	发文量/篇（排名）	被引次数/次（排名）	发明专利申请数/件（排名）	BRCI（排名）
1	吉林大学	327（21）	20 876.76（23）	6 452（10）	11 702（14）	2 651（16）	49.624 2（16）
2	中国科学院长春应用化学研究所	60（172）	13 206.5（47）	654（155）	2 815（88）	240（421）	9.435 2（109）
3	东北师范大学	71（144）	4 550.25（147）	982（115）	2 071（121）	140（751）	7.787 6（132）
4	中国科学院长春光学精密机械与物理研究所	40（247）	2 113.5（254）	353（246）	364（351）	658（139）	4.623 2（206）
5	长春理工大学	21（395）	1 528.5（319）	569（176）	528（295）	377（264）	3.679 9（249）
6	长春工业大学	21（395）	834（442）	278（289）	607（267）	250（402）	2.821 7（288）
7	东北电力大学	22（380）	740（471）	281（285）	521（300）	281（359）	2.820 3（289）
8	中国科学院东北地理与农业生态研究所	31（308）	1 990.1（265）	211（358）	325（377）	94（1 102）	2.737 7（294）
9	吉林农业大学	17（454）	849（438）	393（229）	512（302）	166（633）	2.557 6（307）
10	延边大学	32（301）	1 164（376）	220（346）	231（441）	48（2 232）	2.151 9（340）
11	吉林师范大学	18（433）	546（551）	162（417）	293（391）	113（928）	1.785 6（364）
12	北华大学	9（613）	377（644）	116（508）	136（553）	91（1 142）	1.069 6（457）
13	长春中医药大学	8（645）	564（542）	101（551）	105（614）	31（3 531）	0.860 3（488）
14	吉林工程技术师范学院	7（670）	174（821）	63（655）	23（1 042）	164（641）	0.640 7（514）
15	吉林化工学院	4（810）	98（983）	97（557）	141（547）	71（1 488）	0.610 9（516）
16	长春师范大学	4（810）	167（832）	58（688）	62（718）	34（3 214）	0.472 7（542）
17	中国农业科学院特产研究所	4（810）	124（904）	36（847）	54（750）	44（2 451）	0.423 8（558）
18	吉林建筑大学	2（968）	53（1 180）	80（598）	64（712）	149（703）	0.420 4（559）
19	吉林省农业科学院	3（883）	107（952）	25（981）	21（1 075）	85（1 243）	0.337 1（578）
20	吉林医药学院	3（883）	99（979）	28（937）	46（792）	20（5 763）	0.303 7（594）
21	长春工程学院	1（1 127）	57（1 152）	27（954）	2（3 580）	86（1 229）	0.144 3（671）

续表

序号	机构名称	项目数量/项（排名）	项目经费/万元（排名）	发文量/篇（排名）	被引次数/次（排名）	发明专利申请数/件（排名）	BRCI（排名）
22	吉林财经大学	1（1 127）	47（1 201）	30（905）	29（956）	0（113 702）	0.049 1（718）
23	中国科学院国家天文台长春人造卫星观测站	2（968）	88（1 001）	2（3 439）	0（6 499）	8（17 930）	0.035 3（730）
24	吉林省人工影响天气办公室	1（1 127）	62（1 108）	0（5 123）	0（6 499）	3（51 793）	0.009 3（769）
25	吉林省气象科学研究所	1（1 127）	63（1 102）	1（5 122）	0（6 499）	0（113 702）	0.007 7（777）

资料来源：科技大数据湖北省重点实验室、中国产业智库大数据中心

	综合	农业科学	生物与生化	化学	临床医学	工程科学	环境生态学	地球科学	免疫学	材料科学	数学	分子生物与基因	神经科学与行为	药理学与毒物学	物理学	植物与动物科学	进入ESI学科数
吉林大学	14	34	114	9	33	48	81	28	18	14	35	37	38	18	18	82	15
中国科学院长春应用化学研究所	30	0	179	12	0	0	0	0	0	19	0	0	0	0	0	0	3
东北师范大学	88	0	0	41	0	141	77	0	0	81	38	0	0	0	0	83	6
中国科学院长春光学精密机械与物流研究所	212	0	0	155	0	0	0	0	0	108	0	0	0	0	0	0	2
长春理工大学	301	0	0	180	0	0	0	0	0	158	0	0	0	0	0	0	2
延边大学	323	0	0	0	112	0	0	0	0	0	0	0	0	0	0	0	1
中国科学院东北地理与农业生态研究所	344	36	0	0	0	0	70	0	0	0	0	0	0	0	0	94	3
吉林农业大学	347	0	0	0	0	0	0	0	0	0	0	0	0	0	0	96	1

图 3-39　2019 年吉林省各机构 ESI 前 1%学科分布

表 3-76　2019 年吉林省在华发明专利申请量二十四强企业和二十强科研机构列表

序号	二十四强企业	发明专利申请量/件	二十强科研机构	发明专利申请量/件
1	中国第一汽车股份有限公司	670	吉林大学	2610
2	一汽解放汽车有限公司	264	中国科学院长春光学精密机械与物理研究所	654
3	中车长春轨道客车股份有限公司	180	长春理工大学	372
4	一汽轿车股份有限公司	166	长春工业大学	244
5	吉林奥来德光电材料股份有限公司	89	中国科学院长春应用化学研究所	234
6	长春黄金研究院有限公司	62	东北电力大学	206
7	迪瑞医疗科技股份有限公司	49	吉林工程技术师范学院	164
8	一汽大众汽车有限公司	46	吉林农业大学	161
9	长光卫星技术有限公司	38	吉林建筑大学	144
10	大唐东北电力试验研究院有限公司	31	东北师范大学	140
11	国网吉林省电力有限公司电力科学研究院	26	吉林师范大学	112
12	吉林瀚丰电气有限公司	20	北华大学	90
13	吉林东光奥威汽车制动系统有限公司	15	中国科学院东北地理与农业生态研究所	85
14	长春奥普光电技术股份有限公司	15	长春工程学院	80
15	长春长光宇航复合材料有限公司	14	吉林省农业科学院	79
16	大陆汽车电子（长春）有限公司	13	吉林化工学院	71
17	吉林亿联银行股份有限公司	12	延边大学	48
18	吉林烟草工业有限责任公司	12	中国农业科学院特产研究所	43
19	吉林省电力科学研究院有限公司	12	长春大学	35
20	厚德食品股份有限公司	11	长春师范大学	32
21	国网吉林省电力有限公司	11		
22	磐石市金人未来科技有限责任公司	11		

续表

序号	二十四强企业	发明专利申请量/件	二十强科研机构	发明专利申请量/件
23	长春希达电子技术有限公司	11		
24	长春长光圆辰微电子技术有限公司	11		

资料来源：科技大数据湖北省重点实验室、中国产业智库大数据中心

3.3.19 江西省

2019年，江西省的基础研究竞争力指数为0.4783，排名第19位。江西省争取国家自然科学基金项目总数为918项，全国排名第16位，项目经费总额为36 904.9万元，全国排名第21位。江西省争取国家自然科学基金项目经费金额大于2000万元的有1个学科（图3-40）；江西省整体争取国家自然科学基金项目经费与2018年相比呈上升趋势；争取国家自然科学基金项目经费最多的学科为无机与纳米材料化学，项目数量10个，项目经费2704.5万元（表3-77）；发表SCI论文数量最多的学科为材料科学、跨学科（表3-78）。江西省争取国家自然科学基金经费超过1亿元的有1个机构（表3-79）；江西省共有8个机构进入相关学科的ESI全球前1%行列（图3-41）。江西省发明专利申请量12 509件，全国排名第19位，主要专利权人如表3-80所示。

2019年，江西省地方财政科技投入经费预算183.3亿元，全国排名第9位；拥有国家重点实验室3个，全国排名第24位；获得国家科技奖励2项，全国排名第19位；拥有省级重点实验室193个，全国排名第9位；拥有院士4人，全国排名第21位。

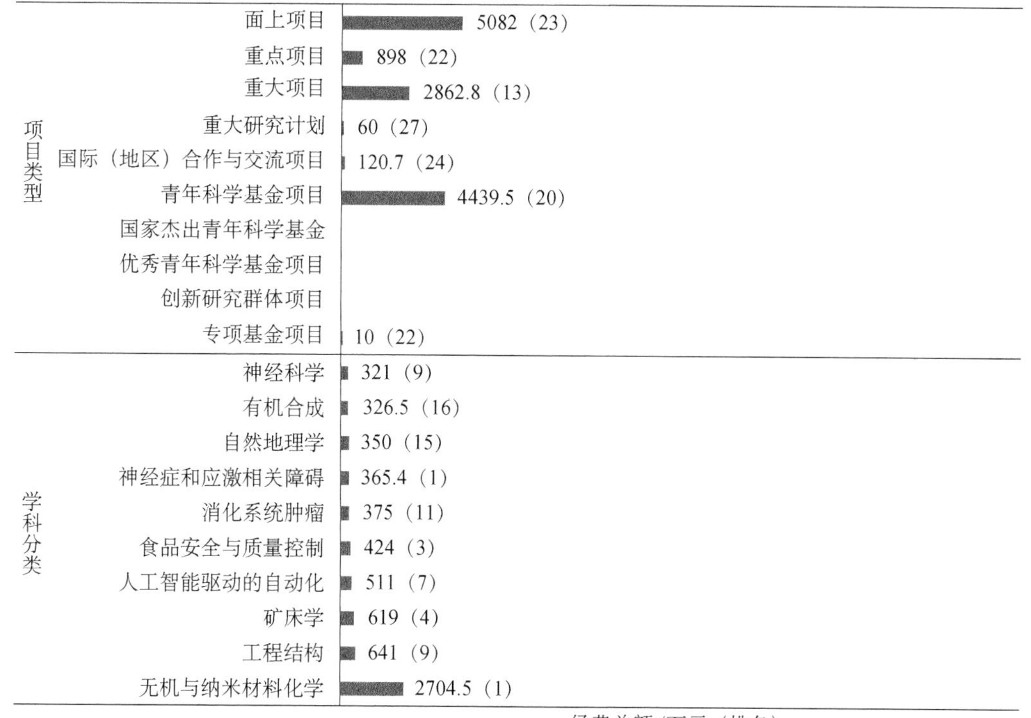

图3-40 2019年江西省争取国家自然科学基金项目情况

资料来源：科技大数据湖北省重点实验室、中国产业智库大数据中心

表 3-77　2019 年江西省争取国家自然科学基金项目经费十强学科及近 5 年变化趋势

项目经费趋势	学科	指标	2015 年	2016 年	2017 年	2018 年	2019 年
	合计	项目数/项	746	805	873	857	918
		项目金额/万元	27 766.24	28 876.09	35 043.98	32 431.97	36 904.9
		机构数/个	33	34	36	35	34
		主持人数/人	737	799	868	849	907
	无机与纳米材料化学	项目数/项	0	0	3	4	10
		项目金额/万元	0	0	97	152	2 704.5
		机构数/个	0	0	3	2	2
		主持人数/人	0	0	3	4	7
	工程结构	项目数/项	7	11	9	13	10
		项目金额/万元	263	507	474	452.47	641
		机构数/个	4	6	4	5	2
		主持人数/人	7	10	9	13	10
	矿床学	项目数/项	1	2	4	5	9
		项目金额/万元	48	40	205	178	619
		机构数/个	1	1	1	1	1
		主持人数/人	1	2	4	5	9
	人工智能驱动的自动化	项目数/项	0	0	0	1	3
		项目金额/万元	0	0	0	41	511
		机构数/个	0	0	0	1	2
		主持人数/人	0	0	0	1	3
	食品安全与质量控制	项目数/项	4	10	8	7	11
		项目金额/万元	164	408	301	289	424
		机构数/个	2	3	3	2	5
		主持人数/人	4	10	8	7	11
	消化系统肿瘤	项目数/项	7	9	8	11	11
		项目金额/万元	274	338	272	372	375
		机构数/个	2	3	3	2	4
		主持人数/人	7	9	8	11	11
	神经症和应激相关障碍	项目数/项	0	1	1	0	3
		项目金额/万元	0	17	54	0	365.4
		机构数/个	0	1	1	0	1
		主持人数/人	0	1	1	0	3
	自然地理学	项目数/项	8	3	3	5	9
		项目金额/万元	352	116	146	181	350
		机构数/个	6	2	3	5	6
		主持人数/人	8	3	3	5	9
	有机合成	项目数/项	6	6	7	12	9
		项目金额/万元	231	260	251	474.5	326.5
		机构数/个	4	5	4	7	7
		主持人数/人	6	6	7	12	9

续表

项目经费趋势	学科	指标	2015年	2016年	2017年	2018年	2019年
	神经科学	项目数/项	0	2	0	0	7
		项目金额/万元	0	76	0	0	321
		机构数/个	0	2	0	0	2
		主持人数/人	0	2	0	0	7

资料来源：科技大数据湖北省重点实验室、中国产业智库大数据中心

表3-78　2019年江西省发表SCI论文数量二十强学科

序号	研究领域	发文量全国排名	发文量/篇	被引次数/次	篇均被引/次
1	材料科学、跨学科	22	734	1 858	2.53
2	化学、跨学科	21	402	1 125	2.80
3	工程、电气和电子	20	380	384	1.01
4	化学、物理	22	347	1 536	4.43
5	物理学、应用	22	320	858	2.68
6	环境科学	22	264	533	2.02
7	生物化学与分子生物学	19	253	468	1.85
8	肿瘤学	21	236	347	1.47
9	食品科学和技术	12	220	651	2.96
10	药理学和药剂学	21	210	253	1.20
11	医学、研究和试验	20	209	195	0.93
12	计算机科学、信息系统	20	206	259	1.26
13	化学、分析	19	202	450	2.23
14	化学、应用	17	190	876	4.61
15	纳米科学和纳米技术	22	176	700	3.98
16	电信	20	174	228	1.31
17	化学、有机	16	173	540	3.12
18	冶金和冶金工程学	18	167	500	2.99
19	工程、化学	22	162	1 124	6.94
20	光学	21	160	310	1.94
全省合计		21	5 185	13 195	2.54

资料来源：科技大数据湖北省重点实验室、中国产业智库大数据中心

表3-79　2019年江西省争取国家自然科学基金项目经费三十强机构

序号	机构名称	项目数量/项（排名）	项目经费/万元（排名）	发文量/篇（排名）	被引次数/次（排名）	发明专利申请数/件（排名）	BRCI（排名）
1	南昌大学	289（28）	13 154（48）	2 287（46）	4 590（48）	471（202）	23.784 3（39）
2	江西师范大学	75（137）	2 843（202）	496（197）	1 249（166）	146（722）	6.043 9（169）
3	南昌航空大学	50（202）	2 199（249）	333（259）	1 186（175）	483（195）	5.722（175）
4	江西理工大学	43（235）	1 487（327）	388（231）	1 133（185）	488（190）	5.216 3（186）

续表

序号	机构名称	项目数量/项（排名）	项目经费/万元（排名）	发文量/篇（排名）	被引次数/次（排名）	发明专利申请数/件（排名）	BRCI（排名）
5	东华理工大学	71（144）	2 810（206）	264（301）	449（318）	168（627）	4.602（208）
6	华东交通大学	55（186）	2 711（213）	308（270）	387（342）	223（465）	4.418 9（213）
7	江西农业大学	73（139）	2 762（209）	304（272）	325（377）	120（869）	4.258（218）
8	江西中医药大学	37（271）	1 245（364）	154（441）	196（479）	107（965）	2.393 5（320）
9	江西科技师范大学	20（407）	682.5（490）	222（344）	467（311）	84（1 255）	2.080 9（346）
10	江西财经大学	37（271）	1 285.5（359）	146（454）	184（498）	14（8 990）	1.673 9（376）
11	九江学院	24（363）	805.2（457）	110（526）	142（543）	49（2 172）	1.515 7（398）
12	赣南师范大学	20（407）	732（477）	102（547）	127（567）	46（2 329）	1.346 5（422）
13	赣南医学院	26（348）	875.2（430）	56（700）	113（598）	31（3 531）	1.258（432）
14	井冈山大学	15（490）	498（568）	105（538）	189（490）	43（2 502）	1.218（436）
15	南昌工程学院	19（420）	600（525）	73（619）	63（716）	76（1 384）	1.171 6（443）
16	景德镇陶瓷大学	9（613）	310（687）	79（603）	199（474）	78（1 346）	1.008 4（469）
17	江西省科学院	9（613）	288（703）	42（795）	60（726）	10（13 245）	0.521 3（531）
18	上饶师范学院	7（670）	246（744）	60（674）	48（781）	11（11 843）	0.485 2（538）
19	宜春学院	7（670）	237（753）	38（822）	14（1 287）	38（2 840）	0.447 4（549）
20	江西省人民医院	4（810）	122.5（910）	40（812）	30（940）	7（21 068）	0.287 3（602）
21	江西省农业科学院	9（613）	347（664）	8（1 625）	6（2 060）	3（51 793）	0.227 4（622）
22	江西省妇幼保健院	3（883）	101（970）	12（1 342）	5（2 250）	6（24 790）	0.149 5（667）
23	萍乡学院	1（1 127）	40（1 236）	20（1 078）	14（1 287）	14（8 990）	0.132 3（675）
24	江西省林业科学院	1（1 127）	39（1 244）	3（2 710）	2（3 580）	17（7 091）	0.071 7（706）
25	江西省肿瘤医院	2（968）	70（1 067）	20（1 078）	10（1 552）	0（113 702）	0.051 7（716）
26	中国科学院庐山植物园	1（1 127）	43（1 221）	3（2 710）	3（2 960）	1（113 701）	0.048 6（719）
27	江西省胸科医院	2（968）	68（1 077）	7（1 748）	17（1 183）	0（113 702）	0.047 2（722）
28	江西省水土保持科学研究院	3（883）	107（952）	2（3 439）	0（6 499）	1（113 701）	0.029 5（736）
29	江西省灌溉试验中心站	1（1 127）	39（1 244）	0（5 123）	0（6 499）	0（113 702）	0.003 3（797）
30	江西省气象科学研究所	1（1 127）	38（1 251）	0（5 123）	0（6 499）	0（113 702）	0.003 3（798）

资料来源：科技大数据湖北省重点实验室、中国产业智库大数据中心

	综合	农业科学	生物与生化	化学	临床医学	工程科学	材料科学	药理学与毒物学	植物与动物科学	进入ESI学科数
南昌大学	87	12	154	82	53	108	99	59	0	7
江西师范大学	196	0	0	84	0	0	166	0	0	2
南昌航空大学	285	0	0	181	0	160	131	0	0	3
东华理工大学	345	0	0	201	0	222	0	0	0	2
江西农业大学	372	93	0	0	0	0	0	0	92	2
江西科技师范大学	373	0	0	187	0	0	0	0	0	1
江西财经大学	411	0	0	0	0	175	0	0	0	1
华东交通大学	419	0	0	0	0	197	0	0	0	1

图 3-41　2019 年江西省各机构 ESI 前 1%学科分布

表 3-80 2019 年江西省在华发明专利申请量二十一强企业和二十强科研机构列表

序号	二十一强企业	发明专利申请量/件	二十强科研机构	发明专利申请量/件
1	汉腾汽车有限公司	283	南昌航空大学	475
2	江西洪都航空工业集团有限责任公司	166	江西理工大学	470
3	爱驰汽车有限公司	155	南昌大学	461
4	江铃汽车股份有限公司	107	华东交通大学	213
5	国网江西省电力有限公司电力科学研究院	98	东华理工大学	167
6	南昌汇达知识产权有限公司	53	中国直升机设计研究所	147
7	江西吉润花炮新材料科技有限公司	46	江西师范大学	142
8	江西远大保险设备实业集团有限公司	45	江西农业大学	116
9	江西中烟工业有限责任公司	43	江西中医药大学	99
10	宜春宜联科技有限公司	40	江西科技师范大学	83
11	南昌黑鲨科技有限公司	37	景德镇陶瓷大学	76
12	昌河飞机工业（集团）有限责任公司	36	南昌工程学院	74
13	晶科能源有限公司	35	九江学院	49
14	江西优特汽车技术有限公司	34	赣南师范大学	45
15	南昌科卓科技有限公司	30	井冈山大学	43
16	江西冠一通用飞机有限公司	30	江西省科学院应用物理研究所	38
17	江西诺驰科技咨询有限公司	30	宜春学院	37
18	江西嘉捷信达新材料科技有限公司	28	江西服装学院	35
19	江西江铃集团新能源汽车有限公司	28	江西科技学院	34
20	南昌诺汇医药科技有限公司	27	江西省科学院应用化学研究所	29
21	捷德（中国）信息科技有限公司	27		

资料来源：科技大数据湖北省重点实验室、中国产业智库大数据中心

3.3.20 云南省

2019 年，云南省的基础研究竞争力指数为 0.4071，排名第 20 位。云南省争取国家自然科学基金项目总数为 813 项，全国排名第 19 位，项目经费总额为 39 111.43 万元，全国排名第 20 位。云南省争取国家自然科学基金项目经费金额大于 500 万元的有 5 个学科（图 3-42）；云南省整体争取国家自然科学基金项目经费与 2018 年相比呈上升趋势；争取国家自然科学基金项目经费最多的学科为植物资源学，项目数量 21 个，项目经费 891 万元（表 3-81）；发表 SCI 论文数量最多的学科为材料科学，跨学科（表 3-82）；云南省共有 9 个机构进入相关学科的 ESI 全球前 1%行列（图 3-43）。云南省发明专利申请量 8183 件，全国排名第 23 位，主要专利权人如表 3-84 所示。

2019 年，云南省地方财政科技投入经费预算 62.1 亿元，全国排名第 19 位；拥有国家重点实验室 4 个，全国排名第 23 位；获得国家科技奖励 2 项，全国排名第 19 位；拥有省级重点实验室 58 个，全国排名第 28 位；拥有院士 10 人，全国排名第 17 位；新增国家自然科学基金杰出青年科学基金入选者 1 人，全国排名第 20 位。

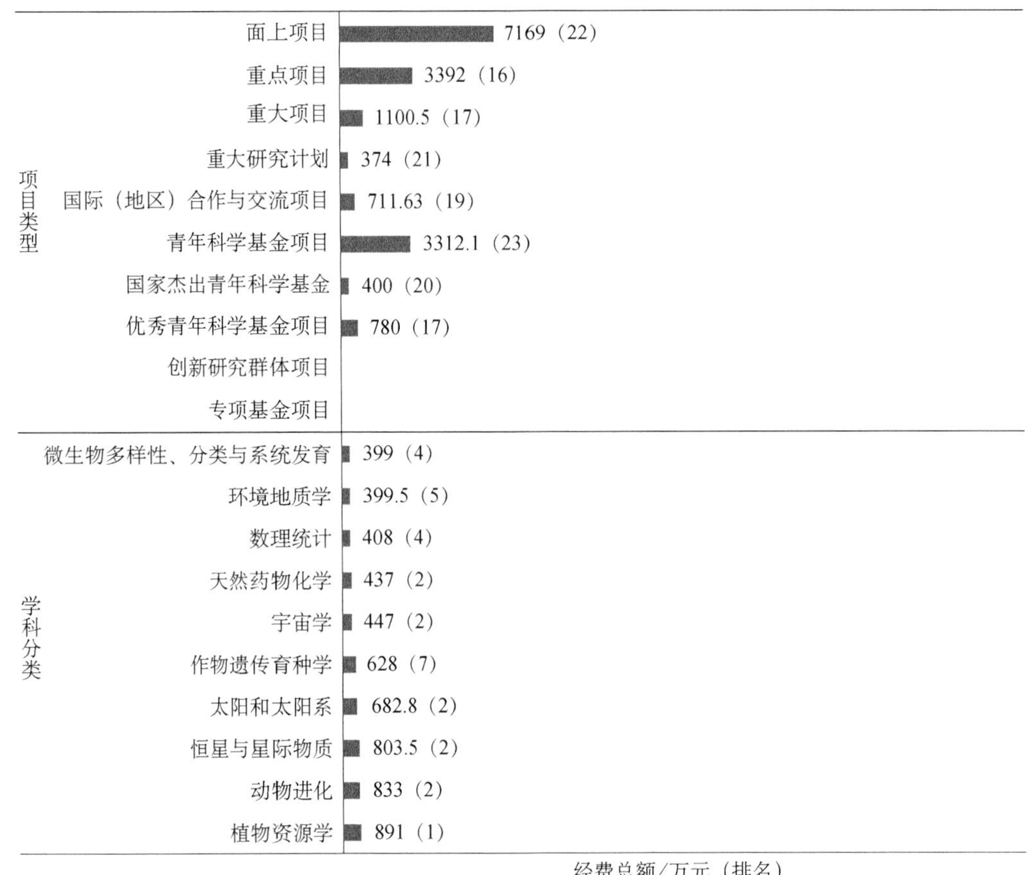

图 3-42　2019 年云南省争取国家自然科学基金项目情况

资料来源：科技大数据湖北省重点实验室、中国产业智库大数据中心

表 3-81　2019 年云南省争取国家自然科学基金项目经费十强学科及近 5 年变化趋势

项目经费趋势	学科	指标	2015 年	2016 年	2017 年	2018 年	2019 年
	合计	项目数/项	721	717	809	732	813
		项目金额/万元	34 697.75	31 465.71	37 009.18	29 792.4	39 111.43
		机构数/个	40	39	37	38	38
		主持人数/人	714	706	795	721	803
	植物资源学	项目数/项	18	18	17	21	21
		项目金额/万元	1 043	742	811	849	891
		机构数/个	8	8	8	10	9
		主持人数/人	18	18	17	21	21
	动物进化	项目数/项	0	1	0	0	3
		项目金额/万元	0	39	0	0	833
		机构数/个	0	1	0	0	2
		主持人数/人	0	1	0	0	3
	恒星与星际物质	项目数/项	12	5	11	14	10
		项目金额/万元	1 599	252	762	581.8	803.5
		机构数/个	4	2	3	5	1
		主持人数/人	12	5	11	14	10

续表

项目经费趋势	学科	指标	2015年	2016年	2017年	2018年	2019年
	太阳和太阳系	项目数/项	4	5	5	7	7
		项目金额/万元	194	449	162	317	682.8
		机构数/个	1	1	2	3	1
		主持人数/人	4	5	5	7	6
	作物遗传育种学	项目数/项	0	0	0	0	7
		项目金额/万元	0	0	0	0	628
		机构数/个	0	0	0	0	3
		主持人数/人	0	0	0	0	7
	宇宙学	项目数/项	0	1	0	2	3
		项目金额/万元	0	24	0	93	447
		机构数/个	0	1	0	1	1
		主持人数/人	0	1	0	2	3
	天然药物化学	项目数/项	6	6	5	8	10
		项目金额/万元	585	183.3	224	318	437
		机构数/个	3	3	1	4	6
		主持人数/人	6	6	5	8	10
	数理统计	项目数/项	7	8	6	5	6
		项目金额/万元	261	328	428	242	408
		机构数/个	4	2	4	2	3
		主持人数/人	7	7	4	5	5
	环境地质学	项目数/项	0	0	0	1	1
		项目金额/万元	0	0	0	25	399.5
		机构数/个	0	0	0	1	1
		主持人数/人	0	0	0	1	1
	微生物多样性、分类与系统发育	项目数/项	12	8	13	9	8
		项目金额/万元	475	328	557	403	399
		机构数/个	9	5	4	5	6
		主持人数/人	12	8	13	9	8

资料来源：科技大数据湖北省重点实验室、中国产业智库大数据中心

表 3-82　2019 年云南省发表 SCI 论文数量二十强学科

序号	研究领域	发文量全国排名	发文量/篇	被引次数/次	篇均被引/次
1	材料科学、跨学科	23	478	779	1.63
2	植物学	8	340	434	1.28
3	环境科学	21	301	605	2.01
4	遗传学和遗传性	11	227	209	0.92
5	药理学和药剂学	20	226	233	1.03
6	化学、跨学科	23	220	366	1.66
7	生物化学与分子生物学	20	214	444	2.07
8	化学、物理	23	201	581	2.89

续表

序号	研究领域	发文量全国排名	发文量/篇	被引次数/次	篇均被引/次
9	工程、电气和电子	24	185	188	1.02
10	化学、药物	8	176	188	1.07
11	物理学、应用	24	160	320	2.00
12	能源和燃料	23	159	353	2.22
13	化学、有机	17	149	232	1.56
14	冶金和冶金工程学	20	148	233	1.57
15	多学科科学	19	143	231	1.62
16	肿瘤学	22	141	171	1.21
17	工程、化学	23	140	443	3.16
18	天文学和天体物理学	5	139	160	1.15
19	医学，研究和试验	24	126	159	1.26
20	化学、应用	21	114	268	2.35
全省合计		23	3987	6597	1.65

资料来源：科技大数据湖北省重点实验室、中国产业智库大数据中心

表 3-83　2019 年云南省争取国家自然科学基金项目经费三十强机构

序号	机构名称	项目数量/项（排名）	项目经费/万元（排名）	发文量/篇（排名）	被引次数/次（排名）	发明专利申请数/件（排名）	BRCI（排名）
1	昆明理工大学	161（58）	7 597.5（89）	1 330（87）	2 459（104）	1 369（52）	17.583 3（66）
2	云南大学	108（97）	5 844.5（123）	739（141）	1 228（167）	329（301）	9.382 6（110）
3	昆明医科大学	106（99）	3 688（169）	456（208）	530（294）	56（1 891）	5.172 6（188）
4	中国科学院昆明植物研究所	44（232）	3 089（192）	288（279）	589（272）	77（1 369）	3.724 1（246）
5	云南师范大学	43（235）	1 600.43（311）	279（287）	572（278）	116（901）	3.510 3（260）
6	西南林业大学	33（296）	1 227（365）	172（402）	414（328）	110（947）	2.650 4（300）
7	云南农业大学	38（263）	1 469（330）	156（434）	130（560）	233（438）	2.644 9（302）
8	中国科学院昆明动物研究所	33（296）	2 891.5（200）	122（495）	195（481）	8（17 930）	1.653 9（380）
9	中国科学院云南天文台	32（301）	2 612.3（225）	110（526）	115（593）	17（7 091）	1.615 9（384）
10	中国科学院西双版纳热带植物园	28（328）	1 613.4（308）	160（421）	227（449）	7（21 068）	1.481 9（402）
11	云南民族大学	18（433）	635（515）	112（518）	143（539）	55（1 926）	1.355（420）
12	云南财经大学	20（407）	902.1（425）	59（681）	129（563）	22（5 215）	1.128 3（452）
13	大理大学	27（338）	920.4（422）	69（633）	41（830）	19（6 234）	1.035 4（463）
14	云南中医药大学	28（328）	980.7（410）	15（1 205）	28（967）	42（2 570）	0.879 6（485）
15	昆明学院	8（645）	254（738）	53（716）	38（847）	75（1 404）	0.661 6（510）
16	云南省第一人民医院	12（549）	408.1（622）	53（716）	74（675）	10（13 245）	0.654 7（513）
17	曲靖师范学院	4（810）	111（938）	61（670）	68（694）	9（15 824）	0.362 4（570）
18	云南省农业科学院	29（321）	1 606（309）	60（674）	49（775）	0（113 702）	0.332 7（581）
19	中国医学科学院医学生物学研究所	4（810）	161（850）	43（786）	32（904）	8（17 930）	0.314 5（588）
20	红河学院	2（968）	74（1 054）	32（880）	10（1 552）	39（2 771）	0.224（625）
21	云南省烟草农业科学研究院	2（968）	80（1 029）	15（1 205）	9（1 644）	70（1 503）	0.216 6（630）

续表

序号	机构名称	项目数量/项（排名）	项目经费/万元（排名）	发文量/篇（排名）	被引次数/次（排名）	发明专利申请数/件（排名）	BRCI（排名）
22	云南省第二人民医院	5（765）	144（875）	22（1 039）	15（1 254）	2（71 748）	0.208 1（634）
23	昆明贵金属研究所	2（968）	80（1 029）	21（1 056）	18（1 151）	14（8 990）	0.196 7（643）
24	玉溪师范学院	6（711）	206（784）	13（1 289）	2（3 580）	8（17 930）	0.193 6（645）
25	云南省林业科学院	2（968）	79（1 035）	26（969）	2（3 580）	36（3 008）	0.165（656）
26	中国林业科学研究院资源昆虫研究所	3（883）	139（882）	9（1 534）	6（2 060）	8（17 930）	0.162 6（658）
27	云南省畜牧兽医科学院	2（968）	79（1 035）	7（1 748）	4（2 550）	8（17 930）	0.115 8（688）
28	中国人民解放军联勤保障部队第九二〇医院	2（968）	110（941）	7（1 748）	3（2 960）	0（113 702）	0.038 3（728）
29	云南省寄生虫病防治所	2（968）	69（1 072）	1（5 122）	0（6 499）	0（113 702）	0.009 9（767）
30	云南省气候中心	1（1 127）	219（772）	0（5 123）	0（6 499）	0（113 702）	0.004 4（788）

资料来源：科技大数据湖北省重点实验室、中国产业智库大数据中心

	综合	化学	临床医学	工程科学	环境生态学	材料科学	分子生物与基因	药理学与毒物学	植物与动物科学	进入ESI学科数
昆明理工大学	150	143	0	89	0	88	0	0	0	3
云南大学	161	132	0	0	0	0	0	0	79	2
中国科学院昆明植物研究所	183	175	0	0	84	0	0	37	16	4
中国科学院昆明动物研究所	243	0	0	0	0	0	50	0	85	2
昆明医科大学	272	0	67	0	0	0	0	0	0	1
中国科学院西双版纳热带植物园	290	0	0	0	49	0	0	0	34	2
云南农业大学	375	0	0	0	0	0	0	0	74	1
云南省农业科学院	445	0	0	0	0	0	0	0	107	1
中国林业科学研究院资源昆虫研究所	459	0	0	0	0	0	0	0	91	1

图 3-43　2019 年云南省各机构 ESI 前 1%学科分布

表 3-84　2019 年云南省在华发明专利申请量二十强企业和二十一强科研机构列表

序号	二十强企业	发明专利申请量/件	二十一强科研机构	发明专利申请量/件
1	云南电网有限责任公司电力科学研究院	463	昆明理工大学	1326
2	云南中烟工业有限责任公司	294	云南大学	320
3	红云红河烟草（集团）有限责任公司	146	云南农业大学	218
4	云南电网有限责任公司	77	云南师范大学	116
5	云南绿新生物药业有限公司	70	西南林业大学	110
6	云南电网有限责任公司昆明供电局	65	中国科学院昆明植物研究所	72
7	云南电网有限责任公司信息中心	49	昆明学院	71
8	红塔烟草（集团）有限责任公司	45	云南省烟草农业科学研究院	64
9	云南电力技术有限责任公司	37	昆明医科大学	53
10	云南电网有限责任公司临沧供电局	37	云南民族大学	50
11	华能澜沧江水电股份有限公司	32	红河学院	38
12	中国南方电网有限责任公司超高压输电公司昆明局	30	云南中医药大学	35
13	云南昆钢电子信息科技有限公司	30	云南省林业科学院	28
14	北方夜视技术股份有限公司	30	云南省农业科学院花卉研究所	24
15	云南大红山管道有限公司	27	云南财经大学	22
16	云南电网有限责任公司带电作业分公司	27	云南省热带作物科学研究所	21
17	云南电网有限责任公司保山供电局	25	云南省农业科学院生物技术与种质资源研究所	19

续表

序号	二十强企业	发明专利申请量/件	二十一强科研机构	发明专利申请量/件
18	中国水利水电第十四工程局有限公司	24	大理大学	19
19	云南巴菰生物科技有限公司	24	中国科学院云南天文台	16
20	云南电网有限责任公司曲靖供电局	22	昆明冶金研究院	16
21			昆明物理研究所	16

资料来源：科技大数据湖北省重点实验室、中国产业智库大数据中心

3.3.21 甘肃省

2019年，甘肃省的基础研究竞争力指数为0.3931，排名第21位。甘肃省争取国家自然科学基金项目总数为669项，全国排名第21位，项目经费总额为41 877万元，全国排名第18位。甘肃省争取国家自然科学基金项目经费金额大于1000万元的有5个学科（图3-44）；甘肃省整体争取国家自然科学基金项目经费与2018年相比呈上升趋势；争取国家自然科学基金项目经费最多的学科为核物理，项目数量10个，项目经费7828.41万元（表3-85）；发表SCI论文数量最多的学科为材料科学、跨学科（表3-86）。甘肃省争取国家自然科学基金经费超过1亿元的有1个机构（表3-87）；甘肃省共有9个机构进入相关学科的ESI全球前1%行列（图3-45）。甘肃省发明专利申请量5427件，全国排名第25位，主要专利权人如表3-88所示。

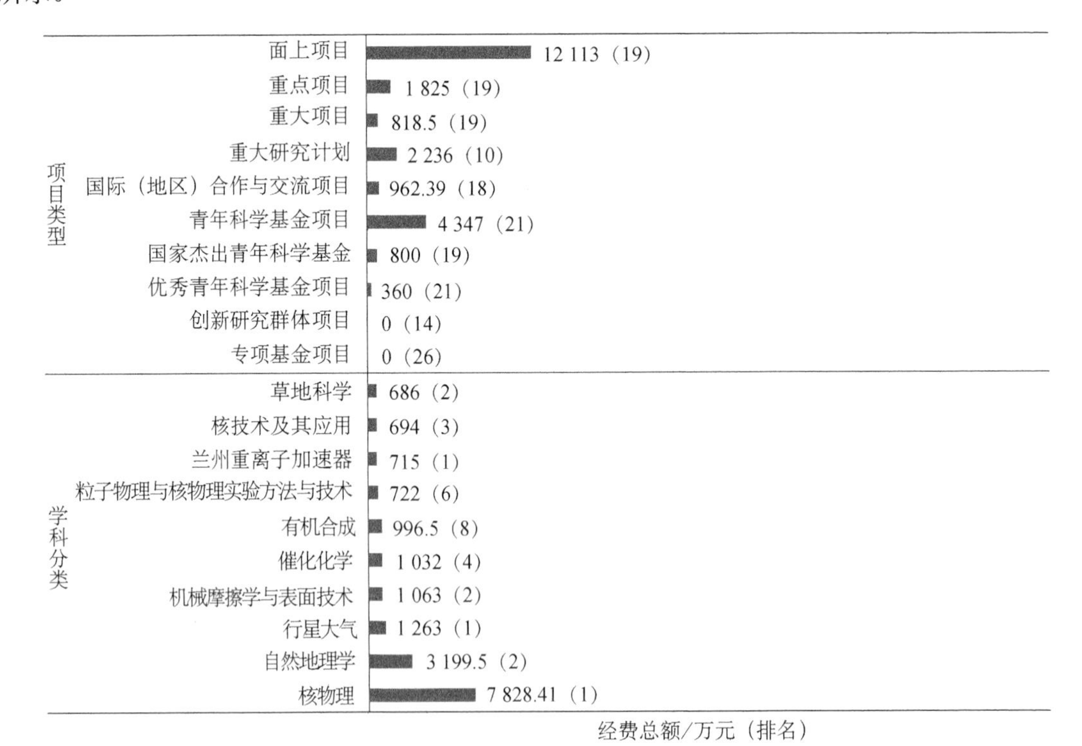

图3-44 2019年甘肃省争取国家自然科学基金项目情况

资料来源：科技大数据湖北省重点实验室、中国产业智库大数据中心

2019年，甘肃省地方财政科技投入经费预算29.2亿元，全国排名第25位；拥有国家重点实验室9个，全国排名第17位；获得国家科技奖励3项，全国排名第14位；拥有省级重点实验室108个，全国排名第17位；拥有院士14人，全国排名第15位；新增国家自然科学基金杰出青年科学基金入选者2人，全国排名第19位。

表3-85　2019年甘肃省争取国家自然科学基金项目经费十强学科及近5年变化趋势

项目经费趋势	学科	指标	2015年	2016年	2017年	2018年	2019年
	合计	项目数/项	682	662	688	644	669
		项目金额/万元	32 746.62	36 025.68	35 708.1	29 982.5	41 877
		机构数/个	39	32	33	33	31
		主持人数/人	680	657	685	636	661
	核物理	项目数/项	6	18	15	6	10
		项目金额/万元	274	904.7	968	241.2	7 828.41
		机构数/个	2	3	3	2	2
		主持人数/人	6	18	15	6	10
	自然地理学	项目数/项	50	66	58	48	49
		项目金额/万元	3 238	7 133.38	4 222	2 372.8	3 199.5
		机构数/个	5	10	7	7	7
		主持人数/人	50	63	58	47	49
	行星大气	项目数/项	4	3	0	2	2
		项目金额/万元	260	227	0	50.5	1 263
		机构数/个	2	2	0	2	2
		主持人数/人	4	3	0	2	2
	机械摩擦学与表面技术	项目数/项	17	18	19	16	19
		项目金额/万元	773	1 048	1 093	890	1 063
		机构数/个	4	6	3	3	2
		主持人数/人	17	18	19	16	19
	催化化学	项目数/项	13	7	11	11	12
		项目金额/万元	847	486	676	718.6	1 032
		机构数/个	5	3	3	5	4
		主持人数/人	13	7	11	11	11
	有机合成	项目数/项	1	3	11	11	15
		项目金额/万元	20	123	600	855.5	996.5
		机构数/个	1	2	5	3	4
		主持人数/人	1	3	11	11	15
	粒子物理与核物理实验方法与技术	项目数/项	17	13	14	14	16
		项目金额/万元	1 335	467	609	930	722
		机构数/个	2	2	2	2	3
		主持人数/人	17	13	14	14	16

续表

项目经费趋势	学科	指标	2015年	2016年	2017年	2018年	2019年
	兰州重离子加速器	项目数/项	5	7	8	9	8
		项目金额/万元	674	552	808	880	715
		机构数/个	1	1	2	3	2
		主持人数/人	5	7	8	9	8
	核技术及其应用	项目数/项	22	21	13	12	15
		项目金额/万元	938	1 228	616	544	694
		机构数/个	3	5	3	4	3
		主持人数/人	22	20	13	12	15
	草地科学	项目数/项	0	0	0	0	14
		项目金额/万元	0	0	0	0	686
		机构数/个	0	0	0	0	3
		主持人数/人	0	0	0	0	14

资料来源：科技大数据湖北省重点实验室、中国产业智库大数据中心

表 3-86　2019 年甘肃省发表 SCI 论文数量二十强学科

序号	研究领域	发文量全国排名	发文量/篇	被引次数/次	篇均被引/次
1	材料科学、跨学科	21	739	2 227	3.01
2	化学、物理	20	427	1 845	4.32
3	化学、跨学科	19	422	1 154	2.73
4	环境科学	19	410	854	2.08
5	物理学、应用	21	350	918	2.62
6	工程、电气和电子	23	262	382	1.46
7	地球学、跨学科	10	205	318	1.55
8	能源和燃料	21	196	756	3.86
9	生物化学与分子生物学	23	189	288	1.52
10	纳米科学和纳米技术	21	188	750	3.99
11	化学、有机	15	180	382	2.12
12	工程、化学	21	179	978	5.46
13	数学、应用	17	177	276	1.56
14	物理学、凝聚态物质	19	177	467	2.64
15	药理学和药剂学	23	168	184	1.10
16	气象学和大气科学	6	151	278	1.84
17	医学、全科和内科	16	145	63	0.43
18	医学、研究和试验	22	142	122	0.86
19	植物学	15	140	190	1.36
20	化学、分析	22	139	449	3.23
全省合计		22	4 986	12 881	2.58

资料来源：科技大数据湖北省重点实验室、中国产业智库大数据中心

表 3-87　2019 年甘肃省争取国家自然科学基金项目经费三十强机构

序号	机构名称	项目数量/项（排名）	项目经费/万元（排名）	发文量/篇（排名）	被引次数/次（排名）	发明专利申请数/件（排名）	BRCI（排名）
1	兰州大学	221（37）	14 078.36（41）	2 298（45）	4 615（47）	356（275）	21.052 4（48）
2	兰州理工大学	74（138）	2 688.2（214）	653（157）	1 877（128）	415（243）	7.949（129）
3	中国科学院兰州化学物理研究所	38（263）	2 399.68（236）	379（238）	1 084（187）	280（367）	4.864 8（195）
4	西北师范大学	36（281）	1 413（341）	613（165）	1 220（168）	217（482）	4.653 1（204）
5	中国科学院近代物理研究所	47（220）	9 751.41（71）	181（393）	215（457）	91（1 142）	3.709 4（248）
6	兰州交通大学	35（289）	1 517（322）	312（266）	794（228）	147（713）	3.636 1（252）
7	甘肃农业大学	46（227）	1 804（286）	260（304）	253（422）	126（834）	3.203 4（270）
8	中国科学院寒区旱区环境与工程研究所	58（177）	3 318.35（181）	24（995）	51（766）	56（1 891）	1.717 7（371）
9	中国农业科学院兰州兽医研究所	13（526）	698（485）	126（487）	122（580）	114（917）	1.385 1（413）
10	西北民族大学	11（564）	430（605）	132（477）	208（460）	25（4 547）	1.033 7（464）
11	甘肃中医药大学	16（470）	572（540）	48（742）	25（1 010）	16（7 562）	0.669 5（509）
12	中国农业科学院兰州畜牧与兽药研究所	4（810）	198（794）	43（786）	31（923）	69（1 531）	0.463 8（546）
13	中国科学院地质与地球物理研究所兰州油气资源研究中心	11（564）	591（533）	17（1 142）	37（855）	3（51 793）	0.407 9（561）
14	河西学院	3（883）	117（925）	54（710）	40（836）	37（2 917）	0.377 1（569）
15	甘肃省农业科学院	12（549）	480（578）	12（1 342）	9（1 644）	8（17 930）	0.356 1（572）
16	天水师范学院	4（810）	162（847）	29（925）	15（1 254）	29（3 869）	0.322 1（586）
17	兰州城市学院	3（883）	106（954）	25（981）	35（877）	37（2 917）	0.319 1（587）
18	甘肃省人民医院	6（711）	200（790）	15（1 205）	10（1 552）	3（51 793）	0.219 1（628）
19	陇东学院	2（968）	80（1 029）	35（857）	6（2 060）	35（3 094）	0.207 7（635）
20	兰州工业学院	2（968）	70（1 067）	16（1 170）	13（1 332）	18（6 649）	0.181 5（650）
21	甘肃省中医院	3（883）	102（968）	6（1 880）	5（2 250）	5（30 585）	0.129 4（676）
22	甘肃省科学院	1（1 127）	41（1 228）	7（1 748）	12（1 392）	20（5 763）	0.115 3（689）
23	兰州空间技术物理研究所	7（670）	229（763）	1（5 122）	0（6 499）	78（1 346）	0.081 8（700）
24	中国气象局兰州干旱气象研究所	5（765）	277（716）	10（1 464）	10（1 552）	0（113 702）	0.078 6（702）
25	中国地震局兰州地震研究所	1（1 127）	252（740）	9（1 534）	6（2 060）	0（113 702）	0.040 9（725）
26	甘肃省治沙研究所	2（968）	63（1 102）	2（3 439）	0（6 499）	25（4 547）	0.040 3（726）
27	兰州财经大学	2（968）	58（1 138）	6（1 880）	5（2 250）	0（113 702）	0.036 5（729）
28	敦煌研究院	2（968）	73（1 059）	1（5 122）	0（6 499）	16（7 562）	0.034 2（732）
29	中国人民解放军联勤保障部队第九四〇医院	2（968）	42（1 225）	4（2 323）	1（4 576）	0（113 702）	0.024 7（739）
30	甘肃省医学科学研究院	1（1 127）	40（1 236）	0（5 123）	0（6 499）	0（113 702）	0.003 3（793）

资料来源：科技大数据湖北省重点实验室、中国产业智库大数据中心

	综合	农业科学	生物与生化	化学	临床医学	工程科学	环境生态学	地球科学	材料科学	数学	微生物学	药理学与毒物学	物理学	植物与动物科学	社会科学	进入ESI学科数
兰州大学	29	24	156	28	59	65	33	18	49	16	0	51	24	30	45	13
中国科学院兰州化学物理研究所	95	0	0	39	0	90	0	0	56	0	0	0	0	0	0	3
西北师范大学	201	0		104	0	0	0	0	141	0	0	0	0	0	0	2
中国科学院寒区旱区环境与工程研究所	206	73	0	0	0	155	41	27	0	0	0	0	0	0	0	4
中国科学院近代物理研究所	266	0	0	0	0	0	0	0	0	0	0	0	43	0	0	1
兰州理工大学	268	0	0	0	0	147	0	0	121	0	0	0	0	0	0	2
兰州交通大学	342	0	0	173	0	207	0	0	0	0	0	0	0	0	0	2
中国农业科学院兰州兽医研究所	389	0	0	0	0	0	0	0	0	0	23	0	0	0	0	1
甘肃农业大学	430	75	0	0	0	0	0	0	0	0	0	0	0	0	0	1

图 3-45　2019 年甘肃省各机构 ESI 前 1%学科分布

表 3-88　2019 年甘肃省在华发明专利申请量二十一强企业和二十强科研机构列表

序号	二十一强企业	发明专利申请量/件	二十强科研机构	发明专利申请量/件
1	金川集团股份有限公司	144	兰州理工大学	381
2	甘肃酒钢集团宏兴钢铁股份有限公司	87	兰州大学	343
3	国网甘肃省电力公司电力科学研究院	50	中国科学院兰州化学物理研究所	261
4	甘肃万华金慧科技股份有限公司	45	西北师范大学	216
5	中电万维信息技术有限责任公司	42	兰州交通大学	142
6	国网甘肃省电力公司经济技术研究院	34	甘肃农业大学	124
7	甘肃路桥建设集团有限公司	22	中国农业科学院兰州兽医研究所	114
8	兰州飞行控制有限责任公司	21	中国科学院近代物理研究所	88
9	国网甘肃省电力公司	16	兰州空间技术物理研究所	75
10	甘肃泰升化工科技有限公司	15	中国农业科学院兰州畜牧与兽药研究所	69
11	甘肃睿思科新材料有限公司	15	西北矿冶研究院	67
12	中国市政工程西北设计研究院有限公司	14	中国科学院寒区旱区环境与工程研究所	52
13	中昊北方涂料工业研究设计院有限公司	14	兰州城市学院	37
14	兰州百分文化产业有限公司	14	陇东学院	35
15	兰州老师父机动车驾驶员培训有限公司	14	河西学院	33
16	榆中天基建材销售有限公司	14	天水师范学院	29
17	甘肃众慧信息技术有限公司	14	西北民族大学	25
18	甘肃汉之韵文化传媒有限公司	14	甘肃省治沙研究所	24
19	甘肃蒲公英信息技术有限公司	14	甘肃省科学院	19
20	国网甘肃省电力公司信息通信公司	13	兰州工业学院	18
21	甘肃无穷大信息科技有限公司	13		

资料来源：科技大数据湖北省重点实验室、中国产业智库大数据中心

3.3.22　广西壮族自治区

2019 年，广西壮族自治区的基础研究竞争力指数为 0.3473，排名第 22 位。广西壮族自治区争取国家自然科学基金项目总数为 612 项，项目经费总额为 23 671.1 万元，全国排名均为第 22 位。广西壮族自治区争取国家自然科学基金项目经费金额大于 500 万元的有 1 个学科（图 3-46）；广西壮族自治区整体争取国家自然科学基金项目经费与 2018 年相比呈上升趋势；争取

国家自然科学基金项目经费最多的学科为中医内科、项目数量15个，项目经费541万元（表3-89）；发表SCI论文数量最多的学科为材料科学、跨学科（表3-90）；广西壮族自治区共有6个机构进入相关学科的ESI全球前1%行列（图3-47）。广西壮族自治区发明专利申请量10 831件，全国排名第20位，主要专利权人如表3-92所示。

2019年，广西壮族自治区地方财政科技投入经费预算72.62亿元，全国排名第16位；拥有国家重点实验室1个，全国排名第28位；获得国家科技奖励1项，全国排名第23位；拥有省级重点实验室94个，全国排名第21位。

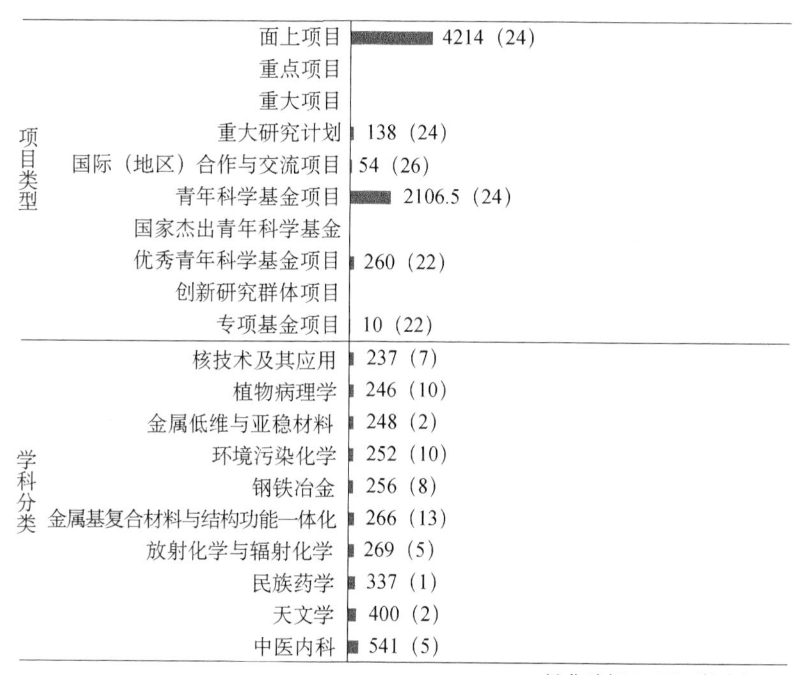

图3-46 2019年广西壮族自治区争取国家自然科学基金项目情况

资料来源：科技大数据湖北省重点实验室、中国产业智库大数据中心

表3-89 2019年广西壮族自治区争取国家自然科学基金项目经费十强学科及近5年变化趋势

项目经费趋势	学科	指标	2015年	2016年	2017年	2018年	2019年
	合计	项目数/项	560	543	568	578	612
		项目金额/万元	21 550.86	20 523.7	20 735.3	22 540.11	23 671.1
		机构数/个	38	35	36	35	33
		主持人数/人	552	541	564	575	608
	中医内科	项目数/项	14	14	16	14	15
		项目金额/万元	571	499	549	499	541
		机构数/个	2	2	2	1	1
		主持人数/人	14	14	16	14	15
	天文学	项目数/项	0	0	0	0	2
		项目金额/万元	0	0	0	0	400
		机构数/个	0	0	0	0	1
		主持人数/人	0	0	0	0	2

续表

项目经费趋势	学科	指标	2015年	2016年	2017年	2018年	2019年
	民族药学	项目数/项	3	9	4	4	10
		项目金额/万元	113	308	136	162	337
		机构数/个	2	4	3	3	3
		主持人数/人	3	9	4	4	10
	放射化学与辐射化学	项目数/项	1	0	0	1	1
		项目金额/万元	40	0	0	40	269
		机构数/个	1	0	0	1	1
		主持人数/人	1	0	0	1	1
	金属基复合材料与结构功能一体化	项目数/项	2	2	2	6	7
		项目金额/万元	102	105	59	221	266
		机构数/个	2	2	1	2	4
		主持人数/人	2	2	2	6	7
	钢铁冶金	项目数/项	2	1	3	6	5
		项目金额/万元	105	38	133	268	256
		机构数/个	2	1	1	1	1
		主持人数/人	2	1	3	6	5
	环境污染化学	项目数/项	1	0	1	1	5
		项目金额/万元	40	0	39	26.5	252
		机构数/个	1	0	1	1	4
		主持人数/人	1	0	1	1	5
	金属低维与亚稳材料	项目数/项	0	3	3	3	6
		项目金额/万元	0	100	118	138	248
		机构数/个	0	3	2	2	3
		主持人数/人	0	3	3	3	6
	植物病理学	项目数/项	1	4	3	3	7
		项目金额/万元	38	160	114	120	246
		机构数/个	1	2	2	1	3
		主持人数/人	1	4	3	3	7
	核技术及其应用	项目数/项	1	2	3	1	4
		项目金额/万元	46	105	131	38	237
		机构数/个	1	1	2	1	2
		主持人数/人	1	2	2	1	4

资料来源：科技大数据湖北省重点实验室、中国产业智库大数据中心

表 3-90　2019 年广西壮族自治区发表 SCI 论文数量二十强学科

序号	研究领域	发文量全国排名	发文量/篇	被引次数/次	篇均被引/次
1	材料科学、跨学科	24	440	1009	2.29
2	肿瘤学	19	278	299	1.08
3	工程、电气和电子	22	274	364	1.33
4	化学、跨学科	24	211	506	2.40

续表

序号	研究领域	发文量全国排名	发文量/篇	被引次数/次	篇均被引/次
5	环境科学	24	207	406	1.96
6	生物化学与分子生物学	22	206	323	1.57
7	化学、物理	24	193	625	3.24
8	医学、研究和试验	21	192	207	1.08
9	物理学、应用	23	179	381	2.13
10	药理学和药剂学	22	178	254	1.43
11	能源和燃料	22	162	477	2.94
12	细胞生物学	21	145	326	2.25
13	计算机科学、信息系统	22	142	218	1.54
14	化学、分析	23	123	384	3.12
15	电信	22	123	114	0.93
16	纳米科学和纳米技术	23	121	405	3.35
17	生物工程学和应用微生物学	21	109	204	1.87
18	物理学、凝聚态物质	23	109	191	1.75
19	电化学	22	101	359	3.55
20	工程、化学	24	101	380	3.76
全自治区合计		24	3594	7432	2.07

资料来源：科技大数据湖北省重点实验室、中国产业智库大数据中心

表 3-91　2019 年广西壮族自治区争取国家自然科学基金项目经费三十强机构

序号	机构名称	项目数量/项（排名）	项目经费/万元（排名）	发文量/篇（排名）	被引次数/次（排名）	发明专利申请数/件（排名）	BRCI（排名）
1	广西大学	146（61）	6 718（105）	1 030（111）	2 216（111）	588（160）	13.652（83）
2	广西医科大学	88（116）	3 074.1（193）	848（129）	1 070（188）	45（2 395）	5.658 4（178）
3	桂林电子科技大学	49（206）	1 824.5（283）	430（218）	629（261）	773（108）	5.613 2（180）
4	桂林理工大学	49（206）	1 967（268）	380（236）	736（236）	459（207）	5.222 3（185）
5	广西师范大学	47（220）	1 804（286）	342（256）	868（220）	258（392）	4.673 8（203）
6	广西中医药大学	55（186）	1 879（277）	91（576）	133（557）	91（1 142）	2.445 3（317）
7	桂林医学院	24（363）	853.5（437）	156（434）	206（462）	53（2 006）	1.748 7（369）
8	南宁师范大学	22（380）	819.8（449）	80（598）	125（569）	58（1 821）	1.410 1（411）
9	广西民族大学	16（470）	519.5（562）	87（586）	143（539）	88（1 199）	1.306 5（425）
10	广西科技大学	13（526）	421（616）	58（688）	51（766）	205（513）	1.066 7（458）
11	玉林师范学院	9（613）	364.5（652）	53（716）	135（555）	110（947）	0.962 2（473）
12	广西壮族自治区农业科学院	18（433）	665（502）	24（995）	15（1 254）	289（345）	0.956 5（474）
13	北部湾大学	10（591）	341（667）	13（1 289）	26（996）	102（1 011）	0.585 2（518）
14	右江民族医学院	7（670）	254（738）	59（681）	75（672）	10（13 245）	0.515 7（532）
15	广西壮族自治区人民医院	8（645）	275.7（719）	50（730）	42（821）	9（15 824）	0.474 3（540）
16	广西科学院	5（765）	196（798）	31（894）	32（904）	56（1 891）	0.458 6（548）
17	桂林航天工业学院	4（810）	152（862）	24（995）	10（1 552）	100（1 029）	0.354 8（573）
18	贺州学院	2（968）	80（1 029）	37（835）	53（753）	54（1 968）	0.324（585）
19	中国地质科学院岩溶地质研究所	6（711）	220（770）	19（1 098）	9（1 644）	17（7 091）	0.303 8（593）

续表

序号	机构名称	项目数量/项（排名）	项目经费/万元（排名）	发文量/篇（排名）	被引次数/次（排名）	发明专利申请数/件（排名）	BRCI（排名）
20	广西财经学院	2（968）	57（1 152）	28（937）	20（1 092）	27（4 173）	0.221 4（626）
21	百色学院	3（883）	88.5（999）	28（937）	25（1 010）	4（39 841）	0.205 9（638）
22	广西壮族自治区林业科学研究院	2（968）	80（1 029）	11（1 405）	5（2 250）	95（1 093）	0.196 2（644）
23	河池学院	3（883）	99（979）	18（1 119）	3（2 960）	24（4 781）	0.184 5（647）
24	广西壮族自治区药用植物园	4（810）	123（908）	5（2 066）	4（2 550）	29（3 869）	0.184 1（648）
25	广西壮族自治区水产科学研究院	2（968）	79（1 035）	8（1 625）	5（2 250）	50（2 133）	0.166 9（655）
26	广西壮族自治区中国科学院广西植物研究所	9（613）	367（650）	30（905）	31（923）	0（113 702）	0.145 4（670）
27	柳州市妇幼保健院	1（1 127）	35（1 259）	6（1 880）	5（2 250）	98（1 063）	0.123 3（680）
28	中国林业科学研究院热带林业实验中心	1（1 127）	58（1 138）	0（5 123）	0（6 499）	7（21 068）	0.010 6（762）
29	广西壮族自治区肿瘤防治研究所	3（883）	122（911）	0（5 123）	0（6 499）	0（113 702）	0.005 8（784）
30	广西教育学院	1（1 127）	41（1 228）	0（5 123）	0（6 499）	0（113 702）	0.003 3（794）

资料来源：科技大数据湖北省重点实验室、中国产业智库大数据中心

	综合	农业科学	化学	临床医学	工程科学	材料科学	药理学与毒物学	植物与动物科学	进入ESI学科数
广西大学	157	56	157	0	105	111	0	75	5
广西医科大学	173	0	0	42	0	0	73	0	2
广西师范大学	250	0	126	0	0	0	0	0	1
桂林理工大学	309	0	210	0	0	159	0	0	2
桂林电子科技大学	314	0	0	0	153	161	0	0	2
桂林医学院	429	0	0	139	0	0	0	0	1

图 3-47　2019 年广西壮族自治区各机构 ESI 前 1%学科分布

表 3-92　2019 年广西壮族自治区在华发明专利申请量二十强企业和二十强科研机构列表

序号	二十强企业	发明专利申请量/件	二十强科研机构	发明专利申请量/件
1	广西玉柴机器股份有限公司	420	桂林电子科技大学	752
2	广西电网有限责任公司电力科学研究院	214	广西大学	550
3	东风柳州汽车有限公司	91	桂林理工大学	449
4	广西电网有限责任公司	82	广西壮族自治区农业科学院	274
5	广西建工集团第五建筑工程有限责任公司	70	广西师范大学	255
6	柳州钢铁股份有限公司	55	南宁学院	191
7	北海惠科光电技术有限公司	48	广西科技大学	171
8	广西博世科环保科技股份有限公司	46	玉林师范学院	110
9	上汽通用五菱汽车股份有限公司	40	桂林航天工业学院	98
10	广西中烟工业有限责任公司	39	广西中医药大学	91
11	广西电网有限责任公司南宁供电局	37	广西壮族自治区林业科学研究院	91
12	广西柳工机械股份有限公司	36	广西民族大学	83
13	广西路桥工程集团有限公司	36	北部湾大学	80
14	柳州欧维姆机械股份有限公司	32	广西农业职业技术学院	58

续表

序号	二十强企业	发明专利申请量/件	二十强科研机构	发明专利申请量/件
15	广西高源淀粉有限公司	30	广西科学院	55
16	北海绩迅电子科技有限公司	29	南宁师范大学	52
17	柳州呈奥科技有限公司	29	贺州学院	52
18	中船华南船舶机械有限公司	28	桂林医学院	50
19	中国有色桂林矿产地质研究院有限公司	27	广西南亚热带农业科学研究所	48
20	中国电子科技集团公司第三十四研究所	27	广西壮族自治区水产科学研究院	48

资料来源：科技大数据湖北省重点实验室、中国产业智库大数据中心

3.3.23 河北省

2019年，河北省的基础研究竞争力指数为0.3257，排名第23位。河北省争取国家自然科学基金项目总数为332项，项目经费总额为15 313.5万元，全国排名均为第26位。河北省争取国家自然科学基金项目经费金额大于400万元的有3个学科（图3-48）；河北省整体争取国家自然科学基金项目经费与2018年相比呈下降趋势；争取国家自然科学基金项目经费最多的学科为金属基复合材料与结构功能一体化，项目数量4个，项目经费483万元（表3-93）；发表SCI论文数量最多的学科为材料科学、跨学科（表3-94）；河北省共有7个机构进入相关学科的ESI全球前1%行列（图3-49）。河北省发明专利申请量18 070件，全国排名第17位，主要专利权人如表3-96所示。

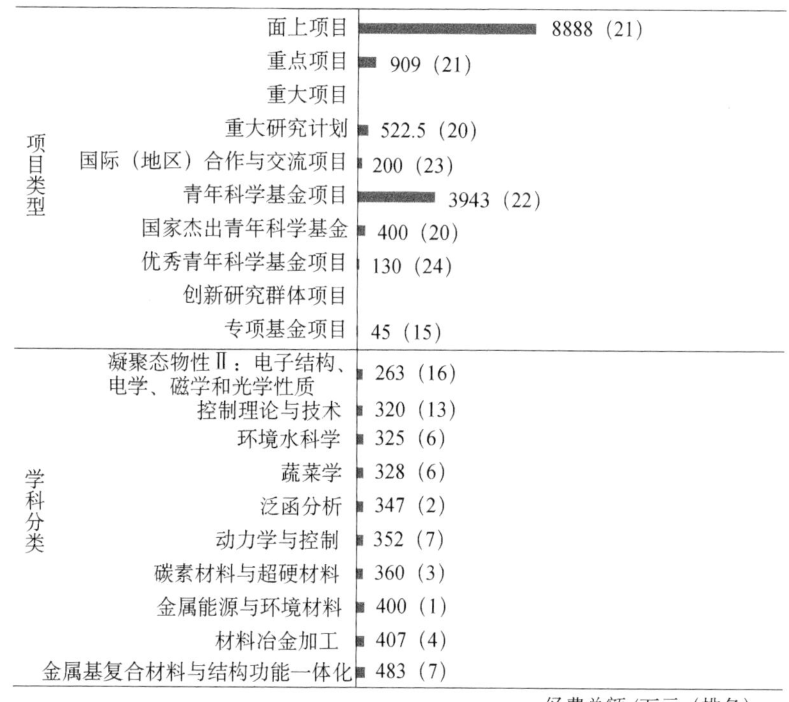

图3-48 2019年河北省争取国家自然科学基金项目情况

资料来源：科技大数据湖北省重点实验室、中国产业智库大数据中心

2019 年，河北省地方财政科技投入经费预算 94.8223 亿元，全国排名第 15 位；拥有国家重点实验室 11 个，全国排名第 13 位；获得国家科技奖励 2 项，全国排名第 19 位；拥有省级重点实验室 97 个，全国排名第 19 位；拥有院士 4 人，全国排名第 21 位；新增国家自然科学基金杰出青年科学基金入选者 1 人，全国排名第 20 位。

表 3-93　2019 年河北省争取国家自然科学基金项目经费十强学科及近 5 年变化趋势

项目经费趋势	学科	指标	2015 年	2016 年	2017 年	2018 年	2019 年
	合计	项目数/项	337	314	358	392	332
		项目金额/万元	13 364.3	11 991.2	14 878.4	16 152.97	15 313.5
		机构数/个	34	37	41	35	29
		主持人数/人	336	311	354	392	331
	金属基复合材料与结构功能一体化	项目数/项	3	0	3	1	4
		项目金额/万元	189	0	107	26	483
		机构数/个	1	0	2	1	2
		主持人数/人	3	0	3	1	3
	材料冶金加工	项目数/项	5	5	4	5	8
		项目金额/万元	280	184	205	266	407
		机构数/个	1	2	1	2	3
		主持人数/人	5	5	4	5	8
	金属能源与环境材料	项目数/项	1	0	3	2	1
		项目金额/万元	62	0	108	49	400
		机构数/个	1	0	3	2	1
		主持人数/人	1	0	3	2	1
	碳素材料与超硬材料	项目数/项	1	0	2	0	2
		项目金额/万元	350	0	84	0	360
		机构数/个	1	0	2	0	1
		主持人数/人	1	0	2	0	2
	动力学与控制	项目数/项	2	4	6	6	8
		项目金额/万元	126	114	708	297	352
		机构数/个	1	1	3	1	3
		主持人数/人	2	4	6	6	8
	泛函分析	项目数/项	1	0	2	2	3
		项目金额/万元	3	0	66	275	347
		机构数/个	1	0	1	2	2
		主持人数/人	1	0	1	2	3
	蔬菜学	项目数/项	2	1	3	5	2
		项目金额/万元	79	60	175	191	328
		机构数/个	1	1	3	3	1
		主持人数/人	2	1	3	5	2

续表

项目经费趋势	学科	指标	2015年	2016年	2017年	2018年	2019年
	环境水科学	项目数/项	0	0	0	5	2
		项目金额/万元	0	0	0	194	325
		机构数/个	0	0	0	2	2
		主持人数/人	0	0	0	5	2
	控制理论与技术	项目数/项	10	7	3	6	6
		项目金额/万元	383	221	111	550	320
		机构数/个	4	2	2	2	3
		主持人数/人	10	7	3	6	6
	凝聚态物性Ⅱ：电子结构、电学、磁学和光学性质	项目数/项	9	3	1	1	9
		项目金额/万元	265.5	67	23	63	263
		机构数/个	6	3	1	1	4
		主持人数/人	9	3	1	1	9

资料来源：科技大数据湖北省重点实验室、中国产业智库大数据中心

表 3-94　2019 年河北省发表 SCI 论文数量二十强学科

序号	研究领域	发文量全国排名	发文量/篇	被引次数/次	篇均被引/次
1	材料科学、跨学科	20	767	1 707	2.23
2	工程、电气和电子	19	590	674	1.14
3	物理学、应用	19	412	822	2.00
4	化学、物理	21	375	1 569	4.18
5	能源和燃料	19	347	781	2.25
6	环境科学	20	335	618	1.84
7	化学、跨学科	22	300	1 063	3.54
8	医学、研究和试验	18	287	356	1.24
9	计算机科学、信息系统	19	276	313	1.13
10	药理学和药剂学	18	276	283	1.03
11	电信	19	272	311	1.14
12	肿瘤学	20	258	299	1.16
13	生物化学与分子生物学	21	209	401	1.92
14	工程、跨学科	16	198	181	0.91
15	纳米科学和纳米技术	20	193	772	4.00
16	工程、化学	20	187	665	3.56
17	冶金和冶金工程学	17	187	362	1.94
18	物理学、凝聚态物质	19	177	516	2.92
19	光学	20	175	165	0.94
20	医学、全科和内科	12	160	90	0.56
全省合计		19	5 981	11 948	2.00

资料来源：科技大数据湖北省重点实验室、中国产业智库大数据中心

表 3-95　2019 年河北省争取国家自然科学基金项目经费三十强机构

序号	机构名称	项目数量/项（排名）	项目经费/万元（排名）	发文量/篇（排名）	被引次数/次（排名）	发明专利申请数/件（排名）	BRCI（排名）
1	燕山大学	47（220）	3 097.5（191）	1 111（104）	2 862（86）	1 078（70）	9.602 5（107）
2	河北大学	28（328）	1 184（370）	626（163）	1 203（171）	117（889）	3.752 8（243）
3	河北医科大学	40（247）	1 879.5（276）	830（130）	945（208）	24（4 781）	3.529 6（258）
4	河北师范大学	46（227）	2 080（258）	277（290）	462（313）	46（2 329）	3.098 5（274）
5	华北电力大学（保定）	13（526）	600（525）	603（167）	1 175（177）	327（304）	3.048 3（277）
6	华北理工大学	18（433）	791（463）	344（255）	970（205）	227（453）	2.952 9（281）
7	河北农业大学	24（363）	1 153（380）	233（330）	282（402）	154（684）	2.474 4（315）
8	河北科技大学	15（490）	553（546）	232（332）	416（327）	454（209）	2.389 6（321）
9	石家庄铁道大学	22（380）	1 065（389）	159（426）	188（492）	187（562）	2.148 7（341）
10	河北工程大学	14（508）	430（605）	173（400）	202（469）	129（815）	1.532 9（397）
11	河北地质大学	16（470）	550（548）	50（730）	51（766）	25（4 547）	0.821 1（494）
12	中国科学院遗传与发育生物学研究所农业资源研究中心	7（670）	545（552）	65（647）	128（565）	20（5 763）	0.730 3（501）
13	河北科技师范学院	3（883）	64（1 096）	61（670）	142（543）	47（2 291）	0.447 3（551）
14	河北中医学院	6（711）	221（768）	37（835）	58（732）	13（9 757）	0.443 2（552）
15	华北科技学院	3（883）	181（811）	44（779）	26（996）	107（965）	0.435 4（555）
16	中国地质科学院水文地质环境地质研究所	5（765）	158（855）	43（786）	29（956）	38（2 840）	0.430 8（556）
17	廊坊师范学院	2（968）	84（1 011）	33（876）	73（677）	31（3 531）	0.308 2（590）
18	河北经贸大学	5（765）	101（970）	31（894）	21（1 075）	7（21 068）	0.270 6（607）
19	北华航天工业学院	2（968）	50（1 187）	19（1 098）	19（1 117）	90（1 156）	0.246 1（614）
20	中国地质科学院地球物理地球化学勘查研究所	4（810）	96（985）	14（1 246）	12（1 392）	13（9 757）	0.220 4（627）
21	防灾科技学院	3（883）	105（960）	17（1 142）	7（1 912）	19（6 234）	0.204 4（639）
22	石家庄学院	1（1 127）	5（1 452）	11（1 405）	3（2 960）	33（3 317）	0.075 6（703）
23	石家庄市第一医院	1（1 127）	20.5（1 420）	13（1 289）	9（1 644）	2（71 748）	0.074（704）
24	保定学院	1（1 127）	24（1 336）	6（1 880）	2（3 580）	3（51 793）	0.055 6（715）
25	中国电子科技集团公司第十三研究所	1（1 127）	59（1 131）	0（5 123）	0（6 499）	220（475）	0.018 8（751）
26	河北水利电力学院	2（968）	120（919）	0（5 123）	0（6 499）	10（13 245）	0.015 9（755）
27	河北省科学院	1（1 127）	22（1 386）	0（5 123）	0（6 499）	5（30 585）	0.008 5（773）
28	石家庄市疾病预防控制中心	1（1 127）	20（1 426）	1（5 122）	0（6 499）	0（113 702）	0.006 4（781）
29	河北省中西医结合医药研究院	1（1 127）	55（1 159）	0（5 123）	0（6 499）	0（113 702）	0.003 5（790）
30	广西教育学院	1（1 127）	41（1 228）	0（5 123）	0（6 499）	0（113 702）	0.003 3（794）

资料来源：科技大数据湖北省重点实验室、中国产业智库大数据中心

	综合	农业科学	化学	临床医学	工程科学	材料科学	神经科学与行为	药理学与毒物学	植物与动物科学	进入ESI学科数
燕山大学	154	0	140	0	68	71	0	0	0	3
河北医科大学	174	0	0	44	0	0	33	61	0	3
河北大学	210	0	131	0	0	147	0	0	0	2
华北理工大学	237	0	207	126	0	0	0	0	0	2
河北师范大学	263	0	183	0	0	0	0	0	100	2
河北农业大学	335	63	0	0	0	0	0	0	87	2
河北科技大学	367	0	0	0	211	0	0	0	0	1

图 3-49　2019 年河北省各机构 ESI 前 1%学科分布

表 3-96　2019 年河北省在华发明专利申请量二十强企业和二十强科研机构列表

序号	二十强企业	发明专利申请量/件	二十强科研机构	发明专利申请量/件
1	云谷（固安）科技有限公司	486	燕山大学	1045
2	中国电子科技集团公司第十三研究所	214	河北科技大学	441
3	中国电子科技集团公司第五十四研究所	203	华北电力大学（保定）	255
4	中信戴卡股份有限公司	197	华北理工大学	219
5	河北晨阳工贸集团有限公司	172	石家庄铁道大学	169
6	首钢京唐钢铁联合有限责任公司	163	河北农业大学	144
7	国网河北省电力有限公司电力科学研究院	153	东北大学秦皇岛分校	140
8	中国二十二冶集团有限公司	147	河北工程大学	117
9	邯郸钢铁集团有限责任公司	141	河北大学	114
10	河钢股份有限公司承德分公司	137	中国人民解放军陆军工程大学	94
11	唐山哈船科技有限公司	89	北华航天工业学院	89
12	国网河北省电力有限公司沧州供电分公司	88	唐山师范学院	87
13	长城汽车股份有限公司	85	华北科技学院	86
14	国网河北省电力有限公司	82	邢台职业技术学院	78
15	唐山钢铁集团有限责任公司	75	唐山学院	55
16	中铁隧道集团二处有限公司	53	邯郸学院	54
17	敬业钢铁有限公司	50	河北科技师范学院	47
18	新兴铸管股份有限公司	48	河北师范大学	46
19	国网河北省电力有限公司邢台供电分公司	47	中国地质科学院水文地质环境地质研究所	37
20	河钢股份有限公司	47	河北建筑工程学院	34

资料来源：科技大数据湖北省重点实验室、中国产业智库大数据中心

3.3.24　山西省

2019 年，山西省的基础研究竞争力指数为 0.2857，排名第 24 位。山西省争取国家自然科学基金项目总数为 414 项，全国排名第 24 位，项目经费总额为 20 284 万元，全国排名第 23 位。山西省争取国家自然科学基金项目经费金额大于 500 万元的有 6 个学科（图 3-50）；山西省整体争取国家自然科学基金项目经费与 2018 年相比呈上升趋势；争取国家自然科学基金项目经费最多的学科为能源化工，项目数量 17 个，项目经费 1650 万元（表 3-97）；发表 SCI 论文数量最多的学科为材料科学、跨学科（表 3-98）；山西省共有 7 个机构进入相关学科的 ESI

全球前1%行列（图3-51）。山西省发明专利申请量7908件，全国排名第24位，主要专利权人如表3-100所示。

2019年，山西省地方财政科技投入经费预算57.34亿元，全国排名第20位；拥有国家重点实验室5个，全国排名第21位；拥有省级重点实验室87个，全国排名第23位；拥有院士6人，全国排名第19位；新增国家自然科学基金杰出青年科学基金入选者3人，全国排名第16位。

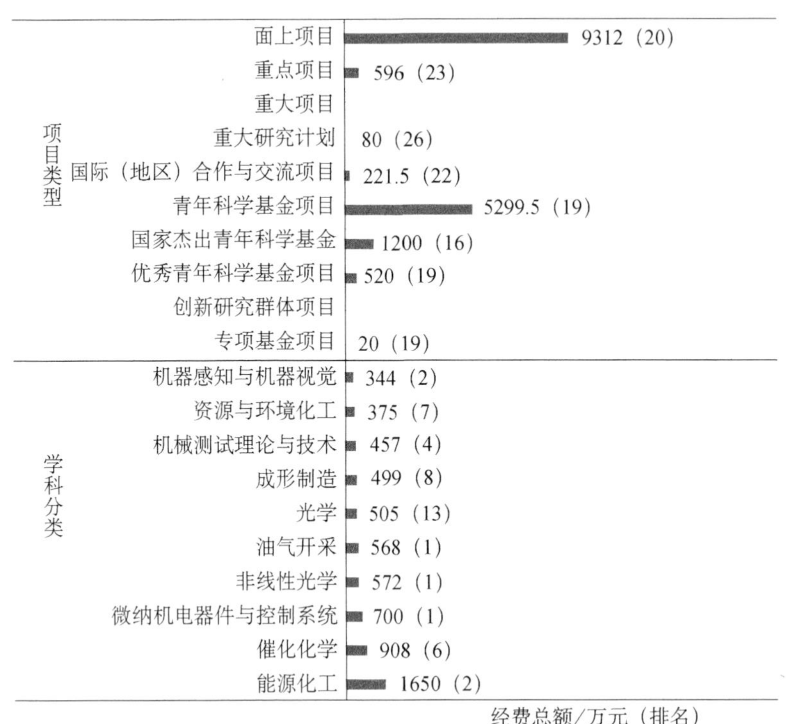

图3-50 2019年山西省争取国家自然科学基金项目情况

资料来源：科技大数据湖北省重点实验室、中国产业智库大数据中心

表3-97 2019年山西省争取国家自然科学基金项目经费十强学科及近5年变化趋势

项目经费趋势	学科	指标	2015年	2016年	2017年	2018年	2019年
	合计	项目数/项	396	374	392	422	414
		项目金额/万元	16 398.42	14 439.6	17 365.2	18 381.47	20 284
		机构数/个	19	27	20	25	18
		主持人数/人	391	372	391	416	409
	能源化工	项目数/项	0	0	4	10	17
		项目金额/万元	0	0	596	458	1 650
		机构数/个	0	0	3	3	4
		主持人数/人	0	0	4	10	16
	催化化学	项目数/项	1	1	9	12	12
		项目金额/万元	21	20	336	783.1	908
		机构数/个	1	1	2	4	2
		主持人数/人	1	1	9	12	12

续表

项目经费趋势	学科	指标	2015年	2016年	2017年	2018年	2019年
	微纳机电器件与控制系统	项目数/项	0	2	4	1	1
		项目金额/万元	0	36	179	24	700
		机构数/个	0	2	1	1	1
		主持人数/人	0	2	4	1	1
	非线性光学	项目数/项	6	1	5	9	5
		项目金额/万元	210	55	221	548.2	572
		机构数/个	3	1	2	2	1
		主持人数/人	6	1	5	9	5
	油气开采	项目数/项	2	0	0	3	5
		项目金额/万元	127	0	0	108	568
		机构数/个	1	0	0	1	1
		主持人数/人	2	0	0	3	5
	光学	项目数/项	13	9	7	11	11
		项目金额/万元	883	988	264.5	744	505
		机构数/个	3	2	3	4	3
		主持人数/人	13	9	7	11	11
	成形制造	项目数/项	6	4	7	7	8
		项目金额/万元	208	195	390	280	499
		机构数/个	2	2	4	3	2
		主持人数/人	6	4	7	7	8
	机械测试理论与技术	项目数/项	1	1	2	3	3
		项目金额/万元	63	10	743	1 134	457
		机构数/个	1	1	1	2	1
		主持人数/人	1	1	2	3	3
	资源与环境化工	项目数/项	0	0	1	3	7
		项目金额/万元	0	0	63	158	375
		机构数/个	0	0	1	2	3
		主持人数/人	0	0	1	3	7
	机器感知与机器视觉	项目数/项	0	0	0	1	3
		项目金额/万元	0	0	0	25	344
		机构数/个	0	0	0	1	2
		主持人数/人	0	0	0	1	3

资料来源：科技大数据湖北省重点实验室、中国产业智库大数据中心

表 3-98　2019 年山西省发表 SCI 论文数量二十强学科

序号	研究领域	发文量全国排名	发文量/篇	被引次数/次	篇均被引/次
1	材料科学、跨学科	19	855	1 891	2.21
2	化学、物理	18	537	1 697	3.16
3	化学、跨学科	20	406	900	2.22
4	物理学、应用	20	399	992	2.49

续表

序号	研究领域	发文量全国排名	发文量/篇	被引次数/次	篇均被引/次
5	工程、化学	16	325	956	2.94
6	工程、电气和电子	21	313	468	1.50
7	能源和燃料	20	272	653	2.40
8	环境科学	23	229	318	1.39
9	纳米科学和纳米技术	19	228	506	2.22
10	光学	18	204	339	1.66
11	冶金和冶金工程学	16	192	571	2.97
12	化学、分析	20	187	511	2.73
13	电化学	19	174	486	2.79
14	物理学、凝聚态物质	21	159	481	3.03
15	计算机科学、信息系统	21	150	267	1.78
16	药理学和药剂学	24	150	172	1.15
17	物理学、跨学科	19	138	72	0.52
18	电信	21	138	208	1.51
19	设备和仪器	19	133	352	2.65
20	化学、应用	19	131	335	2.56
全省合计		20	5 320	12 175	2.29

资料来源：科技大数据湖北省重点实验室、中国产业智库大数据中心

表 3-99　2019 年山西省争取国家自然科学基金项目经费十八强机构

序号	机构名称	项目数量/项（排名）	项目经费/万元（排名）	发文量/篇（排名）	被引次数/次（排名）	发明专利申请数/件（排名）	BRCI（排名）
1	太原理工大学	120（86）	6 387.5（109）	1432（80）	2 643（95）	1 163（62）	15.405 3（77）
2	山西大学	86（119）	4 679.5（144）	942（121）	1 691（139）	416（241）	9.601 1（108）
3	中北大学	39（258）	2 627.5（219）	746（139）	1 986（123）	586（161）	7.008 4（142）
4	山西医科大学	48（216）	2 038（262）	518（192）	465（312）	52（2 039）	3.552 1（255）
5	中国科学院山西煤炭化学研究所	23（369）	1 355（352）	230（334）	624（264）	166（633）	2.890 5（285）
6	太原科技大学	13（526）	595（531）	217（349）	524（296）	350（280）	2.269 6（331）
7	山西农业大学	23（369）	857（434）	210（359）	201（471）	141（745）	2.125 3（342）
8	山西师范大学	18（433）	555.5（545）	256（309）	359（355）	28（4 007）	1.569 4（390）
9	山西大同大学	6（711）	208（780）	103（543）	91（635）	15（8 139）	0.574 5（519）
10	山西财经大学	15（490）	398（630）	76（608）	106（611）	1（113 701）	0.539 4（526）
11	山西中医药大学	6（711）	124（904）	30（905）	19（1 117）	40（2 696）	0.389 2（565）
12	长治医学院	4（810）	128（896）	43（786）	32（904）	7（21 068）	0.296 1（599）
13	长治学院	4（810）	99（979）	21（1 056）	31（923）	11（11 843）	0.27（608）
14	太原师范学院	2（968）	30（1 277）	36（847）	57（735）	38（2 840）	0.261 5（610）
15	太原工业学院	2（968）	49（1 193）	25（981）	27（983）	13（9 757）	0.197 2（642）
16	中国辐射防护研究院	2（968）	54（1 177）	12（1 342）	2（35 80）	105（982）	0.162 8（657）
17	山西省中医院	2（968）	74（1 054）	3（2 710）	1（4 576）	1（113 701）	0.055 8（714）
18	山西省地质矿产研究院	1（1 127）	25（1 305）	0（5 123）	0（6 499）	0（113 702）	0.003 1（802）

资料来源：科技大数据湖北省重点实验室、中国产业智库大数据中心

	综合	化学	临床医学	工程科学	材料科学	植物与动物科学	进入ESI学科数
山西大学	132	90	0	143	150	0	3
太原理工大学	142	103	0	70	65	0	3
中国科学院山西煤碳化学研究所	190	80	0	151	100	0	3
山西医科大学	284	0	69	0	0	0	1
中北大学	291	196	0	168	140	0	3
山西农业大学	426	0	0	0	0	103	1
山西省人民医院	457	0	131	0	0	0	1

图 3-51　2019 年山西省各机构 ESI 前 1%学科分布

表 3-100　2019 年山西省在华发明专利申请量二十三强企业和二十强科研机构列表

序号	二十三强企业	发明专利申请量/件	二十强科研机构	发明专利申请量/件
1	大同新成新材料股份有限公司	221	太原理工大学	1111
2	中铁十二局集团有限公司	97	中北大学	578
3	山西太钢不锈钢股份有限公司	88	山西大学	403
4	中车永济电机有限公司	81	太原科技大学	327
5	精英数智科技股份有限公司	75	中国科学院山西煤炭化学研究所	158
6	中国煤炭科工集团太原研究院有限公司	69	山西农业大学	136
7	国网山西省电力公司电力科学研究院	67	中国辐射防护研究院	103
8	太原重工股份有限公司	36	吕梁学院	70
9	山西晋城无烟煤矿业集团有限责任公司	36	山西医科大学	49
10	山西汾西重工有限责任公司	34	太原师范学院	38
11	大同煤矿集团有限责任公司	33	山西中医药大学	34
12	经纬智能纺织机械有限公司	31	运城学院	34
13	国营第六一六厂	28	山西师范大学	27
14	山西省交通规划勘察设计院有限公司	27	山西省农业科学院农产品加工研究所	16
15	中铁三局集团有限公司	26	山西大同大学	15
16	万荣金坦能源科技有限公司	25	山西省计量科学研究院	15
17	国网山西省电力公司大同供电公司	25	山西能源学院	14
18	山西省工业设备安装集团有限公司	24	太原工业学院	13
19	西北电子装备技术研究所（中国电子科技集团公司第二研究所）	24	山西工程技术学院	13
20	国网山西省电力公司阳泉供电公司	22	忻州师范学院	13
21	山西尚风科技股份有限公司	22		
22	山西省交通科技研发有限公司	22		
23	晋能光伏技术有限责任公司	22		

资料来源：科技大数据湖北省重点实验室、中国产业智库大数据中心

3.3.25　贵州省

2019 年，贵州省的基础研究竞争力指数为 0.2396，排名第 25 位。贵州省争取国家自然科学基金项目总数为 429 项，全国排名第 23 位，项目经费总额为 17 713.1 万元，全国排名第 24

位。贵州省争取国家自然科学基金项目经费金额大于 500 万元的有 3 个学科（图 3-52）；贵州省整体争取国家自然科学基金项目经费与 2018 年相比呈下降趋势；争取国家自然科学基金项目经费最多的学科为生物地球化学，项目数量 1 个，项目经费 1050 万元（表 3-101）；发表 SCI 论文数量最多的学科为材料科学、跨学科（表 3-102）；贵州省共有 3 个机构进入相关学科的 ESI 全球前 1%行列（图 3-53）。贵州省发明专利申请量 9300 件，全国排名第 22 位，主要专利权人如表 3-104 所示。

2019 年，贵州省地方财政科技投入经费预算 117.7229 亿元，全国排名第 13 位；拥有国家重点实验室 5 个，全国排名第 21 位；获得国家科技奖励 2 项，全国排名第 19 位；拥有省级重点实验室 34 个，全国排名第 29 位；拥有院士 4 人，全国排名第 21 位。

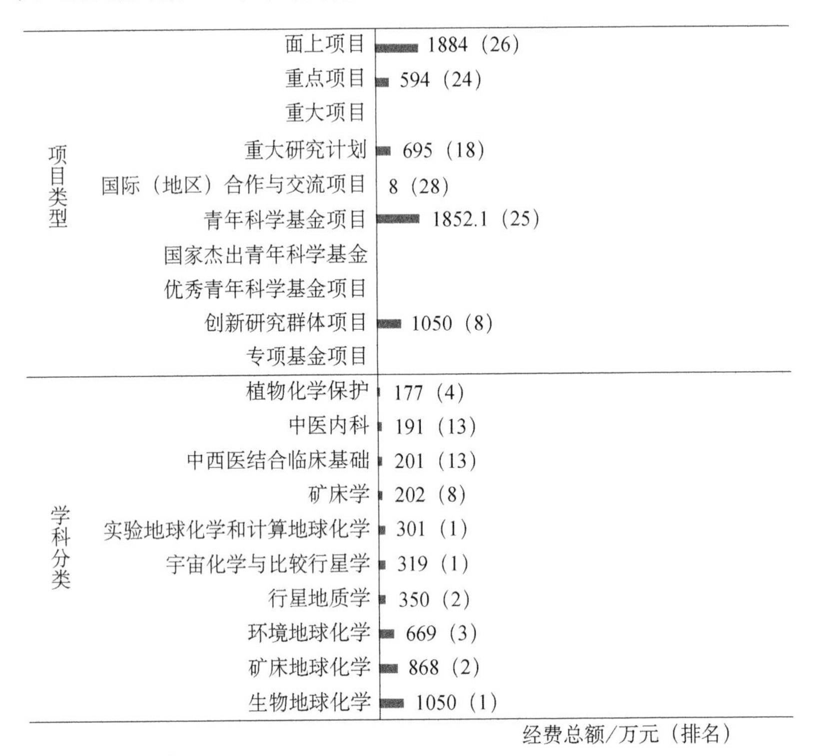

图 3-52　2019 年贵州省争取国家自然科学基金项目情况

资料来源：科技大数据湖北省重点实验室、中国产业智库大数据中心

表 3-101　2019 年贵州省争取国家自然科学基金项目经费十强学科及近 5 年变化趋势

项目经费趋势	学科	指标	2015 年	2016 年	2017 年	2018 年	2019 年
	合计	项目数/项	347	412	427	456	429
		项目金额/万元	13 870.4	20 783.1	15 935.8	17 880.1	17 713.1
		机构数/个	26	27	23	25	26
		主持人数/人	344	412	421	453	425
	生物地球化学	项目数/项	0	0	0	0	1
		项目金额/万元	0	0	0	0	1 050
		机构数/个	0	0	0	0	1
		主持人数/人	0	0	0	0	1

续表

项目经费趋势	学科	指标	2015年	2016年	2017年	2018年	2019年
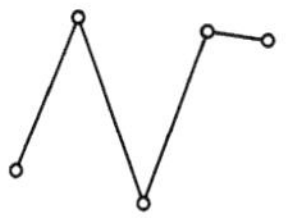	矿床地球化学	项目数/项	7	12	7	10	7
		项目金额/万元	325	963	171	906	868
		机构数/个	3	1	1	1	1
		主持人数/人	7	12	7	10	7
	环境地球化学	项目数/项	0	0	0	0	10
		项目金额/万元	0	0	0	0	669
		机构数/个	0	0	0	0	3
		主持人数/人	0	0	0	0	9
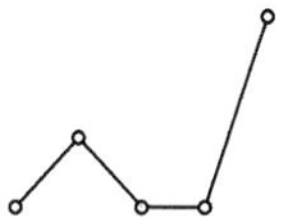	行星地质学	项目数/项	0	1	0	0	1
		项目金额/万元	0	130	0	0	350
		机构数/个	0	1	0	0	1
		主持人数/人	0	1	0	0	1
	宇宙化学与比较行星学	项目数/项	1	3	3	1	2
		项目金额/万元	21	165	202	22	319
		机构数/个	1	1	1	1	2
		主持人数/人	1	3	3	1	2
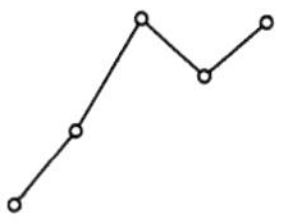	实验地球化学和计算地球化学	项目数/项	0	3	5	4	5
		项目金额/万元	0	128	311	215	301
		机构数/个	0	2	2	1	1
		主持人数/人	0	3	5	4	5
	矿床学	项目数/项	2	7	5	5	4
		项目金额/万元	110	282	231	248	202
		机构数/个	2	3	3	2	2
		主持人数/人	2	7	5	5	4
	中西医结合临床基础	项目数/项	4	4	5	2	6
		项目金额/万元	144	150	166	68	201
		机构数/个	3	2	1	2	1
		主持人数/人	4	4	5	2	6
	中医内科	项目数/项	2	2	5	5	5
		项目金额/万元	75	72	167	173	191
		机构数/个	2	1	1	1	1
		主持人数/人	2	2	5	5	5
	植物化学保护	项目数/项	2	1	6	3	4
		项目金额/万元	63	40	203	119	177
		机构数/个	2	1	4	2	2
		主持人数/人	2	1	6	3	4

资料来源：科技大数据湖北省重点实验室、中国产业智库大数据中心

表 3-102　2019 年贵州省发表 SCI 论文数量二十强学科

序号	研究领域	发文量全国排名	发文量/篇	被引次数/次	篇均被引/次
1	材料科学、跨学科	26	236	290	1.23
2	化学、跨学科	25	173	270	1.56
3	环境科学	26	167	268	1.60
4	药理学和药剂学	25	136	168	1.24
5	肿瘤学	23	115	123	1.07
6	生物化学与分子生物学	25	114	137	1.20
7	化学、有机	20	99	160	1.62
8	医学、研究和试验	25	97	89	0.92
9	免疫学	21	93	35	0.38
10	物理学、应用	26	89	143	1.61
11	工程、电气和电子	26	86	88	1.02
12	遗传学和遗传性	24	86	79	0.92
13	数学、应用	25	84	105	1.25
14	化学、物理	28	72	138	1.92
15	植物学	23	71	52	0.73
16	细胞生物学	24	70	153	2.19
17	多学科科学	26	64	80	1.25
18	数学	25	60	52	0.87
19	毒物学	23	60	69	1.15
20	工程、化学	25	59	116	1.97
全省合计		25	2031	2615	1.29

资料来源：科技大数据湖北省重点实验室、中国产业智库大数据中心

表 3-103　2019 年贵州省争取国家自然科学基金项目经费二十六强机构

序号	机构名称	项目数量/项（排名）	项目经费/万元（排名）	发文量/篇（排名）	被引次数/次（排名）	发明专利申请数/件（排名）	BRCI（排名）
1	贵州大学	90（112）	3 444.6（176）	864（128）	1 042（198）	1 246（57）	10.111 8（102）
2	遵义医科大学	69（154）	2 383.9（240）	376（240）	460（314）	54（1 968）	3.909（234）
3	贵州医科大学	80（130）	2 745（211）	287（281）	343（363）	61（1 728）	3.907 2（235）
4	中国科学院地球化学研究所	31（308）	3 832（164）	213（355）	342（364）	40（2 696）	2.645 5（301）
5	贵州师范大学	23（369）	812.5（453）	135（472）	114（596）	131（805）	1.758 7（367）
6	贵州省人民医院	20（407）	680.4（492）	111（522）	85（651）	29（3 869）	1.168 3（444）
7	贵州理工学院	12（549）	402（625）	58（688）	153（522）	94（1 102）	1.087（455）
8	贵州民族大学	13（526）	363.5（654）	56（700）	62（718）	78（1 346）	0.910 1（482）
9	贵州财经大学	15（490）	435.5（600）	80（598）	70（687）	8（17 930）	0.728 9（502）
10	贵州中医药大学	31（308）	1 020.7（400）	13（1 289）	2（3 580）	37（2 917）	0.564 1（520）
11	遵义师范学院	5（765）	162（847）	51（725）	38（847）	40（2 696）	0.469 6（543）
12	黔南民族师范学院	7（670）	208（780）	25（981）	19（1 117）	42（2 570）	0.436 8（553）
13	贵阳学院	3（883）	105（960）	44（779）	48（781）	61（1 728）	0.401（562）
14	铜仁学院	2（968）	67（1 084）	29（925）	60（726）	137（769）	0.360 1（571）
15	凯里学院	4（810）	138（884）	13（1 289）	18（1 151）	11（11 843）	0.240 6（618）
16	六盘水师范学院	2（968）	49（1 193）	29（925）	39（841）	23（4 975）	0.236 3（619）

续表

序号	机构名称	项目数量/项（排名）	项目经费/万元（排名）	发文量/篇（排名）	被引次数/次（排名）	发明专利申请数/件（排名）	BRCI（排名）
17	贵州省农业科学院	12（549）	472（581）	26（969）	26（996）	0（113 702）	0.158 2（663）
18	贵州工程应用技术学院	1（1 127）	37（1 256）	16（1 170）	8（1 764）	67（1 573）	0.148 8（668）
19	贵州科学院	2（968）	83（1 018）	10（1 464）	5（2 250）	5（30 585）	0.119（684）
20	贵州省烟草科学研究院	1（1 127）	39（1 244）	5（2 066）	6（2 060）	41（2 632）	0.108 6（692）
21	贵州省材料产业技术研究院	1（1 127）	40（1 236）	3（2 710）	3（2 960）	30（3 672）	0.084 7（696）
22	贵州师范学院	1（1 127）	40（1 236）	4（2 323）	3（2 960）	20（5 763）	0.083（698）
23	贵州省疾病预防控制中心	1（1 127）	35（1 259）	5（2 066）	6（2 060）	3（51 793）	0.069（709）
24	贵州省环境科学研究设计院	1（1 127）	39（1 244）	0（5 123）	0（6 499）	1（113 701）	0.007 1（778）
25	贵州省地质矿产勘查开发局	1（1 127）	41（1 228）	0（5 123）	0（6 499）	0（113 702）	0.003 3（795）
26	贵州省山地环境气候研究所	1（1 127）	38（1 251）	0（5 123）	0（6 499）	0（113 702）	0.003 3（796）

资料来源：科技大数据湖北省重点实验室、中国产业智库大数据中心

	综合	化学	临床医学	植物与动物科学	进入ESI学科数
贵州大学	233	135	0	53	3
贵州医科大学	382	0	114	0	2
遵义医科大学	390	0	123	0	2

图 3-53　2019 年贵州省各机构 ESI 前 1%学科分布

表 3-104　2019 年贵州省在华发明专利申请量二十强企业和二十强科研机构列表

序号	二十强企业	发明专利申请量/件	二十强科研机构	发明专利申请量/件
1	贵州电网有限责任公司	698	贵州大学	1198
2	中国电建集团贵阳勘测设计研究院有限公司	173	铜仁学院	135
3	中国航发贵州黎阳航空动力有限公司	69	贵州师范大学	129
4	贵州中烟工业有限责任公司	61	贵州理工学院	90
5	贵州慈明堂健康管理有限公司	53	贵州民族大学	78
6	中国电建集团贵州电力设计研究院有限公司	46	贵州工程应用技术学院	65
7	贵州梅岭电源有限公司	40	贵州医科大学	61
8	贵阳航空电机有限公司	40	贵阳学院	57
9	瓮福（集团）有限责任公司	35	遵义医科大学	54
10	贵州航天天马机电科技有限公司	32	贵州省烟草科学研究院	39
11	贵州航天林泉电机有限公司	32	黔南民族师范学院	39
12	中国航空工业标准件制造有限责任公司	31	遵义师范学院	38
13	中电科大数据研究院有限公司	30	中国科学院地球化学研究所	37
14	贵州正业工程技术投资有限公司	27	贵州中医药大学	37
15	贵州天义电器有限责任公司	26	贵州省果树科学研究所	29
16	贵州盘江精煤股份有限公司	25	中国科学院天然产物化学重点实验室（贵州医科大学天然产物化学重点实验室）	28

续表

序号	二十强企业	发明专利申请量/件	二十强科研机构	发明专利申请量/件
17	贵州航天精工制造有限公司	25	贵州省材料产业技术研究院	27
18	贵州航天风华精密设备有限公司	25	中国航发贵阳发动机设计研究所	25
19	贵州钢绳股份有限公司	25	遵义医学院	23
20	贵州航天智慧农业有限公司	24	六盘水师范学院	21

资料来源：科技大数据湖北省重点实验室、中国产业智库大数据中心

3.3.26 新疆维吾尔自治区

2019 年，新疆维吾尔自治区的基础研究竞争力指数为 0.184，排名第 26 位。新疆维吾尔自治区争取国家自然科学基金项目总数为 360 项，项目经费总额为 15 797.48 万元，全国排名均为第 25 位。新疆维吾尔自治区争取国家自然科学基金项目经费金额大于 500 万元的有 1 个学科（图 3-54）；新疆维吾尔自治区整体争取国家自然科学基金项目经费与 2018 年相比呈现上升趋势；争取国家自然科学基金项目经费最多的学科为自然地理学，项目数量 12 个，项目经费 541 万元（表 3-105）；发表 SCI 论文数量最多的学科为环境科学（表 3-106）；新疆维吾尔自治区共有 4 个机构进入相关学科的 ESI 全球前 1%行列（图 3-55）。新疆维吾尔自治区发明专利申请量 3034 件，全国排名第 27 位，主要专利权人如表 3-108 所示。

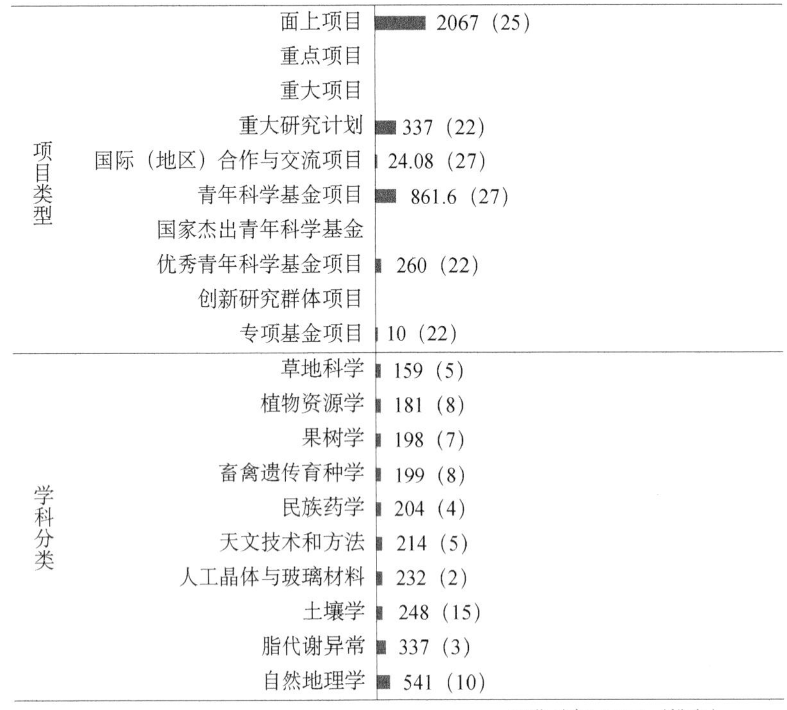

图 3-54 2019 年新疆维吾尔自治区争取国家自然科学基金项目情况

资料来源：科技大数据湖北省重点实验室、中国产业智库大数据中心

2019年，新疆维吾尔自治区地方财政科技投入经费预算40.7926亿元，全国排名第21位；拥有国家重点实验室2个，全国排名第27位；拥有省级重点实验室86个，全国排名第24位；拥有院士4人，全国排名第21位。

表3-105 2019年新疆维吾尔自治区争取国家自然科学基金项目经费十强学科及近5年变化趋势

项目经费趋势	学科	指标	2015年	2016年	2017年	2018年	2019年
	合计	项目数/项	507	480	467	389	360
		项目金额/万元	21 720.86	21 377.3	19 902	15 500.32	15 797.48
		机构数/个	29	26	26	27	24
		主持人数/人	502	479	459	386	355
	自然地理学	项目数/项	15	14	10	4	12
		项目金额/万元	760	994	367	149	541
		机构数/个	5	4	3	4	5
		主持人数/人	15	14	10	4	12
	脂代谢异常	项目数/项	0	0	0	0	1
		项目金额/万元	0	0	0	0	337
		机构数/个	0	0	0	0	1
		主持人数/人	0	0	0	0	1
	土壤学	项目数/项	0	0	0	4	5
		项目金额/万元	0	0	0	166	248
		机构数/个	0	0	0	2	2
		主持人数/人	0	0	0	4	5
	人工晶体与玻璃材料	项目数/项	0	1	1	3	3
		项目金额/万元	0	20	25	180	232
		机构数/个	0	1	1	1	2
		主持人数/人	0	1	1	3	3
	天文技术和方法	项目数/项	2	1	1	6	5
		项目金额/万元	44	25	69	243	214
		机构数/个	1	1	1	1	1
		主持人数/人	2	1	1	6	5
	民族药学	项目数/项	5	6	9	8	6
		项目金额/万元	185	213	329	276	204
		机构数/个	3	3	5	5	3
		主持人数/人	5	6	9	8	6
	畜禽遗传育种学	项目数/项	0	0	0	0	5
		项目金额/万元	0	0	0	0	199
		机构数/个	0	0	0	0	4
		主持人数/人	0	0	0	0	5
	果树学	项目数/项	3	5	5	5	5
		项目金额/万元	115	193	192	186	198
		机构数/个	3	2	4	3	2
		主持人数/人	3	5	5	5	5

续表

项目经费趋势	学科	指标	2015年	2016年	2017年	2018年	2019年
	植物资源学	项目数/项	4	4	4	3	5
		项目金额/万元	122	176	152	160	181
		机构数/个	4	4	3	2	5
		主持人数/人	4	4	4	3	5
	草地科学	项目数/项	0	0	0	0	4
		项目金额/万元	0	0	0	0	159
		机构数/个	0	0	0	0	1
		主持人数/人	0	0	0	0	4

资料来源：科技大数据湖北省重点实验室、中国产业智库大数据中心

表 3-106　2019 年新疆维吾尔自治区发表 SCI 论文数量二十强学科

序号	研究领域	发文量全国排名	发文量/篇	被引次数/次	篇均被引/次
1	环境科学	25	183	310	1.69
2	化学、跨学科	26	165	403	2.44
3	材料科学、跨学科	27	148	391	2.64
4	医学、研究和试验	23	135	104	0.77
5	化学、物理	26	114	409	3.59
6	生物化学与分子生物学	26	104	177	1.70
7	肿瘤学	26	93	83	0.89
8	多学科科学	25	79	74	0.94
9	药理学和药剂学	27	78	101	1.29
10	工程、电气和电子	27	75	51	0.68
11	免疫学	24	73	26	0.36
12	物理学、应用	27	71	161	2.27
13	植物学	24	69	65	0.94
14	水资源	21	69	54	0.78
15	工程、化学	26	58	186	3.21
16	生物工程学和应用微生物学	26	56	101	1.80
17	化学、分析	25	56	127	2.27
18	能源和燃料	27	53	152	2.87
19	医学、全科和内科	23	53	15	0.28
20	地球学、跨学科	23	52	102	1.96
全自治区合计		26	1784	3092	1.73

资料来源：科技大数据湖北省重点实验室、中国产业智库大数据中心

表 3-107　2019 年新疆维吾尔自治区争取国家自然科学基金项目经费二十四强机构

序号	机构名称	项目数量/项（排名）	项目经费/万元（排名）	发文量/篇（排名）	被引次数/次（排名）	发明专利申请数/件（排名）	BRCI（排名）
1	新疆大学	81（125）	3 644.6（170）	528（188）	985（202）	164（641）	6.4012（154）
2	石河子大学	55（186）	2 392.7（239）	496（197）	709（243）	227（453）	5.198 4（187）
3	新疆医科大学	64（163）	2 838.6（204）	345（251）	228（446）	20（5 763）	2.916 1（283）

续表

序号	机构名称	项目数量/项（排名）	项目经费/万元（排名）	发文量/篇（排名）	被引次数/次（排名）	发明专利申请数/件（排名）	BRCI（排名）
4	中国科学院新疆生态与地理研究所	27（338）	1 535（318）	240（323）	338（367）	59（1 791）	2.367 6（322）
5	新疆农业大学	39（258）	1 507（323）	89（582）	67（699）	105（982）	1.913（359）
6	中国科学院新疆理化技术研究所	11（564）	678.08（494）	154（441）	494（305）	89（1 174）	1.579 4（388）
7	塔里木大学	17（454）	648.5（507）	47（752）	57（735）	114（917）	1.118 2（454）
8	新疆师范大学	8（645）	299（696）	62（663）	46（792）	5（30 585）	0.458 7（547）
9	中国科学院新疆天文台	9（613）	383（639）	30（905）	12（1 392）	18（6 649）	0.436（554）
10	新疆维吾尔自治区人民医院	4（810）	139（882）	67（637）	39（841）	10（13 245）	0.354 5（574）
11	中国气象局乌鲁木齐沙漠气象研究所	7（670）	361（656）	19（1 098）	27（983）	2（71 748）	0.292（600）
12	新疆工程学院	4（810）	156（858）	11（1 405）	9（1 644）	15（8 139）	0.224 1（624）
13	新疆农业科学院	15（490）	591（533）	9（1 534）	16（1 226）	0（113 702）	0.136 8（673）
14	伊犁师范大学	2（968）	83（1 018）	16（1 170）	4（2 550）	4（39 841）	0.119 4（683）
15	新疆农垦科学院	2（968）	75（1 050）	3（2 710）	3（2 960）	28（4 007）	0.117 1（686）
16	新疆维吾尔自治区药物研究所	2（968）	68（1 077）	1（5 122）	7（1 912）	2（71 748）	0.071 2（707）
17	新疆财经大学	4（810）	111（938）	10（1 464）	7（1 912）	0（113 702）	0.059 1（712）
18	喀什大学	1（1 127）	10（1 450）	4（2 323）	8（1 764）	1（113 701）	0.047 1（723）
19	中国人民解放军新疆军区总医院	1（1 127）	20（1 426）	1（5 122）	5（2 250）	0（113 702）	0.018（753）
20	新疆水利水电科学研究院	2（968）	82（1 023）	0（5 123）	0（6 499）	7（21 068）	0.01 41（759）
21	新疆林业科学院	1（1 127）	39（1 244）	0（5 123）	0（6 499）	4（39 841）	0.009（770）
22	乌鲁木齐市妇幼保健院	1（1 127）	33（1 273）	0（5 123）	0（6 499）	2（71 748）	0.007 8（776）
23	新疆畜牧科学院	2（968）	64（1 096）	0（5 123）	0（6 499）	0（113 702）	0.004 5（787）
24	新疆维吾尔自治区气象台	1（1 127）	39（1 244）	0（5 123）	0（6 499）	0（113 702）	0.003 3（800）

资料来源：科技大数据湖北省重点实验室、中国产业智库大数据中心

	综合	农业科学	化学	临床医学	工程科学	环境生态学	地球科学	材料科学	进入ESI学科数
新疆大学	231	0	158	0	184	0	0	168	3
石河子大学	277	83	199	142	0	0	0	0	3
中国科学院新疆生态与地理研究所	280	0	0	0	0	46	42	0	2
新疆医科大学	315	0	0	63	0	0	0	0	1

图 3-55　2019 年新疆维吾尔自治区各机构 ESI 前 1%学科分布

表 3-108　2019 年新疆维吾尔自治区在华发明专利申请量二十二强企业和二十三强科研机构列表

序号	二十二强企业	发明专利申请量/件	二十三强科研机构	发明专利申请量/件
1	国网新疆电力有限公司电力科学研究院	61	石河子大学	220
2	新疆八一钢铁股份有限公司	45	新疆大学	153

续表

序号	二十二强企业	发明专利申请量/件	二十三强科研机构	发明专利申请量/件
3	中国石油集团西部钻探工程有限公司	33	塔里木大学	113
4	国网新疆电力有限公司信息通信公司	31	新疆农业大学	99
5	新疆众和股份有限公司	27	中国科学院新疆理化技术研究所	88
6	国网新疆电力有限公司经济技术研究院	26	中国科学院新疆生态与地理研究所	58
7	国网新疆电力有限公司奎屯供电公司	25	新疆农垦科学院	25
8	德蓝水技术股份有限公司	25	新疆医科大学	20
9	国网新疆电力有限公司乌鲁木齐供电公司	22	中国科学院新疆天文台	18
10	国网新疆电力有限公司昌吉供电公司	21	新疆工程学院	15
11	乌鲁木齐明华智能电子科技有限公司	17	新疆农业科学院植物保护研究所	12
12	新疆金风科技股份有限公司	17	新疆农业科学院土壤肥料与农业节水研究所（新疆维吾尔自治区新型肥料研究中心）	10
13	伊犁那拉乳业集团有限公司	15	新疆农业科学院园艺作物研究所	8
14	国网新疆电力有限公司	14	新疆农业科学院微生物应用研究所（中国新疆 亚美尼亚生物工程研究开发中心）	8
15	新疆格瑞迪斯石油技术股份有限公司	14	新疆石河子职业技术学院（石河子市技工学校）	7
16	国网新疆电力有限公司伊犁供电公司	12	新疆农业科学院农业机械化研究所	6
17	保利民爆哈密有限公司	11	新疆林科院经济林研究所	6
18	国网新疆电力有限公司喀什供电公司	10	新疆水利水电科学研究院	6
19	新疆东方希望新能源有限公司	10	新疆畜牧科学院兽医研究所（新疆畜牧科学院动物临床医学研究中心）	6
20	新疆北新路桥集团股份有限公司	10	新疆农业科学院农作物品种资源研究所	5
21	新疆烯金石墨烯科技有限公司	10	新疆农业科学院核技术生物技术研究所（新疆维吾尔自治区生物技术研究中心）	5
22	新疆联海创智信息科技有限公司	10	新疆农业科学院综合试验场	5
23			新疆师范大学	5

资料来源：科技大数据湖北省重点实验室、中国产业智库大数据中心

3.3.27 内蒙古自治区

2019年，内蒙古自治区的基础研究竞争力指数为0.1628，排名第27位。内蒙古自治区争取国家自然科学基金项目总数为316项，项目经费总额为12 188.03万元，全国排名均为第27位。内蒙古自治区争取国家自然科学基金项目经费金额大于400万元的有2个学科（图3-56）；内蒙古自治区整体争取国家自然科学基金项目经费与2018年相比呈现上升趋势；争取国家自然科学基金项目经费最多的学科为工程水文与水资源利用，项目数量6个，项目经费489万元（表3-109）；发表SCI论文数量最多的学科为材料科学、跨学科（表3-110）；内蒙古自治区共有2个机构进入相关学科的ESI全球前1%行列（图3-57）。内蒙古自治区发明专利申请量4022件，全国排名第26位，主要专利权人如表3-112所示。

2019年，内蒙古自治区地方财政科技投入经费预算17.6163亿元，全国排名第27位；拥

有国家重点实验室3个，全国排名第24位；拥有省级重点实验室156个，全国排名第14位；拥有院士2人，全国排名第25位。

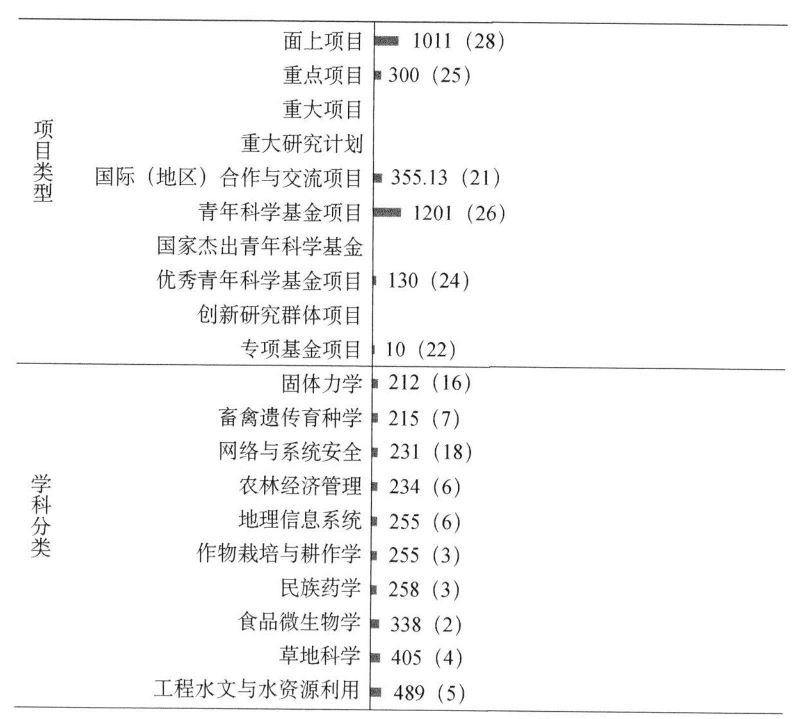

图3-56 2019年内蒙古自治区争取国家自然科学基金项目情况

资料来源：科技大数据湖北省重点实验室、中国产业智库大数据中心

表3-109 2019年内蒙古自治区争取国家自然科学基金项目经费十强学科及近5年变化趋势

项目经费趋势	学科	指标	2015年	2016年	2017年	2018年	2019年
	合计	项目数/项	274	294	296	282	316
		项目金额/万元	10 123	11 279.4	11 004.1	10 613.05	12 188.03
		机构数/个	21	23	22	20	25
		主持人数/人	268	291	287	282	314
	工程水文与水资源利用	项目数/项	3	5	4	5	6
		项目金额/万元	125	388	195	190	489
		机构数/个	2	2	2	1	1
		主持人数/人	3	5	4	5	6
	草地科学	项目数/项	0	0	0	0	11
		项目金额/万元	0	0	0	0	405
		机构数/个	0	0	0	0	4
		主持人数/人	0	0	0	0	11
	食品微生物学	项目数/项	3	6	3	3	6
		项目金额/万元	168	288	355	120	338
		机构数/个	1	1	1	2	1
		主持人数/人	3	6	3	3	6

续表

项目经费趋势	学科	指标	2015年	2016年	2017年	2018年	2019年
	民族药学	项目数/项	8	8	9	4	8
		项目金额/万元	254	197	308	122	258
		机构数/个	3	4	3	2	3
		主持人数/人	8	8	9	4	8
	作物栽培与耕作学	项目数/项	4	3	4	2	7
		项目金额/万元	161	117	152	80	255
		机构数/个	1	1	2	2	4
		主持人数/人	4	3	4	2	7
	地理信息系统	项目数/项	1	0	1	2	3
		项目金额/万元	20	0	38	98.8	255
		机构数/个	1	0	1	2	1
		主持人数/人	1	0	1	2	3
	农林经济管理	项目数/项	0	0	0	4	4
		项目金额/万元	0	0	0	136	234
		机构数/个	0	0	0	2	3
		主持人数/人	0	0	0	4	4
	网络与系统安全	项目数/项	2	3	3	0	6
		项目金额/万元	57	141	79	0	231
		机构数/个	2	3	3	0	3
		主持人数/人	2	3	3	0	6
	畜禽遗传育种学	项目数/项	0	0	0	0	2
		项目金额/万元	0	0	0	0	215
		机构数/个	0	0	0	0	1
		主持人数/人	0	0	0	0	1
	固体力学	项目数/项	4	4	4	3	5
		项目金额/万元	158	184	174	105	212
		机构数/个	2	2	1	1	2
		主持人数/人	4	4	4	3	5

资料来源：科技大数据湖北省重点实验室、中国产业智库大数据中心

表 3-110　2019 年内蒙古自治区发表 SCI 论文数量二十强学科

序号	研究领域	发文量全国排名	发文量/篇	被引次数/次	篇均被引/次
1	材料科学、跨学科	25	241	463	1.92
2	化学、物理	25	118	341	2.89
3	化学、跨学科	27	105	166	1.58
4	环境科学	27	98	122	1.24
5	物理学、应用	25	96	208	2.17
6	工程、电气和电子	25	93	76	0.82
7	冶金和冶金工程学	24	78	97	1.24
8	药理学和药剂学	28	77	29	0.38

续表

序号	研究领域	发文量全国排名	发文量/篇	被引次数/次	篇均被引/次
9	电信	25	67	77	1.15
10	生物化学与分子生物学	28	66	97	1.47
11	物理学、凝聚态物质	25	62	114	1.84
12	计算机科学、信息系统	25	61	77	1.26
13	能源和燃料	25	59	172	2.92
14	免疫学	27	57	17	0.30
15	毒物学	24	55	16	0.29
16	肿瘤学	27	52	38	0.73
17	医学、研究和试验	27	51	44	0.86
18	数学	26	48	32	0.67
19	数学、应用	26	47	82	1.74
20	化学、无机和核	25	44	91	2.07
全自治区合计		27	1575	2359	1.50

资料来源：科技大数据湖北省重点实验室、中国产业智库大数据中心

表 3-111　2019 年内蒙古自治区争取国家自然科学基金项目经费二十五强机构

序号	机构名称	项目数量/项（排名）	项目经费/万元（排名）	发文量/篇（排名）	被引次数/次（排名）	发明专利申请数/件（排名）	BRCI（排名）
1	内蒙古大学	71（144）	2 625.5（220）	373（241）	647（258）	99（1 046）	4.701 5（202）
2	内蒙古农业大学	63（166）	2 841.13（203）	233（330）	198（476）	119（874）	3.573（254）
3	内蒙古工业大学	39（258）	1 487（327）	279（287）	272（408）	212（499）	3.278 9（268）
4	内蒙古科技大学	33（296）	1 203（367）	223（342）	272（408）	186（565）	2.821 8（287）
5	内蒙古医科大学	27（338）	930（419）	176（395）	107（610）	16（7 562）	1.382 3（414）
6	内蒙古民族大学	16（470）	679.5（493）	131（478）	80（662）	39（2 771）	1.159 4（449）
7	内蒙古师范大学	18（433）	817（452）	93（568）	163（512）	11（11 843）	1.060 7（459）
8	内蒙古科技大学包头医学院	10（591）	321.4（679）	43（786）	24（1 026）	3（51 793）	0.387 7（567）
9	内蒙古财经大学	8（645）	184（807）	27（954）	116（592）	1（113 701）	0.328 6（582）
10	内蒙古自治区人民医院	5（765）	172（825）	35（857）	33（893）	4（39 841）	0.296 4（598）
11	中国农业科学院草原研究所	3（883）	72（1 062）	10（1 464）	25（1 010）	14（8 990）	0.206 5（636）
12	内蒙古自治区农牧业科学院	3（883）	104（964）	5（2 066）	10（1 552）	48（2 232）	0.206 1（637）
13	赤峰学院	1（1 127）	35（1 259）	52（720）	19（1 117）	11（11 843）	0.153 3（664）
14	内蒙古科技大学包头师范学院	4（810）	128（896）	7（1 748）	5（2 250）	1（113 701）	0.116 1（687）
15	包头稀土研究院	1（1 127）	40（1 236）	2（3 439）	4（2 550）	62（1 693）	0.093 7（694）
16	内蒙古自治区气象科学研究所	2（968）	77（1 045）	2（3 439）	1（4 576）	0（113 702）	0.024 4（740）
17	呼和浩特民族学院	1（1 127）	35（1 259）	4（2 323）	3（2 960）	0（113 702）	0.022 9（741）
18	河套学院	1（1 127）	22.5（1 384）	3（2 710）	0（6 499）	6（24 790）	0.022 7（743）
19	内蒙古自治区林业科学研究院	1（1 127）	40（1 236）	1（5 122）	0（6 499）	5（30 585）	0.020 2（749）

续表

序号	机构名称	项目数量/项（排名）	项目经费/万元（排名）	发文量/篇（排名）	被引次数/次（排名）	发明专利申请数/件（排名）	BRCI（排名）
20	水利部牧区水利科学研究所	1（1 127）	26（1 291）	0（5 123）	0（6 499）	15（8 139）	0.010 5（764）
21	呼和浩特市第一医院	1（1 127）	35（1 259）	2（3 439）	0（6 499）	0（113 702）	0.007 9（774）
22	奈曼旗扶贫开发办公室	3（883）	150（867）	0（5 123）	0（6 499）	0（113 702）	0.006（783）
23	内蒙古自治区国际蒙医医院	2（968）	68（1 077）	0（5 123）	0（6 499）	0（113 702）	0.004 6（786）
24	中国人民解放军联勤保障部队第九六九医院	1（1 127）	55（1 159）	0（5 123）	0（6 499）	0（113 702）	0.003 5（791）
25	乌兰察布市农牧业科学研究院	1（1 127）	40（1 236）	0（5 123）	0（6 499）	0（113 702）	0.003 3（799）

资料来源：科技大数据湖北省重点实验室、中国产业智库大数据中心

	综合	农业科学	临床医学	进入ESI学科数
内蒙古农业大学	391	65	0	1
内蒙古医科大学	405	0	97	1

图 3-57　2019 年内蒙古自治区各机构 ESI 前 1%学科分布

表 3-112　2019 年内蒙古自治区在华发明专利申请量二十强企业和二十二强科研机构列表

序号	二十强企业	发明专利申请量/件	二十二强科研机构	发明专利申请量/件
1	包头钢铁（集团）有限责任公司	148	内蒙古工业大学	205
2	内蒙古蒙牛乳业（集团）股份有限公司	64	内蒙古科技大学	177
3	中国二冶集团有限公司	51	内蒙古农业大学	111
4	内蒙古电力（集团）有限责任公司内蒙古电力科学研究院分公司	48	内蒙古大学	95
5	内蒙古中环光伏材料有限公司	34	包头稀土研究院	60
6	中国移动通信集团内蒙古有限公司	30	内蒙古自治区农牧业科学院	43
7	国网内蒙古东部电力有限公司电力科学研究院	30	内蒙古民族大学	37
8	内蒙古昆明卷烟有限责任公司	29	内蒙古医科大学	15
9	内蒙古第一机械集团股份有限公司	26	水利部牧区水利科学研究所	15
10	内蒙古蒙草生态环境（集团）股份有限公司	25	中国农业科学院草原研究所	14
11	内蒙古伊利实业集团股份有限公司	23	内蒙古师范大学	11
12	内蒙古万众炜业科技环保股份公司	22	赤峰学院	11
13	内蒙古通威高纯晶硅有限公司	20	内蒙动力机械研究所	10
14	亿利资源集团有限公司	17	内蒙古合成化工研究所	9
15	内蒙古上海庙矿业有限责任公司	17	锡林郭勒职业学院	9
16	内蒙古拜克生物有限公司	17	中国科学院包头稀土研发中心	6
17	内蒙古中环协鑫光伏材料有限公司	16	内蒙古农业大学职业技术学院	6
18	内蒙古北方重型汽车股份有限公司	16	内蒙古自治区生物技术研究院	6
19	内蒙古北方重工业集团有限公司	16	内蒙古金属材料研究所	6

续表

序号	二十强企业	发明专利申请量/件	二十二强科研机构	发明专利申请量/件
20	内蒙古阜丰生物科技有限公司	15	内蒙古自治区林业科学研究院	5
21			包头职业技术学院	5
22			鄂尔多斯应用技术学院	5

资料来源：科技大数据湖北省重点实验室、中国产业智库大数据中心

3.3.28 海南省

2019 年，海南省的基础研究竞争力指数为 0.1034，排名第 28 位。海南省争取国家自然科学基金项目总数为 184 项，项目经费总额为 7121.6 万元，全国排名均为第 28 位。海南省争取国家自然科学基金项目经费金额大于 200 万元的有 2 个学科（图 3-58）；海南省整体争取国家自然科学基金项目经费与 2018 年相比呈现下降趋势；争取国家自然科学基金项目经费最多的学科为智能矿山，项目数量 1 个，项目经费 267 万元（表 3-113）；发表 SCI 论文数量最多的学科为植物学（表 3-114）；海南省共有 3 个机构进入相关学科的 ESI 全球前 1%行列（图 3-59）。海南省发明专利申请量 1934 件，全国排名第 29 位，主要专利权人如表 3-116 所示。

2019 年，海南省地方财政科技投入经费预算 7.3193 亿元，全国排名第 30 位；拥有国家重点实验室 1 个，全国排名第 28 位；拥有省级重点实验室 66 个，全国排名第 26 位。

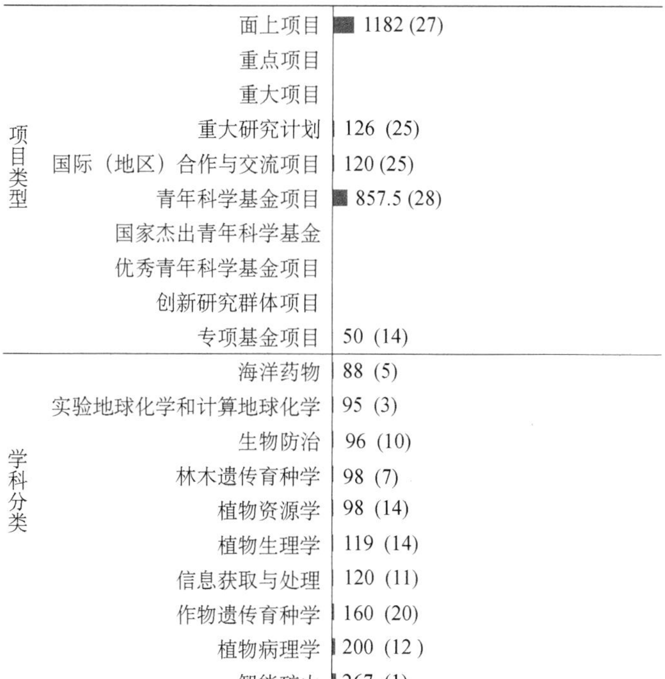

图 3-58 2019 年海南省争取国家自然科学基金项目情况

资料来源：科技大数据湖北省重点实验室、中国产业智库大数据中心

表 3-113　2019 年海南省争取国家自然科学基金项目经费十强学科及近 5 年变化趋势

项目经费趋势	学科	指标	2015 年	2016 年	2017 年	2018 年	2019 年
	合计	项目数/项	154	184	192	198	184
		项目金额/万元	5794	6386.6	7295.9	8094.4	7121.6
		机构数/个	14	20	16	15	16
		主持人数/人	154	184	190	195	184
	智能矿山	项目数/项	0	0	0	0	1
		项目金额/万元	0	0	0	0	267
		机构数/个	0	0	0	0	1
		主持人数/人	0	0	0	0	1
	植物病理学	项目数/项	8	3	5	7	5
		项目金额/万元	544	88	191	259	200
		机构数/个	3	3	3	2	3
		主持人数/人	8	3	5	7	5
	作物遗传育种学	项目数/项	0	0	0	0	4
		项目金额/万元	0	0	0	0	160
		机构数/个	0	0	0	0	2
		主持人数/人	0	0	0	0	4
	信息获取与处理	项目数/项	0	0	0	0	1
		项目金额/万元	0	0	0	0	120
		机构数/个	0	0	0	0	1
		主持人数/人	0	0	0	0	1
	植物生理学	项目数/项	2	4	3	3	3
		项目金额/万元	126	140	122	124	119
		机构数/个	2	2	2	2	1
		主持人数/人	2	4	3	3	3
	植物资源学	项目数/项	1	4	1	7	2
		项目金额/万元	63	151	38	277	98
		机构数/个	1	3	1	5	2
		主持人数/人	1	4	1	7	2
	林木遗传育种学	项目数/项	2	1	8	4	2
		项目金额/万元	83	20	323	510	98
		机构数/个	1	1	2	2	2
		主持人数/人	2	1	8	4	2
	生物防治	项目数/项	4	0	0	0	2
		项目金额/万元	133	0	0	0	96
		机构数/个	4	0	0	0	2
		主持人数/人	4	0	0	0	2
	实验地球化学和计算地球化学	项目数/项	1	0	0	1	2
		项目金额/万元	74	0	0	51	95
		机构数/个	1	0	0	1	1
		主持人数/人	1	0	0	1	2

续表

项目经费趋势	学科	指标	2015年	2016年	2017年	2018年	2019年
	海洋药物	项目数/项	0	2	1	1	2
		项目金额/万元	0	73	20	57	88
		机构数/个	0	1	1	1	1
		主持人数/人	0	2	1	1	2

资料来源：科技大数据湖北省重点实验室、中国产业智库大数据中心

表3-114　2019年海南省发表SCI论文数量二十强学科

序号	研究领域	发文量全国排名	发文量/篇	被引次数/次	篇均被引/次
1	植物学	20	111	123	1.11
2	生物化学与分子生物学	26	104	131	1.26
3	遗传学和遗传性	20	96	62	0.65
4	化学、跨学科	28	88	214	2.43
5	药理学和药剂学	26	81	70	0.86
6	免疫学	25	71	44	0.62
7	食品科学和技术	23	70	180	2.57
8	材料科学、跨学科	28	68	165	2.43
9	化学、应用	25	66	197	2.98
10	生物工程学和应用微生物学	25	60	63	1.05
11	化学、药物	21	59	77	1.31
12	环境科学	28	53	76	1.43
13	多学科科学	27	49	67	1.37
14	毒物学	27	43	32	0.74
15	工程、电气和电子	28	42	114	2.71
16	医学、研究和试验	28	40	38	0.95
17	计算机科学、信息系统	27	37	83	2.24
18	海洋和淡水生物学	11	37	71	1.92
19	农艺学	23	35	63	1.80
20	化学、物理	29	33	137	4.15
全省合计		28	1243	2007	1.61

资料来源：科技大数据湖北省重点实验室、中国产业智库大数据中心

表3-115　2019年海南省争取国家自然科学基金项目经费十六强机构

序号	机构名称	项目数量/项（排名）	项目经费/万元（排名）	发文量/篇（排名）	被引次数/次（排名）	发明专利申请数/件（排名）	BRCI（排名）
1	海南大学	90（112）	3 575（173）	548（183）	1 116（186）	281（359）	7.442 6（139）
2	海南师范大学	23（369）	840（440）	157（430）	189（490）	69（1 531）	1.773 1（365）
3	海南医学院	29（321）	938.2（417）	147（450）	117（589）	42（2 570）	1.640 1（383）
4	中国热带农业科学院热带生物技术研究所	6（711）	307（688）	51（725）	66（704）	25（4 547）	0.562 8（522）
5	中国科学院深海科学与工程研究所	7（670）	362（655）	38（822）	49（775）	25（4 547）	0.551 7（525）
6	中国热带农业科学院香料饮料研究所	4（810）	130（892）	12（1 342）	46（792）	15（8 139）	0.289 5（601）
7	海南热带海洋学院	5（765）	195（800）	16（1 170）	9（1 644）	19（6 234）	0.277 4（605）

续表

序号	机构名称	项目数量/项（排名）	项目经费/万元（排名）	发文量/篇（排名）	被引次数/次（排名）	发明专利申请数/件（排名）	BRCI（排名）
8	中国热带农业科学院环境与植物保护研究所	2（968）	82（1 023）	21（1 056）	30（940）	35（3 094）	0.250 5（613）
9	中国热带农业科学院橡胶研究所	2（968）	116（928）	14（1 246）	27（983）	34（3 214）	0.242 6（616）
10	海南省人民医院	7（670）	262（728）	8（1 625）	10（1 552）	2（71 748）	0.203 1（640）
11	中国热带农业科学院热带作物品种资源研究所	1（1 127）	24（1 336）	17（1 142）	18（1 151）	24（4 781）	0.134 9（674）
12	海南省妇幼保健院	2（968）	69（1 072）	3（2 710）	4（2 550）	10（13 245）	0.102 1（693）
13	海口市人民医院	2（968）	67.7（1 083）	3（2 710）	0（6 499）	5（30 585）	0.033 4（733）
14	海南省农业科学院	2（968）	96（985）	1（5 122）	0（6 499）	0（113 702）	0.010 5（763）
15	中国热带农业科学院海口实验站	1（1 127）	24（1 336）	0（5 123）	0（6 499）	15（8 139）	0.010 4（765）
16	海南省中医院	1（1 127）	33.7（1 272）	0（5 123）	0（6 499）	2（71 748）	0.007 8（775）

资料来源：科技大数据湖北省重点实验室、中国产业智库大数据中心

	综合	农业科学	化学	临床医学	植物与动物科学	进入ESI学科数
海南大学	281	0	206	0	73	2
中国热带农业科学院	350	79	0	0	57	2
海南医学院	403	0	0	107	0	1

图 3-59　2019 年海南省各机构 ESI 前 1%学科分布

表 3-116　2019 年海南省在华发明专利申请量二十五强企业和二十强科研机构列表

序号	二十五强企业	发明专利申请量/件	二十强科研机构	发明专利申请量/件
1	海南晨海水产有限公司	33	海南大学	276
2	海南电网有限责任公司	28	海南师范大学	68
3	海南新软软件有限公司	25	海南医学院	41
4	海南太美航空股份有限公司	22	中国热带农业科学院橡胶研究所	33
5	海南中橡科技有限公司	17	中国热带农业科学院环境与植物保护研究所	31
6	海南电网有限责任公司电力科学研究院	16	中国科学院深海科学与工程研究所	24
7	海南车智易通信息技术有限公司	16	中国热带农业科学院热带作物品种资源研究所	21
8	海南顿斯医药科技有限公司	15	中国热带农业科学院热带生物技术研究所	20
9	海南女人春天美容有限公司	13	海南热带海洋学院	19
10	海南正业中农高科股份有限公司	13	海南省林业科学研究所	17
11	海南汉地阳光石油化工有限公司	11	中国热带农业科学院海口实验站	15
12	海南必凯水性新材料有限公司	10	中国热带农业科学院香料饮料研究所	14
13	海南藏馨阁香业有限公司	10	海南亚元防伪技术研究所（普通合伙）	14
14	海南金海浆纸业有限公司	10	中国热带农业科学院椰子研究所	12
15	海南省岭脚热带作物有限公司	9	中国热带农业科学院分析测试中心	8
16	海南中航特玻科技有限公司	8	海南省海洋与渔业科学院	8
17	海南天道种业有限公司	8	海南科技职业大学	8

续表

序号	二十五强企业	发明专利申请量/件	二十强科研机构	发明专利申请量/件
18	海南波莲水稻基因科技有限公司	8	琼台师范学院	8
19	海南海嘉惠科技有限公司	8	中国医学科学院药用植物研究所海南分所	7
20	上海儿童营养中心有限公司海南分公司	7	海南经贸职业技术学院	7
21	北京鑫开元医药科技有限公司海南分公司	7		
22	海南天成宏业互联网投资有限责任公司	7		
23	海南来个碗网络科技有限公司	7		
24	海南阿凡题科技有限公司	7		
25	海口路氏肥业有限公司	7		

资料来源：科技大数据湖北省重点实验室、中国产业智库大数据中心

3.3.29 宁夏回族自治区

2019年，宁夏回族自治区的基础研究竞争力指数为0.0744，排名第29位。宁夏回族自治区争取国家自然科学基金项目总数为136项，项目经费总额为4960.1万元，全国排名均为第29位。宁夏回族自治区争取国家自然科学基金项目经费金额大于100万元的有2个学科（图3-60）；宁夏回族自治区整体争取国家自然科学基金项目经费与2018年相比呈现下降趋势；争取国家自然科学基金项目经费最多的学科为植物生理学，项目数量3个，项目经费119万元（表3-117）；发表SCI论文数量最多的学科为化学、物理（表3-118）；宁夏回族自治区共有1个机构进入相关学科的ESI全球前1%行列（图3-61）。宁夏回族自治区发明专利申请量2365件，全国排名第28位，主要专利权人如表3-120所示。

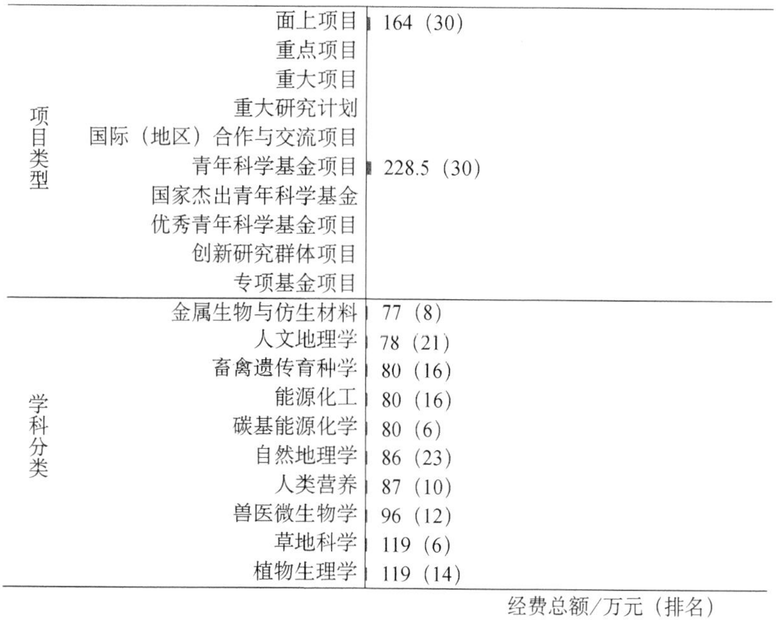

图3-60 2019年宁夏回族自治区争取国家自然科学基金项目情况

资料来源：科技大数据湖北省重点实验室、中国产业智库大数据中心

2019年，宁夏回族自治区地方财政科技投入经费预算29.3092亿元，全国排名第24位；拥有国家重点实验室3个，全国排名第24位；拥有省级重点实验室26个，全国排名第30位。

表3-117　2019年宁夏回族自治区争取国家自然科学基金项目经费十强学科及近5年变化趋势

项目经费趋势	学科	指标	2015年	2016年	2017年	2018年	2019年
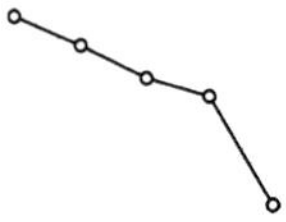	合计	项目数/项	166	170	163	151	136
		项目金额/万元	6103.6	5933.8	5726.5	5624	4960.1
		机构数/个	7	7	7	10	9
		主持人数/人	165	170	163	151	134
	植物生理学	项目数/项	0	2	0	1	3
		项目金额/万元	0	60	0	37	119
		机构数/个	0	2	0	1	2
		主持人数/人	0	2	0	1	3
	草地科学	项目数/项	0	0	0	0	3
		项目金额/万元	0	0	0	0	119
		机构数/个	0	0	0	0	2
		主持人数/人	0	0	0	0	3
	兽医微生物学	项目数/项	1	0	1	0	2
		项目金额/万元	41	0	40	0	96
		机构数/个	1	0	1	0	1
		主持人数/人	1	0	1	0	2
	人类营养	项目数/项	0	1	1	1	2
		项目金额/万元	0	40	35	21	87
		机构数/个	0	1	1	1	1
		主持人数/人	0	1	1	1	2
	自然地理学	项目数/项	0	2	1	0	2
		项目金额/万元	0	58	40	0	86
		机构数/个	0	1	1	0	1
		主持人数/人	0	2	1	0	2
	碳基能源化学	项目数/项	0	0	0	1	2
		项目金额/万元	0	0	0	38	80
		机构数/个	0	0	0	1	1
		主持人数/人	0	0	0	1	2
	能源化工	项目数/项	0	0	0	0	2
		项目金额/万元	0	0	0	0	80
		机构数/个	0	0	0	0	1
		主持人数/人	0	0	0	0	2
	畜禽遗传育种学	项目数/项	0	0	0	0	2
		项目金额/万元	0	0	0	0	80
		机构数/个	0	0	0	0	1
		主持人数/人	0	0	0	0	2

续表

项目经费趋势	学科	指标	2015年	2016年	2017年	2018年	2019年
	人文地理学	项目数/项	2	2	4	0	2
		项目金额/万元	76	70	144	0	78
		机构数/个	2	1	1	0	1
		主持人数/人	2	2	4	0	2
	金属生物与仿生材料	项目数/项	0	0	0	0	2
		项目金额/万元	0	0	0	0	77
		机构数/个	0	0	0	0	2
		主持人数/人	0	0	0	0	2

资料来源：科技大数据湖北省重点实验室、中国产业智库大数据中心

表 3-118　2019 年宁夏回族自治区发表 SCI 论文数量二十强学科

序号	研究领域	发文量全国排名	发文量/篇	被引次数/次	篇均被引/次
1	化学、物理	27	74	356	4.81
2	化学、跨学科	29	60	110	1.83
3	材料科学、跨学科	29	59	131	2.22
4	药理学和药剂学	29	51	69	1.35
5	医学、研究和试验	28	40	39	0.98
6	环境科学	30	36	74	2.06
7	工程、化学	27	35	192	5.49
8	生物化学与分子生物学	29	28	70	2.50
9	肿瘤学	29	28	28	1.00
10	物理学、应用	28	27	70	2.59
11	能源和燃料	28	25	89	3.56
12	工程、电气和电子	29	24	42	1.75
13	数学	28	22	12	0.55
14	数学、应用	28	22	28	1.27
15	细胞生物学	29	21	29	1.38
16	化学、分析	28	21	27	1.29
17	化学、无机和核	28	20	60	3.00
18	生物工程学和应用微生物学	29	19	11	0.58
19	植物学	30	19	34	1.79
20	免疫学	29	18	13	0.72
全自治区合计		29	649	1484	2.29

资料来源：科技大数据湖北省重点实验室、中国产业智库大数据中心

表 3-119　2019 年宁夏回族自治区争取国家自然科学基金项目经费九强机构

序号	机构名称	项目数量/项（排名）	项目经费/万元（排名）	发文量/篇（排名）	被引次数/次（排名）	发明专利申请数/件（排名）	BRCI（排名）
1	宁夏大学	60（172）	2 250.5（245）	261（303）	468（310）	164（641）	4.195 1（224）
2	宁夏医科大学	48（216）	1 660.6（302）	224（341）	303（386）	82（1 284）	2.988 3（280）
3	北方民族大学	17（454）	633（517）	181（393）	486（307）	108（959）	1.97 51（352）
4	宁夏农林科学院	3（883）	119（922）	3（2 710）	4（2 550）	7（21 068）	0.120 6（682）
5	宁夏师范学院	1（1 127）	40（1 236）	29（925）	14（1 287）	3（51 793）	0.108 9（690）

续表

序号	机构名称	项目数量/项（排名）	项目经费/万元（排名）	发文量/篇（排名）	被引次数/次（排名）	发明专利申请数/件（排名）	BRCI（排名）
6	宁夏回族自治区人民医院	2（968）	69（1 072）	11（1 405）	4（2 550）	0（113 702）	0.040 1（727）
7	宁夏农林科学院枸杞工程技术研究所	2（968）	79（1 035）	0（5 123）	0（6 499）	39（2 771）	0.018 7（752）
8	宁夏回族自治区气象科学研究所	2（968）	77（1 045）	0（5 123）	0（6 499）	0（113 702）	0.004 7（785）
9	宁夏回族自治区疾病预防控制中心	1（1 127）	32（1 274）	0（5 123）	0（6 499）	0（113 702）	0.003 2（801）

资料来源：科技大数据湖北省重点实验室、中国产业智库大数据中心

	综合	临床医学	进入ESI学科数
宁夏医科大学	325	86	1

图 3-61　2019 年宁夏回族自治区各机构 ESI 前 1%学科分布

表 3-120　2019 年宁夏回族自治区在华发明专利申请量二十二强企业和二十一强科研机构列表

序号	二十二强企业	发明专利申请量/件	二十一强科研机构	发明专利申请量/件
1	共享智能铸造产业创新中心有限公司	76	宁夏大学	159
2	国网宁夏电力有限公司电力科学研究院	48	北方民族大学	103
3	宁夏共享机床辅机有限公司	30	宁夏医科大学	80
4	银川特锐宝信息技术服务有限公司	30	宁夏农林科学院枸杞工程技术研究所	38
5	宁夏神州轮胎有限公司	28	宁夏农林科学院农作物研究所（宁夏回族自治区农作物育种中心）	19
6	共享装备股份有限公司	26	宁夏农林科学院（宁夏土壤与植物营养重点实验室）	18
7	宁夏隆基宁光仪表股份有限公司	25	宁夏农林科学院（宁夏设施农业工程技术研究中心）	12
8	宁夏方特达信息技术有限公司	21	宁夏农林科学院植物保护研究所（宁夏植物病虫害防治重点实验室）	7
9	共享铸钢有限公司	19	宁夏农林科学院	6
10	国网宁夏电力有限公司检修公司	18	宁夏农林科学院固原分院	5
11	宁夏天地奔牛实业集团有限公司	18	宁夏工商职业技术学院（宁夏化工技工学校、宁夏机电工程学校、宁夏农业机械化学校）	5
12	宁夏神耀科技有限责任公司	18	宁夏农林科学院农业经济与信息技术研究所（宁夏农业科技图书馆）	4
13	银川特种轴承有限公司	18	宁夏农林科学院荒漠化治理研究所（宁夏防沙治沙与水土保持重点实验室）	3
14	共享智能装备有限公司	16	宁夏师范学院	3
15	国家能源集团宁夏煤业有限责任公司	15	中国矿业大学银川学院	2
16	宁夏吴忠市好运电焊机有限公司	15	宁夏农林科学院动物科学研究所	2
17	国网宁夏电力有限公司	14	宁夏回族自治区水利科学研究院	2

续表

序号	二十二强企业	发明专利申请量/件	二十一强科研机构	发明专利申请量/件
18	宁夏智源农业装备有限公司	14	宁夏回族自治区食品检测研究院	2
19	宁夏倬昱新材料科技有限公司	13	宁夏大学新华学院	2
20	宁夏共享化工有限公司	12	宁夏职业技术学院（宁夏广播电视大学）	2
21	宁夏泰富能源有限公司	12	宁夏计量质量检验检测研究院	2
22	宁夏泰益欣生物科技有限公司	12		

资料来源：科技大数据湖北省重点实验室、中国产业智库大数据中心

3.3.30 青海省

2019年，青海省的基础研究竞争力指数为0.0426，排名第30位。青海省争取国家自然科学基金项目总数为71项，项目经费总额为2709万元，全国排名均为第30位。青海省争取国家自然科学基金项目经费金额大于100万元的有2个学科（图3-62）；青海省整体争取国家自然科学基金项目经费与2018年相比呈上升趋势；争取国家自然科学基金项目经费最多的学科为自然地理学，项目数量3个，项目经费129万元（表3-121）；发表SCI论文数量最多的学科为环境科学（表3-122）。青海省发明专利申请量1115件，全国排名第30位，主要专利权人如表3-124所示。

2019年，青海省地方财政科技投入经费预算8.9048亿元，全国排名第29位；拥有国家重点实验室1个，全国排名第28位；拥有省级重点实验室63个，全国排名第27位；拥有院士2人，全国排名第25位。

图3-62 2019年青海省争取国家自然科学基金项目情况

资料来源：科技大数据湖北省重点实验室、中国产业智库大数据中心

表 3-121　2019 年青海省争取国家自然科学基金项目经费十强学科及近 5 年变化趋势

项目经费趋势	学科	指标	2015 年	2016 年	2017 年	2018 年	2019 年
	合计	项目数/项	77	76	76	63	71
		项目金额/万元	3302	2832	3452.5	2406	2709
		机构数/个	10	9	10	11	9
		主持人数/人	76	76	76	63	71
	自然地理学	项目数/项	5	3	2	3	3
		项目金额/万元	142	145	82	75	129
		机构数/个	3	3	1	2	3
		主持人数/人	5	3	2	3	3
	植物资源学	项目数/项	1	3	1	2	3
		项目金额/万元	39	103	60	84	104
		机构数/个	1	3	1	1	2
		主持人数/人	1	3	1	2	3
	草地科学	项目数/项	0	0	0	0	3
		项目金额/万元	0	0	0	0	88
		机构数/个	0	0	0	0	2
		主持人数/人	0	0	0	0	3
	作物遗传育种学	项目数/项	0	0	0	0	2
		项目金额/万元	0	0	0	0	79
		机构数/个	0	0	0	0	1
		主持人数/人	0	0	0	0	2
	蔬菜学	项目数/项	0	1	1	1	2
		项目金额/万元	0	38	40	40	79
		机构数/个	0	1	1	1	1
		主持人数/人	0	1	1	1	2
	畜禽遗传育种学	项目数/项	0	0	0	0	2
		项目金额/万元	0	0	0	0	79
		机构数/个	0	0	0	0	1
		主持人数/人	0	0	0	0	2
	结构化学	项目数/项	0	0	0	0	1
		项目金额/万元	0	0	0	0	65
		机构数/个	0	0	0	0	1
		主持人数/人	0	0	0	0	1
	水文地质	项目数/项	0	0	1	0	1
		项目金额/万元	0	0	23	0	65
		机构数/个	0	0	1	0	1
		主持人数/人	0	0	1	0	1
	地下与隧道工程	项目数/项	0	0	0	0	1
		项目金额/万元	0	0	0	0	60
		机构数/个	0	0	0	0	1
		主持人数/人	0	0	0	0	1

续表

项目经费趋势	学科	指标	2015年	2016年	2017年	2018年	2019年
	生态系统生态学	项目数/项	2	0	3	0	1
		项目金额/万元	22	0	87	0	58
		机构数/个	1	0	2	0	1
		主持人数/人	2	0	3	0	1

资料来源：科技大数据湖北省重点实验室、中国产业智库大数据中心

表3-122　2019年青海省发表SCI论文数量二十强学科

序号	研究领域	发文量全国排名	发文量/篇	被引次数/次	篇均被引/次
1	环境科学	29	44	41	0.93
2	化学、跨学科	30	39	28	0.72
3	材料科学、跨学科	30	36	47	1.31
4	遗传学和遗传性	28	35	18	0.51
5	生态学	27	26	20	0.77
6	植物学	29	25	23	0.92
7	工程、电气和电子	29	24	15	0.63
8	化学、物理	30	23	34	1.48
9	生物化学与分子生物学	30	22	16	0.73
10	药理学和药剂学	30	22	16	0.73
11	化学、分析	29	19	29	1.53
12	地球学、跨学科	28	18	22	1.22
13	多学科科学	29	16	5	0.31
14	水资源	28	16	17	1.06
15	化学、药物	28	14	16	1.14
16	计算机科学、信息系统	29	14	14	1.00
17	计算机科学、理论和方法	29	14	2	0.14
18	能源和燃料	30	14	8	0.57
19	工程、化学	30	13	32	2.46
20	数学	30	13	5	0.38
全省合计		30	447	408	0.91

资料来源：科技大数据湖北省重点实验室、中国产业智库大数据中心

表3-123　2019年青海省争取国家自然科学基金项目经费九强机构

序号	机构名称	项目数量/项（排名）	项目经费/万元（排名）	发文量/篇（排名）	被引次数/次（排名）	发明专利申请数/件（排名）	BRCI（排名）
1	青海大学	40（247）	1458（331）	234（329）	190（488）	104（993）	2.677 4（298）
2	青海师范大学	9（613）	368（648）	62（663）	89（641）	21（5 465）	0.700 3（503）
3	中国科学院西北高原生物研究所	4（810）	164（842）	87（586）	101（618）	64（1 645）	0.607 8（517）
4	中国科学院青海盐湖研究所	4（810）	170（829）	70（628）	69（688）	66（1 596）	0.556 2（524）
5	青海民族大学	3（883）	134（888）	24（995）	15（1 254）	82（1 284）	0.326 7（583）

续表

序号	机构名称	项目数量/项（排名）	项目经费/万元（排名）	发文量/篇（排名）	被引次数/次（排名）	发明专利申请数/件（排名）	BRCI（排名）
6	青海省人民医院	3（883）	100（973）	26（969）	44（807）	1（113 701）	0.181（651）
7	青海省农林科学院	6（711）	237（753）	0（5 123）	0（6 499）	32（3 406）	0.031 3（734）
8	青海省藏医院	1（1 127）	35（1 259）	0（5 123）	0（6 499）	1（113 701）	0.007（779）
9	青海省气象科学研究所	1（1 127）	43（1 221）	0（5 123）	0（6 499）	0（113 702）	0.003 4（792）

资料来源：科技大数据湖北省重点实验室、中国产业智库大数据中心

表 3-124　2019 年青海省在华发明专利申请量二十强企业和十四强科研机构列表

序号	二十强企业	发明专利申请量/件	十四强科研机构	发明专利申请量/件
1	青海盐湖工业股份有限公司	40	青海大学	94
2	中国水利水电第四工程局有限公司	32	青海民族大学	77
3	青海黄河上游水电开发有限责任公司光伏产业技术分公司	23	中国科学院西北高原生物研究所	62
4	国网青海省电力公司海东供电公司	21	中国科学院青海盐湖研究所	61
5	青海送变电工程有限公司	18	青海省农林科学院	29
6	北京同仁堂健康药业（青海）有限公司	16	青海师范大学	17
7	国网青海省电力公司电力科学研究院	16	青海省交通科学研究院	8
8	国网青海省电力公司检修公司	15	青海省核工业地质局核地质研究所（青海省核工业地质局检测试验中心）	5
9	亚洲硅业（青海）股份有限公司	14	青海交通职业技术学院	4
10	欧耐特线缆集团有限公司	13	青海省藏医药研究院	4
11	国网青海省电力公司经济技术研究院	11	青海卫生职业技术学院	1
12	西宁特殊钢股份有限公司	11	青海畜牧兽医职业技术学院	1
13	国网青海省电力公司	10	青海省核工业核地质研究院（青海省核工业检测试验中心）	1
14	青海聚之源新材料有限公司	10	青海青峰激光集成技术与应用研究院	1
15	亚洲硅业（青海）有限公司	9		
16	国网青海省电力公司海北供电公司	9		
17	国网青海省电力公司海西供电公司	9		
18	国网青海省电力公司黄化供电公司	9		
19	西部矿业股份有限公司	9		
20	青海帝玛尔藏药药业有限公司	9		

资料来源：科技大数据湖北省重点实验室、中国产业智库大数据中心

3.3.31　西藏自治区

2019 年，西藏自治区的基础研究竞争力指数为 0.0135，排名第 31 位。西藏自治区争取国家自然科学基金项目总数为 24 项，项目经费总额为 875 万元，全国排名均为第 31 位。西藏自治区争取国家自然科学基金项目经费金额大于 100 万元的有 1 个学科（图 3-63）；西藏自治区整体争取国家自然科学基金项目经费与 2018 年相比呈下降趋势；争取国家自然科学基金项目

经费最多的学科为民族药学，项目数量 3 个，项目经费 102 万元（表 3-125）；发表 SCI 论文数量最多的学科为遗传学和遗传性（表 3-126）；西藏自治区共有 1 个机构进入相关学科的 ESI 全球前 1%行列（图 3-64）。西藏自治区发明专利申请量 372 件，全国排名第 31 位，主要专利权人如表 3-128 所示。

2019 年，西藏自治区地方财政科技投入经费预算 2.9 亿元，全国排名第 31 位；拥有国家重点实验室 1 个，全国排名第 28 位；拥有省级重点实验室 23 个，全国排名第 31 位。

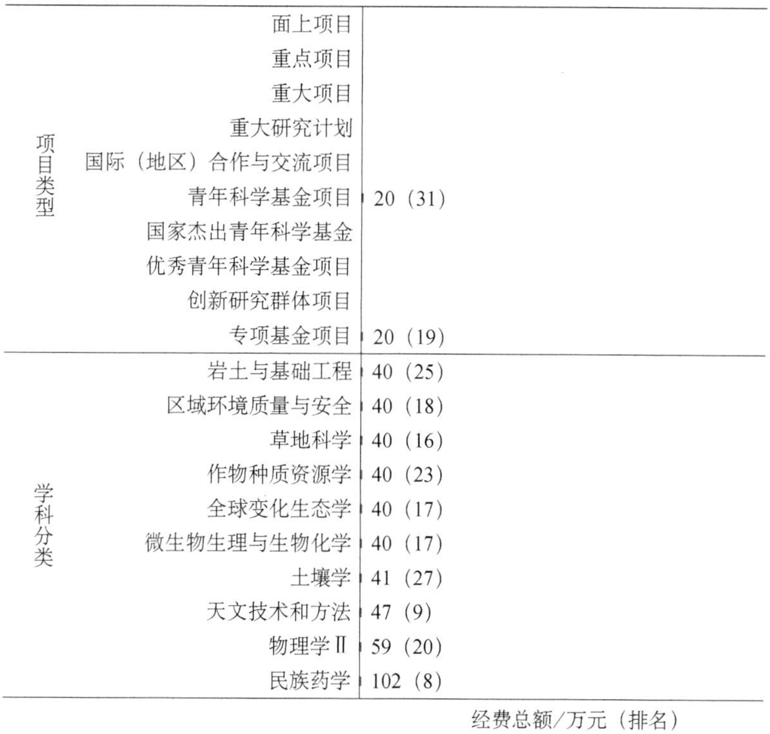

分类	项目/学科	经费总额/万元（排名）
项目类型	面上项目	
	重点项目	
	重大项目	
	重大研究计划	
	国际（地区）合作与交流项目	
	青年科学基金项目	20（31）
	国家杰出青年科学基金	
	优秀青年科学基金项目	
	创新研究群体项目	
	专项基金项目	20（19）
学科分类	岩土与基础工程	40（25）
	区域环境质量与安全	40（18）
	草地科学	40（16）
	作物种质资源学	40（23）
	全球变化生态学	40（17）
	微生物生理与生物化学	40（17）
	土壤学	41（27）
	天文技术和方法	47（9）
	物理学Ⅱ	59（20）
	民族药学	102（8）

经费总额/万元（排名）

图 3-63　2019 年西藏自治区争取国家自然科学基金项目情况

资料来源：科技大数据湖北省重点实验室、中国产业智库大数据中心

表 3-125　2019 年西藏自治区争取国家自然科学基金项目经费十强学科及近 5 年变化趋势

项目经费趋势	学科	指标	2015 年	2016 年	2017 年	2018 年	2019 年
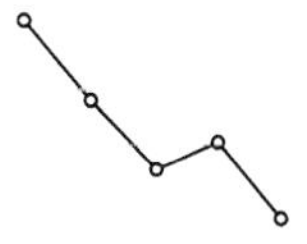	合计	项目数/项	40	31	29	25	24
		项目金额/万元	1343.5	1156	995.25	1059	875
		机构数/个	7	5	4	5	6
		主持人数/人	40	31	28	25	24
	民族药学	项目数/项	1	1	1	1	3
		项目金额/万元	36	38	34	33	102
		机构数/个	1	1	1	1	2
		主持人数/人	1	1	1	1	3
	物理学Ⅱ	项目数/项	0	1	2	1	1
		项目金额/万元	0	30	39.5	40	59
		机构数/个	0	1	1	1	1
		主持人数/人	0	1	2	1	1

续表

项目经费趋势	学科	指标	2015年	2016年	2017年	2018年	2019年
	天文技术和方法	项目数/项	1	0	0	1	1
		项目金额/万元	54	0	0	65	47
		机构数/个	1	0	0	1	1
		主持人数/人	1	0	0	1	1
	土壤学	项目数/项	0	0	0	0	1
		项目金额/万元	0	0	0	0	41
		机构数/个	0	0	0	0	1
		主持人数/人	0	0	0	0	1
	微生物生理与生物化学	项目数/项	0	0	0	0	1
		项目金额/万元	0	0	0	0	40
		机构数/个	0	0	0	0	1
		主持人数/人	0	0	0	0	1
	全球变化生态学	项目数/项	1	1	0	1	1
		项目金额/万元	40	15	0	39	40
		机构数/个	1	1	0	1	1
		主持人数/人	1	1	0	1	1
	作物种质资源学	项目数/项	0	0	1	2	1
		项目金额/万元	0	0	38	77	40
		机构数/个	0	0	1	1	1
		主持人数/人	0	0	1	2	1
	草地科学	项目数/项	0	0	0	0	1
		项目金额/万元	0	0	0	0	40
		机构数/个	0	0	0	0	1
		主持人数/人	0	0	0	0	1
	区域环境质量与安全	项目数/项	0	0	0	0	1
		项目金额/万元	0	0	0	0	40
		机构数/个	0	0	0	0	1
		主持人数/人	0	0	0	0	1
	岩土与基础工程	项目数/项	0	0	1	1	1
		项目金额/万元	0	0	38	41	40
		机构数/个	0	0	1	1	1
		主持人数/人	0	0	1	1	1

资料来源：科技大数据湖北省重点实验室、中国产业智库大数据中心

表 3-126　2019 年西藏自治区发表 SCI 论文数量二十强学科

序号	研究领域	发文量全国排名	发文量/篇	被引次数/次	篇均被引/次
1	遗传学和遗传性	30	21	4	0.19
2	环境科学	31	13	6	0.46
3	生物工程学和应用微生物学	30	8	11	1.38
4	工程、电气和电子	31	8	2	0.25

续表

序号	研究领域	发文量全国排名	发文量/篇	被引次数/次	篇均被引/次
5	生物化学与分子生物学	31	6	9	1.50
6	生态学	31	6	6	1.00
7	医学、研究和试验	31	6	12	2.00
8	能源和燃料	31	5	6	1.20
9	微生物学	30	5	6	1.20
10	植物学	31	5	8	1.60
11	化学、跨学科	31	4	10	2.50
12	食品科学和技术	31	4	5	1.25
13	多学科科学	31	4	10	2.50
14	细胞生物学	31	3	12	4.00
15	免疫学	30	3	3	1.00
16	药理学和药剂学	31	3	3	1.00
17	物理学、跨学科	31	3	0	0.00
18	生理学	31	3	8	2.67
19	外科	31	3	0	0.00
20	兽医学	30	3	5	1.67
全自治区合计		31	116	126	1.09

资料来源：科技大数据湖北省重点实验室、中国产业智库大数据中心

表 3-127 2019 年西藏自治区争取国家自然科学基金项目经费六强机构

序号	机构名称	项目数量/项（排名）	项目经费/万元（排名）	发文量/篇（排名）	被引次数/次（排名）	发明专利申请数/件（排名）	BRCI（排名）
1	西藏农牧学院	7（670）	276（717）	36（847）	30（940）	24（4 781）	0.478 3（539）
2	西藏大学	11（564）	402（625）	15（1 205）	8（1 764）	6（24 790）	0.325 8（584）
3	西藏自治区农牧科学院	2（968）	75（1 050）	4（2 323）	4（2 550）	2（71 748）	0.083（699）
4	西藏藏医学院	2（968）	68（1 077）	2（3 439）	3（2 960）	0（113 702）	0.028 7（737）
5	西藏自治区人民医院	1（1 127）	34（1 268）	2（3 439）	1（4 576）	0（113 702）	0.016 9（754）
6	中国人民解放军西藏军区总医院	1（1 127）	20（1 426）	1（5 122）	0（6 499）	0（113 702）	0.006 4（782）

资料来源：科技大数据湖北省重点实验室、中国产业智库大数据中心

	综合	环境生态学	地球科学	进入ESI学科数
中国科学院青藏高原研究所	204	40	19	2

图 3-64 2019 年西藏自治区各机构 ESI 前 1%学科分布

表 3-128 2019 年西藏自治区在华发明专利申请量二十四强企业和十四强科研机构列表

序号	二十四强企业	发明专利申请量/件	十四强科研机构	发明专利申请量/件
1	西藏宁算科技集团有限公司	22	西藏农牧学院	20
2	西藏天虹科技股份有限责任公司	16	西藏自治区农牧科学院畜牧兽医研究所	16

续表

序号	二十四强企业	发明专利申请量/件	十四强科研机构	发明专利申请量/件
3	西藏俊富环境恢复有限公司	13	西藏自治区农牧科学院蔬菜研究所	11
4	西藏圣雪生物科技有限公司	10	西藏自治区农牧科学院农业研究所	8
5	西藏新好科技有限公司	9	西藏自治区农牧科学院水产科学研究所	7
6	西藏涛扬新型建材科技有限公司	9	西藏大学	5
7	西藏纳旺网络技术有限公司	9	西藏自治区农牧科学院农产品开发与食品科学研究所	4
8	西藏华泰龙矿业开发有限公司	8	西藏自治区农牧科学院草业科学研究所	4
9	西藏锦瑞环境科技有限责任公司	8	西藏自治区农牧科学院农业资源与环境研究所	3
10	西藏藏建科技股份有限公司	6	西藏职业技术学院	2
11	国网西藏电力有限公司	5	西藏自治区农牧科学院	2
12	国网西藏电力有限公司拉萨供电公司	5	西藏自治区交通勘察设计研究院	1
13	国网西藏电力有限公司电力科学研究院	5	西藏自治区林木科学研究院	1
14	西藏克瑞斯科技有限公司	4	西藏藏医药大学	1
15	西藏摩氧创新科技有限公司	4		
16	西藏鑫旺生物科技有限公司	4		
17	华能西藏雅鲁藏布江水电开发投资有限公司	3		
18	帝亚一维新能源汽车有限公司	3		
19	西藏东旭电力工程有限公司	3		
20	西藏昂措环保科技有限公司	3		
21	西藏育宁生物科技有限责任公司	3		
22	西藏越星泰达医药科技有限责任公司	3		
23	西藏达热瓦青稞酒业股份有限公司	3		
24	西藏阿木达草本科技有限公司	3		

资料来源：科技大数据湖北省重点实验室、中国产业智库大数据中心

第4章 中国大学与科研机构基础研究竞争力报告

4.1 中国大学与科研机构基础研究竞争力排行榜

4.1.1 中国大学与科研机构基础研究竞争力排行榜两百强

2019 年，中国大学与科研机构基础研究竞争力指数两百强机构如表 4-1 所示。2019 年，上海交通大学基础研究竞争力以 107.8205 居全国第 1 位；从国家自然科学基金项目来看，上海交通大学获得 1264 个项目资助，项目数量居全国第 1 位。从 SCI 论文来看，浙江大学共发表 SCI 论文 10 006 篇，全国排名第 1 位；从发明专利申请量来看，浙江大学共申请 4074 件发明专利，在高校和研究机构中排名第 1 位。

表 4-1　2019 年中国大学与科研机构基础研究竞争力指数两百强机构

机构名	BRCI 排名	BRCI 指数	项目数/项	项目经费/万元	人才数/个	SCI 论文数/篇	论文被引频次/次	发明专利申请量/件
上海交通大学	1	107.820 5	1 264	81 716.58	1 219	9 656	17 013	2 224
浙江大学	2	107.134 5	917	68 751.06	889	10 006	19 378	4 074
清华大学	3	82.616 3	603	71 144.71	573	7 395	16 853	3 039
华中科技大学	4	81.174 9	771	46 822.09	749	7 189	16 493	2 613
中山大学	5	79.432 1	1 031	55 064.7	1 007	7 199	13 693	1 305
中南大学	6	68.323 8	528	30 456.45	522	7 142	20 378	2 438
北京大学	7	66.759	723	109 126.68	685	6 714	11 196	638
西安交通大学	8	62.618 5	506	29 048.34	492	6 434	12 847	2 953
复旦大学	9	62.541 8	780	54 969.48	753	6 492	11 627	719
四川大学	10	61.456 8	540	38 477.06	523	7 361	12 514	1 576
山东大学	11	57.838 4	539	31 801.9	524	5 548	10 560	2 083
天津大学	12	54.730 6	362	27 632.2	350	5 178	11 972	3 626

续表

机构名	BRCI排名	BRCI指数	项目数/项	项目经费/万元	人才数/个	SCI论文数/篇	论文被引频次/次	发明专利申请量/件
武汉大学	13	52.687 3	451	30 377.26	443	5 387	12 140	1 578
同济大学	14	50.83	517	32 097.26	510	4 181	9 178	1 555
哈尔滨工业大学	15	49.757 9	338	22 024.41	334	5 925	12 929	2 333
吉林大学	16	49.624 2	327	20 876.76	320	6 452	11 702	2 651
南京大学	17	46.411 4	472	40 439.69	457	4 072	9 613	857
中国科学技术大学	18	45.732 8	412	42 360.36	392	4 274	10 740	853
东南大学	19	45.585 9	305	22 006.88	299	4 480	9 251	3 159
华南理工大学	20	44.903 9	285	19 471.04	280	4 066	11 914	3 189
北京航空航天大学	21	40.120 3	317	22 916.86	309	3 969	6 943	1 974
大连理工大学	22	40.001 2	298	22 367.94	293	3 842	8 300	1 926
西北工业大学	23	38.042 2	292	15 508.75	290	3 730	9 949	1 821
苏州大学	24	36.145 1	328	18 925	325	3 680	9 048	972
电子科技大学	25	35.356 3	181	14 267.9	177	4 145	10 533	2 866
厦门大学	26	35.207 9	338	36 051.33	327	2 809	5 946	838
北京理工大学	27	34.726 1	254	18 162.43	247	3 349	7 119	1 890
重庆大学	28	33.363 7	237	14 149.22	233	3 445	8 349	1 797
深圳大学	29	32.953 3	368	17 661.9	361	2 507	5 985	1 065
郑州大学	30	31.004 3	305	12 834.1	302	3 573	8 366	736
湖南大学	31	29.275 1	233	13 452.88	228	2 639	12 481	783
东北大学	32	28.763 4	186	14 364.2	184	3 053	5 751	1 921
江苏大学	33	25.988	164	7 572.1	162	2 684	8 497	1 966
中国农业大学	34	25.953 7	220	22 304.1	217	2 434	4 461	774
南京航空航天大学	35	25.464 3	164	10 084	160	2 905	4 799	2 164
北京科技大学	36	25.422 4	168	14 608.71	163	2 910	6 095	1 114
南开大学	37	25.131 3	242	17 727.9	238	2 250	6 774	474
西安电子科技大学	38	24.445 6	181	11 027.58	178	2 509	3 615	1 939
南昌大学	39	23.784 3	289	13 154	282	2 287	4 590	471
武汉理工大学	40	23.330 8	139	8 354	137	2 273	7 207	1 812
上海大学	41	22.635 6	164	11 597.12	163	2 439	5 152	1 011
广东工业大学	42	22.452 4	160	10 901.78	158	1 337	4 003	2 543
暨南大学	43	21.432 3	273	11 587.34	266	1 843	3 574	512
江南大学	44	21.423 5	146	7 145	146	2 174	4 654	1 837
浙江工业大学	45	21.372 3	144	7 301.5	143	1 683	4 193	2 630
中国地质大学（武汉）	46	21.201 2	208	12 862.3	206	1 631	3 877	763
南京理工大学	47	21.121 3	137	7 370.5	135	2 337	4 703	1 735
兰州大学	48	21.052 4	221	14 078.36	217	2 298	4 615	356
华东理工大学	49	20.526 1	142	16 730.8	139	2 184	5 199	584
中国矿业大学	50	20.505	136	8 185.6	135	2 337	5 168	1 199

续表

机构名	BRCI 排名	BRCI 指数	项目数/项	项目经费/万元	人才数/个	SCI 论文数/篇	论文被引频次/次	发明专利申请量/件
华中农业大学	51	20.253 1	203	15 747	198	1 671	3 122	612
中国人民解放军国防科学技术大学	52	20.043 5	175	10 615	175	2 512	2 382	976
合肥工业大学	53	20.039	140	8 629.54	139	1 846	3 956	1 546
南京农业大学	54	19.923 2	214	13 897	210	1 912	3 558	431
北京工业大学	55	19.728 2	142	7 326	141	1 878	3 257	1 924
西南交通大学	56	19.584 7	132	8 166.91	132	1 970	3 754	1 570
河海大学	57	19.278 8	133	7 635	131	1 923	3 995	1 471
北京师范大学	58	19.033	193	16 365.88	187	2 204	4 294	249
南京医科大学	59	19.031 4	296	14 361.12	290	2 708	4 341	96
华东师范大学	60	18.748 8	176	11 136.7	175	1 809	3 546	578
中国海洋大学	61	18.179 2	168	12 919	165	1 710	3 431	503
西北农林科技大学	62	17.925 2	160	8 277	158	2 251	4 655	443
华南农业大学	63	17.824 4	146	12 997.5	144	1 355	2 843	892
福州大学	64	17.752 6	119	6 930.74	118	1 417	4 410	1 507
南方医科大学	65	17.743 6	279	14 408.9	276	1 933	3 065	139
昆明理工大学	66	17.583 3	161	7 597.5	158	1 330	2 459	1 369
北京交通大学	67	17.370 7	139	8 510.73	133	2 131	3 379	710
北京化工大学	68	17.289 4	116	9 182.5	114	1 713	5 288	711
中国石油大学（华东）	69	17.133 8	110	9 096	104	1 714	4 092	1 015
南京工业大学	70	16.955	115	7 745.1	115	1 700	4 555	877
北京邮电大学	71	16.831 5	104	7 924.06	101	2 221	3 466	1 039
西南大学	72	16.829 5	137	5 887.02	135	2 160	4 526	625
南方科技大学	73	16.535 7	212	15 434.7	211	812	2 530	422
扬州大学	74	15.950 8	146	6 200.5	145	1 511	3 391	717
青岛大学	75	15.701	128	4 890	128	2 023	5 662	478
首都医科大学	76	15.616 4	274	13 987.36	269	3 555	3 621	32
太原理工大学	77	15.405 3	120	6 387.5	116	1 432	2 643	1 163
哈尔滨工程大学	78	15.351 2	89	5 704	89	1 771	2 995	1 599
南京信息工程大学	79	15.201 2	141	9 345.55	139	1 322	2 937	508
西北大学	80	14.881 5	164	10 003.38	163	1 319	2 576	350
长安大学	81	14.018 4	110	6 322	110	1 170	2 597	956
广州大学	82	13.656 1	140	6 711	137	867	2 663	639
广西大学	83	13.652	146	6 718	144	1 030	2 216	588
东华大学	84	13.363 7	84	4 825.8	82	1 321	3 294	1 153
南京邮电大学	85	13.121 8	88	4 144.5	87	1 278	2 305	1 599
杭州电子科技大学	86	13.070 5	101	5 916.79	99	899	1 685	1 629
山东科技大学	87	12.896 6	78	3 886	78	1 231	5 517	839
华南师范大学	88	12.805 8	127	6 285.42	125	1 168	2 518	440

续表

机构名	BRCI排名	BRCI指数	项目数/项	项目经费/万元	人才数/个	SCI论文数/篇	论文被引频次/次	发明专利申请量/件
宁波大学	89	12.598 4	102	4 990.51	102	1 302	2 543	681
中国地质大学（北京）	90	11.767 4	96	8 358.51	94	1 264	2 783	293
陕西师范大学	91	11.474 1	113	5 479.54	110	1 161	2 657	318
温州医科大学	92	11.235 3	114	5 324.5	112	1 679	2 774	186
中国人民解放军第四军医大学	93	11.158 7	178	9 772.15	176	783	1 197	197
南京林业大学	94	11.051 5	71	2 834.6	71	1 150	3 017	1 076
南京师范大学	95	11.049 6	107	6 098.59	105	1 058	2 201	334
中国石油大学（北京）	96	11.041 1	70	5 317.1	70	1 393	2 929	499
西安理工大学	97	10.763 6	81	3 921	81	1 101	1 970	816
华北电力大学	98	10.761 7	57	3 363	56	1 371	3 688	838
河北工业大学	99	10.412 5	81	4 445.38	81	963	1 825	728
中国药科大学	100	10.255	97	5 371.5	95	1 051	2 182	300
河南大学	101	10.253	97	4 380.5	96	988	2 527	334
中国科学院大学	102	10.202 5	70	7 003.5	68	1 601	3 063	202
浙江理工大学	103	10.180 1	81	4 020.47	81	772	2 131	751
贵州大学	104	10.111 8	90	3 444.6	90	864	1 042	1 246
上海理工大学	105	10.060 9	71	2 989	70	1 058	2 477	780
福建农林大学	106	9.992 3	85	4 638	85	1 028	2 175	389
西南石油大学	107	9.826 9	56	2 743	56	1 103	2 427	1 145
济南大学	108	9.673 9	55	1 929.5	54	1 225	3 303	1 035
燕山大学	109	9.602 5	47	3 097.5	46	1 111	2 862	1 078
山西大学	110	9.601 1	86	4 679.5	86	942	1 691	416
中国科学院长春应用化学研究所	111	9.435 2	60	13 206.5	59	654	2 815	240
云南大学	112	9.382 6	108	5 844.5	106	739	1 228	329
中国医科大学	113	9.361 2	133	5 722	132	2 015	2 704	36
安徽大学	114	9.340 9	73	3 984.5	72	982	2 169	436
中国科学院化学研究所	115	9.155 6	69	8 089.68	67	755	3 551	172
武汉科技大学	116	9.135 9	76	3 197.1	76	821	1 586	708
北京林业大学	117	9.099 1	77	3 884	77	1 098	1 734	379
重庆医科大学	118	9.089	119	4 814.5	119	1 402	2 008	86
南通大学	119	9.028 8	78	3 221.41	78	875	1 217	760
山东师范大学	120	8.950 8	76	3 750.18	74	865	2 195	376
中国人民解放军第二军医大学	121	8.824	162	7 473	162	920	1 502	51
中国科学院大连化学物理研究所	122	8.767 2	99	13 517.38	94	587	2 196	82
哈尔滨医科大学	123	8.681 1	127	5 132.5	125	1 112	1 921	72
中国科学院生态环境研究中心	124	8.656 2	105	8 119.5	102	664	1 839	116
中国科学院地理科学与资源研究所	125	8.653 3	95	8 914.04	94	724	1 471	145
中国科学院深圳先进技术研究院	126	8.580 8	102	5 776.99	101	457	1 069	402

续表

机构名	BRCI排名	BRCI指数	项目数/项	项目经费/万元	人才数/个	SCI论文数/篇	论文被引频次/次	发明专利申请量/件
长沙理工大学	127	8.549 8	58	3 594.55	58	526	2 576	698
天津医科大学	128	8.469 2	125	7 117	125	1 484	2 112	31
中国人民解放军总医院	129	8.234 4	110	5 263.3	109	974	900	165
四川农业大学	130	8.177 1	69	3 600	69	1 138	1 753	256
陕西科技大学	131	8.144 9	53	1 918	53	611	2 262	1 148
广州医科大学	132	7.985 9	146	5 002.74	145	995	1 716	42
兰州理工大学	133	7.949	74	2 688.2	73	653	1 877	415
华中师范大学	134	7.887 3	90	4 854.5	90	743	1 856	130
东北农业大学	135	7.818 6	56	2 620	56	914	2 350	379
东北师范大学	136	7.787 6	71	4 550.25	71	982	2 071	140
西安建筑科技大学	137	7.683 8	55	2 459.5	55	716	1 898	596
福建师范大学	138	7.651	69	4 162.5	69	568	1 194	437
河南师范大学	139	7.649 6	64	2 939	63	691	1 769	405
青岛科技大学	140	7.614 8	39	1 624	39	982	2 994	786
湘潭大学	141	7.574 9	47	2 472	47	770	1 747	753
中国科学院过程工程研究所	142	7.538 8	71	6 177	70	401	1 180	370
山东农业大学	143	7.482 9	73	3 368.5	73	677	1 162	364
海南大学	144	7.442 6	90	3 575	90	548	1 116	281
江苏科技大学	145	7.234 3	54	1 658.3	54	646	1 838	731
成都理工大学	146	7.109 3	63	4 344	63	571	893	430
中国矿业大学（北京）	147	7.067 6	50	4 412.5	50	641	1 165	443
中北大学	148	7.008 4	39	2 627.5	39	746	1 986	586
南京中医药大学	149	6.979 1	114	6 989	112	681	898	62
西安科技大学	150	6.914 3	66	2 662	65	495	1 354	418
上海中医药大学	151	6.902 3	141	6 508.5	140	627	914	43
大连海事大学	152	6.901	49	2 378	48	738	1 411	543
河南理工大学	153	6.782 8	49	2 447	49	691	1 270	553
华侨大学	154	6.746 4	49	1 874.5	48	675	1 546	600
湖北大学	155	6.587 5	61	2 221.9	59	539	1 328	418
浙江师范大学	156	6.577 6	49	2 554.2	49	489	2 240	353
天津工业大学	157	6.519 3	47	2 055.5	47	727	1 580	431
中国科学院上海生命科学研究院	158	6.505 6	124	16 051	119	283	974	34
中国科学院金属研究所	159	6.446 7	49	4 415.52	48	520	1 385	281
新疆大学	160	6.401 2	81	3 644.6	80	528	985	164
湖南师范大学	161	6.380 1	62	3 174.5	62	763	1 473	144
中国科学院物理研究所	162	6.374 3	85	10 412.3	83	393	1 063	64
中国科学院合肥物质科学研究院	163	6.299 5	102	6 521	102	163	327	506
东北林业大学	164	6.213 1	46	2 620.5	46	819	1 641	226
江苏师范大学	165	6.210 9	51	2 054.7	51	507	1 484	418

续表

机构名	BRCI排名	BRCI 指数	项目数/项	项目经费/万元	人才数/个	SCI 论文数/篇	论文被引频次/次	发明专利申请量/件
中国科学院海洋研究所	166	6.193 5	81	6 376	81	483	676	121
齐鲁工业大学	167	6.182 8	43	1 432	43	676	1 481	617
安徽医科大学	168	6.177 5	84	3 888	83	1 126	1 666	32
中国科学院宁波材料技术与工程研究所	169	6.168 5	49	3 200	49	440	1 651	289
中国计量大学	170	6.166 5	49	1 980	49	549	798	773
中国科学院地质与地球物理研究所	171	6.134 5	92	7 093.5	91	454	573	101
中国科学院福建物质结构研究所	172	6.122 2	60	4 368.5	59	449	1 820	122
中国科学院高能物理研究所	173	6.102	79	9 186	78	333	771	104
山东理工大学	174	6.091 2	53	1 733.5	53	520	1 068	553
江西师范大学	175	6.043 9	75	2 843	74	496	1 249	146
中国科学院自动化研究所	176	5.982 1	60	4 995.3	57	347	688	329
常州大学	177	5.848 2	32	1 805	32	654	1 344	721
中国科学院理化技术研究所	178	5.826 7	33	10 108.98	32	372	1 260	229
重庆邮电大学	179	5.789 4	41	1 475.92	40	542	967	869
西南科技大学	180	5.750 6	39	1 617	39	629	2 215	309
三峡大学	181	5.723 1	35	1 544.5	35	470	1 399	827
南昌航空大学	182	5.722	50	2 199	49	333	1 186	483
河南农业大学	183	5.713 8	70	3 062	70	413	663	248
河南科技大学	184	5.700 6	42	1 661	42	667	1 045	492
广西医科大学	185	5.658 4	88	3 074.1	87	848	1 070	45
中国科学院半导体研究所	186	5.640 5	42	7 437.88	40	345	919	238
桂林电子科技大学	187	5.613 2	49	1 824.5	49	430	629	773
中国科学院上海硅酸盐研究所	188	5.514 7	50	3 293.7	50	446	1 649	136
哈尔滨理工大学	189	5.496 5	30	1 403	30	581	908	1 212
长江大学	190	5.300 8	40	1 664	40	596	1 055	388
安徽农业大学	191	5.239 8	42	2 182	42	500	892	353
桂林理工大学	192	5.222 3	49	1 967	48	380	736	459
江西理工大学	193	5.216 3	43	1 487	43	388	1 133	488
石河子大学	194	5.198 4	55	2 392.7	55	496	709	227
昆明医科大学	195	5.172 6	106	3 688	106	456	530	56
安徽工业大学	196	5.123 2	37	1 763	37	400	1 252	438
杭州师范大学	197	5.072 4	51	2 404.5	51	450	895	198
天津理工大学	198	5.07	38	1 750	38	576	1 560	219
湖南农业大学	199	5.058 2	40	2 144.5	40	445	915	351
湖南科技大学	200	5.011 2	40	1 721	40	385	1 151	380

资料来源：科技大数据湖北省重点实验室、中国产业智库大数据中心

4.1.2 中国科学院基础研究竞争力指数机构排行榜二十强

2019年，中国科学院基础研究竞争力指数机构排行二十强如表4-2所示。

表4-2 2019年中国科学院基础研究竞争力指数二十强机构排行榜

序号	机构名称	BRCI（排名）	项目数/项（排名）	项目经费/万元（排名）	人才数/个（排名）	SCI论文数/篇（排名）	论文被引频次/次（排名）	发明专利申请量/件（排名）
1	中国科学院大学	10.202 5（102）	70（150）	7 003.5（101）	68（155）	1 601（77）	3 063（80）	202（521）
2	中国科学院长春应用化学研究所	9.435 2（111）	60（172）	13 206.5（47）	59（169）	654（155）	2 815（88）	240（421）
3	中国科学院化学研究所	9.155 6（115）	69（154）	8 089.68（85）	67（157）	755（138）	3 551（68）	172（611）
4	中国科学院大连化学物理研究所	8.767 2（122）	99（106）	13 517.38（45）	94（108）	587（171）	2 196（114）	82（1 284）
5	中国科学院生态环境研究中心	8.656 2（124）	105（100）	8 119.5（84）	102（100）	664（154）	1 839（130）	116（901）
6	中国科学院地理科学与资源研究所	8.653 3（125）	95（110）	8 914.04（76）	94（108）	724（144）	1 471（154）	145（726）
7	中国科学院深圳先进技术研究院	8.580 8（126）	102（102）	5 776.99（124）	101（103）	457（207）	1 069（189）	402（249）
8	中国科学院过程工程研究所	7.538 8（142）	71（144）	6 177（117）	70（146）	401（227）	1 180（176）	370（270）
9	中国科学院上海生命科学研究院	6.505 6（158）	124（85）	16 051（31）	119（85）	283（284）	974（203）	34（3 214）
10	中国科学院金属研究所	6.446 7（159）	49（206）	4 415.52（149）	48（212）	520（190）	1 385（157）	281（359）
11	中国科学院物理研究所	6.374 3（162）	85（120）	10 412.3（63）	83（121）	393（229）	1 063（191）	64（1 645）
12	中国科学院合肥物质科学研究院	6.299 5（163）	102（102）	6 521（107）	102（100）	163（415）	327（376）	506（182）
13	中国科学院海洋研究所	6.193 5（166）	81（125）	6 376（110）	81（125）	483（202）	676（252）	121（863）
14	中国科学院宁波材料技术与工程研究所	6.168 5（169）	49（206）	3 200（187）	49（204）	440（216）	1 651（142）	289（345）
15	中国科学院地质与地球物理研究所	6.134 5（171）	92（111）	7 093.5（100）	91（111）	454（210）	573（277）	101（1 018）
16	中国科学院福建物质结构研究所	6.122 2（172）	60（172）	4 368.5（152）	59（169）	449（212）	1 820（133）	122（857）
17	中国科学院高能物理研究所	6.102（173）	79（131）	9 186（73）	78（131）	333（259）	771（231）	104（993）
18	中国科学院自动化研究所	5.982 1（176）	60（172）	4 995.3（137）	57（177）	347（250）	688（248）	329（301）
19	中国科学院理化技术研究所	5.826 7（178）	33（296）	10 108.98（66）	32（299）	372（242）	1260（164）	229（449）
20	中国科学院半导体研究所	5.640 5（186）	42（240）	7 437.88（92）	40（244）	345（251）	919（209）	238（430）

资料来源：科技大数据湖北省重点实验室、中国产业智库大数据中心

4.2 中国大学与科研机构基础研究竞争力五十强机构分析

4.2.1 上海交通大学

2019 年，上海交通大学的基础研究竞争力指数为 107.8205，全国排名第 1 位。争取国家自然科学基金项目总数为 1264 项，全国排名第 1 位；项目经费总额为 81 716.58 万元，全国排名第 2 位；争取国家自然科学基金项目经费金额大于 2000 万元的学科共有 2 个，等离子体物理，机器人与机构学，燃烧学，颅颌面部骨、软骨组织的研究争取国家自然科学基金项目经费全国排名第 1 位（图 4-1）；等离子体物理，机器人与机构学，燃烧学，消化系统肿瘤，粒子物理与核物理实验方法与技术，生物海洋学与海洋生物资源，颅颌面部骨、软骨组织的研究，光学，海洋工程和计算机网络争取国家自然科学基金项目经费与 2018 年相比呈上升趋势（表 4-3）。SCI 论文数 9656 篇，全国排名第 2 位；19 个学科入选 ESI 全球 1%（表 4-4）。发明专利申请量 2224 件，全国排名第 22 位。

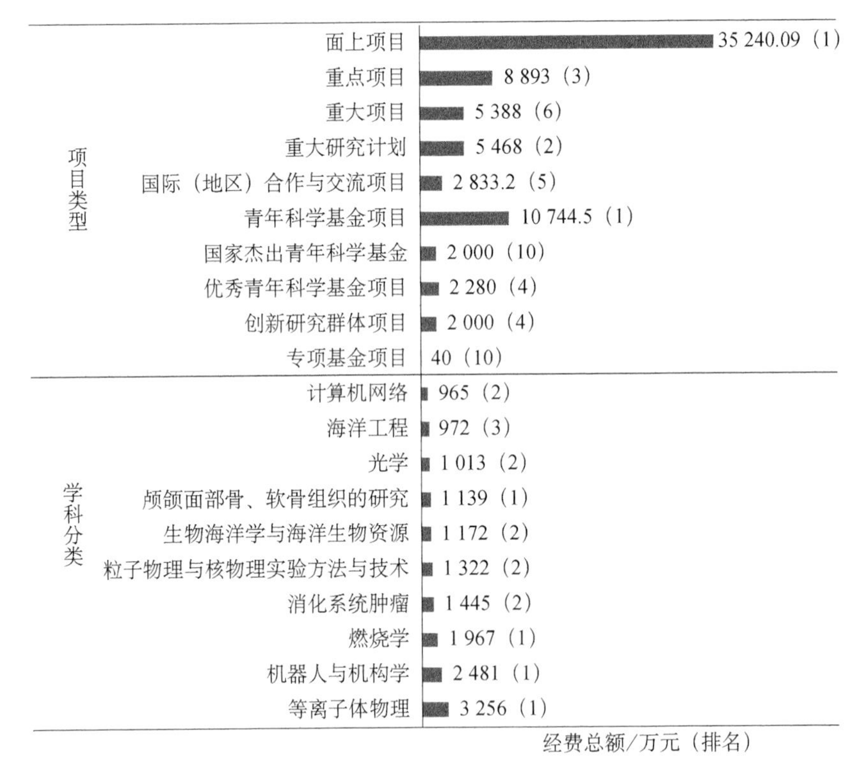

图 4-1 2019 年上海交通大学争取国家自然科学基金项目经费数据

资料来源：科技大数据湖北省重点实验室、中国产业智库大数据中心

截至 2020 年 4 月，上海交通大学共有 30 个学院/直属系、31 个研究院、13 家附属医院、2 个附属医学研究所、12 个直属单位、6 个直属企业。上海交通大学设有本科专业 67 个，一级学科硕士学位授权点 57 个、一级学科博士学位授权点 45 个，博士后科研流动站 35 个，一

级学科国家重点学科9个，二级学科国家重点学科11个，国家重点培育学科7个。上海交通大学有全日制本科生16 351人、硕士研究生14 326人、博士研究生8496人、留学生2837人；专任教师3236人，其中，教授982人，中国科学院院士24人，中国工程院院士23人，“万人计划”青年拔尖人才24人，国家重大科学研究计划首席科学家14人，“长江学者奖励计划”特聘（讲座）教授148人，青年学者28人，国家重点研发计划项目获得者73人（青年项目获得者7人），国家自然科学基金杰出青年科学基金获得者145人，国家自然科学基金优秀青年科学基金获得者112人[1]。

表4-3　2015～2019年上海交通大学争取国家自然科学基金项目经费十强学科变化趋势及指标

领域	指标	2015年	2016年	2017年	2018年	2019年
全部	项目数/项	936（1）	950（1）	1 103（1）	1 055（1）	1 264（1）
	项目经费/万元	57 458.61（2）	59 574.03（2）	67 252.51（2）	61 294.1（1）	81 716.58（2）
	主持人数/人	914（1）	932（1）	1 074（1）	1 028（1）	1 219（1）
等离子体物理	项目数/项	1（8）	5（5）	2（7）	1（8）	5（7）
	项目经费/万元	36.67（8）	316（4）	593（2）	27（10）	3 256（1）
	主持人数/人	1（8）	5（5）	2（7）	1（8）	4（7）
机器人与机构学	项目数/项	4（2）	9（1）	3（3）	7（1）	12（1）
	项目经费/万元	167（5）	1 180（1）	513（2）	493（2）	2 481（1）
	主持人数/人	4（2）	9（1）	3（3）	7（1）	12（1）
燃烧学	项目数/项	8（3）	9（2）	12（1）	5（4）	6（3）
	项目经费/万元	525.9（3）	668（2）	732（1）	270（3）	1 967（1）
	主持人数/人	6（3）	9（2）	12（1）	5（4）	6（3）
消化系统肿瘤	项目数/项	23（3）	22（3）	26（2）	36（2）	34（2）
	项目经费/万元	1 177（3）	953（3）	1 001（3）	1 222（3）	1 445（2）
	主持人数/人	23（3）	22（3）	26（2）	36（2）	34（2）
粒子物理与核物理实验方法与技术	项目数/项	3（8）	2（13）	1（12）	4（7）	6（4）
	项目经费/万元	473（4）	132（9）	500（5）	107（9）	1 322（2）
	主持人数/人	3（8）	2（13）	1（12）	4（7）	6（4）
生物海洋学与海洋生物资源	项目数/项	0（6）	1（7）	0（7）	0（5）	4（5）
	项目经费/万元	0（6）	22（7）	0（7）	0（5）	1 172（2）
	主持人数/人	0（6）	1（7）	0（7）	0（5）	4（5）
颅颌面部骨、软骨组织的研究	项目数/项	6（1）	5（1）	5（1）	3（1）	6（1）
	项目经费/万元	264（1）	350（1）	245（1）	99（1）	1 139（1）
	主持人数/人	6（1）	5（1）	5（1）	3（1）	6（1）
光学	项目数/项	8（7）	4（9）	4（8）	5（10）	6（8）
	项目经费/万元	515（6）	579（6）	664（7）	547.7（7）	1 013（2）
	主持人数/人	8（7）	4（9）	4（8）	5（10）	6（8）
海洋工程	项目数/项	6（7）	4（8）	9（6）	13（2）	17（2）
	项目经费/万元	300（5）	197（8）	433（5）	783.5（2）	972（3）
	主持人数/人	6（7）	4（8）	9（6）	13（2）	17（2）

续表

领域	指标	2015 年	2016 年	2017 年	2018 年	2019 年
计算机网络	项目数/项	3（2）	3（3）	3（6）	6（1）	10（1）
	项目经费/万元	196（2）	147（3）	113（7）	788（1）	965（2）
	主持人数/人	3（2）	3（3）	3（6）	6（1）	10（1）

资料来源：科技大数据湖北省重点实验室、中国产业智库大数据中心

表 4-4　2009～2019 年上海交通大学 SCI 论文总量分布及 2019 年 ESI 排名

序号	研究领域	SCI 发文量/篇	被引次数/次	篇均被引/次	高被引论文/篇	ESI 全球排名
	全校合计	90 686	1 245 009	13.73	1 217	99
1	农业科学	971	10 211	10.52	11	218
2	生物与生化	5 734	79 922	13.94	55	89
3	化学	7 324	123 685	16.89	112	73
4	临床医学	21 459	305 248	14.22	254	129
5	计算机科学	3 455	30 173	8.73	55	28
6	经济与商学	773	8 014	10.37	16	230
7	工程科学	14 904	145 413	9.76	182	9
8	环境生态学	1 378	19 083	13.85	34	344
9	免疫学	1 179	18 721	15.88	16	272
10	材料科学	8 662	163 132	18.83	137	22
11	数学	1 652	10 068	6.09	29	82
12	微生物学	823	10 803	13.13	10	271
13	分子生物与基因	5 428	104 514	19.25	40	142
14	神经科学与行为	2 696	33 246	12.33	17	292
15	药理学与毒物学	2 753	33 777	12.27	19	47
16	物理学	7 622	100 907	13.24	168	176
17	植物与动物科学	794	11 610	14.62	23	485
18	精神病学心理学	671	6 689	9.97	14	548
19	社会科学	931	8 044	8.64	12	518

资料来源：科技大数据湖北省重点实验室、中国产业智库大数据中心

4.2.2 浙江大学

2019 年，浙江大学的基础研究竞争力指数为 107.1345，全国排名第 2 位。争取国家自然科学基金项目总数为 917 项，全国排名第 3 位；项目经费总额为 68 751.06 万元，全国排名第 4 位；争取国家自然科学基金项目经费金额大于 2000 万元的学科共有 1 个，工程建造与服役、作物与生物因子互作争取国家自然科学基金项目经费全国排名第 1 位（图 4-2）；工程建造与服役，神经科学，土壤学，人工智能驱动的自动化，光学，凝聚态物性Ⅱ：电子结构、电学、磁学和光学性质，环境污染化学，植物病理学，作物与生物因子互作争取国家自然科学基金项目经费与 2018 年相比呈上升趋势（表 4-5）。SCI 论文数 10 006 篇，全国排名第 1 位；19 个学科入选 ESI 全球 1%（表 4-6）。发明专利申请量 4074 件，全国排名第 5 位。

截至 2019 年年底，浙江大学共有 37 个专业学院（系）、1 个工程师学院、2 个中外合作办

学学院、7家附属医院。浙江大学设有本科专业128个，一级学科硕士学位授权点62个，一级学科博士学位授权点59个，博士后科研流动站57个，一级学科国家重点学科14个，二级学科国家重点学科21个。浙江大学有全日制本科生25 425人、硕士研究生19 038人、博士研究生10 178人、留学生7131人；教职工9377人，其中，教授1758人，副教授1364人，中国科学院院士、中国工程院院士（含双聘）50人，“万人计划”领军人才、青年拔尖人才86人，“长江学者奖励计划”特聘（讲座）教授129人，国家自然科学基金杰出青年科学基金获得者145人，国家自然科学基金优秀青年科学基金获得者125人[2]。

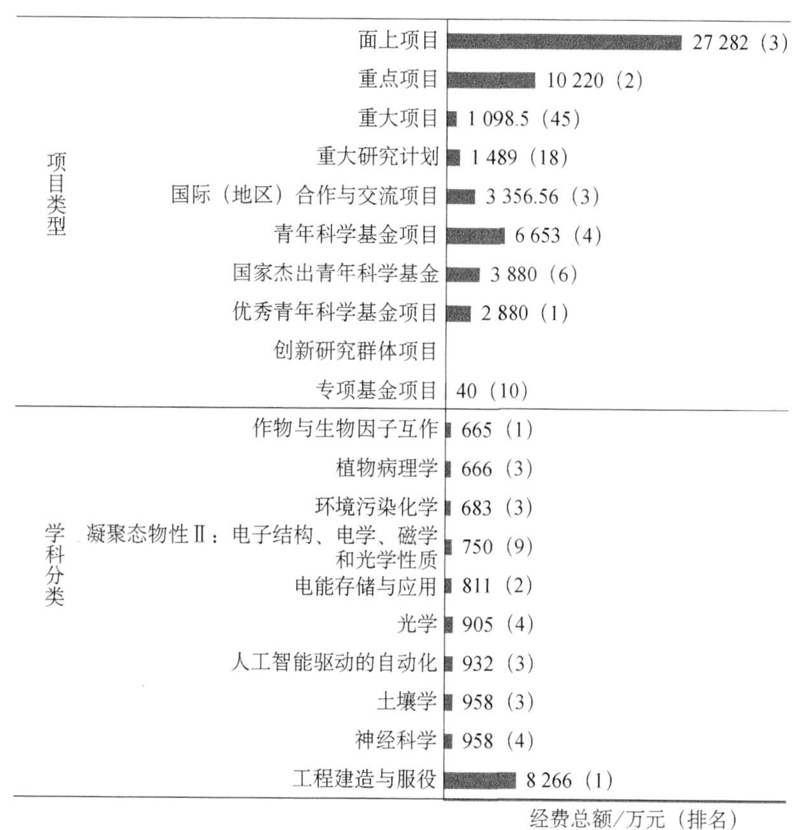

图4-2 2019年浙江大学争取国家自然科学基金项目经费数据

资料来源：科技大数据湖北省重点实验室、中国产业智库大数据中心

表4-5 2015～2019年浙江大学争取国家自然科学基金项目经费十强学科变化趋势及指标

领域	指标	2015年	2016年	2017年	2018年	2019年
全部	项目数/项	764（2）	766（2）	856（3）	902（2）	917（3）
	项目经费/万元	49 627.9（4）	55 162.73（3）	57 336.23（4）	59 736.04（2）	68 751.06（4）
	主持人数/人	747（2）	749（2）	827（3）	884（2）	889（3）
工程建造与服役	项目数/项	9（1）	5（1）	7（1）	3（3）	6（2）
	项目经费/万元	473.17（1）	499.3（1）	297.3（2）	436（2）	8 266（1）
	主持人数/人	9（1）	5（1）	7（1）	3（3）	6（2）
神经科学	项目数/项	0（8）	2（2）	3（1）	2（1）	15（1）
	项目经费/万元	0（8）	134（2）	244（1）	305（1）	958（4）
	主持人数/人	0（8）	2（2）	2（1）	2（1）	15（1）

续表

领域	指标	2015年	2016年	2017年	2018年	2019年
土壤学	项目数/项	0（1）	0（1）	1（4）	11（4）	14（3）
	项目经费/万元	0（1）	0（1）	1 050（1）	595（4）	958（3）
	主持人数/人	0（1）	0（1）	1（4）	11（4）	14（3）
人工智能驱动的自动化	项目数/项	0（1）	0（1）	0（1）	0（8）	6（1）
	项目经费/万元	0（1）	0（1）	0（1）	0（8）	932（3）
	主持人数/人	0（1）	0（1）	0（1）	0（8）	6（1）
光学	项目数/项	1（20）	3（13）	1（21）	5（10）	6（8）
	项目经费/万元	20（32）	148（14）	75（21）	385（11）	905（4）
	主持人数/人	1（20）	3（13）	1（21）	5（10）	6（8）
电能存储与应用	项目数/项	0（2）	3（3）	3（4）	5（3）	8（1）
	项目经费/万元	0（2）	228.33（4）	147（4）	1 200.46（1）	811（2）
	主持人数/人	0（2）	3（3）	3（4）	5（3）	8（1）
凝聚态物性Ⅱ：电子结构、电学、磁学和光学性质	项目数/项	5（9）	7（7）	7（8）	4（10）	6（9）
	项目经费/万元	353（9）	381（10）	772（5）	160.48（15）	750（9）
	主持人数/人	5（9）	7（7）	7（8）	4（10）	6（9）
环境污染化学	项目数/项	0（3）	0（1）	5（2）	4（2）	3（3）
	项目经费/万元	0（3）	0（1）	246（3）	486.5（2）	683（3）
	主持人数/人	0（3）	0（1）	5（2）	4（2）	3（3）
植物病理学	项目数/项	7（1）	6（5）	3（8）	7（2）	8（2）
	项目经费/万元	388（2）	594（2）	180（6）	355（4）	666（3）
	主持人数/人	7（1）	6（4）	3（8）	7（2）	8（2）
作物与生物因子互作	项目数/项	0（1）	0（3）	0（1）	0（1）	3（1）
	项目经费/万元	0（1）	0（3）	0（1）	0（1）	665（1）
	主持人数/人	0（1）	0（3）	0（1）	0（1）	3（1）

资料来源：科技大数据湖北省重点实验室、中国产业智库大数据中心

表4-6　2009～2019年浙江大学SCI论文总量分布及2019年ESI排名

序号	研究领域	SCI发文量/篇	被引次数/次	篇均被引/次	高被引论文/篇	ESI全球排名
全校合计		89 691	1 246 092	13.89	1 273	98
1	农业科学	2 944	37 776	12.83	62	23
2	生物与生化	4 705	63 455	13.49	32	130
3	化学	13 606	266 022	19.55	244	17
4	临床医学	12 100	130 596	10.79	102	334
5	计算机科学	3 511	31 066	8.85	41	25
6	经济与商学	823	5 597	6.80	11	325

续表

序号	研究领域	SCI 发文量/篇	被引次数/次	篇均被引/次	高被引论文/篇	ESI 全球排名
7	工程科学	12 884	130 365	10.12	193	10
8	环境生态学	3 159	45 586	14.43	54	117
9	地球科学	1 717	15 456	9.00	13	437
10	免疫学	1 102	19 356	17.56	14	260
11	材料科学	7 460	165 535	22.19	173	21
12	数学	1 791	9 084	5.07	17	99
13	微生物学	1 299	15 772	12.14	13	168
14	分子生物与基因	4 162	70 195	16.87	35	224
15	神经科学与行为	1 815	20 404	11.24	11	409
16	药理学与毒物学	2 433	32 306	13.28	21	52
17	物理学	7 560	92 361	12.22	99	208
18	植物与动物科学	3 316	49 507	14.93	97	87
19	社会科学	1 231	9 760	7.93	24	443

资料来源：科技大数据湖北省重点实验室、中国产业智库大数据中心

4.2.3 清华大学

2019 年，清华大学的基础研究竞争力指数为 82.6163，全国排名第 3 位。争取国家自然科学基金项目总数为 603 项，全国排名第 7 位；项目经费总额为 71 144.71 万元，全国排名第 3 位；争取国家自然科学基金项目经费金额大于 2000 万元的学科共有 6 个，发育生物学与生殖生物学、细胞骨架、微纳机械系统、化学工程与工业化学、免疫细胞的分化与功能、机械摩擦学与表面技术、多媒体信息处理、高电压与放电、气候变化及影响与应对争取国家自然科学基金项目经费全国排名第 1 位（图 4-3）；发育生物学与生殖生物学、细胞骨架、微纳机械系统、化学工程与工业化学、免疫细胞的分化与功能、机械摩擦学与表面技术、多媒体信息处理、高电压与放电和气候变化及影响与应对争取国家自然科学基金项目经费与 2018 年相比呈上升趋势（表 4-7）。SCI 论文数 7395 篇，全国排名第 3 位；20 个学科入选 ESI 全球 1%（表 4-8）。发明专利申请量 3039 件，全国排名第 11 位。

截至 2019 年 12 月，清华大学共有 20 个学院 59 个系。清华大学设有本科专业 82 个，一级学科博士、硕士学位授权点 58 个，博士后科研流动站 50 个，一级学科国家重点学科 22 个，二级学科国家重点学科 15 个，国家重点培育学科 2 个。清华大学有在学本科生 16 037 人、硕士研究生 18 606 人、博士研究生 15 751 人；专任教师 3565 人，其中，教授 1381 人，副教授 1648 人，诺贝尔奖获得者 1 人，图灵奖获得者 1 人，中国科学院院士 54 人，中国工程院院士 40 人，“万人计划”杰出人才 1 人、领军人才 49 人、青年拔尖人才 40 人，“长江学者奖励计划”特聘教授 167 人、青年学者 52 人，获国家自然科学基金杰出青年科学基金者 239 人，获国家自然科学基金优秀青年科学基金者 152 人[3]。

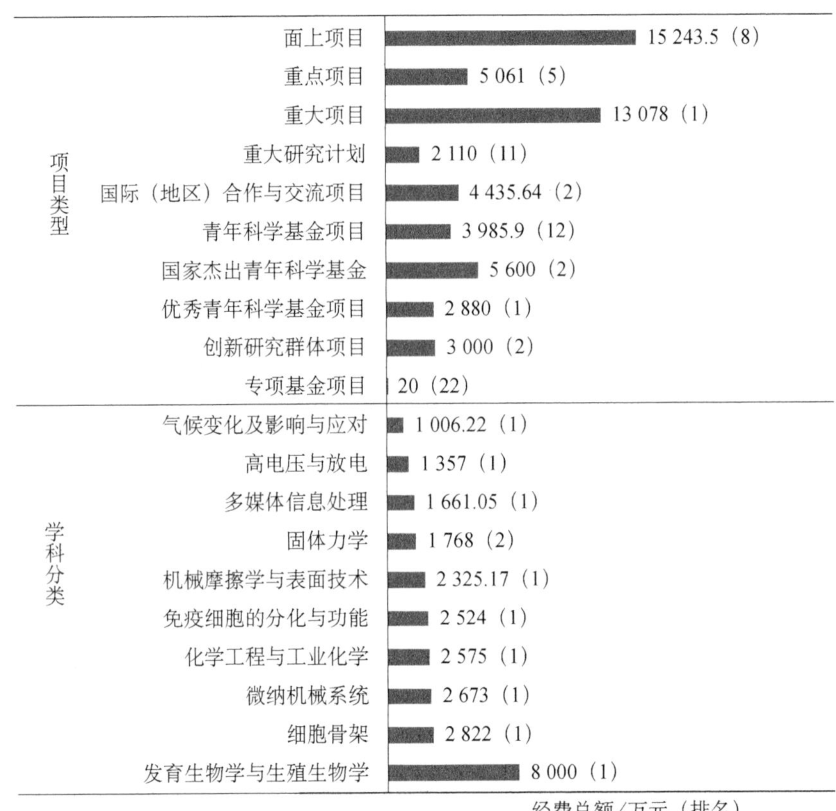

图 4-3　2019 年清华大学争取国家自然科学基金项目经费数据

资料来源：科技大数据湖北省重点实验室、中国产业智库大数据中心

表 4-7　2015～2019 年清华大学争取国家自然科学基金项目经费十强学科变化趋势及指标

领域	指标	2015 年	2016 年	2017 年	2018 年	2019 年
全部	项目数/项	549（7）	571（7）	630（6）	566（7）	603（7）
	项目经费/万元	55 923.08（3）	63 576.04（1）	81 021.1（1）	58 684.69（3）	71 144.71（3）
	主持人数/人	524（7）	543（7）	602（6）	541（7）	573（7）
发育生物学与生殖生物学	项目数/项	1（1）	0（1）	0（1）	1（1）	1（1）
	项目经费/万元	650（1）	0（1）	0（1）	20（1）	8 000（1）
	主持人数/人	1（1）	0（1）	0（1）	1（1）	1（1）
细胞骨架	项目数/项	0（1）	0（1）	0（1）	0（2）	4（1）
	项目经费/万元	0（1）	0（1）	0（1）	0（2）	2 822（1）
	主持人数/人	0（1）	0（1）	0（1）	0（2）	3（1）
微纳机械系统	项目数/项	1（3）	1（3）	5（1）	1（3）	2（3）
	项目经费/万元	63（4）	62（2）	512（1）	60（3）	2 673（1）
	主持人数/人	1（3）	1（3）	5（1）	1（3）	1（4）
化学工程与工业化学	项目数/项	0（1）	0（1）	2（1）	2（4）	2（2）
	项目经费/万元	0（1）	0（1）	84（4）	555（3）	2 575（1）
	主持人数/人	0（1）	0（1）	2（1）	2（3）	1（3）

续表

领域	指标	2015 年	2016 年	2017 年	2018 年	2019 年
免疫细胞的分化与功能	项目数/项	2（1）	1（2）	3（1）	2（1）	4（1）
	项目经费/万元	73（1）	20（2）	70（2）	315（1）	2 524（1）
	主持人数/人	2（1）	1（2）	3（1）	2（1）	3（1）
机械摩擦学与表面技术	项目数/项	9（2）	9（2）	7（2）	6（2）	17（2）
	项目经费/万元	7 918.9（1）	573（2）	691（2）	344（3）	2 325.17（1）
	主持人数/人	9（2）	9（2）	7（2）	5（2）	17（2）
固体力学	项目数/项	16（1）	16（1）	11（4）	14（3）	14（3）
	项目经费/万元	928（4）	1 720（1）	1 244（3）	3 473（1）	1 768（2）
	主持人数/人	16（1）	15（1）	11（4）	13（3）	13（3）
多媒体信息处理	项目数/项	2（1）	3（1）	6（1）	4（1）	6（1）
	项目经费/万元	117（1）	362（1）	354（1）	1 434（1）	1 661.05（1）
	主持人数/人	2（1）	3（1）	6（1）	4（1）	6（1）
高电压与放电	项目数/项	2（1）	3（1）	4（1）	1（2）	7（1）
	项目经费/万元	140（2）	151（1）	419（1）	8（3）	1 357（1）
	主持人数/人	2（1）	3（1）	4（1）	1（2）	7（1）
气候变化及影响与应对	项目数/项	0（3）	0（3）	0（2）	0（3）	3（2）
	项目经费/万元	0（3）	0（3）	0（2）	0（3）	1 006.22（1）
	主持人数/人	0（3）	0（3）	0（2）	0（3）	2（3）

资料来源：科技大数据湖北省重点实验室、中国产业智库大数据中心

表 4-8　2009～2019 年清华大学 SCI 论文总量分布及 2018 年 ESI 排名

序号	研究领域	SCI 发文量/篇	被引次数/次	篇均被引/次	高被引论文/篇	ESI 全球排名
	全校合计	81 032	1 367 449	16.88	1919	86
1	农业科学	265	2 875	10.85	3	801
2	生物与生化	2 858	58 078	20.32	66	148
3	化学	12 157	269 830	22.20	347	16
4	临床医学	1 913	22 192	11.60	31	1 405
5	计算机科学	5 204	49 146	9.44	85	8
6	经济与商学	1 002	10 082	10.06	9	170
7	工程科学	19 436	218 266	11.23	317	5
8	环境生态学	3 738	58 282	15.59	95	86
9	地球科学	2 098	38 525	18.36	74	167
10	免疫学	362	8 022	22.16	10	583
11	材料科学	11 263	265 026	23.53	358	8
12	数学	1 660	8 831	5.32	15	106
13	微生物学	421	8 375	19.89	13	356
14	分子生物与基因	1 687	58 862	34.89	36	271
15	综合交叉学科	99	7 863	79.42	5	27
16	神经科学与行为	640	9 907	15.48	16	721
17	药理学与毒物学	468	7 586	16.21	10	515
18	物理学	11 953	198 345	16.59	320	39

续表

序号	研究领域	SCI 发文量/篇	被引次数/次	篇均被引/次	高被引论文/篇	ESI 全球排名
19	植物与动物科学	491	10 370	21.12	32	543
20	社会科学	1 175	12 276	10.45	23	364

资料来源：科技大数据湖北省重点实验室、中国产业智库大数据中心

4.2.4 华中科技大学

2019 年，华中科技大学的基础研究竞争力指数为 81.1749，全国排名第 4 位。争取国家自然科学基金项目总数为 771 项，全国排名第 5 位；项目经费总额为 46 822.09 万元，全国排名第 7 位；争取国家自然科学基金项目经费金额大于 1000 万元的学科共有 4 个，基础物理学，非传染病流行病学，用于检测、分析、成像及治疗的医学器件和仪器，认知功能障碍争取国家自然科学基金项目经费全国排名第 1 位（图 4-4）；机器人与机构学，基础物理学，人工智能驱动的自动化，燃烧学，光学，非传染病流行病学，信号理论与信号处理，用于检测、分析、成像及治疗的医学器件和仪器，认知功能障碍和无机非金属类生物材料争取国家自然科学基金项目经费与 2018 年相比呈上升趋势（表 4-9）。SCI 论文数 7189 篇，全国排名第 6 位；16 个学科入选 ESI 全球 1%（表 4-10）。发明专利申请量 2613 件，全国排名第 18 位。

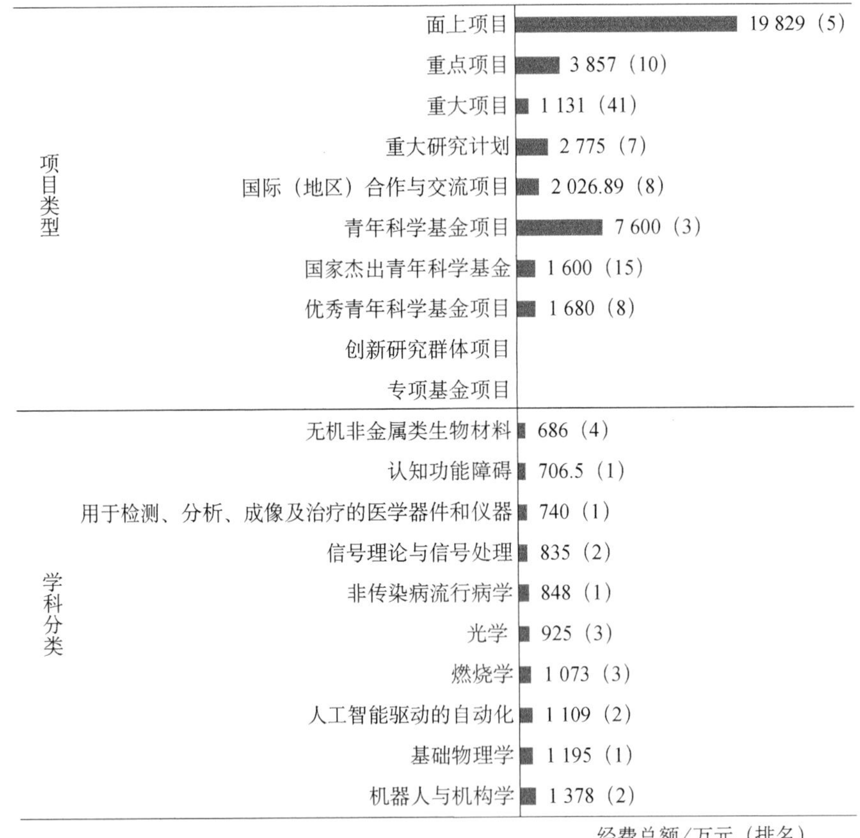

图 4-4 2019 年华中科技大学争取国家自然科学基金项目经费数据

资料来源：科技大数据湖北省重点实验室、中国产业智库大数据中心

截至2019年11月，华中科技大学设有46个学院/直属系。华中科技大学设有本科专业103个，一级学科硕士学位授权点45个，一级学科博士学位授权点41个，博士后科研流动站39个，一级学科国家重点学科7个，二级学科国家重点学科15个（内科学、外科学按三级计），国家重点培育学科7个。华中科技大学有专任教师3400余人，其中，教授1200余人，副教授1400余人，中国科学院院士、中国工程院院士19人，国家重大科学研究计划首席科学家2人，国家重点研发计划首席科学家57人，“万人计划”科技创新领军人才34人、青年拔尖人才28人，“国家百千万人才工程”入选者41人，“新世纪优秀人才支持计划”学者224人，“长江学者奖励计划”特聘教授48人，国家自然科学基金杰出青年科学基金者获得者65人，国家自然科学基金优秀青年科学基金者获得者43人[4]。

表4-9 2015～2019年华中科技大学争取国家自然科学基金项目经费十强学科变化趋势及指标

领域	指标	2015年	2016年	2017年	2018年	2019年
全部	项目数/项	670（3）	614（5）	756（4）	740（4）	771（5）
	项目经费/万元	34 472.05（7）	35 393.91（7）	47 368.7（7）	51 574.7（6）	46 822.09（7）
	主持人数/人	659（3）	606（4）	737（4）	725（4）	749（5）
机器人与机构学	项目数/项	0（9）	2（4）	2（6）	0（8）	4（3）
	项目经费/万元	0（9）	362（3）	90（6）	0（8）	1 378（2）
	主持人数/人	0（9）	2（4）	2（6）	0（8）	4（3）
基础物理学	项目数/项	4（1）	4（1）	5（1）	7（1）	6（1）
	项目经费/万元	405（1）	462（2）	1 368（1）	453（2）	1 195（1）
	主持人数/人	4（1）	4（1）	4（2）	7（1）	6（1）
人工智能驱动的自动化	项目数/项	0（1）	0（1）	0（1）	2（2）	1（10）
	项目经费/万元	0（1）	0（1）	0（1）	126（3）	1 109（2）
	主持人数/人	0（1）	0（1）	0（1）	2（2）	1（10）
燃烧学	项目数/项	17（1）	12（1）	7（2）	8（1）	14（1）
	项目经费/万元	970（2）	823.3（1）	317（4）	257（4）	1 073（3）
	主持人数/人	17（1）	12（1）	7（2）	8（1）	13（1）
光学	项目数/项	9（4）	8（4）	11（3）	10（4）	5（12）
	项目经费/万元	492.08（7）	1 228.2（3）	665.1（6）	596（5）	925（3）
	主持人数/人	9（4）	8（4）	11（3）	10（4）	5（12）
非传染病流行病学	项目数/项	5（2）	2（3）	3（2）	4（2）	6（2）
	项目经费/万元	313（2）	95（2）	120（3）	195（2）	848（1）
	主持人数/人	5（2）	2（3）	3（2）	4（2）	6（2）
信号理论与信号处理	项目数/项	2（2）	1（3）	0（3）	0（4）	1（2）
	项目经费/万元	83（2）	50（3）	0（3）	0（4）	835（2）
	主持人数/人	2（2）	1（3）	0（3）	0（4）	1（2）
用于检测、分析、成像及治疗的医学器件和仪器	项目数/项	0（1）	1（1）	0（1）	1（1）	1（1）
	项目经费/万元	0（1）	56（1）	0（1）	21（1）	740（1）
	主持人数/人	0（1）	1（1）	0（1）	1（1）	1（1）
认知功能障碍	项目数/项	6（1）	4（2）	7（1）	7（1）	11（1）
	项目经费/万元	269.5（2）	186（2）	428（1）	217（2）	706.5（1）
	主持人数/人	6（1）	4（2）	6（1）	7（1）	11（1）

续表

领域	指标	2015年	2016年	2017年	2018年	2019年
无机非金属类生物材料	项目数/项	6（1）	3（3）	9（1）	6（1）	11（2）
	项目经费/万元	319（1）	186（3）	1 537（1）	292（3）	686（4）
	主持人数/人	6（1）	3（3）	9（1）	6（1）	10（2）

资料来源：科技大数据湖北省重点实验室、中国产业智库大数据中心

表4-10　2009～2019年华中科技大学SCI论文总量分布及2019年ESI排名

序号	研究领域	SCI发文量/篇	被引次数/次	篇均被引/次	高被引论文/篇	ESI全球排名
	全校合计	56 412	714 972	12.67	840	231
1	农业科学	322	3 761	11.68	5	635
2	生物与生化	2 643	33 294	12.60	24	300
3	化学	5 332	89 650	16.81	87	123
4	临床医学	10 061	104 251	10.36	83	426
5	计算机科学	3 035	33 639	11.08	72	17
6	工程科学	10 398	116 252	11.18	204	15
7	环境生态学	1 009	9 846	9.76	17	646
8	免疫学	774	10 985	14.19	7	457
9	材料科学	6 361	127 551	20.05	152	39
10	数学	1 111	6 878	6.19	19	161
11	分子生物与基因	2 421	38 683	15.98	13	395
12	神经科学与行为	1 455	20 422	14.04	10	408
13	药理学与毒物学	1 563	18 630	11.92	9	157
14	物理学	7 182	73 854	10.28	94	272
15	植物与动物科学	243	3 186	13.11	6	1 297
16	社会科学	617	5 616	9.10	16	683

资料来源：科技大数据湖北省重点实验室、中国产业智库大数据中心

4.2.5　中山大学

2019年，中山大学的基础研究竞争力指数为79.4321，全国排名第5位。争取国家自然科学基金项目总数为1031项，全国排名第2位；项目经费总额为55 064.7万元，全国排名第5位；争取国家自然科学基金项目经费金额大于1000万元的学科共有3个，乳腺肿瘤、人文地理学、群落生态学、头颈部及颌面肿瘤、泌尿系统肿瘤和肿瘤综合治疗争取国家自然科学基金项目经费全国排名第1位（图4-5）；乳腺肿瘤、人文地理学、群落生态学、泌尿系统肿瘤、自然地理学、肿瘤学和肿瘤综合治疗争取国家自然科学基金项目经费与2018年相比呈上升趋势（表4-11）。SCI论文数7199篇，全国排名第5位；20个学科入选ESI全球1%（表4-12）。发明专利申请量1305件，全国排名第53位。

截至2019年11月，中山大学共有63个学院/直属系、10家附属医院。中山大学设有本科专业132个，一级学科硕士学位授权点59个，一级学科博士学位授权点49个，博士后科研流

动站41个。中山大学有全日制本科生53 789人，硕士研究生14 463人，博士研究生7166人；专任教师4028人，其中，教授1655人，副教授1643人，中国科学院院士15人（含双聘9人），中国工程院院士5人（含双聘2人），“万人计划”科技创新领军人才27人、哲学社会科学领军人才4人、国家教学名师2人、青年拔尖人才22人，“国家百千万人才工程”入选者29人，“新世纪优秀人才支持计划”入选者175人，国家重大科学研究计划首席科学家8人，国家自然科学基金杰出青年科学基金获得者77人，国家自然科学基金优秀青年科学基金获得者73人[5]。

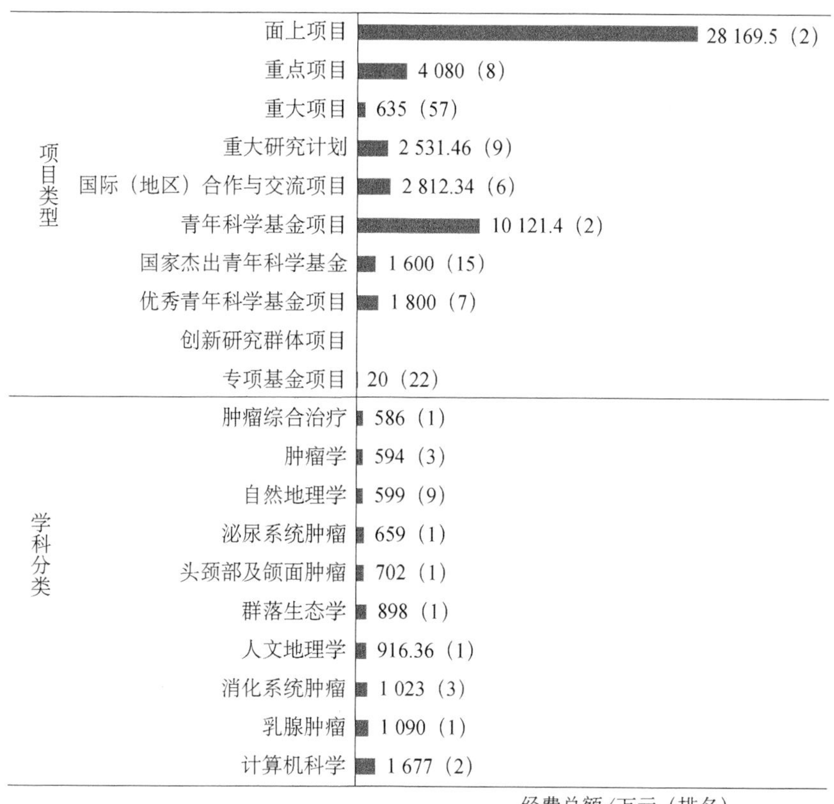

图4-5 2019年中山大学争取国家自然科学基金项目经费数据

资料来源：科技大数据湖北省重点实验室、中国产业智库大数据中心

表4-11 2015～2019年中山大学争取国家自然科学基金项目经费十强学科变化趋势及指标

领域	指标	2015年	2016年	2017年	2018年	2019年
全部	项目数/项	564（6）	680（3）	873（2）	887（3）	1 031（2）
	项目经费/万元	38 274.4（6）	38 965（5）	50 430.31（6）	51 990.01（5）	55 064.7（5）
	主持人数/人	550（6）	664（3）	851（2）	868（3）	1 007（2）
计算机科学	项目数/项	0（3）	2（1）	2（1）	2（1）	3（1）
	项目经费/万元	0（3）	900（1）	1 060（1）	4 310（1）	1 677（2）
	主持人数/人	0（3）	2（1）	2（1）	2（1）	3（1）

续表

领域	指标	2015年	2016年	2017年	2018年	2019年
乳腺肿瘤	项目数/项	9（1）	14（1）	11（1）	16（1）	16（1）
	项目经费/万元	374（1）	893（1）	879（1）	726（1）	1 090（1）
	主持人数/人	9（1）	13（1）	11（1）	16（1）	16（1）
消化系统肿瘤	项目数/项	28（2）	39（1）	40（1）	38（1）	28（3）
	项目经费/万元	1 341（1）	1 941（1）	1 670（1）	1 661（1）	1 023（3）
	主持人数/人	28（2）	39（1）	40（1）	38（1）	28（3）
人文地理学	项目数/项	7（2）	4（4）	4（5）	14（1）	14（1）
	项目经费/万元	435（2）	158（5）	164（7）	544.8（2）	916.36（1）
	主持人数/人	7（2）	4（4）	4（5）	14（1）	14（1）
群落生态学	项目数/项	4（1）	0（3）	3（2）	2（2）	6（1）
	项目经费/万元	108（2）	0（3）	112（2）	314（1）	898（1）
	主持人数/人	4（1）	0（3）	3（2）	2（2）	6（1）
头颈部及颌面肿瘤	项目数/项	14（1）	16（1）	17（1）	17（1）	16（1）
	项目经费/万元	529（1）	600（1）	679（1）	979（1）	702（1）
	主持人数/人	14（1）	16（1）	17（1）	17（1）	16（1）
泌尿系统肿瘤	项目数/项	6（2）	5（1）	13（1）	9（1）	10（1）
	项目经费/万元	328（1）	284（1）	579（1）	628（1）	659（1）
	主持人数/人	6（2）	5（1）	13（1）	9（1）	10（1）
自然地理学	项目数/项	0（37）	1（21）	3（14）	6（7）	5（14）
	项目经费/万元	0（37）	20（35）	210（13）	290（7）	599（9）
	主持人数/人	0（37）	1（21）	3（14）	6（7）	5（13）
肿瘤学	项目数/项	0（3）	1（1）	2（1）	2（1）	2（2）
	项目经费/万元	0（3）	2（2）	292（1）	303（1）	594（3）
	主持人数/人	0（3）	1（1）	2（1）	2（1）	2（2）
肿瘤综合治疗	项目数/项	0（2）	1（2）	2（1）	2（1）	8（1）
	项目经费/万元	0（2）	19（3）	73（1）	114（1）	586（1）
	主持人数/人	0（2）	1（2）	2（1）	2（1）	8（1）

资料来源：科技大数据湖北省重点实验室、中国产业智库大数据中心

表 4-12　2009～2019 年中山大学 SCI 论文总量分布及 2019 年 ESI 排名

序号	研究领域	SCI 发文量/篇	被引次数/次	篇均被引/次	高被引论文/篇	ESI 全球排名
全校合计		59 843	862 309	14.41	966	174
1	农业科学	547	7 544	13.79	14	323
2	生物与生化	3 355	45 836	13.66	26	201
3	化学	6 388	131 196	20.54	151	68

续表

序号	研究领域	SCI 发文量/篇	被引次数/次	篇均被引/次	高被引论文/篇	ESI 全球排名
4	临床医学	16 894	231 345	13.69	213	171
5	计算机科学	1 588	13 318	8.39	23	113
6	经济与商学	589	5 113	8.68	6	349
7	工程科学	3 168	32 995	10.42	57	176
8	环境生态学	2 065	26 487	12.83	38	235
9	地球科学	2 059	20 211	9.82	33	340
10	免疫学	1 170	19 247	16.45	9	264
11	材料科学	3 168	74 244	23.44	91	99
12	数学	1 582	7 757	4.90	16	125
13	微生物学	1 093	11 181	10.23	4	254
14	分子生物与基因	3 902	71 365	18.29	29	221
15	神经科学与行为	1 738	20 632	11.87	9	403
16	药理学与毒物学	2 250	26 061	11.58	17	84
17	物理学	4 111	73 029	17.76	153	277
18	植物与动物科学	1 716	18 567	10.82	29	298
19	精神病学心理学	526	5 631	10.71	3	621
20	社会科学	1 359	11 015	8.11	34	405

资料来源：科技大数据湖北省重点实验室、中国产业智库大数据中心

4.2.6 中南大学

2019 年，中南大学的基础研究竞争力指数为 68.3238，全国排名第 6 位。争取国家自然科学基金项目总数为 528 项，全国排名第 10 位；项目经费总额为 30 456.45 万元，全国排名第 14 位；争取国家自然科学基金项目经费金额大于 1000 万元的学科共有 2 个，钢铁冶金，有色金属冶金，自动化检测技术与装置，骨转换、骨代谢异常和骨质疏松争取国家自然科学基金项目经费全国排名第 1 位（图 4-6）；岩土与基础工程，钢铁冶金，有色金属冶金，矿物工程与物质分离，成形制造，自动化检测技术与装置，骨转换、骨代谢异常和骨质疏松，工程材料，大地测量学和控制系统与应用争取国家自然科学基金项目经费与 2018 年相比呈上升趋势（表 4-13）。SCI 论文数 7142 篇，全国排名第 7 位；16 个学科入选 ESI 全球 1%（表 4-14）。发明专利申请量 2438 件，全国排名第 20 位。

截至 2020 年 1 月，中南大学共有 30 个学院/直属系、6 家附属医院。中南大学设有本科专业 106 个，一级学科硕士学位授权点 46 个，一级学科博士学位授权点 35 个，博士后科研流动站 30 个，一级学科国家重点学科 6 个，二级学科国家重点学科 12 个，国家重点培育学科 1 个。中南大学有全日制本科生 3.4 万余人，研究生 2.2 万余人，留学生 1600 余人；教授及相应正高职称人员 1800 余人，中国科学院院士 2 人，中国工程院院士 15 人，国家“万人计划”领军人才 24 人，“长江学者奖励计划”特聘教授、讲座教授 54 人，国家自然科学基金杰出青年科学基金获得者 26 人[6]。

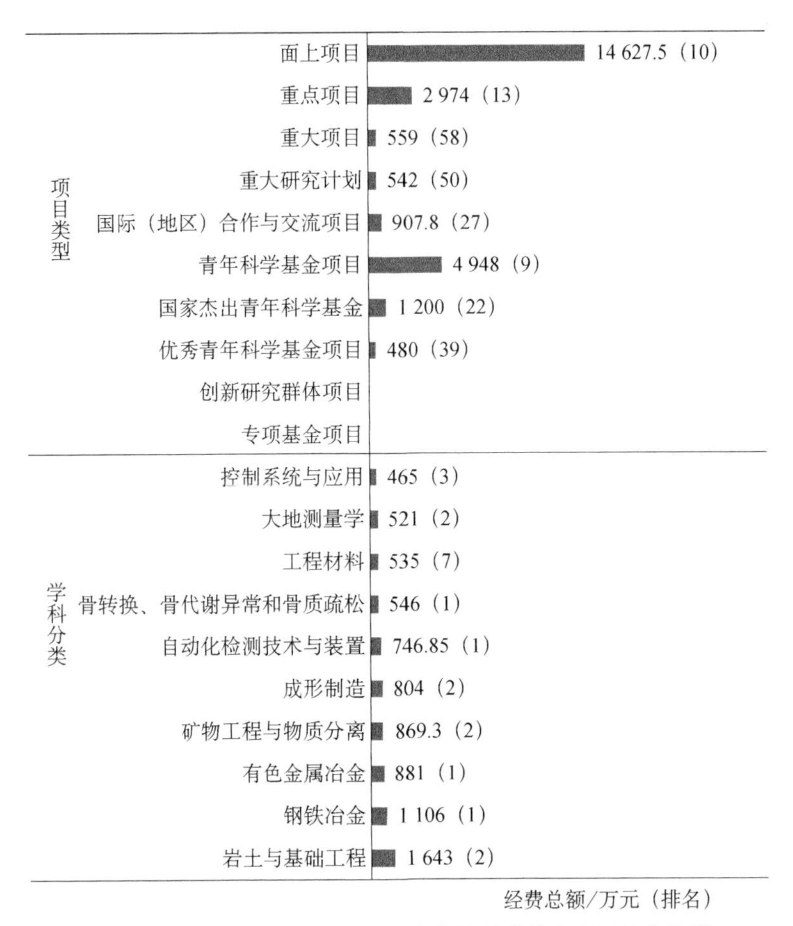

图 4-6 2019 年中南大学争取国家自然科学基金项目经费数据

资料来源：科技大数据湖北省重点实验室、中国产业智库大数据中心

表 4-13 2015～2019 年中南大学争取国家自然科学基金项目经费十强学科变化趋势及指标

领域	指标	2015 年	2016 年	2017 年	2018 年	2019 年
全部	项目数/项	427（11）	421（11）	442（13）	499（10）	528（10）
	项目经费/万元	20 757（16）	21 445.23（16）	22 669.7（22）	24 594.41（15）	30 456.45（14）
	主持人数/人	422（9）	417（10）	433（13）	486（10）	522（10）
岩土与基础工程	项目数/项	3（9）	5（6）	11（4）	7（6）	15（4）
	项目经费/万元	147（8）	226（6）	727（4）	351（7）	1 643（2）
	主持人数/人	3（9）	5（6）	11（3）	7（6）	14（4）
钢铁冶金	项目数/项	5（2）	6（2）	6（3）	7（1）	11（2）
	项目经费/万元	187（2）	512（2）	290（3）	279（2）	1 106（1）
	主持人数/人	5（2）	6（2）	6（3）	7（1）	11（2）
有色金属冶金	项目数/项	7（1）	7（1）	4（1）	6（1）	9（1）
	项目经费/万元	390（1）	497（1）	167（1）	324（1）	881（1）
	主持人数/人	7（1）	7（1）	4（1）	6（1）	9（1）
矿物工程与物质分离	项目数/项	2（5）	1（9）	3（4）	2（5）	5（4）
	项目经费/万元	41（9）	60（9）	180（5）	190（2）	869.3（2）
	主持人数/人	2（5）	1（8）	3（4）	2（5）	5（3）

续表

领域	指标	2015 年	2016 年	2017 年	2018 年	2019 年
成形制造	项目数/项	3（8）	2（6）	5（3）	5（3）	8（3）
	项目经费/万元	146（7）	88（8）	223（5）	193（3）	804（2）
	主持人数/人	3（8）	2（6）	5（3）	5（3）	8（3）
自动化检测技术与装置	项目数/项	0（4）	0（3）	0（4）	3（2）	2（3）
	项目经费/万元	0（4）	0（3）	0（4）	151（1）	746.85（1）
	主持人数/人	0（4）	0（3）	0（4）	3（2）	2（3）
骨转换、骨代谢异常和骨质疏松	项目数/项	4（1）	4（1）	6（1）	5（1）	5（1）
	项目经费/万元	435（1）	136（1）	263（1）	254（1）	546（1）
	主持人数/人	4（1）	4（1）	6（1）	5（1）	5（1）
工程材料	项目数/项	10（6）	5（13）	5（9）	6（7）	5（12）
	项目经费/万元	687（7）	187（15）	300（6）	433（5）	535（7）
	主持人数/人	10（6）	5（13）	5（9）	6（7）	5（12）
大地测量学	项目数/项	3（4）	5（3）	1（8）	2（5）	6（2）
	项目经费/万元	440（2）	289（4）	64（12）	256（2）	521（2）
	主持人数/人	3（4）	5（3）	1（8）	2（5）	6（2）
控制系统与应用	项目数/项	0（3）	0（4）	2（4）	5（1）	5（1）
	项目经费/万元	0（3）	0（4）	336（2）	443（1）	465（3）
	主持人数/人	0（3）	0（4）	2（4）	5（1）	5（1）

资料来源：科技大数据湖北省重点实验室、中国产业智库大数据中心

表 4-14　2009～2019 年中南大学 SCI 论文总量分布及 2019 年 ESI 排名

序号	研究领域	SCI 发文量/篇	被引次数/次	篇均被引/次	高被引论文/篇	ESI 全球排名
	全校合计	47 343	537 177	11.35	824	320
1	农业科学	212	2 977	14.04	9	772
2	生物与生化	2 263	24 480	10.82	23	413
3	化学	5 409	70 499	13.03	64	179
4	临床医学	8 947	110 766	12.38	104	393
5	计算机科学	1 404	16 338	11.64	83	79
6	工程科学	5 029	47 821	9.51	197	100
7	环境生态学	791	9 399	11.88	36	669
8	地球科学	1575	14 872	9.44	40	448
9	免疫学	642	8 730	13.60	4	553
10	材料科学	10 030	114 666	11.43	94	48
11	数学	1 497	9 423	6.29	35	93
12	分子生物与基因	2 383	36 022	15.12	23	428
13	神经科学与行为	1 653	18 791	11.37	10	452
14	药理学与毒物学	1 487	14 148	9.51	15	222
15	精神病学心理学	645	6 626	10.27	5	550
16	社会科学	401	4 145	10.34	14	846

资料来源：科技大数据湖北省重点实验室、中国产业智库大数据中心

4.2.7 北京大学

2019 年，北京大学的基础研究竞争力指数为 66.759，全国排名第 7 位。争取国家自然科学基金项目总数为 723 项，全国排名第 6 位；项目经费总额为 109 126.68 万元，全国排名第 1 位；争取国家自然科学基金项目经费金额大于 2000 万元的学科共有 6 个，合成化学、生态系统生态学、肿瘤学、仪器创制、半导体电子器件与集成、污染物行为过程及其环境效应、植物学、动脉粥样硬化与动脉硬化和核糖核酸生物化学争取国家自然科学基金项目经费全国排名第 1 位（图 4-7）；合成化学，生态系统生态学，肿瘤学，仪器创制，半导体电子器件与集成，污染物行为过程及其环境效应，植物学，凝聚态物性Ⅱ：电子结构、电学、磁学和光学性质，动脉粥样硬化与动脉硬化和核糖核酸生物化学争取国家自然科学基金项目经费与 2018 年相比呈上升趋势（表 4-15）。SCI 论文数 6714 篇，全国排名第 8 位；21 个学科入选 ESI 全球 1%（表 4-16）。发明专利申请量 638 件，全国排名第 146 位。

截至 2019 年 12 月，北京大学共有 49 个学院、10 家附属医院。北京大学设有本科专业 128 个，一级学科硕士学位授权点 50 个，一级学科博士学位授权点 50 个，博士后科研流动站 47 个，一级学科国家重点学科 18 个，二级学科国家重点学科 25 个，国家重点培育学科 3 个。北京大学有在校本科生 16 328 人，硕士研究生 17 830 人，博士研究生 11 816 人，留学生 6857 人；专任教师 3409 人，其中，教授 1513 人，副教授 1593 人，中国科学院院士 81 人，中国工程院院士 19 人，“万人计划”人才 68 人，“长江学者奖励计划”特聘教授、讲座教授、青年学者共 267 人，“国家百千万人才工程”入选者 69 人，国家自然科学基金杰出青年科学基金获得者 253 人，国家自然科学基金优秀青年科学基金获得者 140 人[7]。

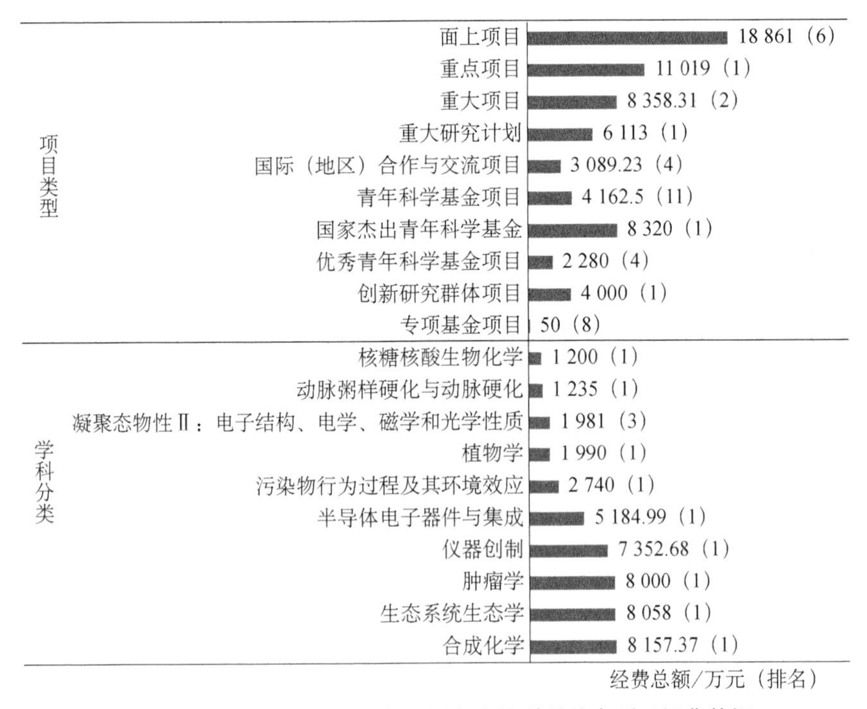

图 4-7 2019 年北京大学争取国家自然科学基金项目经费数据

资料来源：科技大数据湖北省重点实验室、中国产业智库大数据中心

表 4-15　2015～2019 年北京大学争取国家自然科学基金项目经费十强学科变化趋势及指标

领域	指标	2015 年	2016 年	2017 年	2018 年	2019 年
全部	项目数/项	649（4）	624（4）	602（7）	619（6）	723（6）
	项目经费/万元	65 125.49（1）	54 354.45（4）	57 408.47（3）	53 564.71（4）	109 126.68（1）
	主持人数/人	613（4）	598（5）	577（7）	597（6）	685（6）
合成化学	项目数/项	1（1）	2（1）	4（1）	2（1）	4（1）
	项目经费/万元	337（1）	816（1）	2 286.8（1）	22（1）	8 157.37（1）
	主持人数/人	1（1）	2（1）	4（1）	2（1）	4（1）
生态系统生态学	项目数/项	0（13）	1（8）	3（2）	1（6）	2（7）
	项目经费/万元	0（13）	525（1）	113（6）	25（9）	8 058（1）
	主持人数/人	0（13）	1（8）	3（2）	1（6）	2（7）
肿瘤学	项目数/项	2（1）	0（3）	1（3）	0（3）	1（3）
	项目经费/万元	546（1）	0（3）	290（2）	0（3）	8 000（1）
	主持人数/人	2（1）	0（3）	1（3）	0（3）	1（3）
仪器创制	项目数/项	0（2）	0（2）	0（1）	1（1）	1（2）
	项目经费/万元	0（2）	0（2）	0（1）	26（2）	7 352.68（1）
	主持人数/人	0（2）	0（2）	0（1）	1（1）	1（2）
半导体电子器件与集成	项目数/项	3（2）	1（2）	1（2）	2（4）	1（5）
	项目经费/万元	157（3）	22（4）	58（2）	129（3）	5 184.99（1）
	主持人数/人	3（2）	1（2）	1（2）	2（4）	1（5）
污染物行为过程及其环境效应	项目数/项	0（1）	0（1）	0（2）	0（2）	6（2）
	项目经费/万元	0（1）	0（1）	0（2）	0（2）	2 740（1）
	主持人数/人	0（1）	0（1）	0（2）	0（2）	5（3）
植物学	项目数/项	1（1）	0（1）	0（1）	0（1）	1（1）
	项目经费/万元	130（1）	0（1）	0（1）	0（1）	1 990（1）
	主持人数/人	1（1）	0（1）	0（1）	0（1）	1（1）
凝聚态物性Ⅱ：电子结构、电学、磁学和光学性质	项目数/项	9（6）	11（3）	13（4）	5（9）	12（4）
	项目经费/万元	809（6）	833（5）	1 068（3）	268（10）	1 981（3）
	主持人数/人	9（6）	11（3）	13（4）	5（9）	12（4）
动脉粥样硬化与动脉硬化	项目数/项	2（3）	5（1）	5（1）	1（2）	5（1）
	项目经费/万元	210（1）	266（1）	235.5（2）	22（2）	1 235（1）
	主持人数/人	2（3）	5（1）	5（1）	1（2）	5（1）
核糖核酸生物化学	项目数/项	0（1）	0（1）	0（1）	0（1）	1（3）
	项目经费/万元	0（1）	0（1）	0（1）	0（1）	1 200（1）
	主持人数/人	0（1）	0（1）	0（1）	0（1）	1（3）

资料来源：科技大数据湖北省重点实验室、中国产业智库大数据中心

表 4-16　2009～2019 年北京大学 SCI 论文总量分布及 2019 年 ESI 排名

序号	研究领域	SCI 发文量/篇	被引次数/次	篇均被引/次	高被引论文/篇	ESI 全球排名
全校合计		78 949	1 363 301	17.27	1 577	87
1	农业科学	534	7 656	14.34	10	317

续表

序号	研究领域	SCI 发文量/篇	被引次数/次	篇均被引/次	高被引论文/篇	ESI 全球排名
2	生物与生化	3 850	60 268	15.65	59	142
3	化学	9 303	209 381	22.51	230	26
4	临床医学	14 367	189 869	13.22	197	222
5	计算机科学	1 912	16 675	8.72	26	76
6	经济与商学	1 292	13 959	10.80	25	112
7	工程科学	4 578	56 256	12.29	97	76
8	环境生态学	3 230	61 197	18.95	69	78
9	地球科学	4 585	89 411	19.50	106	52
10	免疫学	962	16 862	17.53	11	308
11	材料科学	5 723	168 323	29.41	214	20
12	数学	2 076	11 459	5.52	25	61
13	微生物学	570	9 320	16.35	11	321
14	分子生物与基因	3 285	86 565	26.35	48	180
15	综合交叉学科	134	3 225	24.07	4	114
16	神经科学与行为	2 407	35 944	14.93	21	262
17	药理学与毒物学	2 283	30 745	13.47	15	60
18	物理学	10 616	178 478	16.81	241	52
19	植物与动物科学	922	18 909	20.51	44	290
20	精神病学心理学	1 237	14 058	11.36	12	311
21	社会科学	1 894	23 213	12.26	55	206

资料来源：科技大数据湖北省重点实验室、中国产业智库大数据中心

4.2.8 西安交通大学

2019 年，西安交通大学的基础研究竞争力指数为 62.6185，全国排名第 8 位。争取国家自然科学基金项目总数为 506 项，全国排名第 12 位；项目经费总额为 29 048.34 万元，全国排名第 16 位；争取国家自然科学基金项目经费金额大于 1000 万元的学科共有 3 个，电机及其系统、数学、多相流热物理学、内流流体力学和热物性与热物理测试技术争取国家自然科学基金项目经费全国排名第 1 位（图 4-8）；电机及其系统、固体力学、数学、多相流热物理学、内流流体力学、热物性与热物理测试技术、运筹学、粒子物理与核物理实验方法与技术和电力电子学争取国家自然科学基金项目经费与 2018 年相比呈上升趋势（表 4-17）。SCI 论文数 6434 篇，全国排名第 11 位；15 个学科入选 ESI 全球 1%（表 4-18）。发明专利申请量 2953 件，全国排名第 12 位。

截至 2020 年 4 月，西安交通大学共有 26 个学院（部、中心）、9 个本科书院和 20 所附属教学医院。西安交通大学设有本科专业 85 个，一级学科硕士学位授权点 43 个，一级学科博士学位授权点 32 个，博士后科研流动站 25 个，一级学科国家重点学科 8 个，二级学科国家重点学科 8 个，国家重点培育学科 3 个。西安交通大学有在校本科生 19 012 人，研究生 21 383 人，留学生 1984 人；专任教师 3109 人，教授 831 人，副教授 1205，中国科学院院士、中国工程院院士 44 人，“国家百千万人才工程”、“新世纪百千万人才工程”入选者 30 人，“新世纪优秀

人才支持计划”入选者234人，国家自然科学基金杰出青年科学基金获得者42人[8]。

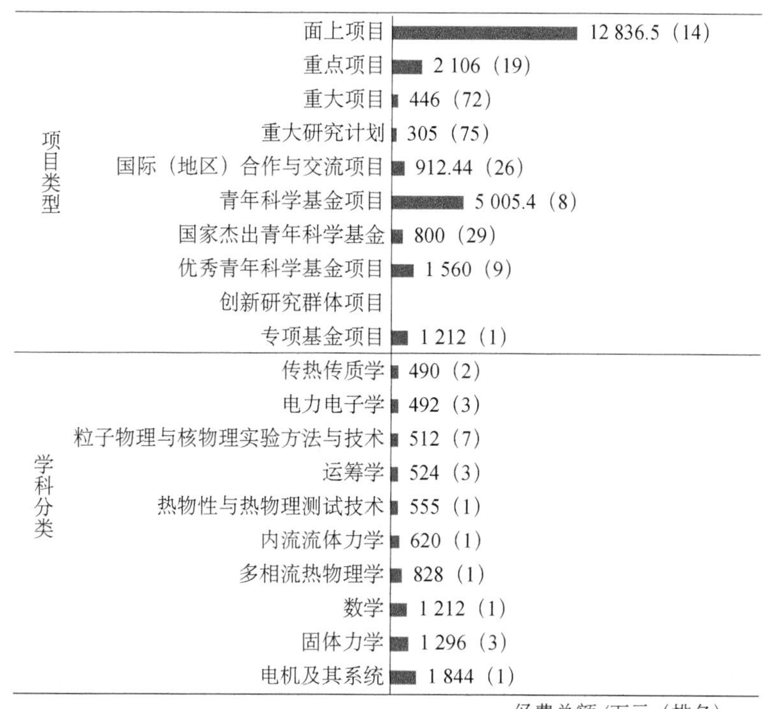

图4-8　2019年西安交通大学争取国家自然科学基金项目经费数据

资料来源：科技大数据湖北省重点实验室、中国产业智库大数据中心

表4-17　2015～2019年西安交通大学争取国家自然科学基金项目经费十强学科变化趋势及指标

领域	指标	2015年	2016年	2017年	2018年	2019年
全部	项目数/项	405（13）	459（8）	507（9）	501（9）	506（12）
	项目经费/万元	21 499.2（14）	24 683.95（12）	35 705.19（10）	30 415.63（13）	29 048.34（16）
	主持人数/人	396（13）	449（8）	489（9）	494（9）	492（12）
电机及其系统	项目数/项	3（1）	2（1）	4（1）	8（1）	5（1）
	项目经费/万元	201（2）	84（1）	170（1）	1 109（1）	1 844（1）
	主持人数/人	3（1）	2（1）	4（1）	8（1）	5（1）
固体力学	项目数/项	14（2）	12（6）	12（3）	15（2）	13（4）
	项目经费/万元	1 273（1）	837（5）	1 075（6）	1 037（4）	1 296（3）
	主持人数/人	14（2）	11（6）	12（2）	14（2）	13（3）
数学	项目数/项	2（1）	2（1）	2（1）	2（1）	2（1）
	项目经费/万元	166（1）	170（1）	360（1）	360（1）	1 212（1）
	主持人数/人	2（1）	2（1）	2（1）	2（1）	2（1）
多相流热物理学	项目数/项	6（1）	6（1）	9（1）	9（1）	9（1）
	项目经费/万元	164（1）	491.13（1）	383（1）	465（1）	828（1）
	主持人数/人	6（1）	5（1）	9（1）	9（1）	9（1）
内流流体力学	项目数/项	5（1）	5（1）	5（2）	4（2）	6（2）
	项目经费/万元	255.85（3）	255（2）	294（4）	211（2）	620（1）
	主持人数/人	5（1）	5（1）	5（2）	4（2）	6（2）

续表

领域	指标	2015年	2016年	2017年	2018年	2019年
热物性与热物理测试技术	项目数/项	4（1）	4（1）	3（1）	0（1）	6（1）
	项目经费/万元	455（1）	166（1）	300（1）	0（1）	555（1）
	主持人数/人	4（1）	4（1）	3（1）	0（1）	5（1）
运筹学	项目数/项	2（2）	0（7）	1（3）	1（4）	3（2）
	项目经费/万元	100（3）	0（7）	48（4）	25（6）	524（3）
	主持人数/人	2（2）	0（7）	1（3）	1（4）	3（1）
粒子物理与核物理实验方法与技术	项目数/项	3（8）	11（3）	10（3）	8（3）	6（4）
	项目经费/万元	228（6）	521（3）	826（2）	411（6）	512（5）
	主持人数/人	3（8）	11（3）	10（3）	8（3）	6（4）
电力电子学	项目数/项	3（2）	1（4）	3（2）	1（6）	6（2）
	项目经费/万元	110（3）	21（5）	183（2）	23（10）	492（2）
	主持人数/人	3（2）	1（4）	3（2）	1（6）	6（2）
传热传质学	项目数/项	8（1）	7（1）	8（1）	11（1）	12（1）
	项目经费/万元	549（1）	321（2）	1 375（1）	1 003（1）	490（2）
	主持人数/人	8（1）	7（1）	8（1）	11（1）	12（1）

资料来源：科技大数据湖北省重点实验室、中国产业智库大数据中心

表 4-18　2009～2019 年西安交通大学 SCI 论文总量分布及 2019 年 ESI 排名

序号	研究领域	SCI 发文量/篇	被引次数/次	篇均被引/次	高被引论文/篇	ESI 全球排名
	全校合计	49 840	563 470	11.31	630	303
1	生物与生化	1 746	16 448	9.42	8	563
2	化学	5 244	78 734	15.01	96	155
3	临床医学	5 861	58 565	9.99	48	669
4	计算机科学	2 003	19 061	9.52	40	58
5	经济与商学	574	6 089	10.61	4	303
6	工程科学	12 796	126 237	9.87	177	13
7	环境生态学	594	5 184	8.73	5	990
8	地球科学	917	21 571	23.52	22	324
9	材料科学	7 118	105 492	14.82	121	59
10	数学	1 282	6 531	5.09	13	178
11	分子生物与基因	1 741	25 615	14.71	11	548
12	神经科学与行为	1 144	11 977	10.47	4	622
13	药理学与毒物学	1 290	12 728	9.87	11	268
14	物理学	5 791	52 675	9.10	47	388
15	社会科学	479	3 931	8.21	8	881

资料来源：科技大数据湖北省重点实验室、中国产业智库大数据中心

4.2.9　复旦大学

2019 年，复旦大学的基础研究竞争力指数为 62.5418，全国排名第 9 位。争取国家自然科学基金项目总数为 780 项，全国排名第 4 位；项目经费总额为 54 969.48 万元，全国排名第 6 位；争取国家自然科学基金项目经费金额大于 2000 万元的学科共有 1 个，病原生物变异与耐

药、计量经济与经济计算、消化系统肿瘤、超分子化学与组装、肿瘤复发与转移和环境污染化学争取国家自然科学基金项目经费全国排名第 1 位（图 4-9）；病原生物变异与耐药、计量经济与经济计算、消化系统肿瘤、神经科学、超分子化学与组装、肿瘤复发与转移、环境污染化学、肿瘤学和基因表达调控与表观遗传学争取国家自然科学基金项目经费与 2018 年相比呈上升趋势（表 4-19）。SCI 论文数 6492 篇，全国排名第 9 位；19 个学科入选 ESI 全球 1%（表 4-20）。发明专利申请量 719 件，全国排名第 123 位。

截至 2019 年 5 月，复旦大学共有 35 个学院/直属系，17 家（其中 4 家筹建）附属医院。复旦大学设有本科专业 76 个，一级学科硕士学位授权点 43 个（含一级学科博士学位授权点），一级学科博士学位授权点 37 个，博士后科研流动站 35 个。复旦大学有在校普通本、专科生 13 623 人、研究生 22 610 人，留学生 3672 人；在校教学科研人员 3110 人，其中，文科杰出教授 1 人，文科资深教授 13 人，中国科学院、中国工程院院士（含双聘）47 人，国家各类重要青年人才计划入选者 301 人，国家自然科学基金杰出青年科学基金获得者 119 人，国家自然科学基金优秀青年科学基金获得者 79 人[9]。

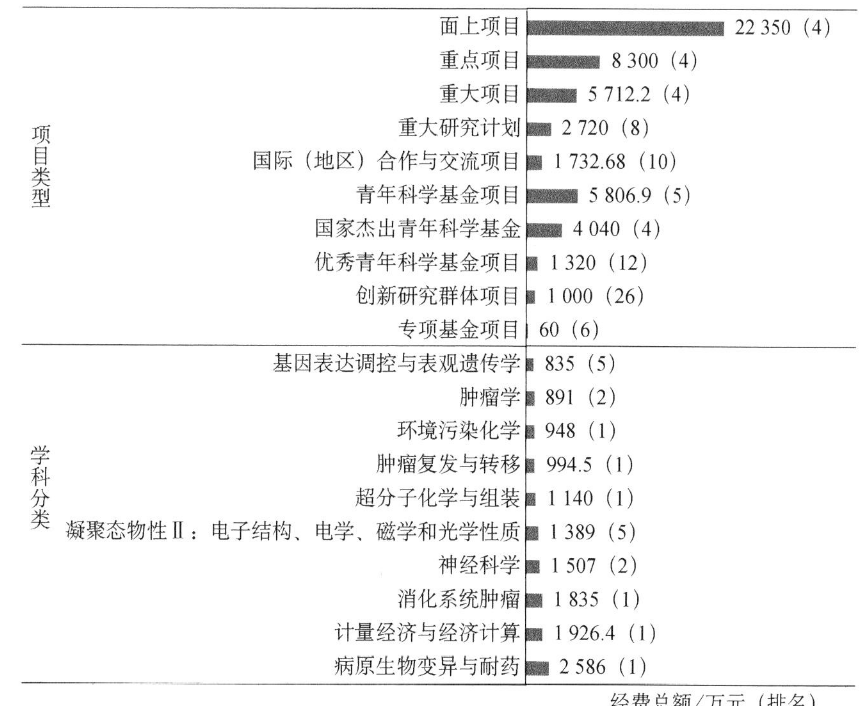

图 4-9 2019 年复旦大学争取国家自然科学基金项目经费数据

资料来源：科技大数据湖北省重点实验室、中国产业智库大数据中心

表 4-19 2015～2019 年复旦大学争取国家自然科学基金项目经费十强学科变化趋势及指标

领域	指标	2015 年	2016 年	2017 年	2018 年	2019 年
全部	项目数/项	618（5）	592（6）	706（5）	683（5）	780（4）
	项目经费/万元	39 154.48（5）	37 201.96（6）	54 628.23（5）	40 411.45（7）	54 969.48（6）
	主持人数/人	605（5）	582（6）	678（5）	669（5）	753（4）

续表

领域	指标	2015年	2016年	2017年	2018年	2019年
病原生物变异与耐药	项目数/项	1（2）	1（1）	3（1）	3（1）	7（1）
	项目经费/万元	55（1）	50（1）	307（1）	135（1）	2 586（1）
	主持人数/人	1（2）	1（1）	3（1）	3（1）	6（1）
计量经济与经济计算	项目数/项	0（1）	0（1）	0（2）	1（1）	6（1）
	项目经费/万元	0（1）	0（1）	0（2）	17（1）	1 926.4（1）
	主持人数/人	0（1）	0（1）	0（2）	1（1）	5（1）
消化系统肿瘤	项目数/项	32（1）	30（2）	26（2）	35（3）	37（1）
	项目经费/万元	1 310（2）	1 323（2）	1 038（2）	1 460（2）	1 835（1）
	主持人数/人	32（1）	30（2）	26（2）	35（3）	37（1）
神经科学	项目数/项	2（2）	4（1）	1（2）	2（1）	15（1）
	项目经费/万元	124（1）	256（1）	57（3）	296（2）	1 507（2）
	主持人数/人	2（2）	4（1）	1（2）	2（1）	15（1）
凝聚态物性Ⅱ：电子结构、电学、磁学和光学性质	项目数/项	10（5）	7（7）	15（2）	12（4）	8（8）
	项目经费/万元	1 126.86（4）	646（7）	3 261（1）	1 574（2）	1 389（5）
	主持人数/人	10（5）	7（7）	14（2）	12（4）	8（8）
超分子化学与组装	项目数/项	0（2）	0（1）	3（2）	2（1）	3（2）
	项目经费/万元	0（2）	0（1）	415.5（1）	90（1）	1 140（1）
	主持人数/人	0（2）	0（1）	3（2）	2（1）	3（2）
肿瘤复发与转移	项目数/项	15（1）	9（2）	12（1）	14（1）	18（1）
	项目经费/万元	540（1）	336（2）	489（1）	549.5（1）	994.5（1）
	主持人数/人	15（1）	9（2）	12（1）	14（1）	18（1）
环境污染化学	项目数/项	0（3）	0（1）	5（2）	3（4）	12（2）
	项目经费/万元	0（3）	0（1）	324（2）	157.5（3）	948（1）
	主持人数/人	0（3）	0（1）	5（2）	3（4）	12（2）
肿瘤学	项目数/项	1（2）	0（3）	2（1）	1（2）	3（1）
	项目经费/万元	273（2）	0（3）	132（3）	293（2）	891（2）
	主持人数/人	1（2）	0（3）	2（1）	1（2）	3（1）
基因表达调控与表观遗传学	项目数/项	7（1）	4（3）	4（3）	2（4）	5（3）
	项目经费/万元	360（4）	222（4）	237（3）	118（3）	835（4）
	主持人数/人	7（1）	4（3）	4（3）	2（4）	4（3）

资料来源：科技大数据湖北省重点实验室、中国产业智库大数据中心

表 4-20　2009～2019 年复旦大学 SCI 论文总量分布及 2019 年 ESI 排名

序号	研究领域	SCI 发文量/篇	被引次数/次	篇均被引/次	高被引论文/篇	ESI 全球排名
	全校合计	61 649	1 002 837	16.27	998	149
1	农业科学	272	3 632	13.35	2	654
2	生物与生化	4 088	52 561	12.86	35	166
3	化学	7 673	172 271	22.45	191	43
4	临床医学	16 811	231 452	13.77	234	170

续表

序号	研究领域	SCI 发文量/篇	被引次数/次	篇均被引/次	高被引论文/篇	ESI 全球排名
5	计算机科学	1 024	7 773	7.59	8	230
6	经济与商学	711	5 997	8.43	7	306
7	工程科学	2 423	22 535	9.30	37	289
8	环境生态学	1 327	19 995	15.07	22	331
9	地球科学	701	9 383	13.39	17	588
10	免疫学	1 434	19 008	13.26	12	269
11	材料科学	4 555	157 012	34.47	158	23
12	数学	1 948	11 483	5.89	21	59
13	微生物学	827	10 774	13.03	10	272
14	分子生物与基因	4 497	87 786	19.52	44	177
15	神经科学与行为	2 528	36 083	14.27	26	261
16	药理学与毒物学	2 456	32 150	13.09	17	53
17	物理学	5 050	70 171	13.90	104	289
18	植物与动物科学	726	14 147	19.49	24	397
19	社会科学	1 346	11 793	8.76	13	378

资料来源：科技大数据湖北省重点实验室、中国产业智库大数据中心

4.2.10 四川大学

2019 年，四川大学的基础研究竞争力指数为 61.4568，全国排名第 10 位。争取国家自然科学基金项目总数为 540 项，全国排名第 8 位；项目经费总额为 38 477.06 万元，全国排名第 10 位；争取国家自然科学基金项目经费金额大于 2000 万元的学科共有 3 个，有机合成、口腔颅颌面科学、其他有机高分子功能材料、高分子材料与环境、药剂学、牙周及口腔黏膜疾病、生物材料、水工岩土工程和磁共振结构成像与疾病诊断争取国家自然科学基金项目经费全国排名第 1 位（图 4-10）；有机高分子材料、口腔颅颌面科学、其他有机高分子功能材料、高分子材料与环境、药剂学、牙周及口腔黏膜疾病、生物材料、水工岩土工程和磁共振结构成像与疾病诊断争取国家自然科学基金项目经费与 2018 年相比呈上升趋势（表 4-21）。SCI 论文数 7361 篇，全国排名第 4 位；17 个学科入选 ESI 全球 1%（表 4-22）。发明专利申请量 1576 件，全国排名第 43 位。

截至 2020 年 2 月，四川大学共有 35 个学科型学院（系）及研究生院、海外教育学院等学院，4 家附属医院。四川大学设有本科专业 136 个，一级学科博士学位授权点 47 个，博士后科研流动站 37 个，国家重点学科 46 个，国家重点培育学科 4 个。学校有全日制普通本科生 3.7 万余人，硕博士研究生 2.8 万余人，外国留学生及中国港澳台学生 4500 人；专任教师 4527 人，其中，教授 1733 人，中国科学院、中国工程院院士 16 人，“长江学者奖励计划”特聘教授 45 人、青年学者 21 人，“万人计划”青年拔尖人才 9 人，国家级教学名师 12 人，国家自然科学基金杰出青年基金获得者 51 人，国家自然科学基金优秀青年科学基金获得者 43 人[10]。

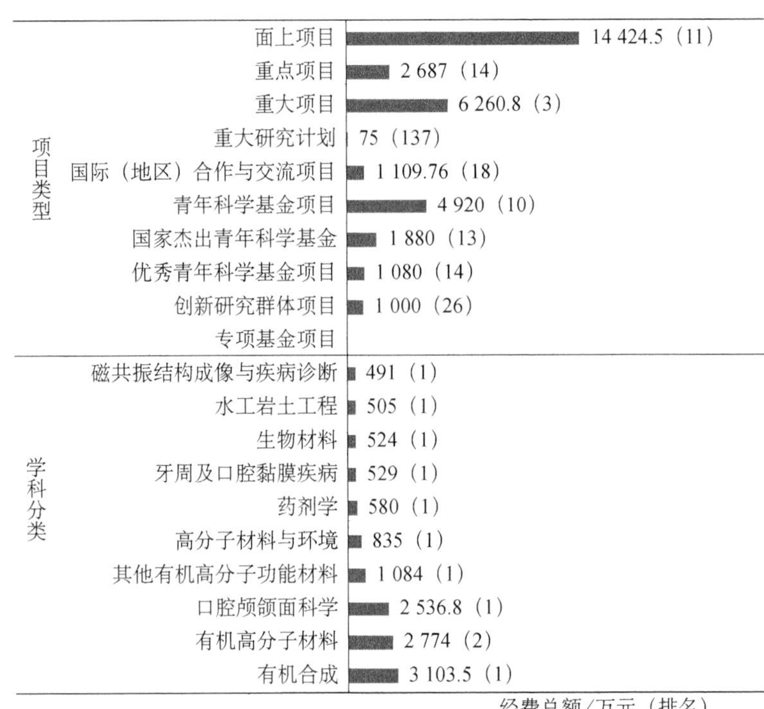

图 4-10　2019 年四川大学争取国家自然科学基金项目经费数据

资料来源：科技大数据湖北省重点实验室、中国产业智库大数据中心

表 4-21　2015～2019 年四川大学争取国家自然科学基金项目经十强学科变化趋势及指标

领域	指标	2015 年	2016 年	2017 年	2018 年	2019 年
全部	项目数/项	424（12）	387（14）	465（11）	496（11）	540（8）
	项目经费/万元	22 578.68（12）	23 173.87（15）	23 956.3（18）	38 279.03（8）	38 477.06（10）
	主持人数/人	412（12）	382（14）	458（11）	484（11）	523（9）
有机合成	项目数/项	0（11）	0（11）	3（5）	14（2）	16（1）
	项目经费/万元	0（11）	0（11）	154（4）	3 505.5（1）	3 103.5（1）
	主持人数/人	0（11）	0（11）	3（5）	13（2）	14（2）
有机高分子材料	项目数/项	2（1）	2（1）	1（1）	3（1）	2（1）
	项目经费/万元	20（1）	28（1）	388（1）	1 466.1（1）	2 774（2）
	主持人数/人	2（1）	2（1）	1（1）	3（1）	1（2）
口腔颅颌面科学	项目数/项	0（1）	1（1）	1（1）	0（1）	3（1）
	项目经费/万元	0（1）	525（1）	297（1）	0（1）	2 536.8（1）
	主持人数/人	0（1）	1（1）	1（1）	0（1）	2（1）
其他有机高分子功能材料	项目数/项	12（1）	8（1）	10（1）	9（1）	17（1）
	项目经费/万元	463（1）	440（3）	663（1）	441（3）	1 084（1）
	主持人数/人	12（1）	8（1）	10（1）	9（1）	17（1）
高分子材料与环境	项目数/项	0（1）	1（1）	2（1）	1（1）	5（1）
	项目经费/万元	0（1）	20（2）	124（1）	59（1）	835（1）
	主持人数/人	0（1）	1（1）	2（1）	1（1）	5（1）

续表

领域	指标	2015年	2016年	2017年	2018年	2019年
药剂学	项目数/项	2（1）	8（1）	3（1）	6（1）	5（1）
	项目经费/万元	82.9（2）	2 334.25（1）	131.6（1）	280（1）	580（1）
	主持人数/人	2（1）	7（1）	3（1）	6（1）	4（1）
牙周及口腔黏膜疾病	项目数/项	3（2）	7（1）	6（1）	3（1）	5（1）
	项目经费/万元	306（1）	170（1）	260（1）	136（1）	529（1）
	主持人数/人	3（2）	7（1）	6（1）	3（1）	4（1）
生物材料	项目数/项	2（1）	2（1）	4（1）	3（1）	5（1）
	项目经费/万元	84（1）	84（1）	165（1）	145（1）	524（1）
	主持人数/人	2（1）	2（1）	4（1）	3（1）	5（1）
水工岩土工程	项目数/项	2（1）	5（1）	2（1）	4（1）	5（1）
	项目经费/万元	126（1）	457（1）	45（3）	242（1）	505（1）
	主持人数/人	2（1）	4（1）	2（1）	4（1）	4（1）
磁共振结构成像与疾病诊断	项目数/项	3（1）	3（1）	2（1）	2（1）	7（1）
	项目经费/万元	349（1）	53（2）	105（1）	201（1）	491（1）
	主持人数/人	3（1）	3（1）	2（1）	2（1）	7（1）

资料来源：科技大数据湖北省重点实验室、中国产业智库大数据中心

表4-22　2009～2019年四川大学SCI论文总量分布及2019年ESI排名

序号	研究领域	SCI发文量/篇	被引次数/次	篇均被引/次	高被引论文/篇	ESI全球排名
	全校合计	55 516	634 720	11.43	575	261
1	农业科学	508	5 850	11.52	9	407
2	生物与生化	2 802	31 772	11.34	19	310
3	化学	11 442	154 890	13.54	115	53
4	临床医学	12 696	125 561	9.89	96	353
5	计算机科学	1 104	11 939	10.81	52	137
6	工程科学	3 796	30 374	8.00	69	203
7	环境生态学	1 151	7 056	6.13	6	807
8	免疫学	616	7 378	11.98	4	617
9	材料科学	6 174	93 197	15.10	67	73
10	数学	1 365	5 634	4.13	9	219
11	分子生物与基因	2 657	50 269	18.92	25	320
12	神经科学与行为	1 703	22 008	12.92	15	381
13	药理学与毒物学	1 972	24 761	12.56	20	95
14	物理学	3 931	27 700	7.05	32	639
15	植物与动物科学	719	5 485	7.63	8	894
16	精神病学心理学	430	6 254	14.54	6	579
17	社会科学	530	3 820	7.21	10	900

资料来源：科技大数据湖北省重点实验室、中国产业智库大数据中心

4.2.11 山东大学

2019 年，山东大学的基础研究竞争力指数为 57.8384，全国排名第 11 位。争取国家自然科学基金项目总数为 539 项，全国排名第 9 位；项目经费总额为 31 801.9 万元，全国排名第 13 位；争取国家自然科学基金项目经费金额大于 3000 万元的学科共有 1 个，岩土力学与岩土工程、血小板异常及相关疾病争取国家自然科学基金项目经费全国排名第 1 位（图 4-11）；岩土力学与岩土工程，控制理论与技术，机器人学与智能系统，工程结构，网络与系统安全，微生物多样性、分类与系统发育，作物遗传育种学，成形制造，血小板异常及相关疾病争取国家自然科学基金项目经费与 2018 年相比呈上升趋势（表 4-23）。SCI 论文数 5548 篇，全国排名第 13 位；18 个学科入选 ESI 全球 1%（表 4-24）。发明专利申请量 2083 件，全国排名第 24 位。

截至 2019 年 10 月，山东大学设有 51 个学院/直属系、4 家附属医院、3 家非隶属附属医院，11 家教学和实习医院。山东大学设有本科专业 117 个，一级学科国家重点学科 2 个（涵盖 8 个二级学科），二级学科国家重点学科 14 个，国家重点培育学科 3 个，一级学科硕士学位授权点 55 个，一级学科博士学位授权点 44 个，博士后科研流动站 41 个。山东大学有全日制本科生 40 789 人，研究生 18 816 人，留学生 3791 人；教职工 7493 人，其中，教授 1246 人，副教授 1561 人，中国科学院院士、中国工程院院士 12 人人，“万人计划”领军人才 21 人、

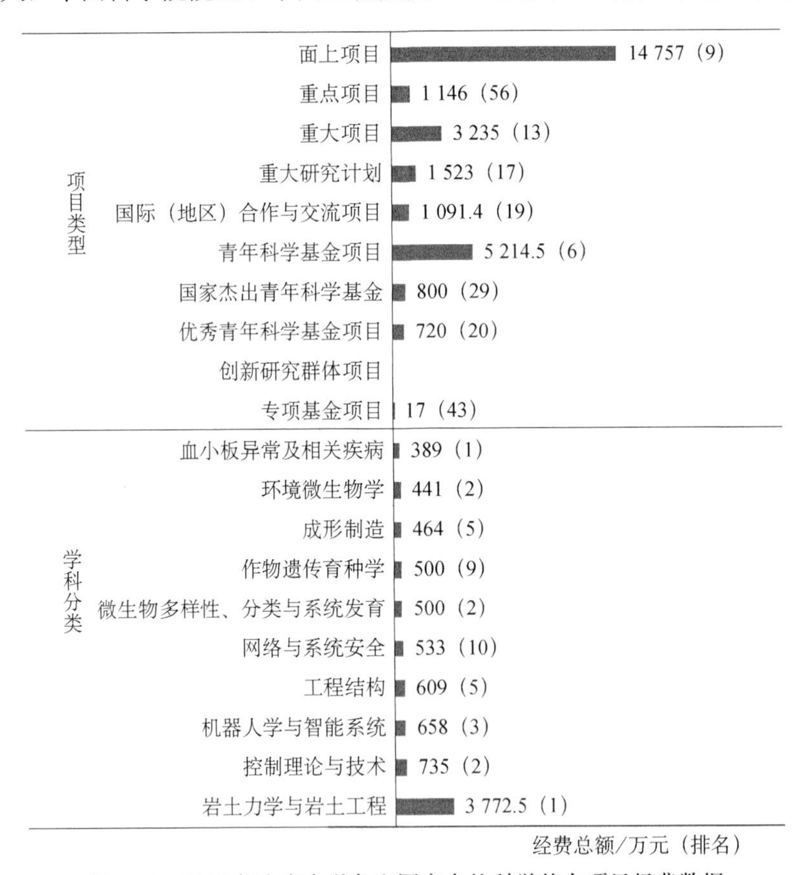

图 4-11 2019 年山东大学争取国家自然科学基金项目经费数据

资料来源：科技大数据湖北省重点实验室、中国产业智库大数据中心

教学名师5人、青年拔尖人才11人，“长江学者奖励计划”特聘教授37人、讲座教授15人、青年项目入选者5人，“国家百千万人才工程”入选者32人，国家自然科学基金杰出青年科学基金获得者41人、国家自然科学基金优秀青年科学基金获得者29人[11]。

表4-23　2015～2019年山东大学争取国家自然科学基金项目经费十强学科变化趋势及指标

领域	指标	2015年	2016年	2017年	2018年	2019年
全部	项目数/项	429（10）	419（12）	475（10）	404（14）	539（9）
	项目经费/万元	21 270.41（15）	20 067（18）	25 926.16（15）	22 730.01（18）	31 801.9（13）
	主持人数/人	422（9）	416（12）	461（10）	400（14）	524（8）
岩土力学与岩土工程	项目数/项	6（2）	2（6）	6（3）	10（1）	16（1）
	项目经费/万元	192（5）	83（6）	823（2）	454（4）	3 772.5（1）
	主持人数/人	5（3）	2（6）	5（5）	10（1）	15（1）
控制理论与技术	项目数/项	11（2）	3（10）	7（2）	3（10）	5（4）
	项目经费/万元	1 478.61（1）	302（6）	573（2）	195（9）	735（2）
	主持人数/人	11（2）	3（10）	7（2）	3（10）	5（4）
机器人学与智能系统	项目数/项	0（1）	0（1）	0（1）	2（6）	8（1）
	项目经费/万元	0（1）	0（1）	0（1）	322（6）	658（3）
	主持人数/人	0（1）	0（1）	0（1）	2（6）	8（1）
工程结构	项目数/项	4（10）	3（14）	2（19）	6（7）	5（7）
	项目经费/万元	123（13）	92（20）	253（9）	270.76（9）	609（4）
	主持人数/人	4（10）	3（14）	2（19）	6（7）	5（7）
网络与系统安全	项目数/项	8（6）	7（6）	12（5）	4（12）	6（10）
	项目经费/万元	522（6）	486（5）	831（5）	202（9）	533（7）
	主持人数/人	8（6）	7（6）	12（4）	4（12）	6（10）
微生物多样性、分类与系统发育	项目数/项	0（9）	0（9）	1（7）	0（10）	1（8）
	项目经费/万元	0（9）	0（9）	55（8）	0（10）	500（2）
	主持人数/人	0（9）	0（9）	1（7）	0（10）	1（8）
作物遗传育种学	项目数/项	0（6）	0（5）	0（9）	0（6）	2（24）
	项目经费/万元	0（6）	0（5）	0（9）	0（6）	500（9）
	主持人数/人	0（6）	0（5）	0（9）	0（6）	2（24）
成形制造	项目数/项	5（3）	7（2）	8（2）	3（6）	10（2）
	项目经费/万元	269.7（3）	308（2）	574（2）	130（5）	464（4）
	主持人数/人	5（3）	7（2）	7（2）	3（6）	10（2）
环境微生物学	项目数/项	1（2）	3（1）	4（1）	5（1）	4（3）
	项目经费/万元	65（3）	105（2）	123（2）	483（2）	441（2）
	主持人数/人	1（2）	3（1）	4（1）	5（1）	4（3）
血小板异常及相关疾病	项目数/项	5（1）	2（1）	2（1）	2（1）	6（1）
	项目经费/万元	174（1）	34（1）	75（1）	79（1）	389（1）
	主持人数/人	5（1）	2（1）	2（1）	2（1）	6（1）

资料来源：科技大数据湖北省重点实验室、中国产业智库大数据中心

表 4-24 2009～2019 年山东大学 SCI 论文总量分布及 2019 年 ESI 排名

序号	研究领域	SCI 发文量/篇	被引次数/次	篇均被引/次	高被引论文/篇	ESI 全球排名
	全校合计	53 580	662 675	12.37	571	249
1	农业科学	239	2 935	12.28	4	784
2	生物与生化	3 639	43 432	11.94	10	221
3	化学	8 550	127 463	14.91	94	70
4	临床医学	10 226	99 623	9.74	48	441
5	计算机科学	1 342	9 487	7.07	13	187
6	工程科学	5 192	48 030	9.25	59	99
7	环境生态学	1 253	13 720	10.95	8	512
8	地球科学	564	7 131	12.64	8	710
9	免疫学	850	10 769	12.67	0	465
10	材料科学	5 013	79 685	15.90	68	89
11	数学	2 028	10 899	5.37	20	69
12	微生物学	729	6 462	8.86	2	442
13	分子生物与基因	2 334	35 285	15.12	13	436
14	神经科学与行为	1 272	14 196	11.16	2	547
15	药理学与毒物学	2 305	25 516	11.07	18	88
16	物理学	5 272	93 621	17.76	158	202
17	植物与动物科学	643	7 635	11.87	15	715
18	社会科学	498	4 276	8.59	7	829

资料来源：科技大数据湖北省重点实验室、中国产业智库大数据中心

4.2.12 天津大学

2019 年，天津大学的基础研究竞争力指数为 54.7306，全国排名第 12 位。争取国家自然科学基金项目总数为 362 项，全国排名第 17 位；项目经费总额为 27 632.2 万元，全国排名第 17 位；争取国家自然科学基金项目经费金额大于 1000 万元的学科共有 2 个，组合数学争取国家自然科学基金项目经费全国排名第 1 位（图 4-12）；燃烧学、化学工程与工业化学、固体力学、自然地理学、组合数学、流体力学、光电磁功能有机高分子材料、金属基复合材料与结构功能一体化、工程材料、地下与隧道工程争取国家自然科学基金项目经费与 2018 年相比呈上升趋势（表 4-25）。SCI 论文数 5178 篇，全国排名第 15 位；11 个学科入选 ESI 全球 1%（表 4-26）。发明专利申请量 3626 件，全国排名第 6 位。

截至 2019 年 12 月，天津大学共有 25 个学院/直属系。天津大学设有本科专业 72 个，一级学科硕士学位授权点 39 个，一级学科博士学位授权点 29 个，博士后科研流动站 25 个。天津大学有全日制本科生 19 177 人，硕士研究生 12 966 人，博士研究生 4757 人，留学生 2067 人；教职工 5066 人，其中，教授 779 人，中国科学院院士、中国工程院院士 14 人，“万人计划”入选者 51 人，国家自然科学基金杰出青年科学基金获得者 54 人，国家自然科学基金优秀青年科学基金获得者 59 人[12]。

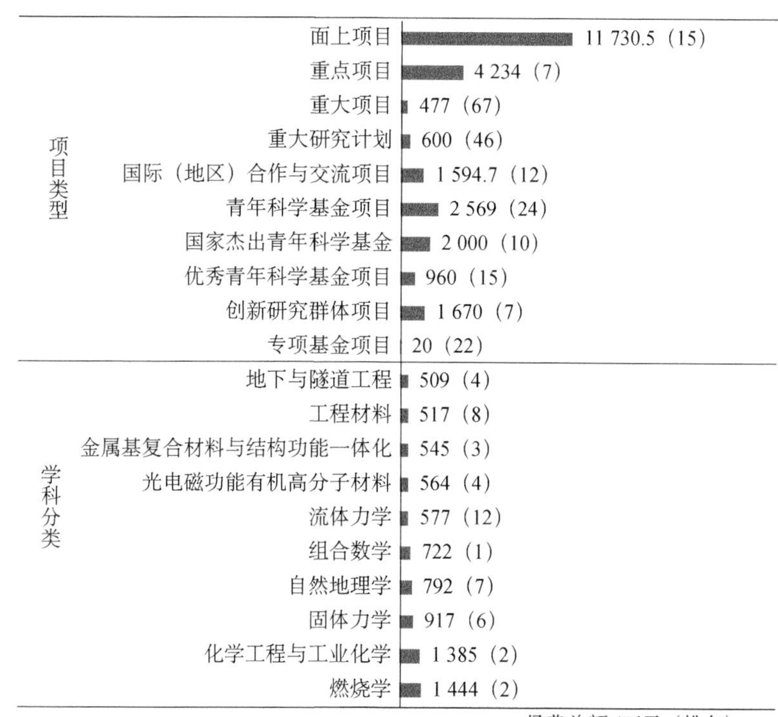

图 4-12 2019 年天津大学争取国家自然科学基金项目经费数据

资料来源：科技大数据湖北省重点实验室、中国产业智库大数据中心

表 4-25 2015～2019 年天津大学争取国家自然科学基金项目经费十强学科变化趋势及指标

领域	指标	2015 年	2016 年	2017 年	2018 年	2019 年
全部	项目数/项	315（20）	310（18）	345（18）	334（17）	362（17）
	项目经费/万元	20 594.9（17）	20 869.75（17）	23 862.7（19）	21 318.27（20）	27 632.2（17）
	主持人数/人	303（20）	303（18）	334（19）	328（17）	350（17）
燃烧学	项目数/项	13（2）	7（3）	5（4）	6（2）	8（2）
	项目经费/万元	1 040（1）	520（3）	262（5）	618（1）	1 444（2）
	主持人数/人	13（2）	7（3）	5（4）	6（2）	7（2）
化学工程与工业化学	项目数/项	0（1）	0（1）	2（1）	3（3）	6（1）
	项目经费/万元	0（1）	0（1）	382（2）	557（2）	1 385（2）
	主持人数/人	0（1）	0（1）	2（1）	2（3）	6（1）
固体力学	项目数/项	4（13）	8（9）	5（12）	4（18）	9（9）
	项目经费/万元	306（12）	426（11）	376（12）	896.6（5）	917（6）
	主持人数/人	4（13）	8（9）	5（12）	4（18）	8（10）
自然地理学	项目数/项	0（37）	0（41）	1（25）	1（21）	4（16）
	项目经费/万元	0（37）	0（41）	24（38）	25（35）	792（7）
	主持人数/人	0（37）	0（41）	1（25）	1（21）	4（16）
组合数学	项目数/项	1（7）	2（3）	3（1）	3（2）	2（4）
	项目经费/万元	18（11）	36（6）	203（1）	99（3）	722（1）
	主持人数/人	1（7）	2（3）	3（1）	3（2）	2（4）

续表

领域	指标	2015年	2016年	2017年	2018年	2019年
流体力学	项目数/项	3（9）	5（7）	5（10）	6（6）	5（10）
	项目经费/万元	252（8）	262（8）	914（3）	413（7）	577（11）
	主持人数/人	3（9）	4（8）	5（10）	6（6）	5（10）
光电磁功能有机高分子材料	项目数/项	5（4）	0（17）	6（3）	2（10）	7（1）
	项目经费/万元	297（4）	0（17）	208（9）	125（10）	564（3）
	主持人数/人	5（4）	0（17）	6（3）	2（10）	7（1）
金属基复合材料与结构功能一体化	项目数/项	0（12）	3（4）	4（2）	5（2）	4（5）
	项目经费/万元	0（12）	195（4）	241（3）	337（3）	545（3）
	主持人数/人	0（12）	3（4）	4（2）	5（2）	4（5）
工程材料	项目数/项	5（12）	8（6）	4（11）	3（16）	6（10）
	项目经费/万元	624（8）	416（7）	142（15）	180（12）	517（8）
	主持人数/人	5（12）	8（6）	4（11）	3（16）	6（10）
地下与隧道工程	项目数/项	2（7）	0（14）	3（6）	0（18）	5（6）
	项目经费/万元	124（7）	0（14）	176（5）	0（18）	509（4）
	主持人数/人	2（7）	0（14）	3（6）	0（18）	5（6）

资料来源：科技大数据湖北省重点实验室、中国产业智库大数据中心

表 4-26　2009～2019 年天津大学 SCI 论文总量分布及 2019 年 ESI 排名

序号	研究领域	SCI 发文量/篇	被引次数/次	篇均被引/次	高被引论文/篇	ESI 全球排名
全校合计		37 354	440 077	11.78	523	395
1	农业科学	362	3 871	10.69	6	619
2	生物与生化	1 273	18 292	14.37	20	519
3	化学	9 452	142 757	15.10	154	58
4	临床医学	432	3 554	8.23	3	4483
5	计算机科学	1 504	10 462	6.96	27	167
6	工程科学	9 403	86 717	9.22	108	31
7	环境生态学	1 061	7 924	7.47	16	745
8	材料科学	6 578	108 056	16.43	123	56
9	药理学与毒物学	366	4 572	12.49	2	789
10	物理学	3 889	32 696	8.41	37	578
11	社会科学	214	1 964	9.18	9	1397

资料来源：科技大数据湖北省重点实验室、中国产业智库大数据中心

4.2.13　武汉大学

2019 年，武汉大学的基础研究竞争力指数为 52.6873，全国排名第 13 位。争取国家自然科学基金项目总数为 451 项，全国排名第 14 位；项目经费总额为 30 377.26 万元，全国排名第 15 位；争取国家自然科学基金项目经费金额大于 2000 万元的学科共有 1 个，电化学、地理信息系统、大地测量学、宏观管理与政策、古气候学、空间物理、核技术及其应用争取国家自然

科学基金项目经费全国排名第1位（图4-13）；电化学、地理信息系统、宏观管理与政策、古气候学、空间物理和植物生殖生物学争取国家自然科学基金项目经费与2018年相比呈上升趋势（表4-27）。SCI论文数5387篇，全国排名第14位；18个学科入选ESI全球1%（表4-28）。发明专利申请量1578件，全国排名第42位。

截至2019年6月，武汉大学共有34个学院/直属系、3家附属医院。武汉大学设有本科专业123个，一级学科硕士学位授权点57个，一级学科博士学位授权点46个，博士后科研流动站42个，一级学科国家重点学科5个，二级学科国家重点学科17个，国家重点培育学科6个。武汉大学有普通本科生29 405人，硕士研究生19 699人，博士研究生7163人，留学生2162人；专任教师3770余人，其中，正、副教授2890余人，中国科学院院士11人，中国工程院院士7人，“国家高技术研究发展计划”领域专家6人，“新世纪百千万人才工程”入选者23人，国家级教学名师15人，国家自然科学基金杰出青年科学基金获得者65人，国家创新研究群体4个[13]。

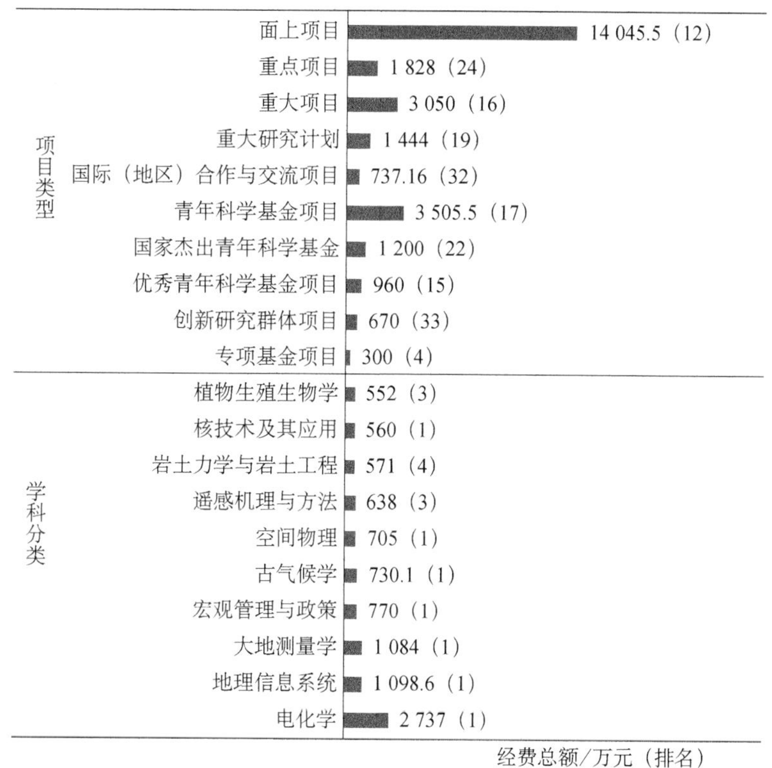

图4-13 2019年武汉大学争取国家自然科学基金项目经费数据

资料来源：科技大数据湖北省重点实验室、中国产业智库大数据中心

表4-27 2015～2019年武汉大学争取国家自然科学基金项目经费十强学科变化趋势及指标

领域	指标	2015年	2016年	2017年	2018年	2019年
全部	项目数/项	437（8）	395（13）	461（12）	472（12）	451（14）
	项目经费/万元	25 711.91（10）	23 535.4（14）	35 965.17（9）	32 496.72（11）	30 377.26（15）
	主持人数/人	432（8）	384（13）	447（12）	459（12）	443（14）

续表

领域	指标	2015年	2016年	2017年	2018年	2019年
电化学	项目数/项	0（2）	0（5）	2（4）	3（2）	6（2）
	项目经费/万元	0（2）	0（5）	129（5）	446（2）	2 737（1）
	主持人数/人	0（2）	0（5）	2（4）	3（2）	5（2）
地理信息系统	项目数/项	16（1）	12（2）	16（1）	12（1）	21（1）
	项目经费/万元	1 002（2）	595（3）	1 206（1）	561.3（2）	1 098.6（1）
	主持人数/人	16（1）	12（2）	16（1）	12（1）	21（1）
大地测量学	项目数/项	14（1）	14（1）	22（1）	18（1）	22（1）
	项目经费/万元	1 260（1）	678（2）	2 212.5（1）	1 229（1）	1 084（1）
	主持人数/人	14（1）	14（1）	22（1）	18（1）	22（1）
宏观管理与政策	项目数/项	0（1）	0（1）	2（2）	0（5）	2（3）
	项目经费/万元	0（1）	0（1）	31（4）	0（5）	770（1）
	主持人数/人	0（1）	0（1）	2（2）	0（5）	2（3）
古气候学	项目数/项	0（8）	0（6）	0（7）	1（3）	2（5）
	项目经费/万元	0（8）	0（6）	0（7）	62（4）	730.1（1）
	主持人数/人	0（8）	0（6）	0（7）	1（3）	2（5）
空间物理	项目数/项	7（1）	6（3）	5（3）	6（3）	7（3）
	项目经费/万元	1 126（1）	363（3）	321（3）	628（2）	705（1）
	主持人数/人	7（1）	6（3）	5（3）	6（3）	7（3）
遥感机理与方法	项目数/项	5（3）	8（2）	15（2）	7（3）	12（1）
	项目经费/万元	290（3）	300（3）	663.97（2）	1 060.13（2）	638（3）
	主持人数/人	5（3）	7（2）	15（2）	7（3）	12（1）
岩土力学与岩土工程	项目数/项	6（2）	6（3）	8（2）	7（3）	5（3）
	项目经费/万元	290（4）	247（3）	463（5）	598（2）	571（4）
	主持人数/人	6（2）	6（2）	7（2）	7（3）	5（3）
核技术及其应用	项目数/项	6（5）	1（11）	4（4）	7（2）	5（4）
	项目经费/万元	447（4）	78（9）	293（3）	666（2）	560（1）
	主持人数/人	6（5）	1（11）	4（4）	7（2）	5（4）
植物生殖生物学	项目数/项	1（2）	4（1）	1（2）	4（1）	2（1）
	项目经费/万元	63（2）	166（1）	60（2）	168（1）	552（2）
	主持人数/人	1（2）	4（1）	1（2）	4（1）	1（3）

资料来源：科技大数据湖北省重点实验室、中国产业智库大数据中心

表 4-28　2009～2019 年武汉大学 SCI 论文总量分布及 2019 年 ESI 排名

序号	研究领域	SCI 发文量/篇	被引次数/次	篇均被引/次	高被引论文/篇	ESI 全球排名
全校合计		42 429	563 138	13.27	696	304
1	农业科学	357	4 780	13.39	8	500
2	生物与生化	2 248	30 222	13.44	16	331

续表

序号	研究领域	SCI 发文量/篇	被引次数/次	篇均被引/次	高被引论文/篇	ESI 全球排名
3	化学	5 938	125 593	21.15	138	72
4	临床医学	5 922	70 637	11.93	56	579
5	计算机科学	1 925	16 829	8.74	54	75
6	工程科学	4 630	41 141	8.89	80	124
7	环境生态学	1 610	13 450	8.35	12	522
8	地球科学	4 026	42 686	10.60	72	146
9	免疫学	526	7 131	13.56	5	632
10	材料科学	3 778	84 703	22.42	99	82
11	数学	1 413	6 765	4.79	13	164
12	微生物学	573	6 526	11.39	3	434
13	分子生物与基因	1 690	28 360	16.78	15	509
14	神经科学与行为	617	7 320	11.86	10	878
15	药理学与毒物学	1 069	12 097	11.32	5	290
16	物理学	2 780	30 069	10.82	59	614
17	植物与动物科学	796	9 095	11.43	10	614
18	社会科学	1 142	8 868	7.77	31	475

资料来源：科技大数据湖北省重点实验室、中国产业智库大数据中心

4.2.14 同济大学

2019 年，同济大学的基础研究竞争力指数为 50.83，全国排名第 14 位。争取国家自然科学基金项目总数为 517 项，全国排名第 11 位；项目经费总额为 32 097.26 万元，全国排名第 12 位；争取国家自然科学基金项目经费金额大于 1000 万元的学科共有 3 个，工程结构、医学超声与声学造影剂争取国家自然科学基金项目经费全国排名第 1 位（图 4-14）；工程结构、岩土与基础工程，地下与隧道工程，海洋地质学与地球物理学，医学超声与声学造影剂，工程地质环境与灾害，心肌细胞/血管细胞损伤、修复、重构和再生，应用光学，建筑学争取国家自然科学基金项目经费与 2018 年相比呈上升趋势（表 4-29）。SCI 论文数 4181 篇，全国排名第 18 位；15 个学科入选 ESI 全球 1%（表 4-30）。发明专利申请量 1555 件，全国排名第 45 位。

截至 2019 年 11 月，同济大学共有 29 个学院、8 家附属医院。同济大学设有本科专业 84 个，一级学科硕士学位授权点 47 个，一级学科博士学位授权点 32 个，博士后科研流动站 30 个，一级学科国家重点学科 3 个，二级学科国家重点学科 7 个。同济大学有全日制本科生 18 115 人，硕士研究生 12 105 人，博士研究生 5766 人，留学生 3575 人；专任教师 2803 人，其中，教授 1156 人，副教授 1033 人，中国科学院院士（含双聘）12 人，中国工程院院士（含双聘）15 人，“长江学者奖励计划”特聘教授 36 人，“国家重点研发计划”首席科学家 64 人，国家自然科学基金杰出青年科学基金获得者 62 人，国家级教学团队 6 个，国家自然科学基金委员会创新研究群体 8 个，教育部“创新团队发展计划”9 个，“创新人才推进计划”重点领域创新团队 1 个[14]。

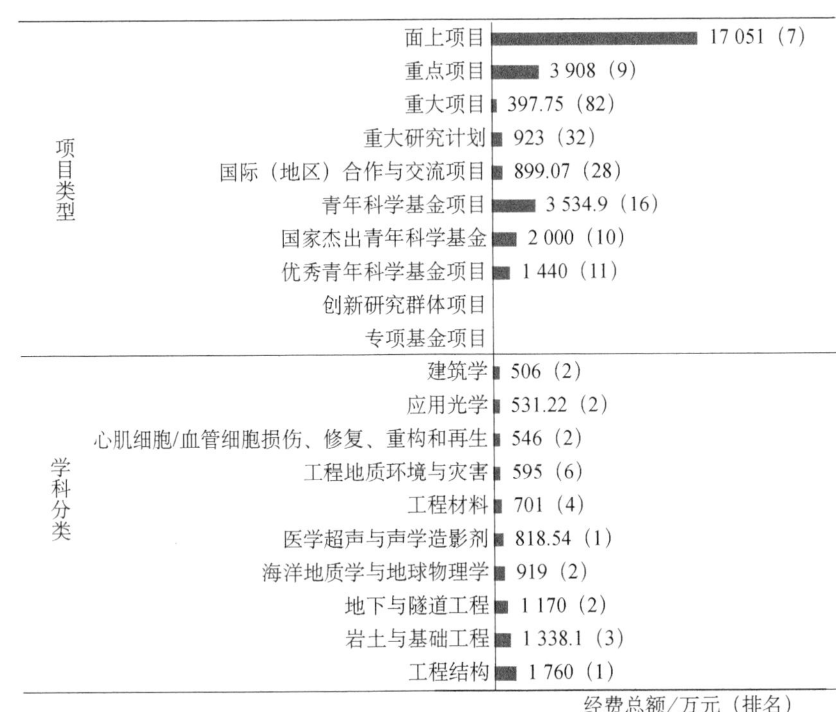

图 4-14 2019 年同济大学争取国家自然科学基金项目经费数据

资料来源：科技大数据湖北省重点实验室、中国产业智库大数据中心

表 4-29 2015～2019 年同济大学争取国家自然科学基金项目经费十强学科变化趋势及指标

领域	指标	2015 年	2016 年	2017 年	2018 年	2019 年
全部	项目数/项	431（9）	437（9）	529（8）	506（8）	517（11）
	项目经费/万元	25 336.6（11）	24 404.41（13）	34 008.03（13）	29 618.14（14）	32 097.26（12）
	主持人数/人	419（11）	428（9）	516（8）	500（8）	510（11）
工程结构	项目数/项	15（2）	18（1）	16（2）	15（2）	22（1）
	项目经费/万元	1 157（2）	1 240.9（1）	869（3）	983.4（2）	1 760（1）
	主持人数/人	15（2）	18（1）	16（2）	13（3）	22（1）
岩土与基础工程	项目数/项	9（1）	7（3）	26（1）	19（2）	23（2）
	项目经费/万元	520（2）	357（2）	1 520.7（1）	1 212（1）	1 338.1（3）
	主持人数/人	9（1）	7（3）	25（1）	19（2）	23（2）
地下与隧道工程	项目数/项	8（1）	12（1）	13（1）	9（1）	11（1）
	项目经费/万元	629（1）	770.4（1）	790（2）	539（1）	1 170（2）
	主持人数/人	8（1）	11（1）	13（1）	9（1）	11（1）
海洋地质学与地球物理学	项目数/项	11（2）	10（2）	9（4）	13（1）	9（3）
	项目经费/万元	1 335（1）	725（2）	836（2）	591（4）	919（2）
	主持人数/人	10（3）	10（2）	9（4）	13（1）	9（3）
医学超声与声学造影剂	项目数/项	5（2）	5（1）	2（4）	3（3）	3（1）
	项目经费/万元	127（3）	168（2）	405（1）	95（4）	818.54（1）
	主持人数/人	5（2）	5（1）	2（4）	3（3）	3（1）

续表

领域	指标	2015 年	2016 年	2017 年	2018 年	2019 年
工程材料	项目数/项	26（1）	21（1）	16（1）	19（1）	14（3）
	项目经费/万元	1 405（3）	971（2）	1 366（1）	1 197（3）	701（4）
	主持人数/人	26（1）	21（1）	16（1）	19（1）	14（3）
工程地质环境与灾害	项目数/项	0（1）	0（1）	0（1）	2（2）	9（3）
	项目经费/万元	0（1）	0（1）	0（1）	87（3）	595（6）
	主持人数/人	0（1）	0（1）	0（1）	2（2）	9（3）
心肌细胞/血管细胞损伤、修复、重构和再生	项目数/项	5（3）	3（2）	5（1）	6（1）	7（1）
	项目经费/万元	170（3）	131.5（4）	205（1）	233（2）	546（1）
	主持人数/人	5（3）	3（2）	5（1）	6（1）	7（1）
应用光学	项目数/项	1（4）	2（3）	0（5）	0（5）	4（3）
	项目经费/万元	130（1）	1 110（1）	0（5）	0（5）	531.22（2）
	主持人数/人	1（4）	2（3）	0（5）	0（5）	4（3）
建筑学	项目数/项	8（1）	6（2）	15（1）	5（3）	10（2）
	项目经费/万元	368（1）	292（2）	998（1）	273（3）	506（2）
	主持人数/人	8（1）	6（2）	15（1）	5（3）	10（2）

资料来源：科技大数据湖北省重点实验室、中国产业智库大数据中心

表 4-30　2009～2019 年同济大学 SCI 论文总量分布及 2019 年 ESI 排名

序号	研究领域	SCI 发文量/篇	被引次数/次	篇均被引/次	高被引论文/篇	ESI 全球排名
	全校合计	39 398	466 599	11.84	486	374
1	生物与生化	2 139	27 380	12.80	12	376
2	化学	3 609	56 662	15.70	44	241
3	临床医学	5 832	69 145	11.86	67	587
4	计算机科学	1 502	15 319	10.20	27	90
5	工程科学	8 831	79 814	9.04	117	40
6	环境生态学	2 461	33 040	13.43	32	183
7	地球科学	1 927	19 444	10.09	17	348
8	免疫学	398	5 696	14.31	1	758
9	材料科学	4 100	66 761	16.28	72	119
10	数学	1 057	5 182	4.90	16	250
11	分子生物与基因	1 890	32 006	16.93	14	467
12	神经科学与行为	657	7 000	10.65	4	907
13	药理学与毒物学	810	7 643	9.44	2	510
14	物理学	2 377	23 135	9.73	27	700
15	社会科学	539	4 412	8.19	19	811

资料来源：科技大数据湖北省重点实验室、中国产业智库大数据中心

4.2.15 哈尔滨工业大学

2019 年，哈尔滨工业大学的基础研究竞争力指数为 49.7579，全国排名第 15 位。争取国家自然科学基金项目总数为 338 项，全国排名第 18 位；项目经费总额为 22 024.41 万元，全国排名第 21 位；争取国家自然科学基金项目经费金额大于 1000 万元的学科共有 4 个，工程材料、地下与隧道工程和成形制造争取国家自然科学基金项目经费全国排名第 1 位（图 4-15）；工程材料、地下与隧道工程、工程结构、成形制造、固体力学、流体力学、电能存储与应用、建筑学争取国家自然科学基金项目经费与 2018 年相比呈上升趋势（表 4-31）。SCI 论文数 5925 篇，全国排名第 12 位；11 个学科入选 ESI 全球 1%（表 4-32）。发明专利申请量 2333 件，全国排名第 21 位。

截至 2020 年 3 月，哈尔滨工业大学共有 22 个学院。哈尔滨工业大学设有本科专业 89 个，一级学科硕士学位授权点 41 个，一级学科博士学位授权点 29 个，博士后科研流动站 24 个，一级学科国家重点学科 9 个，二级学科国家重点学科 6 个，国家重点培育学科 2 个。哈尔滨工业大学有在校本科生 15 675 人，硕士研究生 9680 人，博士研究生 6518 人，留学生 1984 人；专任教师 3011 人，其中，教授 1040 人，副教授 1307 人，中国科学院院士、中国工程院院士 39 人，“万人计划”领军人才 46 人、青年拔尖人才 23 人，“长江学者奖励计划”特聘教授 52 人、青年学者 19 人，“国家百千万人才工程”入选者 32 人，“创新人才推进计划”入选者 40 人，国家自然科学基金杰出青年科学基金获得者 49 人，国家自然科学基金委员会创新研究群体 7 个，国家级教学团队 6 个，“创新人才推进计划”重点领域创新团队 5 个[15]。

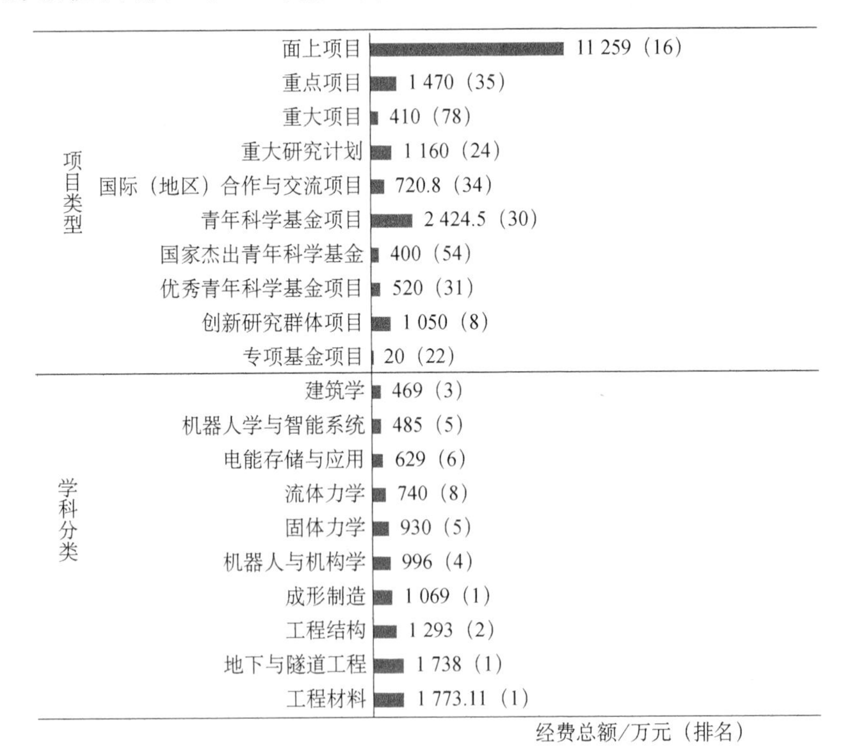

图 4-15　2019 年哈尔滨工业大学争取国家自然科学基金项目经费数据

资料来源：科技大数据湖北省重点实验室、中国产业智库大数据中心

表 4-31　2015～2019 年哈尔滨工业大学争取国家自然科学基金项目经费十强学科变化趋势及指标

领域	指标	2015 年	2016 年	2017 年	2018 年	2019 年
全部	项目数/项	355（16）	363（16）	344（19）	356（16）	338（18）
	项目经费/万元	21 608.6（13）	25 222.13（11）	23 134.15（21）	23 053.51（17）	22 024.41（21）
	主持人数/人	348（15）	360（16）	339（18）	349（16）	334（18）
工程材料	项目数/项	18（3）	20（2）	13（3）	15（3）	18（1）
	项目经费/万元	1 466（2）	1 369.2（1）	709（3）	1 472.79（2）	1 773.11（1）
	主持人数/人	18（3）	20（2）	13（3）	14（4）	18（1）
地下与隧道工程	项目数/项	4（4）	4（4）	8（2）	5（3）	9（2）
	项目经费/万元	166（5）	202（5）	803（1）	485（2）	1 738（1）
	主持人数/人	4（4）	4（4）	8（2）	5（3）	9（2）
工程结构	项目数/项	10（3）	13（3）	18（1）	14（3）	17（2）
	项目经费/万元	565（4）	626.4（3）	1 033（2）	631.44（3）	1 293（2）
	主持人数/人	10（3）	13（3）	18（1）	14（2）	16（3）
成形制造	项目数/项	17（1）	12（1）	16（1）	16（1）	17（1）
	项目经费/万元	1 083（1）	1 144（1）	1 256（1）	788（1）	1 069（1）
	主持人数/人	17（1）	12（1）	16（1）	16（1）	17（1）
机器人与机构学	项目数/项	7（1）	8（2）	8（1）	7（1）	7（2）
	项目经费/万元	1 345（1）	947（2）	868（1）	1 154（1）	996（4）
	主持人数/人	7（1）	8（2）	8（1）	7（1）	7（2）
固体力学	项目数/项	10（6）	15（3）	9（5）	13（4）	13（4）
	项目经费/万元	530（7）	1 022（2）	760.5（8）	619（6）	930（5）
	主持人数/人	10（6）	15（1）	9（5）	13（3）	13（3）
流体力学	项目数/项	2（11）	4（9）	6（6）	3（11）	6（8）
	项目经费/万元	40（11）	476（4）	378（8）	119（14）	740（7）
	主持人数/人	2（11）	4（8）	6（6）	3（11）	6（8）
电能存储与应用	项目数/项	0（2）	9（1）	4（2）	10（1）	6（3）
	项目经费/万元	0（2）	844（2）	290（1）	453（3）	629（5）
	主持人数/人	0（2）	9（1）	4（2）	10（1）	6（3）
机器人学与智能系统	项目数/项	0（1）	0（1）	0（1）	8（1）	3（5）
	项目经费/万元	0（1）	0（1）	0（1）	750.5（3）	485（5）
	主持人数/人	0（1）	0（1）	0（1）	8（1）	3（5）
建筑学	项目数/项	5（3）	3（5）	3（3）	8（1）	5（4）
	项目经费/万元	226（3）	189（3）	106（5）	376（1）	469（3）
	主持人数/人	5（3）	3（5）	3（3）	8（1）	5（4）

资料来源：科技大数据湖北省重点实验室、中国产业智库大数据中心

表 4-32　2009～2019 年哈尔滨工业大学 SCI 论文总量分布及 2019 年 ESI 排名

序号	研究领域	SCI 发文量/篇	被引次数/次	篇均被引/次	高被引论文/篇	ESI 全球排名
	全校合计	48 677	566 324	11.63	758	301
1	农业科学	298	3 895	13.07	5	616
2	生物与生化	1 312	24 851	18.94	23	409
3	化学	6 317	89 116	14.11	84	124
4	临床医学	397	4 316	10.87	3	3 741
5	计算机科学	2 436	22 021	9.04	51	46

续表

序号	研究领域	SCI 发文量/篇	被引次数/次	篇均被引/次	高被引论文/篇	ESI 全球排名
6	工程科学	14 350	153 436	10.69	342	7
7	环境生态学	1 749	26 284	15.03	32	240
8	材料科学	11 338	151 706	13.38	84	26
9	数学	1 681	11 803	7.02	55	56
10	物理学	6 191	51 480	8.32	44	396
11	社会科学	333	3 697	11.10	12	922

资料来源：科技大数据湖北省重点实验室、中国产业智库大数据中心

4.2.16 吉林大学

2019 年，吉林大学的基础研究竞争力指数为 49.6242，全国排名第 16 位。争取国家自然科学基金项目总数为 327 项，全国排名第 21 位；项目经费总额为 20 876.76 万元，全国排名第 23 位；争取国家自然科学基金项目经费金额大于 500 万元的学科共有 4 个，智能与仿生材料化学争取国家自然科学基金项目经费全国排名第 1 位（图 4-16）；智能与仿生材料化学、控制系统与应用、原子和分子物理、机械测试理论与技术、金属基复合材料与结构功能一体化、半导体光电子器件与集成、功能陶瓷、网络与系统安全、光电磁功能有机高分子材料争取国家自

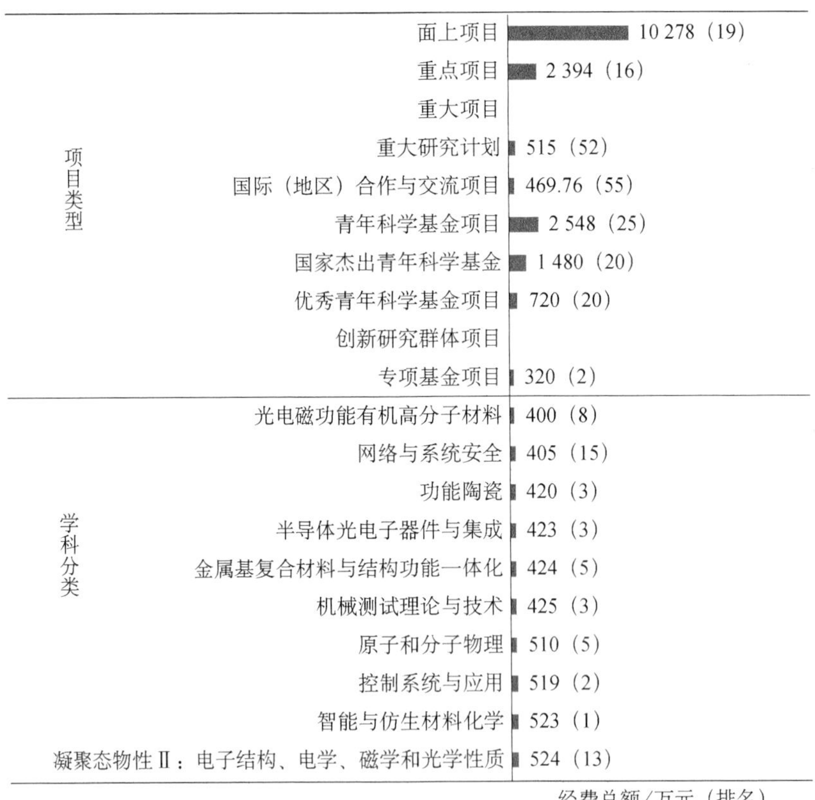

图 4-16 2019 年吉林大学争取国家自然科学基金项目经费数据

资料来源：科技大数据湖北省重点实验室、中国产业智库大数据中心

然科学基金项目经费与2018年相比呈上升趋势（表4-33）。SCI论文数6452篇，全国排名第10位；15个学科入选ESI全球1%（表4-34）。发明专利申请量2651件，全国排名第16位。

截至2020年3月，吉林大学共有50个学院/直属系。吉林大学设有本科专业139个，一级学科硕士学位授权点63个，一级学科博士学位授权点49个，博士后科研流动站44个，一级学科国家重点学科4个（覆盖17个二级学科），二级学科国家重点学科15个，国家重点培育学科4个。吉林大学有全日制本科生41 782人，硕士研究生19 320人，博士研究生8420人，留学生2453人；专任教师6585人，其中，教授2391人，中国科学院院士、中国工程院院士11人，双聘院士54人，“万人计划”入选者38人，“国家百千万人才工程”入选者31人，国家级教学名师8人，国家有突出贡献的中青年专家15人，国家自然科学基金杰出青年科学基金获得者37人，国家自然科学基金优秀青年科学基金获得者37人[16]。

表4-33　2015～2019年吉林大学争取国家自然科学基金项目经费十强学科变化趋势及指标

领域	指标	2015年	2016年	2017年	2018年	2019年
全部	项目数/项	350（17）	321（17）	357（17）	331（18）	327（21）
	项目经费/万元	20 392.25（19）	18 740.2（24）	20 878.1（23）	20 000.5（22）	20 876.76（23）
	主持人数/人	342（17）	318（17）	349（17）	326（18）	320（21）
凝聚态物性Ⅱ：电子结构、电学、磁学和光学性质	项目数/项	6（8）	7（7）	12（5）	10（5）	9（6）
	项目经费/万元	513（7）	678（6）	663（6）	667（5）	524（12）
	主持人数/人	6（8）	7（7）	12（5）	10（5）	9（6）
智能与仿生材料化学	项目数/项	0（1）	1（1）	0（1）	1（2）	5（1）
	项目经费/万元	0（1）	65（1）	0（1）	66（2）	523（1）
	主持人数/人	0（1）	1（1）	0（1）	1（2）	5（1）
控制系统与应用	项目数/项	0（3）	0（4）	0（8）	1（5）	4（3）
	项目经费/万元	0（3）	0（4）	0（8）	25（5）	519（2）
	主持人数/人	0（3）	0（4）	0（8）	1（5）	4（3）
原子和分子物理	项目数/项	8（2）	6（2）	10（2）	5（4）	9（2）
	项目经费/万元	703（3）	975（2）	403.5（3）	335（4）	510（4）
	主持人数/人	8（2）	6（2）	10（2）	5（4）	9（2）
机械测试理论与技术	项目数/项	1（4）	0（7）	0（7）	2（3）	2（5）
	项目经费/万元	64（4）	0（7）	0（7）	119（4）	425（3）
	主持人数/人	1（4）	0（7）	0（7）	2（3）	2（5）
金属基复合材料与结构功能一体化	项目数/项	1（8）	1（8）	0（14）	1（9）	2（11）
	项目经费/万元	62（8）	270（3）	0（14）	60（11）	424（5）
	主持人数/人	1（8）	1（8）	0（14）	1（9）	2（10）
半导体光电子器件与集成	项目数/项	0（6）	2（5）	3（3）	2（3）	3（4）
	项目经费/万元	0（6）	125（5）	193（4）	373（2）	423（2）
	主持人数/人	0（6）	2（5）	3（3）	2（3）	3（4）
功能陶瓷	项目数/项	4（1）	3（1）	2（2）	2（1）	3（1）
	项目经费/万元	170（3）	144（1）	120（2）	118（1）	420（1）
	主持人数/人	4（1）	3（1）	2（2）	2（1）	2（1）

续表

领域	指标	2015 年	2016 年	2017 年	2018 年	2019 年
网络与系统安全	项目数/项	6（11）	6（9）	2（24）	6（7）	5（12）
	项目经费/万元	258（9）	207（14）	85（25）	328（6）	405（11）
	主持人数/人	6（11）	6（9）	2（24）	6（7）	5（12）
光电磁功能有机高分子材料	项目数/项	2（6）	9（2）	8（1）	6（3）	1（20）
	项目经费/万元	84（8）	483（3）	439（2）	255（9）	400（5）
	主持人数/人	2（6）	9（2）	8（1）	6（3）	1（20）

资料来源：科技大数据湖北省重点实验室、中国产业智库大数据中心

表 4-34　2009～2019 年吉林大学 SCI 论文总量分布及 2019 年 ESI 排名

序号	研究领域	SCI 发文量/篇	被引次数/次	篇均被引/次	高被引论文/篇	ESI 全球排名
全校合计		49 925	602 807	12.07	475	283
1	农业科学	682	7 185	10.54	12	344
2	生物与生化	2 657	27 051	10.18	8	380
3	化学	13 247	205 501	15.51	143	27
4	临床医学	6 042	48 594	8.04	41	788
5	工程科学	3 664	23 998	6.55	31	271
6	环境生态学	877	5 182	5.91	4	991
7	地球科学	2 232	22 337	10.01	13	307
8	免疫学	698	7 670	10.99	2	601
9	材料科学	6 470	120 033	18.55	99	44
10	数学	1 213	5 454	4.50	16	229
11	分子生物与基因	1 919	20 023	10.43	6	675
12	神经科学与行为	891	7 556	8.48	4	854
13	药理学与毒物学	1 543	15 667	10.15	13	192
14	物理学	4 341	50 457	11.62	59	408
15	植物与动物科学	613	4 226	6.89	3	1 080

资料来源：科技大数据湖北省重点实验室、中国产业智库大数据中心

4.2.17　南京大学

2019 年，南京大学的基础研究竞争力指数为 46.4114，全国排名第 17 位。争取国家自然科学基金项目总数为 472 项，全国排名第 13 位；项目经费总额为 40 439.69 万元，全国排名第 9 位；争取国家自然科学基金项目经费金额大于 2000 万元的学科共有 1 个，环境地质学、新型信息器件、复杂性科学与人工智能理论、半导体科学与信息器件、环境与生态管理争取国家自然科学基金项目经费全国排名第 1 位（图 4-17）；环境地质学，凝聚态物性Ⅱ：电子结构、电学、磁学和光学性质，新型信息器件，复杂性科学与人工智能理论，半导体科学与信息器件，无机非金属类生物材料，污染控制化学，催化化学，环境与生态管理争取国家自然科学基金项目经费与 2018 年相比呈上升趋势（表 4-35）。SCI 论文数 4072 篇，全国排名第 20 位；17 个学科入选 ESI 全球 1%（表 4-36）。发明专利申请量 857 件，全国排名第 91 位。

截至 2019 年 11 月，南京大学共有 31 个学院/直属系。南京大学设有本科专业 88 个，一

级学科硕士学位授权点5个，一级学科博士学位授权点39个，博士后科研流动站38个，一级学科国家重点学科8个，二级学科国家重点学科13个。南京大学有本科生13 129人，硕士研究生14 937人，博士研究生6996人，留学生3205人；专任教师2144人，中国科学院院士28人，中国工程院院士4人，“万人计划”科技创新领军人才22人、哲学社会科学领军人才6人、“百千万工程”领军人才2人、教学名师4人、青年拔尖人才21人，“长江学者奖励计划”特聘教授100人、青年学者14人，国家级教学名师11人，“国家百千万人才工程”入选者34人，国家自然科学基金杰出青年科学基金获得者133人，国家自然科学基金优秀青年科学基金获得者91人[17]。

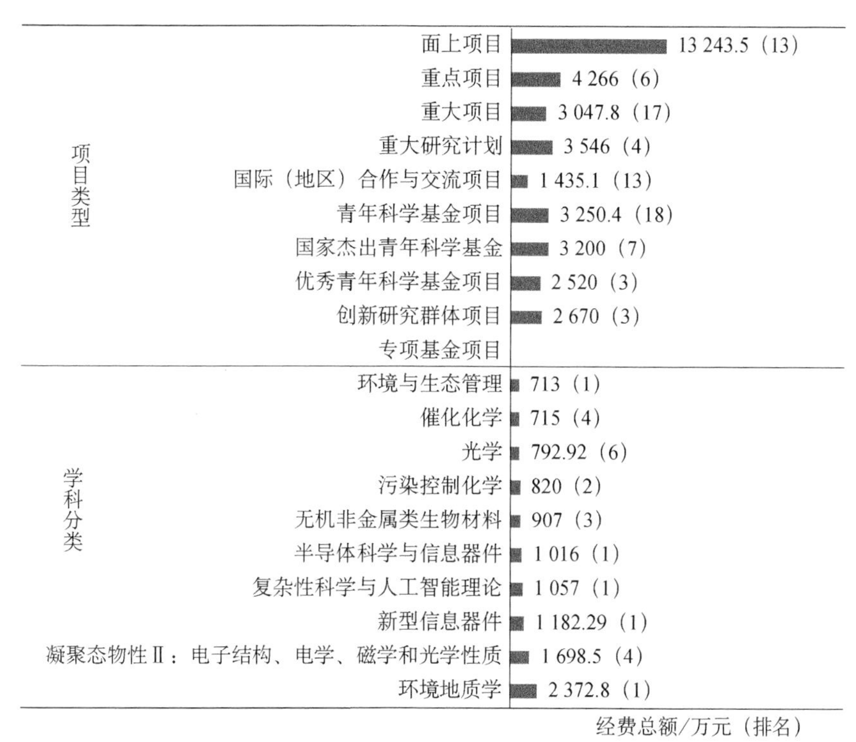

图4-17　2019年南京大学争取国家自然科学基金项目经费数据

资料来源：科技大数据湖北省重点实验室、中国产业智库大数据中心

表4-35　2015～2019年南京大学争取国家自然科学基金项目经费十强学科变化趋势及指标

领域	指标	2015年	2016年	2017年	2018年	2019年
全部	项目数/项	382（14）	424（10）	420（15）	422（13）	472（13）
	项目经费/万元	25 816.07（9）	34 545.24（9）	35 159.37（11）	31 918.18（12）	40 439.69（9）
	主持人数/人	371（14）	417（10）	408（14）	415（13）	457（13）
环境地质学	项目数/项	0（1）	0（1）	0（1）	0（4）	2（2）
	项目经费/万元	0（1）	0（1）	0（1）	0（4）	2 372.8（1）
	主持人数/人	0（1）	0（1）	0（1）	0（4）	1（3）
凝聚态物性Ⅱ：电子结构、电学、磁学和光学性质	项目数/项	11（4）	11（3）	14（3）	16（2）	17（2）
	项目经费/万元	1 133（3）	1 015（2）	1 336.2（2）	1 243（3）	1 698.5（4）
	主持人数/人	11（4）	11（3）	14（2）	16（2）	17（2）

续表

领域	指标	2015年	2016年	2017年	2018年	2019年
新型信息器件	项目数/项	1（1）	1（1）	1（1）	1（3）	5（1）
	项目经费/万元	68（1）	62（2）	300（1）	22（4）	1 182.29（1）
	主持人数/人	1（1）	1（1）	1（1）	1（3）	5（1）
复杂性科学与人工智能理论	项目数/项	0（1）	0（1）	0（1）	3（1）	2（4）
	项目经费/万元	0（1）	0（1）	0（1）	154（2）	1 057（1）
	主持人数/人	0（1）	0（1）	0（1）	3（1）	2（4）
半导体科学与信息器件	项目数/项	0（2）	0（1）	0（1）	0（2）	2（1）
	项目经费/万元	0（2）	0（1）	0（1）	0（2）	1 016（1）
	主持人数/人	0（2）	0（1）	0（1）	0（2）	2（1）
无机非金属类生物材料	项目数/项	0（7）	1（7）	1（12）	2（10）	6（4）
	项目经费/万元	0（7）	20（11）	180（5）	50（17）	907（3）
	主持人数/人	0（7）	1（7）	1（12）	2（10）	6（4）
污染控制化学	项目数/项	0（1）	0（1）	3（3）	2（4）	8（2）
	项目经费/万元	0（1）	0（1）	69（4）	87.5（4）	820（2）
	主持人数/人	0（1）	0（1）	3（3）	2（4）	8（2）
光学	项目数/项	10（3）	15（1）	10（4）	11（2）	8（5）
	项目经费/万元	676（4）	4 261.3（1）	782（5）	1191（3）	792.92（6）
	主持人数/人	10（3）	13（1）	10（4）	11（2）	8（5）
催化化学	项目数/项	1（3）	5（1）	11（2）	3（7）	8（5）
	项目经费/万元	65（3）	497（1）	910.5（2）	195（6）	715（4）
	主持人数/人	1（3）	5（1）	10（2）	3（7）	8（5）
环境与生态管理	项目数/项	0（1）	0（1）	0（4）	3（1）	2（1）
	项目经费/万元	0（1）	0（1）	0（4）	312.5（1）	713（1）
	主持人数/人	0（1）	0（1）	0（4）	3（1）	2（1）

资料来源：科技大数据湖北省重点实验室、中国产业智库大数据中心

表 4-36　2009～2019 年南京大学 SCI 论文总量分布及 2019 年 ESI 排名

序号	研究领域	SCI 发文量/篇	被引次数/次	篇均被引/次	高被引论文/篇	ESI 全球排名
全校合计		51 147	846 647	16.55	927	181
1	农业科学	340	4 173	12.27	3	574
2	生物与生化	1 623	22 181	13.67	15	448
3	化学	10 225	215 186	21.05	187	25
4	临床医学	5 158	80 657	15.64	88	519
5	计算机科学	1 463	12 009	8.21	21	136
6	工程科学	2 500	35 044	14.02	63	162
7	环境生态学	3 127	45 427	14.53	46	120
8	地球科学	4 211	63 027	14.97	58	89
9	免疫学	404	6 681	16.54	2	661
10	材料科学	4 389	99 259	22.62	113	67
11	数学	1 410	8 242	5.85	21	115
12	分子生物与基因	1 285	26 738	20.81	11	532
13	神经科学与行为	1 037	15 615	15.06	10	517

续表

序号	研究领域	SCI发文量/篇	被引次数/次	篇均被引/次	高被引论文/篇	ESI全球排名
14	药理学与毒物学	1 024	14 373	14.04	5	217
15	物理学	8 397	130 430	15.53	215	106
16	植物与动物科学	522	7 115	13.63	14	753
17	社会科学	705	6 073	8.61	18	651

资料来源：科技大数据湖北省重点实验室、中国产业智库大数据中心

4.2.18 中国科学技术大学

2019年，中国科学技术大学的基础研究竞争力指数为45.7328，全国排名第18位。争取国家自然科学基金项目总数为412项，全国排名第15位；项目经费总额为42 360.36万元，全国排名第8位；争取国家自然科学基金项目经费金额大于2000万元的学科有1个，粒子物理与核物理实验方法与技术、光学、合肥同步辐射、化学生物学理论与技术、激光争取国家自然科学基金项目经费全国排名第1位（图4-18）；粒子物理与核物理实验方法与技术，流体力学，无机非金属类生物材料，合肥同步辐射，原子和分子物理，凝聚态物性Ⅱ：电子结构、电学、磁学和光学性质，有机合成，化学生物学理论与技术，激光争取国家自然科学基金项目经费与2018年相比呈上升趋势（表4-37）。SCI论文数4274篇，全国排名第17位；14个学科入选ESI全球1%（表4-38）。发明专利申请量853件，全国排名第92位。

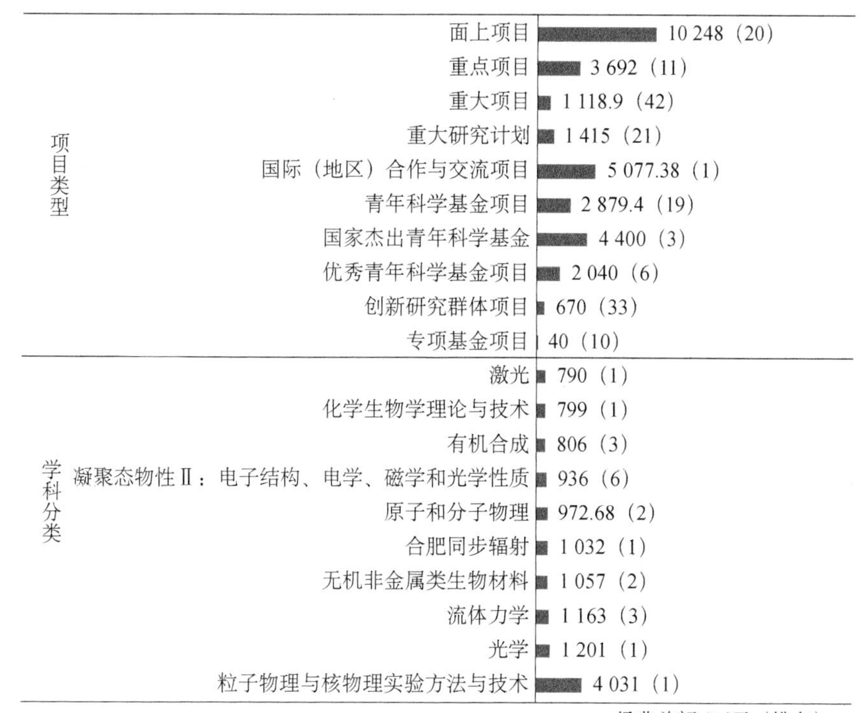

图4-18 2019年中国科学技术大学争取国家自然科学基金项目经费数据

资料来源：科技大数据湖北省重点实验室、中国产业智库大数据中心

截至 2019 年 11 月，中国科学技术大学共有 23 个学院（含 6 个科教融合共建学院）、33 个系。中国科学技术大学设有本科专业 39 个，一级学科硕士学位授权点 7 个，一级学科博士学位授权点 28 个，一级学科国家重点学科 8 个，二级学科国家重点学科 4 个，国家重点培育学科 2 个。中国科学技术大学有全日制本科生 7400 多人，学术型硕士研究生 6066 人，专业学位硕士研究生 6512 人，博士研究生 5630 人；教学与科研人员 2244 人，其中，教授 749 人（含相当专业技术职务人员），副教授 797 人（含相当专业技术职务人员），中国科学院、中国工程院院士 62 人，"万人计划"领军人才及教学名师 50 人、青年拔尖人才 20 人，长江学者奖励计划入选者 46 人，国家自然科学基金杰出青年科学基金获得者 121 人，国家自然科学基金优秀青年科学基金获得者 127 人[18]。

表 4-37　2015～2019 年中国科学技术大学争取国家自然科学基金项目经费十强学科变化趋势及指标

领域	指标	2015 年	2016 年	2017 年	2018 年	2019 年
全部	项目数/项	365（15）	375（15）	426（14）	375（15）	412（15）
	项目经费/万元	32 976.72（8）	35 186.15（8）	45 932.3（8）	34 237.07（9）	42 360.36（8）
	主持人数/人	347（16）	361（15）	406（15）	360（15）	392（15）
粒子物理与核物理实验方法与技术	项目数/项	4（5）	9（4）	10（3）	8（3）	7（3）
	项目经费/万元	203（8）	903（2）	794（3）	370（7）	4 031（1）
	主持人数/人	4（5）	9（4）	10（3）	8（3）	7（3）
光学	项目数/项	14（1）	11（2）	17（1）	18（1）	12（1）
	项目经费/万元	1 471（1）	875（5）	1 055.5（3）	2 787.22（1）	1 201（1）
	主持人数/人	14（1）	11（2）	15（1）	17（1）	12（1）
流体力学	项目数/项	4（7）	7（4）	10（4）	4（9）	9（5）
	项目经费/万元	294（5）	602（2）	722（5）	167（12）	1 163（3）
	主持人数/人	4（7）	6（5）	10（3）	4（9）	9（5）
无机非金属类生物材料	项目数/项	1（2）	1（7）	2（8）	4（3）	6（4）
	项目经费/万元	64（3）	20（11）	85（9）	172（7）	1 057（2）
	主持人数/人	1（2）	1（7）	2（8）	4（3）	5（5）
合肥同步辐射	项目数/项	4（1）	4（1）	4（1）	5（1）	5（1）
	项目经费/万元	450（1）	430（1）	420（1）	274（1）	1 032（1）
	主持人数/人	4（1）	4（1）	4（1）	5（1）	5（1）
原子和分子物理	项目数/项	4（4）	5（4）	5（3）	5（4）	8（3）
	项目经费/万元	752（2）	836（3）	274（5）	221.2（6）	972.68（2）
	主持人数/人	4（4）	5（4）	5（3）	5（4）	8（3）
凝聚态物性Ⅱ：电子结构、电学、磁学和光学性质	项目数/项	13（3）	9（6）	9（6）	8（6）	13（3）
	项目经费/万元	978.5（5）	951（3）	448（11）	405（7）	936（6）
	主持人数/人	13（3）	9（5）	9（6）	8（6）	13（3）
有机合成	项目数/项	1（5）	0（11）	4（3）	5（6）	7（6）
	项目经费/万元	65（4）	0（11）	179（3）	546（5）	806（3）
	主持人数/人	1（5）	0（11）	4（3）	5（6）	7（6）

续表

领域	指标	2015年	2016年	2017年	2018年	2019年
化学生物学理论与技术	项目数/项	0（1）	0（1）	1（1）	0（1）	2（1）
	项目经费/万元	0（1）	0（1）	65（1）	0（1）	799（1）
	主持人数/人	0（1）	0（1）	1（1）	0（1）	2（1）
激光	项目数/项	0（7）	1（4）	0（6）	1（4）	1（7）
	项目经费/万元	0（7）	60（4）	0（6）	27（7）	790（1）
	主持人数/人	0（7）	1（4）	0（6）	1（4）	1（7）

资料来源：科技大数据湖北省重点实验室、中国产业智库大数据中心

表4-38　2009～2019年中国科学技术大学SCI论文总量分布及2019年ESI排名

序号	研究领域	SCI发文量/篇	被引次数/次	篇均被引/次	高被引论文/篇	ESI全球排名
	全校合计	49 071	840 970	17.14	1 147	183
1	生物与生化	1 425	23 751	16.67	14	423
2	化学	10 665	242 505	22.74	346	20
3	临床医学	729	8 244	11.31	14	2 610
4	计算机科学	1 958	18 498	9.45	36	62
5	工程科学	6 044	73 367	12.14	116	45
6	环境生态学	775	12 463	16.08	16	547
7	地球科学	2 035	28 200	13.86	29	243
8	免疫学	249	5 651	22.69	7	764
9	材料科学	6 687	154 504	23.11	201	24
10	数学	1 574	7 582	4.82	24	130
11	分子生物与基因	800	18 936	23.67	5	715
12	物理学	12 273	182 231	14.85	282	49
13	植物与动物科学	196	3 840	19.59	7	1135
14	社会科学	283	3 080	10.88	10	1058

资料来源：科技大数据湖北省重点实验室、中国产业智库大数据中心

4.2.19　东南大学

2019年，东南大学的基础研究竞争力指数为45.5859，全国排名第19位。争取国家自然科学基金项目总数为305项，全国排名第23位；项目经费总额为22 006.88万元，全国排名第22位；争取国家自然科学基金项目经费金额大于2000万元的学科有1个，电能存储与应用、控制理论与技术、移动通信、建筑学、电磁场与波争取国家自然科学基金项目经费全国排名第1位（图4-19）；电能存储与应用、控制理论与技术、无机与纳米材料化学、岩土与基础工程、移动通信、电子学与信息系统、神经科学、建筑学、电磁场与波争取国家自然科学基金项目经费与2018年相比呈上升趋势（表4-39）。SCI论文数4480篇，全国排名第16位；12个学科入选ESI全球1%（表4-40）。发明专利申请量3159件，全国排名第9位。

截至2020年3月，东南大学共有34个学院/直属系。东南大学设有本科专业83个，一级学科硕士学位授权点48个，一级学科博士学位授权点34个，博士后科研流动站30个，一级

学科国家重点学科5个，二级学科国家重点学科20个（含一级覆盖）。东南大学有全日制在校本科生16 200人，研究生20 077人，留学生1966人（包含学历留学生1523人）；专任教师2991人，其中，教授、副教授2021人，中国科学院院士、中国工程院院士12人，“万人计划”专家37人、教学名师5人，“长江学者奖励计划”教授63人、青年学者15人，国家级教学名师6人，“国家百千万人才工程”入选者24人，国家自然科学基金优秀青年科学基金获得者50人[19]。

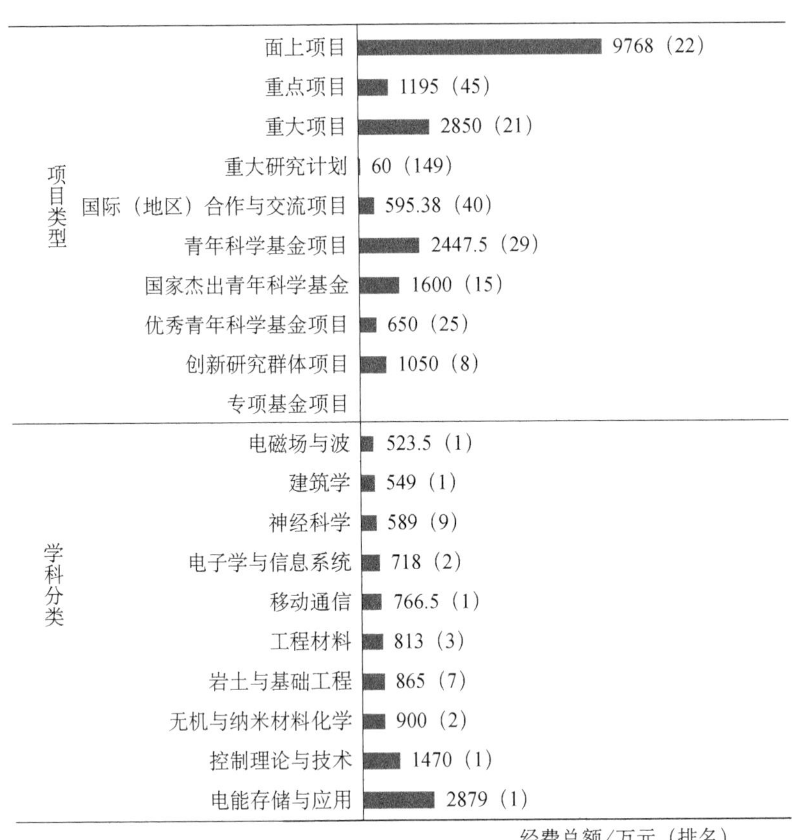

图4-19　2019年东南大学争取国家自然科学基金项目经费数据

资料来源：科技大数据湖北省重点实验室、中国产业智库大数据中心

表4-39　2015～2019年东南大学争取国家自然科学基金项目经费十强学科变化趋势及指标

领域	指标	2015年	2016年	2017年	2018年	2019年
全部	项目数/项	321（18）	302（21）	283（23）	304（21）	305（23）
	项目经费/万元	20 574.47（18）	17 665.8（25）	17 109.66（27）	20 926.59（21）	22 006.88（22）
	主持人数/人	319（18）	301（19）	279（23）	302（20）	299（24）
电能存储与应用	项目数/项	0（2）	1（7）	6（1）	2（6）	8（1）
	项目经费/万元	0（2）	21（8）	253（2）	410（4）	2 879（1）
	主持人数/人	0（2）	1（6）	6（1）	2（6）	7（2）
控制理论与技术	项目数/项	7（3）	4（8）	3（7）	5（5）	8（2）
	项目经费/万元	501（4）	204（8）	120（14）	241（8）	1 470（1）
	主持人数/人	7（3）	4（8）	3（7）	5（5）	8（2）

续表

领域	指标	2015年	2016年	2017年	2018年	2019年
无机与纳米材料化学	项目数/项	1（1）	0（2）	1（2）	4（2）	2（5）
	项目经费/万元	70（1）	0（2）	65（2）	174.5（2）	900（2）
	主持人数/人	1（1）	0（2）	1（2）	4（2）	2（5）
岩土与基础工程	项目数/项	6（5）	6（4）	10（5）	12（4）	9（7）
	项目经费/万元	432（4）	377.6（1）	438.9（5）	583（6）	865（7）
	主持人数/人	6（5）	6（4）	10（5）	12（4）	8（7）
工程材料	项目数/项	19（2）	14（3）	15（2）	17（2）	13（5）
	项目经费/万元	1 495（1）	694（3）	898.66（2）	1671（1）	813（3）
	主持人数/人	19（2）	14（3）	15（2）	17（2）	13（5）
移动通信	项目数/项	5（1）	3（1）	2（1）	3（2）	7（1）
	项目经费/万元	214（1）	428（1）	322（1）	148（2）	766.5（1）
	主持人数/人	5（1）	3（1）	2（1）	3（2）	7（1）
电子学与信息系统	项目数/项	1（5）	0（7）	0（7）	1（3）	3（3）
	项目经费/万元	67（4）	0（7）	0（7）	396（1）	718（2）
	主持人数/人	1（5）	0（7）	0（7）	1（3）	3（3）
神经科学	项目数/项	1（4）	2（2）	0（5）	0（6）	6（5）
	项目经费/万元	64（3）	77（3）	0（5）	0（6）	589（6）
	主持人数/人	1（4）	2（2）	0（5）	0（6）	6（5）
建筑学	项目数/项	6（2）	10（1）	11（2）	6（2）	11（1）
	项目经费/万元	318（2）	494（1）	512（2）	283（2）	549（1）
	主持人数/人	6（2）	10（1）	11（2）	6（2）	11（1）
电磁场与波	项目数/项	4（1）	3（1）	4（1）	4（1）	4（2）
	项目经费/万元	241（1）	344（1）	360（1）	143（2）	523.5（1）
	主持人数/人	4（1）	3（1）	4（1）	4（1）	4（2）

资料来源：科技大数据湖北省重点实验室、中国产业智库大数据中心

表4-40　2009～2019年东南大学SCI论文总量分布及2019年ESI排名

序号	研究领域	SCI发文量/篇	被引次数/次	篇均被引/次	高被引论文/篇	ESI全球排名
	全校合计	37 428	440 788	11.78	645	394
1	生物与生化	1 090	18 183	16.68	28	524
2	化学	4 895	67 872	13.87	83	186
3	临床医学	2 640	31 758	12.03	40	1 072
4	计算机科学	2 945	35 084	11.91	107	16
5	工程科学	10 941	107 506	9.83	177	20
6	环境生态学	830	5 261	6.34	5	980
7	材料科学	4 549	64 336	14.14	47	122
8	数学	1 394	10 271	7.37	59	80
9	神经科学与行为	668	9 851	14.75	3	725
10	药理学与毒物学	743	7 773	10.46	9	500
11	物理学	3 877	47 634	12.29	59	437
12	社会科学	438	3 495	7.98	16	958

资料来源：科技大数据湖北省重点实验室、中国产业智库大数据中心

4.2.20 华南理工大学

2019 年，华南理工大学的基础研究竞争力指数为 44.9039，全国排名第 20 位。争取国家自然科学基金项目总数为 285 项，全国排名第 29 位；项目经费总额为 19 471.04 万元，全国排名第 24 位；争取国家自然科学基金项目经费金额大于 500 万元的学科共有 4 个，太赫兹理论与技术、电力系统与综合能源、爆炸与冲击动力学和食品生物化学争取国家自然科学基金项目经费全国排名第 2 位（图 4-20）；激光、固体力学、太赫兹理论与技术、光电磁功能有机高分子材料、电力系统与综合能源、爆炸与冲击动力学、传热传质学、食品生物化学和建筑学争取国家自然科学基金项目经费与 2018 年相比呈上升趋势（表 4-41）。SCI 论文数 4066 篇，全国排名第 21 位；10 个学科入选 ESI 全球 1%（表 4-42）。发明专利申请量 3189 件，全国排名第 7 位。

截至 2019 年 10 月，华南理工大学设有 32 个学院/直属系、3 个附属医院。华南理工大学设有本科专业 82 个，一级学科硕士学位授权点 42 个，一级学科博士学位授权点 25 个，博士后科研流动站 31 个，一级学科国家重点学科 2 个，二级学科国家重点学科 3 个。华南理工大学有专任教师 2421 人，其中，中国科学院院士 5 人，中国工程院院士 5 人，“长江学者奖励计划”入选者 23 人，国家级教学名师 4 人，国家自然科学基金杰出青年科学基金获得者 32 人[20]。

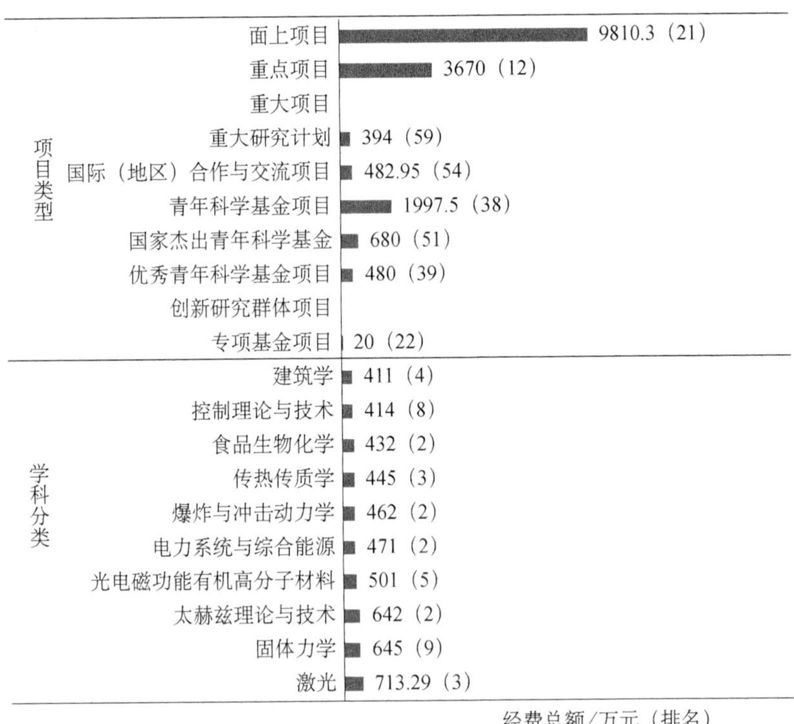

图 4-20 2019 年华南理工大学争取国家自然科学基金项目经费数据

资料来源：科技大数据湖北省重点实验室、中国产业智库大数据中心

表 4-41　2015～2019 年华南理工大学争取国家自然科学基金项目经费十强学科变化趋势及指标

领域	指标	2015 年	2016 年	2017 年	2018 年	2019 年
全部	项目数/项	252（25）	223（28）	252（28）	246（29）	285（29）
	项目经费/万元	16 056.97（25）	17 176.32（26）	34 387.83（12）	17 517（23）	19 471.04（24）
	主持人数/人	251（25）	220（28）	248（28）	242（29）	280（29）
激光	项目数/项	0（7）	0（7）	0（6）	0（10）	1（7）
	项目经费/万元	0（7）	0（7）	0（6）	0（10）	713.29（3）
	主持人数/人	0（7）	0（7）	0（6）	0（10）	1（7）
固体力学	项目数/项	3（17）	6（13）	5（12）	2（26）	8（11）
	项目经费/万元	124（20）	930.62（3）	229（16）	124（25）	645（9）
	主持人数/人	3（17）	6（13）	5（12）	2（26）	8（10）
太赫兹理论与技术	项目数/项	3（2）	2（3）	2（2）	3（2）	8（2）
	项目经费/万元	109（2）	118（2）	374（3）	186（3）	642（2）
	主持人数/人	3（2）	2（3）	2（2）	3（2）	8（2）
光电磁功能有机高分子材料	项目数/项	6（3）	12（1）	5（4）	4（6）	5（5）
	项目经费/万元	341（3）	1113（2）	352（5）	276（7）	501（4）
	主持人数/人	6（3）	12（1）	5（4）	4（6）	5（5）
电力系统与综合能源	项目数/项	3（3）	3（4）	5（3）	3（3）	4（3）
	项目经费/万元	162（3）	96（5）	653（4）	308（4）	471（1）
	主持人数/人	3（3）	3（4）	5（2）	3（3）	4（3）
爆炸与冲击动力学	项目数/项	0（10）	1（8）	1（7）	0（9）	2（6）
	项目经费/万元	0（10）	66（7）	75（7）	0（9）	462（2）
	主持人数/人	0（10）	1（8）	1（7）	0（9）	2（6）
传热传质学	项目数/项	4（2）	0（8）	1（6）	0（8）	4（2）
	项目经费/万元	180（3）	0（8）	23（8）	0（8）	445（3）
	主持人数/人	4（2）	0（8）	1（6）	0（8）	4（2）
食品生物化学	项目数/项	6（2）	3（2）	10（1）	9（1）	3（4）
	项目经费/万元	198（2）	131（3）	820（1）	399（2）	432（2）
	主持人数/人	6（2）	3（2）	10（1）	9（1）	3（4）
控制理论与技术	项目数/项	7（3）	3（10）	3（7）	6（1）	3（12）
	项目经费/万元	1 210.87（3）	92（16）	149（12）	534.9（2）	414（5）
	主持人数/人	7（3）	3（10）	3（7）	6（1）	3（12）
建筑学	项目数/项	5（3）	2（7）	3（3）	4（4）	8（3）
	项目经费/万元	184（4）	124（6）	145（4）	240（4）	411（4）
	主持人数/人	5（3）	2（7）	3（3）	4（4）	8（3）

资料来源：科技大数据湖北省重点实验室、中国产业智库大数据中心

表 4-42　2009～2019 年华南理工大学 SCI 论文总量分布及 2019 年 ESI 排名

序号	研究领域	SCI 发文量/篇	被引次数/次	篇均被引/次	高被引论文/篇	ESI 全球排名
全校合计		33 882	512 698	15.13	658	333
1	农业科学	1 908	30 876	16.18	97	37
2	生物与生化	1 256	27 571	21.95	13	372
3	化学	8 563	161 785	18.89	171	50
4	临床医学	721	7 387	10.25	12	2 768
5	计算机科学	1 418	12 895	9.09	28	120
6	工程科学	6 522	75 136	11.52	130	42
7	环境生态学	930	9 155	9.84	8	679
8	材料科学	7 380	124 160	16.82	124	41
9	物理学	2 174	27 260	12.54	29	644
10	社会科学	178	1 811	10.17	4	1 486

资料来源：科技大数据湖北省重点实验室、中国产业智库大数据中心

4.2.21　北京航空航天大学

2019 年，北京航空航天大学的基础研究竞争力指数为 40.1203，全国排名第 21 位。争取国家自然科学基金项目总数为 317 项，全国排名第 22 位；项目经费总额为 22 916.86 万元，全国排名第 18 位；争取国家自然科学基金项目经费金额大于 1000 万元的学科共有 2 个，导航、制导与控制，网络与系统安全，光学信息获取、显示与处理争取国家自然科学基金项目经费全国排名第 1 位（图 4-21）；导航、制导与控制，流体力学，网络与系统安全，光学信息获取、显示与处理，金属基复合材料与结构功能一体化，固体力学，核物理，无机非金属类生物材料，加工制造，动力学与控制争取国家自然科学基金项目经费与 2018 年相比呈上升趋势（表 4-43）。SCI 论文数 3969 篇，全国排名第 22 位；6 个学科入选 ESI 全球 1%（表 4-44）。发明专利申请量 1974 件，全国排名第 25 位。

截至 2019 年 10 月，北京航空航天大学共有 36 个学院/直属系。北京航空航天大学设有本科专业 73 个，一级学科硕士学位授权点 39 个，一级学科博士学位授权点 24 个，博士后科研流动站 23 个，一级学科国家重点学科 8 个，二级学科国家重点学科 28 个。北京航空航天大学有全日制在校生 32 000 余人，本科生与研究生人数比例约为 1∶1，留学生 1300 余人；专任教师 2327 人，其中，72.5%具有高级职称，中国科学院院士、中国工程院院士 23 人，“万人计划”入选者 46，“长江学者奖励计划”教授 59 人、青年学者 11 人，国家级教学名师 5 人，国家自然科学基金杰出青年科学基金获得者 59 人，国家自然科学基金优秀青年科学基金获得者 64 人[21]。

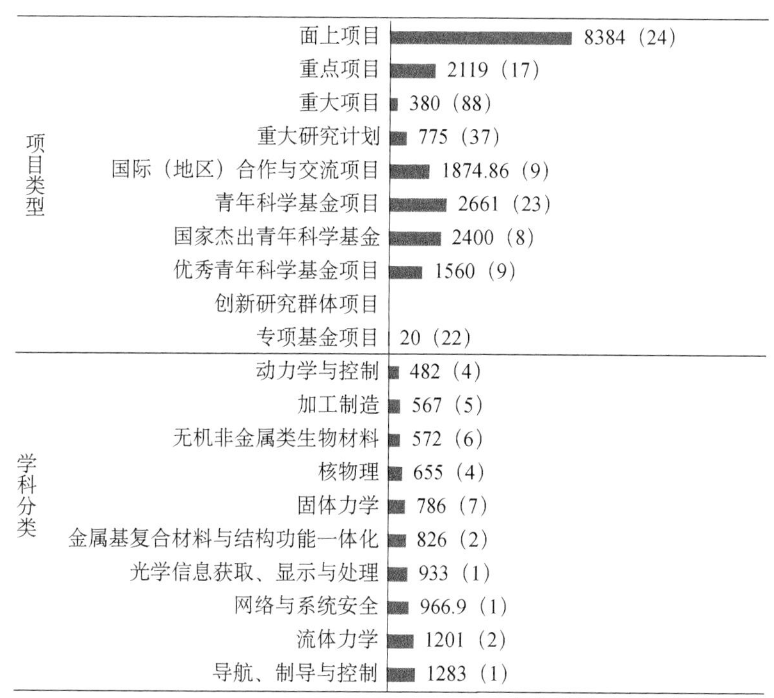

图 4-21　2019 年北京航空航天大学争取国家自然科学基金项目经费数据

资料来源：科技大数据湖北省重点实验室、中国产业智库大数据中心

表 4-43　2015～2019 年北京航空航天大学争取国家自然科学基金项目经费十强学科变化趋势及指标

领域	指标	2015 年	2016 年	2017 年	2018 年	2019 年
全部	项目数/项	252（25）	261（24）	269（27）	287（25）	317（22）
	项目经费/万元	18 189.7（20）	18 939.24（23）	23 244.59（20）	32 733.51（10）	22 916.86（18）
	主持人数/人	248（26）	255（24）	261（27）	280（25）	309（22）
导航、制导与控制	项目数/项	1（1）	0（1）	0（2）	11（1）	9（1）
	项目经费/万元	66（1）	0（1）	0（2）	452（1）	1 283（1）
	主持人数/人	1（1）	0（1）	0（2）	11（1）	9（1）
流体力学	项目数/项	6（4）	7（4）	11（2）	8（4）	12（4）
	项目经费/万元	594（3）	472（5）	2 035（2）	996.5（2）	1 201（2）
	主持人数/人	6（4）	7（4）	9（5）	8（4）	12（4）
网络与系统安全	项目数/项	15（1）	6（9）	13（2）	9（4）	11（1）
	项目经费/万元	1 460（1）	337（9）	772（7）	496（3）	966.9（1）
	主持人数/人	15（1）	6（9）	13（2）	9（4）	11（1）
光学信息获取、显示与处理	项目数/项	0（3）	1（1）	2（1）	2（1）	3（1）
	项目经费/万元	0（3）	60（1）	406（1）	124（1）	933（1）
	主持人数/人	0（3）	1（1）	2（1）	2（1）	3（1）
金属基复合材料与结构功能一体化	项目数/项	3（4）	4（2）	5（1）	4（4）	7（2）
	项目经费/万元	369（3）	165（5）	684（1）	231（4）	826（2）
	主持人数/人	3（4）	4（2）	5（1）	4（4）	7（1）

续表

领域	指标	2015年	2016年	2017年	2018年	2019年
固体力学	项目数/项	8（7）	13（5）	8（7）	10（7）	9（9）
	项目经费/万元	502（9）	787（7）	417（10）	560（9）	786（7）
	主持人数/人	8（7）	13（5）	8（7）	10（7）	9（9）
核物理	项目数/项	2（4）	0（8）	4（4）	4（3）	4（3）
	项目经费/万元	212（4）	0（8）	576（4）	350.6（4）	655（3）
	主持人数/人	2（4）	0（8）	4（4）	4（3）	3（4）
无机非金属类生物材料	项目数/项	0（7）	1（7）	2（8）	4（3）	5（6）
	项目经费/万元	0（7）	62（9）	84（11）	240（5）	572（6）
	主持人数/人	0（7）	1（7）	2（8）	4（3）	5（5）
加工制造	项目数/项	2（8）	2（7）	2（6）	1（10）	6（3）
	项目经费/万元	130（7）	115（6）	280（4）	59（10）	567（4）
	主持人数/人	2（8）	2（7）	2（6）	1（10）	6（3）
动力学与控制	项目数/项	6（4）	3（5）	10（1）	4（4）	4（5）
	项目经费/万元	348（3）	126（5）	534（2）	218（4）	482（3）
	主持人数/人	6（4）	3（5）	10（1）	4（4）	4（5）

资料来源：科技大数据湖北省重点实验室、中国产业智库大数据中心

表 4-44　2009～2019 年北京航空航天大学 SCI 论文总量分布及 2019 年 ESI 排名

序号	研究领域	SCI 发文量/篇	被引次数/次	篇均被引/次	高被引论文/篇	ESI 全球排名
全校合计		31 456	324 354	10.31	460	526
1	化学	2 818	49 885	17.70	78	277
2	计算机科学	2 677	18 264	6.82	30	65
3	工程科学	11 079	85 628	7.73	124	34
4	材料科学	5 769	88 059	15.26	81	76
5	物理学	5 206	55 821	10.72	101	371
6	社会科学	257	2 271	8.84	10	1 282

资料来源：科技大数据湖北省重点实验室、中国产业智库大数据中心

4.2.22　大连理工大学

2019 年，大连理工大学的基础研究竞争力指数为 40.0012，全国排名第 22 位。争取国家自然科学基金项目总数为 298 项，全国排名第 25 位；项目经费总额为 22 367.94 万元，全国排名第 19 位；争取国家自然科学基金项目经费金额大于 1000 万元的学科共有 3 个，加工制造、精细化工与绿色制造、制造系统与智能化、机器学习争取国家自然科学基金项目经费全国排名第 1 位（图 4-22）；加工制造、海洋工程、等离子体物理、精细化工与绿色制造、金属材料、微纳机械系统、网络与系统安全、制造系统与智能化、机器学习争取国家自然科学基金项目经费与 2018 年相比呈上升趋势（表 4-45）。SCI 论文数 3842 篇，全国排名第 23 位；9 个学科入选 ESI 全球 1%（表 4-46）。发明专利申请量 1926 件，全国排名第 28 位。

截至 2020 年 1 月，大连理工大学共有 6 个学部、17 个独立建制的学院及教学部、3 个专

门学院和1所独立学院。大连理工大学设有本科专业88个，一级学科硕士学位授权点42个，一级学科博士学位授权点29个，博士后科研流动站26个，有一级学科国家重点学科4个，二级学科国家重点学科6个。大连理工大学有本科生25 611人、硕士研究生13 171人、博士研究生4737人；专任教师2580人，其中，教授865人，副教授1158人，中国科学院、中国工程院院士13人，“国家百千万人才工程”入选者20人，“创新人才推进计划”中青年科技创新领军人才入选者16人，“新世纪优秀人才支持计划”学者17人，国家自然科学基金杰出青年科学基金获得者44人，国家自然科学基金优秀青年科学基金获得者32人[22]。

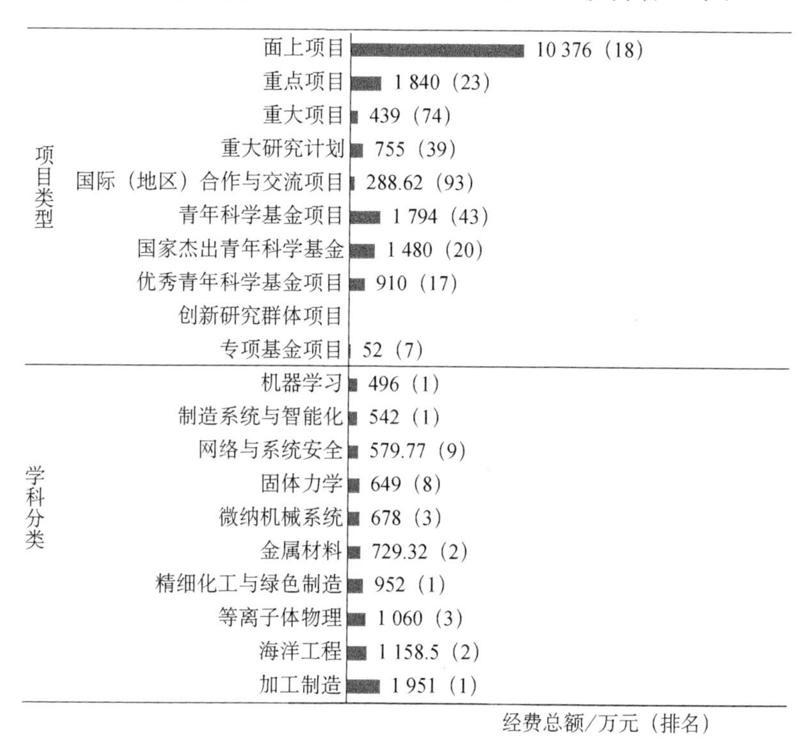

图4-22 2019年大连理工大学争取国家自然科学基金项目经费数据

资料来源：科技大数据湖北省重点实验室、中国产业智库大数据中心

表4-45 2015～2019年大连理工大学争取国家自然科学基金项目经费十强学科变化趋势及指标

领域	指标	2015年	2016年	2017年	2018年	2019年
全部	项目数/项	284（21）	303（19）	295（22）	296（22）	298（25）
	项目经费/万元	17 461.9（23）	19 016.7（22）	18 122.71（26）	21 920.9（19）	22 367.94（19）
	主持人数/人	275（22）	296（21）	290（22）	288（24）	293（25）
加工制造	项目数/项	8（1）	7（2）	3（3）	3（2）	11（1）
	项目经费/万元	612（1）	925（1）	370（2）	182（3）	1 951（1）
	主持人数/人	7（1）	7（2）	3（3）	3（2）	11（1）
海洋工程	项目数/项	10（3）	12（3）	11（4）	7（7）	14（4）
	项目经费/万元	491.9（3）	757（2）	427（6）	333（7）	1 158.5（2）
	主持人数/人	9（3）	11（3）	11（4）	7（7）	14（4）

续表

领域	指标	2015年	2016年	2017年	2018年	2019年
等离子体物理	项目数/项	5（5）	7（2）	8（3）	5（4）	7（4）
	项目经费/万元	212（4）	689（2）	414（4）	286（4）	1 060（3）
	主持人数/人	5（5）	7（2）	8（3）	5（4）	7（4）
精细化工与绿色制造	项目数/项	0（1）	0（1）	1（1）	10（1）	7（1）
	项目经费/万元	0（1）	0（1）	64（1）	616（1）	952（1）
	主持人数/人	0（1）	0（1）	1（1）	10（1）	7（1）
金属材料	项目数/项	0（2）	0（2）	0（1）	0（1）	1（1）
	项目经费/万元	0（2）	0（2）	0（1）	0（1）	729.32（2）
	主持人数/人	0（2）	0（2）	0（1）	0（1）	1（1）
微纳机械系统	项目数/项	0（6）	1（3）	1（5）	2（1）	5（1）
	项目经费/万元	0（6）	62（2）	60（4）	120（1）	678（3）
	主持人数/人	0（6）	1（3）	1（5）	2（1）	5（1）
固体力学	项目数/项	14（2）	15（3）	19（1）	18（1）	11（8）
	项目经费/万元	631（5）	744（8）	1 109（5）	2 114（2）	649（8）
	主持人数/人	14（2）	15（1）	19（1）	16（1）	11（8）
网络与系统安全	项目数/项	14（2）	7（6）	13（2）	2（20）	7（7）
	项目经费/万元	634（5）	557（3）	1 109（3）	123（15）	579.77（6）
	主持人数/人	14（2）	7（6）	13（2）	2（20）	7（7）
制造系统与智能化	项目数/项	3（2）	1（3）	2（2）	3（2）	6（1）
	项目经费/万元	478（2）	62（3）	124（2）	146（3）	542（1）
	主持人数/人	3（2）	1（3）	2（2）	3（2）	6（1）
机器学习	项目数/项	0（1）	0（1）	0（1）	3（5）	9（1）
	项目经费/万元	0（1）	0（1）	0（1）	152（6）	496（1）
	主持人数/人	0（1）	0（1）	0（1）	3（5）	9（1）

资料来源：科技大数据湖北省重点实验室、中国产业智库大数据中心

表 4-46　2009～2019 年大连理工大学 SCI 论文总量分布及 2019 年 ESI 排名

序号	研究领域	SCI 发文量/篇	被引次数/次	篇均被引/次	高被引论文/篇	ESI 全球排名
	全校合计	34 238	441 322	12.89	428	392
1	生物与生化	952	14 706	15.45	5	611
2	化学	7 625	152 322	19.98	98	54
3	计算机科学	2 245	22 614	10.07	75	43
4	工程科学	9 324	86 034	9.23	121	33
5	环境生态学	1 054	14 758	14.00	11	465
6	材料科学	5 737	84 835	14.79	55	81
7	数学	1 386	6 007	4.33	21	200
8	物理学	3 385	30 718	9.07	18	607
9	社会科学	291	2 851	9.80	6	1 112

资料来源：科技大数据湖北省重点实验室、中国产业智库大数据中心

4.2.23 西北工业大学

2019 年，西北工业大学的基础研究竞争力指数为 38.0422，全国排名第 23 位。争取国家自然科学基金项目总数为 292 项，全国排名第 27 位；项目经费总额为 15 508.75 万元，全国排名第 33 位；争取国家自然科学基金项目经费金额大于 500 万元的学科共有 5 个，动力学与控制、金属信息功能材料争取国家自然科学基金项目经费全国排名第 1 位（图 4-23）；流体力学，动力学与控制，光学，固体力学，光学信息获取、显示与处理，内流流体力学，导航、制导与控制，材料冶金过程工程，机器学习，金属信息功能材料争取国家自然科学基金项目经费与 2018 年相比呈上升趋势（表 4-47）。SCI 论文数 3730 篇，全国排名第 24 位；5 个学科入选 ESI 全球 1%（表 4-48）。发明专利申请量 1821 件，全国排名第 33 位。

截至 2019 年 12 月，西北工业大学共有 23 个专业学院和国际教育学院、教育实验学院、西北工业大学伦敦玛丽女王大学工程学院。西北工业大学设有本科专业 67 个，一级学科硕士学位授权点 34 个，一级学科博士学位授权点 21 个，博士后科研流动站 21 个，一级学科国家重点学科 2 个，二级学科国家重点学科 7 个。西北工业大学有学生 31 000 余名；教职工 4000 余人，其中，教授、副教授等高级职称人员 2100 余人，中国科学院院士、中国工程院院士（含外聘）34 人，“万人计划”领军人才 20 人，“长江学者奖励计划”入选者 44 人，国家教学名师奖 4 人，国家自然科学基金杰出青年科学基金获得者 20 人[23]。

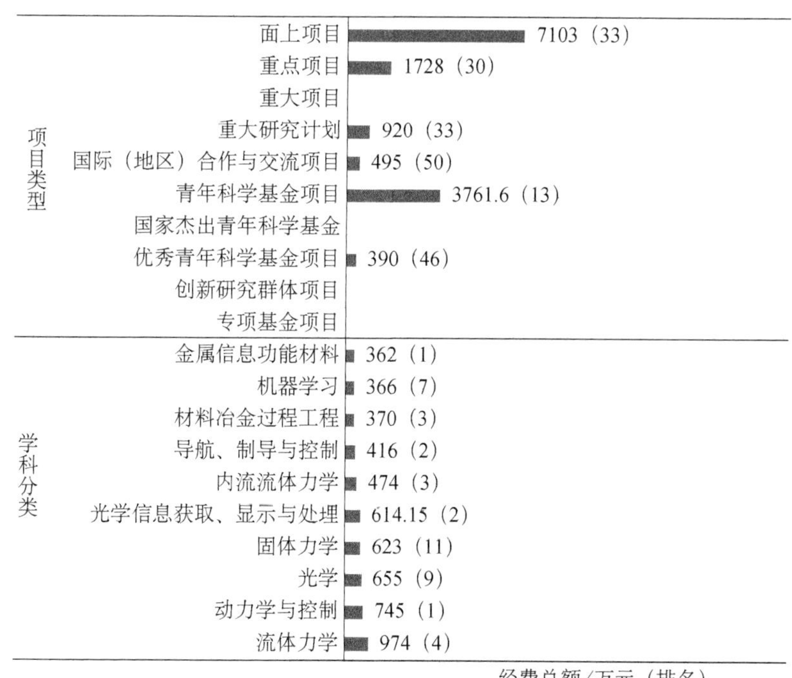

图 4-23 2019 年西北工业大学争取国家自然科学基金项目经费数据

资料来源：科技大数据湖北省重点实验室、中国产业智库大数据中心

表 4-47　2015～2019 年西北工业大学争取国家自然科学基金项目经费十强学科变化趋势及指标

领域	指标	2015 年	2016 年	2017 年	2018 年	2019 年
全部	项目数/项	191（35）	203（36）	231（33）	253（27）	292（27）
	项目经费/万元	11 035.8（41）	10 604.5（41）	15 884.9（29）	12 996.9（34）	15 508.75（33）
	主持人数/人	187（35）	201（35）	223（34）	248（28）	290（26）
流体力学	项目数/项	7（3）	8（3）	10（4）	5（8）	16（2）
	项目经费/万元	270（7）	486（3）	561（7）	274（10）	974（4）
	主持人数/人	7（3）	8（3）	10（3）	5（8）	16（2）
动力学与控制	项目数/项	7（3）	10（1）	5（3）	10（1）	13（1）
	项目经费/万元	222（4）	558（1）	234（5）	444（2）	745（1）
	主持人数/人	7（3）	10（1）	4（3）	10（1）	13（1）
光学	项目数/项	1（20）	2（16）	2（16）	5（10）	5（12）
	项目经费/万元	18（36）	375（9）	124（15）	295（14）	655（8）
	主持人数/人	1（20）	2（16）	2（16）	5（10）	5（12）
固体力学	项目数/项	11（5）	10（7）	9（5）	10（7）	16（2）
	项目经费/万元	525（8）	582（9）	711（9）	469（10）	623（10）
	主持人数/人	11（5）	10（7）	9（5）	10（7）	16（1）
光学信息获取、显示与处理	项目数/项	0（3）	0（3）	0（5）	0（5）	2（2）
	项目经费/万元	0（3）	0（3）	0（5）	0（5）	614.15（2）
	主持人数/人	0（3）	0（3）	0（5）	0（5）	2（2）
内流流体力学	项目数/项	4（2）	3（4）	5（2）	3（4）	5（3）
	项目经费/万元	161（4）	90（5）	540（2）	97（4）	474（3）
	主持人数/人	4（2）	3（4）	5（2）	3（4）	5（3）
导航、制导与控制	项目数/项	0（2）	0（1）	0（2）	10（2）	3（2）
	项目经费/万元	0（2）	0（1）	0（2）	301（2）	416（2）
	主持人数/人	0（2）	0（1）	0（2）	10（2）	3（2）
材料冶金过程工程	项目数/项	3（3）	6（2）	6（2）	4（2）	5（2）
	项目经费/万元	152（3）	330（2）	529（2）	310（2）	370（3）
	主持人数/人	3（3）	6（2）	6（2）	4（2）	5（2）
机器学习	项目数/项	0（1）	0（1）	0（1）	3（5）	4（5）
	项目经费/万元	0（1）	0（1）	0（1）	117（9）	366（5）
	主持人数/人	0（1）	0（1）	0（1）	3（5）	4（5）
金属信息功能材料	项目数/项	5（1）	2（1）	4（1）	2（1）	2（1）
	项目经费/万元	295（1）	120（1）	982（1）	120（1）	362（1）
	主持人数/人	5（1）	2（1）	4（1）	2（1）	2（1）

资料来源：科技大数据湖北省重点实验室、中国产业智库大数据中心

表 4-48　2009～2019 年西北工业大学 SCI 论文总量分布及 2019 年 ESI 排名

序号	研究领域	SCI 发文量/篇	被引次数/次	篇均被引/次	高被引论文/篇	ESI 全球排名
	全校合计	24 677	220 565	8.94	402	740
1	化学	2 655	30 978	11.67	57	481
2	计算机科学	1 347	10 544	7.83	33	163

续表

序号	研究领域	SCI 发文量/篇	被引次数/次	篇均被引/次	高被引论文/篇	ESI 全球排名
3	工程科学	7 013	48 510	6.92	126	98
4	材料科学	8 245	88 431	10.73	95	75
5	物理学	3 080	24 032	7.80	32	686

资料来源：科技大数据湖北省重点实验室、中国产业智库大数据中心

4.2.24 苏州大学

2019 年，苏州大学的基础研究竞争力指数为 36.1451，全国排名第 24 位。争取国家自然科学基金项目总数为 328 项，全国排名第 20 位；项目经费总额为 18 925 万元，全国排名第 25 位；争取国家自然科学基金项目经费金额大于 500 万元的学科共有 4 个，化学成像，材料化工与产品工程，生物节律，躯体感觉、疼痛与镇痛争取国家自然科学基金项目经费全国排名第 1 位（图 4-24）；化学成像，高分子合成，有机高分子功能材料化学，运动系统，材料化工与产品工程，生物节律，躯体感觉、疼痛与镇痛和肿瘤免疫争取国家自然科学基金项目经费与 2018 年相比呈上升趋势（表 4-49）。SCI 论文数 3680 篇，全国排名第 25 位；13 个学科入选 ESI 全球 1%（表 4-50）。发明专利申请量 972 件，全国排名第 80 位。

截至 2020 年 6 月，苏州大学共有 30 个学院（部）。苏州大学设有本科专业 132 个，一级学科硕士点 50 个，一级学科博士点 28 个，博士后流动站 30 个，国家重点学科 4 个。苏州大学有全日制本科生 27 734 人，硕士研究生 13 871 人，博士研究生 4202 人，留学生 3271 人；

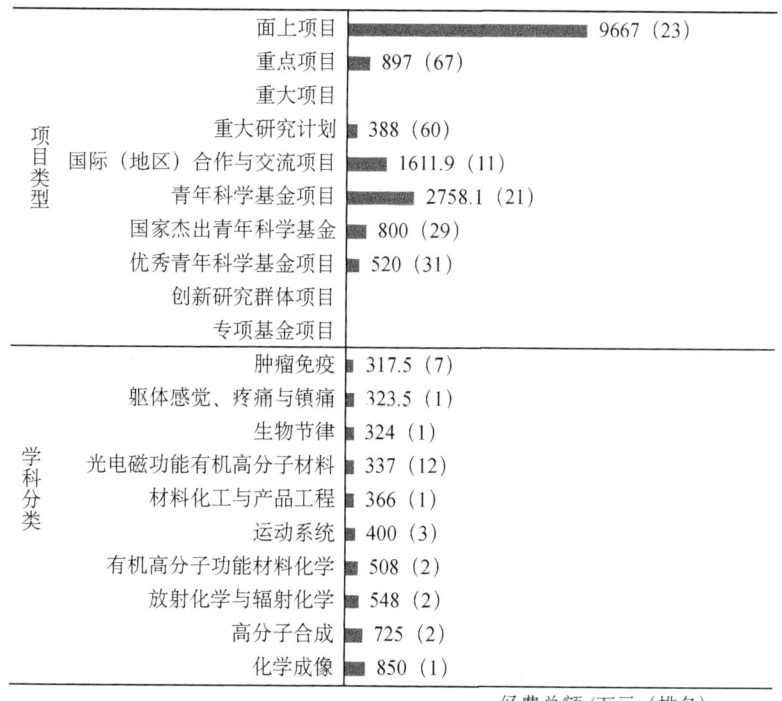

图 4-24 2019 年苏州大学争取国家自然科学基金项目经费数据

资料来源：科技大数据湖北省重点实验室、中国产业智库大数据中心

专任教师3241人，其中，诺贝尔奖获得者1人，中国科学院、中国工程院院士8人，“万人计划”杰出人才1人、科技创新领军人才10人、青年拔尖人才3人，国家自然科学基金杰出青年科学基金获得者29人，国家自然科学基金优秀青年科学基金获得者38人[24]。

表4-49　2015～2019年苏州大学争取国家自然科学基金项目经费十强学科变化趋势及指标

领域	指标	2015年	2016年	2017年	2018年	2019年
全部	项目数/项	316（19）	295（22）	359（16）	321（19）	328（20）
	项目经费/万元	16 561.65（24）	14 346.28（28）	20 877.5（24）	17 302.7（24）	18 925（25）
	主持人数/人	312（19）	285（22）	354（16）	318（19）	325（20）
化学成像	项目数/项	1（1）	1（1）	1（1）	2（2）	2（1）
	项目经费/万元	65（1）	60（1）	18（1）	416（1）	850（1）
	主持人数/人	1（1）	1（1）	1（1）	2（2）	2（1）
高分子合成	项目数/项	0（2）	0（2）	5（1）	3（1）	6（1）
	项目经费/万元	0（2）	0（2）	322（2）	195（1）	725（2）
	主持人数/人	0（2）	0（2）	5（1）	3（1）	6（1）
放射化学与辐射化学	项目数/项	0（1）	0（1）	3（2）	5（2）	9（1）
	项目经费/万元	0（1）	0（1）	265（1）	737.5（1）	548（1）
	主持人数/人	0（1）	0（1）	3（2）	5（2）	9（1）
有机高分子功能材料化学	项目数/项	0（4）	1（1）	7（1）	2（2）	6（1）
	项目经费/万元	0（4）	65（1）	369（2）	133（1）	508（2）
	主持人数/人	0（4）	1（1）	7（1）	2（2）	6（1）
运动系统	项目数/项	0（2）	0（1）	0（1）	0（1）	1（2）
	项目经费/万元	0（2）	0（1）	0（1）	0（1）	400（3）
	主持人数/人	0（2）	0（1）	0（1）	0（1）	1（1）
材料化工与产品工程	项目数/项	0（1）	0（1）	1（1）	2（1）	2（2）
	项目经费/万元	0（1）	0（1）	130（1）	87（2）	366（1）
	主持人数/人	0（1）	0（1）	1（1）	2（1）	2（2）
光电磁功能有机高分子材料	项目数/项	8（2）	6（5）	4（7）	8（1）	5（5）
	项目经费/万元	557（2）	398（4）	246（7）	1318（1）	337（8）
	主持人数/人	8（2）	6（5）	4（7）	8（1）	5（5）
生物节律	项目数/项	0（1）	0（1）	0（1）	0（1）	2（1）
	项目经费/万元	0（1）	0（1）	0（1）	0（1）	324（1）
	主持人数/人	0（1）	0（1）	0（1）	0（1）	2（1）
躯体感觉、疼痛与镇痛	项目数/项	2（2）	1（3）	2（3）	6（1）	3（2）
	项目经费/万元	74.5（2）	57（3）	78（3）	231（1）	323.5（1）
	主持人数/人	2（2）	1（3）	2（3）	6（1）	3（2）
肿瘤免疫	项目数/项	1（2）	0（3）	2（3）	5（1）	2（4）
	项目经费/万元	16（4）	0（3）	75（4）	178（1）	317.5（4）
	主持人数/人	1（2）	0（3）	2（3）	5（1）	2（4）

资料来源：科技大数据湖北省重点实验室、中国产业智库大数据中心

表 4-50　2009～2019 年苏州大学 SCI 论文总量分布及 2019 年 ESI 排名

序号	研究领域	SCI 发文量/篇	被引次数/次	篇均被引/次	高被引论文/篇	ESI 全球排名
全校合计		31 890	494 095	15.49	625	347
1	农业科学	302	2 663	8.82	3	849
2	生物与生化	1 835	22 243	12.12	10	447
3	化学	6 917	131 341	18.99	173	67
4	临床医学	5 784	58 666	10.14	53	668
5	计算机科学	659	4 247	6.44	2	459
6	工程科学	1 590	15 567	9.79	57	419
7	免疫学	510	6 776	13.29	3	656
8	材料科学	4 954	133 536	26.96	199	36
9	数学	1 042	5 305	5.09	14	243
10	分子生物与基因	1 587	25 882	16.31	9	542
11	神经科学与行为	1 019	11 936	11.71	2	628
12	药理学与毒物学	1 183	15 889	13.43	17	190
13	物理学	2 976	40 086	13.47	54	498

资料来源：科技大数据湖北省重点实验室、中国产业智库大数据中心

4.2.25　电子科技大学

2019 年，电子科技大学的基础研究竞争力指数为 35.3563，全国排名第 25 位。争取国家自然科学基金项目总数为 181 项，全国排名第 46 位；项目经费总额为 14 267.9 万元，全国排名第 39 位；争取国家自然科学基金项目经费金额大于 1000 万元的学科共有 2 个，太赫兹理论与技术、物理电子学、量子光学、探测与成像争取国家自然科学基金项目经费全国排名第 1 位（图 4-25）；太赫兹理论与技术，物理电子学，雷达原理与技术，量子光学，集成电路设计，知识表示与处理，自动化检测技术与装置，探测与成像，系统软件、数据库与工业软件，信息安全争取国家自然科学基金项目经费与 2018 年相比呈上升趋势（表 4-51）。SCI 论文数 4145 篇，全国排名第 19 位；8 个学科入选 ESI 全球 1%（表 4-52）。发明专利申请量 2866 件，全国排名第 13 位。

截至 2020 年 1 月，电子科技大学共有 23 个学院（部）。电子科技大学设有本科专业 63 个，一级学科硕士学位授权点 28 个，一级学科博士学位授权点 16 个，博士后科研流动站 15 个，一级学科国家重点学科 2 个，二级学科国家重点学科 6 个，国家重点（培育）学科 2 个。电子科技大学有在读本硕博学生 38 000 余人；教职工 3800 余人，其中，教师 2500 余人，教授 620 余人，中国科学院院士、中国工程院院士（含双聘）11 人，“万人计划”入选者 17 人（含青年拔尖人才计划 9 人），国家级教学名师 4 人，“国家百千万人才工程”入选者 11 人，国家自然科学基金杰出青年科学基金和国家自然科学基金优秀青年科学基金获得者共计 32 人[25]。

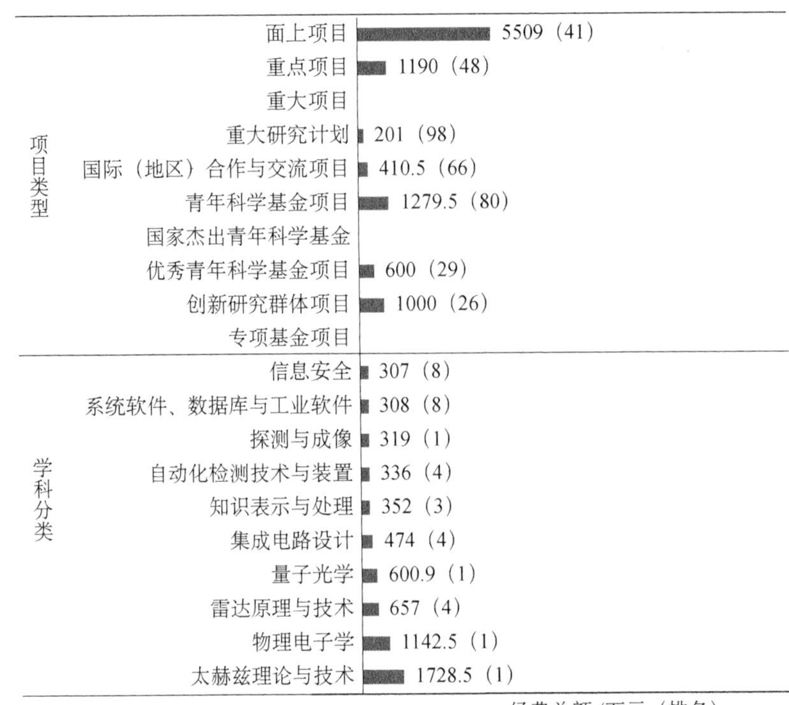

图 4-25　2019 年电子科技大学争取国家自然科学基金项目经费数据

资料来源：科技大数据湖北省重点实验室、中国产业智库大数据中心

表 4-51　2015～2019 年电子科技大学争取国家自然科学基金项目经费十强学科变化趋势及指标

领域	指标	2015 年	2016 年	2017 年	2018 年	2019 年
全部	项目数/项	179（37）	203（36）	194（39）	211（39）	181（46）
	项目经费/万元	10 960.41（42）	9 748.2（47）	12 623.42（42）	11 794.9（36）	14 267.9（39）
	主持人数/人	175（38）	201（35）	192（39）	211（37）	177（47）
太赫兹理论与技术	项目数/项	8（1）	13（1）	8（1）	9（1）	11（1）
	项目经费/万元	299（1）	1 316（1）	1 605（1）	456（2）	1 728.5（1）
	主持人数/人	8（1）	13（1）	8（1）	9（1）	10（1）
物理电子学	项目数/项	3（1）	9（1）	5（1）	6（1）	4（1）
	项目经费/万元	425（1）	282（2）	322（1）	276（1）	1 142.5（1）
	主持人数/人	3（1）	9（1）	5（1）	6（1）	4（1）
雷达原理与技术	项目数/项	7（3）	7（2）	8（2）	7（2）	9（3）
	项目经费/万元	300（3）	343（5）	383（2）	336（4）	657（4）
	主持人数/人	7（3）	7（2）	8（2）	7（2）	9（3）
量子光学	项目数/项	0（1）	0（1）	0（1）	1（1）	1（2）
	项目经费/万元	0（1）	0（1）	0（1）	16（1）	600.9（1）
	主持人数/人	0（1）	0（1）	0（1）	1（1）	1（2）
集成电路设计	项目数/项	1（3）	2（2）	1（2）	3（2）	5（2）
	项目经费/万元	300（2）	82（2）	180（1）	150（2）	474（2）
	主持人数/人	1（3）	2（2）	1（2）	3（2）	5（2）

续表

领域	指标	2015年	2016年	2017年	2018年	2019年
知识表示与处理	项目数/项	0（1）	0（1）	0（1）	4（1）	4（1）
	项目经费/万元	0（1）	0（1）	0（1）	136（2）	352（1）
	主持人数/人	0（1）	0（1）	0（1）	4（1）	4（1）
自动化检测技术与装置	项目数/项	2（3）	1（2）	1（3）	2（3）	3（2）
	项目经费/万元	43（3）	260（2）	65（3）	89（3）	336（3）
	主持人数/人	2（3）	1（2）	1（3）	2（3）	3（2）
探测与成像	项目数/项	2（1）	2（1）	2（1）	1（2）	2（1）
	项目经费/万元	790.5（1）	79（1）	81（1）	26（3）	319（1）
	主持人数/人	2（1）	2（1）	2（1）	1（2）	2（1）
系统软件、数据库与工业软件	项目数/项	0（8）	1（5）	0（6）	2（4）	2（4）
	项目经费/万元	0（8）	20（7）	0（6）	90（5）	308（3）
	主持人数/人	0（8）	1（5）	0（6）	2（4）	2（4）
信息安全	项目数/项	0（4）	0（2）	0（3）	3（7）	2（11）
	项目经费/万元	0（4）	0（2）	0（3）	144（9）	307（5）
	主持人数/人	0（4）	0（2）	0（3）	3（7）	2（11）

资料来源：科技大数据湖北省重点实验室、中国产业智库大数据中心

表4-52　2009～2019年电子科技大学SCI论文总量分布及2019年ESI排名

序号	研究领域	SCI发文量/篇	被引次数/次	篇均被引/次	高被引论文/篇	ESI全球排名
	全校合计	26 289	247 292	9.41	566	671
1	生物与生化	421	11 202	26.61	50	753
2	化学	1 947	21 595	11.09	71	668
3	计算机科学	2 940	24 421	8.31	78	35
4	工程科学	8 332	63 811	7.66	138	61
5	材料科学	3 236	39 537	12.22	53	205
6	数学	983	6 379	6.49	64	184
7	神经科学与行为	699	12 213	17.47	11	613
8	物理学	5 129	46 721	9.11	61	441

资料来源：科技大数据湖北省重点实验室、中国产业智库大数据中心

4.2.26　厦门大学

2019年，厦门大学的基础研究竞争力指数为35.2079，全国排名第26位。争取国家自然科学基金项目总数为338项，全国排名第18位；项目经费总额为36 051.33万元，全国排名第11位；争取国家自然科学基金项目经费金额大于2000万元的学科共有3个，经济科学、化学理论与机制、医学免疫学、分子影像与分子探针争取国家自然科学基金项目经费全国排名第1位（图4-26）；经济科学、化学理论与机制、医学免疫学、催化与表界面化学、仪器创制、分子影像与分子探针、海洋科学和催化化学争取国家自然科学基金项目经费与2018年相比呈上升趋势（表4-53）。SCI论文数2809篇，全国排名第34位；17个学科入选ESI全球1%（表

4-54）。发明专利申请量838件，全国排名第95位。

截至2019年12月，厦门大学共有6个学部、29个学院和15个研究院。厦门大学设有一级学科硕士学位授权点46个，一级学科博士学位授权点34个，博士后科研流动站32个，一级学科国家重点学科5个，二级学科国家重点学科9个。厦门大学有在校本科生20 277人、硕士研究生16 562人、博士研究生4297人、留学生1208人；专任教师2708人，其中，教授、副教授1918人，中国科学院院士、中国工程院院士（含双聘）22人，“长江学者奖励计划”特聘教授24人、青年学者11人，国家级教学名师6人，“万人计划”科技创新领军人才23人、哲学社会科学领军人才5人、教学名师1人、“百千万工程”领军人才2人、青年拔尖人才12人，“国家百千万人才工程”入选者24人，“新世纪优秀人才支持计划”入选者135人，国家自然科学基金杰出青年科学基金获得者47人，国家自然科学基金优秀青年科学基金获得者41人[26]。

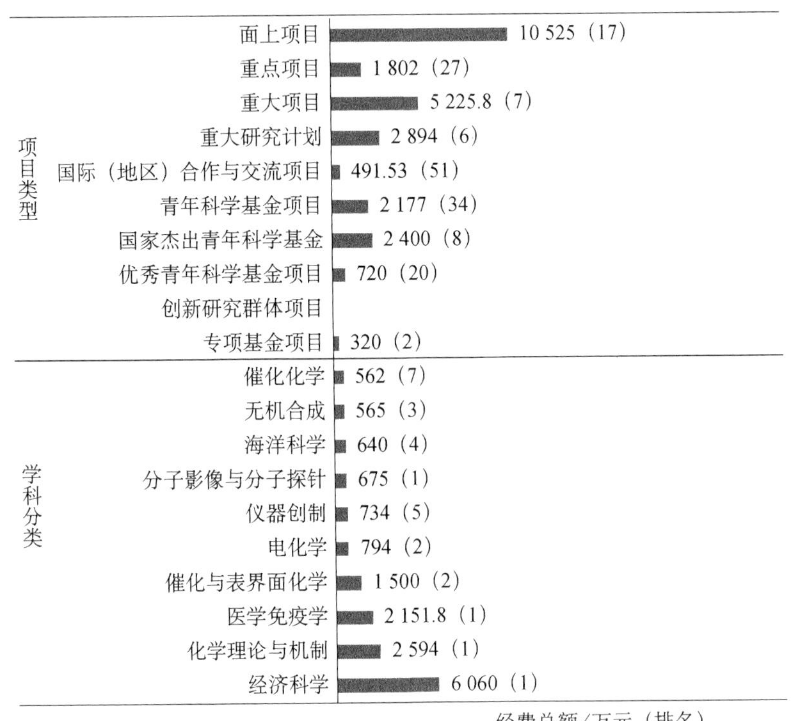

图4-26 2019年厦门大学争取国家自然科学基金项目经费数据

资料来源：科技大数据湖北省重点实验室、中国产业智库大数据中心

表4-53 2015～2019年厦门大学争取国家自然科学基金项目经费十强学科变化趋势及指标

领域	指标	2015年	2016年	2017年	2018年	2019年
全部	项目数/项	282（22）	303（19）	317（20）	311（20）	338（18）
	项目经费/万元	17 700.14（22）	19 600.74（20）	25 195.09（16）	23 116.28（16）	36 051.33（11）
	主持人数/人	272（24）	300（20）	308（20）	301（21）	327（19）
经济科学	项目数/项	0（1）	0（1）	0（1）	0（1）	2（1）
	项目经费/万元	0（1）	0（1）	0（1）	0（1）	6 060（1）
	主持人数/人	0（1）	0（1）	0（1）	0（1）	1（1）

续表

领域	指标	2015年	2016年	2017年	2018年	2019年
化学理论与机制	项目数/项	1（1）	0（3）	1（1）	0（1）	2（1）
	项目经费/万元	310（1）	0（3）	375（1）	0（1）	2 594（1）
	主持人数/人	1（1）	0（3）	1（1）	0（1）	1（1）
医学免疫学	项目数/项	0（1）	0（1）	0（1）	2（1）	2（1）
	项目经费/万元	0（1）	0（1）	0（1）	589（1）	2 151.8（1）
	主持人数/人	0（1）	0（1）	0（1）	2（1）	1（1）
催化与表界面化学	项目数/项	0（1）	0（1）	0（1）	1（1）	1（1）
	项目经费/万元	0（1）	0（1）	0（1）	3.38（1）	1 500（2）
	主持人数/人	0（1）	0（1）	0（1）	1（1）	1（1）
电化学	项目数/项	1（1）	4（1）	8（1）	7（1）	7（1）
	项目经费/万元	65（1）	229（1）	447（2）	961（1）	794（2）
	主持人数/人	1（1）	4（1）	8（1）	7（1）	7（1）
仪器创制	项目数/项	0（2）	0（2）	0（1）	1（1）	3（1）
	项目经费/万元	0（2）	0（2）	0（1）	66（1）	734（4）
	主持人数/人	0（2）	0（2）	0（1）	1（1）	3（1）
分子影像与分子探针	项目数/项	4（1）	1（2）	1（1）	1（1）	5（1）
	项目经费/万元	151（1）	17（2）	20（1）	57（1）	675（1）
	主持人数/人	4（1）	1（2）	1（1）	1（1）	5（1）
海洋科学	项目数/项	0（4）	1（4）	2（2）	1（1）	3（2）
	项目经费/万元	0（4）	20（5）	980（3）	15.5（1）	640（4）
	主持人数/人	0（4）	1（4）	1（3）	1（1）	3（1）
无机合成	项目数/项	0（2）	0（3）	1（1）	3（1）	5（1）
	项目经费/万元	0（2）	0（3）	1 050（1）	824.54（1）	565（2）
	主持人数/人	0（2）	0（3）	1（1）	3（1）	5（1）
催化化学	项目数/项	1（3）	1（8）	3（5）	6（5）	9（3）
	项目经费/万元	65（3）	65（5）	155（6）	298（5）	562（6）
	主持人数/人	1（3）	1（8）	3（5）	6（5）	9（3）

资料来源：科技大数据湖北省重点实验室、中国产业智库大数据中心

表 4-54　2009～2019 年厦门大学 SCI 论文总量分布及 2019 年 ESI 排名

序号	研究领域	SCI 发文量/篇	被引次数/次	篇均被引/次	高被引论文/篇	ESI 全球排名
	全校合计	28 182	423 312	15.02	503	412
1	农业科学	248	3 751	15.12	3	639
2	生物与生化	1 288	19 626	15.24	14	492
3	化学	6 677	139 013	20.82	170	61
4	临床医学	2 353	23 791	10.11	24	1 338
5	计算机科学	956	8 988	9.40	28	197
6	经济与商学	695	5 382	7.74	11	339
7	工程科学	2 546	26 512	10.41	43	242
8	环境生态学	1 184	13 716	11.58	5	513
9	地球科学	786	9 012	11.47	10	606
10	材料科学	2 952	69 123	23.42	74	115
11	数学	1 500	9 381	6.25	27	94

续表

序号	研究领域	SCI 发文量/篇	被引次数/次	篇均被引/次	高被引论文/篇	ESI 全球排名
12	微生物学	577	7 423	12.86	7	387
13	分子生物与基因	1 026	20 644	20.12	10	656
14	药理学与毒物学	527	4 643	8.81	2	776
15	物理学	2 245	24 817	11.05	30	676
16	植物与动物科学	871	9 229	10.60	6	605
17	社会科学	483	4 752	9.84	20	777

资料来源：科技大数据湖北省重点实验室、中国产业智库大数据中心

4.2.27 北京理工大学

2019 年，北京理工大学的基础研究竞争力指数为 34.7261，全国排名第 27 位。争取国家自然科学基金项目总数为 254 项，全国排名第 33 位；项目经费总额为 18 162.43 万元，全国排名第 26 位；争取国家自然科学基金项目经费金额大于 2000 万元的学科有 1 个，固体力学争取国家自然科学基金项目经费全国排名第 1 位（图 4-27）；固体力学，网络与系统安全，雷达原理与技术，资源管理与政策，微生物多样性、分类与系统发育，机械动力学，制造系统与智能化，控制系统与应用，自然语言处理争取国家自然科学基金项目经费与 2018 年相比呈上升趋势（表 4-55）。SCI 论文数 3349 篇，全国排名第 29 位；6 个学科入选 ESI 全球 1%（表 4-56）。发明专利申请量 1890 件，全国排名第 31 位。

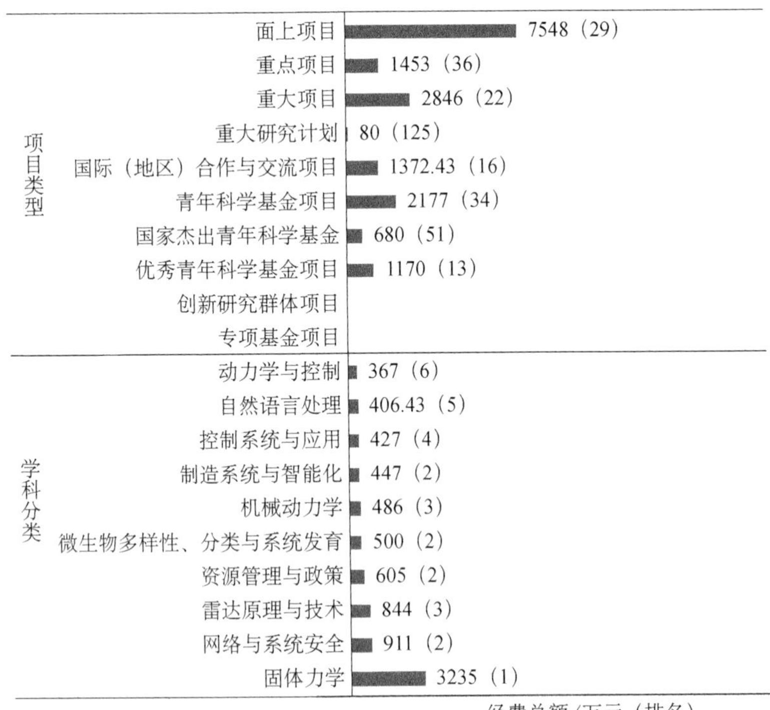

图 4-27 2019 年北京理工大学争取国家自然科学基金项目经费数据

资料来源：科技大数据湖北省重点实验室、中国产业智库大数据中心

截至2019年6月，北京理工大学共有18个专业学院及徐特立学院、前沿交叉科学研究院、先进结构技术研究院、医工融合研究院等教学科研单位。北京理工大学设有本科专业67个，一级学科硕士学位授权点30个，一级学科博士学位授权点27个，博士后科研流动站18个，国家重点学科一级学科4个，国家重点学科二级学科（不含一级学科覆盖点）5个，国家重点培育学科3个。北京理工大学有全日制本科生14 717人，硕士研究生8039人，博士研究生3884人，留学生1038人；专任教师2275人，其中，教授567人，副教授990人，中国科学院院士、中国工程院院士22人，“长江学者奖励计划”教授39人，“万人计划”领军人才33人，国家级教学名师4人，“新世纪百千万人才工程”入选者26人，国家自然科学基金杰出青年科学基金获得者38人，国家级教学团队6人，国家自然科学基金委员会创新研究群体4个，“长江学者和创新团队发展计划”创新团队研究计划10个，国防科技创新团队14个[27]。

表4-55　2015～2019年北京理工大学争取国家自然科学基金项目经费十强学科变化趋势及指标

领域	指标	2015年	2016年	2017年	2018年	2019年
全部	项目数/项	165（46）	207（34）	209（37）	238（32）	254（33）
	项目经费/万元	12 394（32）	15 410.1（27）	24 309.7（17）	17 051.7（25）	18 162.43（26）
	主持人数/人	163（46）	201（35）	203（37）	235（32）	247（33）
固体力学	项目数/项	3（17）	9（8）	8（7）	13（4）	17（1）
	项目经费/万元	240（14）	836（6）	1 349（2）	566（7）	3 235（1）
	主持人数/人	3（17）	9（8）	8（7）	13（3）	15（2）
网络与系统安全	项目数/项	2（22）	6（9）	6（12）	0（31）	10（2）
	项目经费/万元	84（27）	321（10）	873（4）	0（31）	911（2）
	主持人数/人	2（22）	6（9）	6（12）	0（31）	10（2）
雷达原理与技术	项目数/项	3（6）	6（3）	5（4）	2（5）	8（5）
	项目经费/万元	137（7）	566（2）	226（3）	300（5）	844（3）
	主持人数/人	3（6）	6（3）	5（4）	2（5）	8（4）
资源管理与政策	项目数/项	0（1）	0（1）	4（1）	4（1）	5（1）
	项目经费/万元	0（1）	0（1）	487（1）	185（1）	605（2）
	主持人数/人	0（1）	0（1）	4（1）	4（1）	5（1）
微生物多样性、分类与系统发育	项目数/项	0（9）	0（9）	0（12）	0（10）	1（8）
	项目经费/万元	0（9）	0（9）	0（12）	0（10）	500（2）
	主持人数/人	0（9）	0（9）	0（12）	0（10）	1（8）
机械动力学	项目数/项	2（3）	2（4）	2（3）	2（5）	6（3）
	项目经费/万元	299（3）	124（4）	120（4）	85（5）	486（2）
	主持人数/人	2（3）	2（4）	2（3）	2（5）	6（3）
制造系统与智能化	项目数/项	0（5）	3（1）	0（6）	2（4）	4（2）
	项目经费/万元	0（5）	144（1）	0（6）	86（4）	447（2）
	主持人数/人	0（5）	3（1）	0（6）	2（4）	4（2）
控制系统与应用	项目数/项	0（3）	1（2）	2（4）	3（3）	2（4）
	项目经费/万元	0（3）	62（2）	88（4）	208（2）	427（4）
	主持人数/人	0（3）	1（2）	2（4）	3（3）	2（4）

续表

领域	指标	2015年	2016年	2017年	2018年	2019年
自然语言处理	项目数/项	0（1）	0（1）	0（1）	1（1）	3（1）
	项目经费/万元	0（1）	0（1）	0（1）	287（1）	406.43（2）
	主持人数/人	0（1）	0（1）	0（1）	1（1）	3（1）
动力学与控制	项目数/项	9（2）	5（2）	7（2）	7（2）	7（2）
	项目经费/万元	1 269（1）	267（2）	417（3）	997（1）	367（4）
	主持人数/人	9（1）	5（2）	6（2）	7（2）	7（2）

资料来源：科技大数据湖北省重点实验室、中国产业智库大数据中心

表4-56　2009～2019年北京理工大学SCI论文总量分布及2019年ESI排名

序号	研究领域	SCI发文量/篇	被引次数/次	篇均被引/次	高被引论文/篇	ESI全球排名
	全校合计	24 267	279 940	11.54	465	600
1	化学	5 070	72 488	14.30	74	173
2	计算机科学	1 639	10 917	6.66	25	161
3	工程科学	7 182	64 006	8.91	162	60
4	材料科学	3 610	72 173	19.99	94	106
5	物理学	3 289	31 439	9.56	44	598
6	社会科学	242	3 279	13.55	18	1 002

资料来源：科技大数据湖北省重点实验室、中国产业智库大数据中心

4.2.28　重庆大学

2019年，重庆大学的基础研究竞争力指数为33.3637，全国排名第28位。争取国家自然科学基金项目总数为237项，全国排名第35位；项目经费总额为14 149.22万元，全国排名第40位；争取国家自然科学基金项目经费金额大于500万元的学科共有3个，应用光学和电力电子学争取国家自然科学基金项目经费全国排名第1位（图4-28）；应用光学、电力电子学、固体力学、传热传质学、工程建造与服役、有机合成、机械动力学、消化系统肿瘤，矿物工程与物质分离争取国家自然科学基金项目经费与2018年相比呈上升趋势（表4-57）。SCI论文数3445篇，全国排名第28位；10个学科入选ESI全球1%（表4-58）。发明专利申请量1797件，全国排名第37位。

截至2020年3月，重庆大学共有36个学院及研究生院、继续教育学院、网络教育学院、附属医院和重庆大学城市科技学院。重庆大学设有本科专业96个，一级学科硕士学位授权点54个，一级学科博士学位授权点32个，博士后科研流动站29个，一级学科国家重点学科3个，二级学科国家重点学科19个（含培育2个）。重庆大学有在校本科生25 000余人，硕士、博士研究生21 000余人，留学生1800余人；教职工5300余人，其中，中国工程院院士7人，“万人计划”入选者24人，“长江学者奖励计划”特聘教授、讲座教授、青年学者入选者31人，国家自然科学基金杰出青年科学基金获得者20人，国家自然科学基金委员会创新研究群体3个，教育部“创新团队发展计划”7个，国防科技创新团队1个[28]。

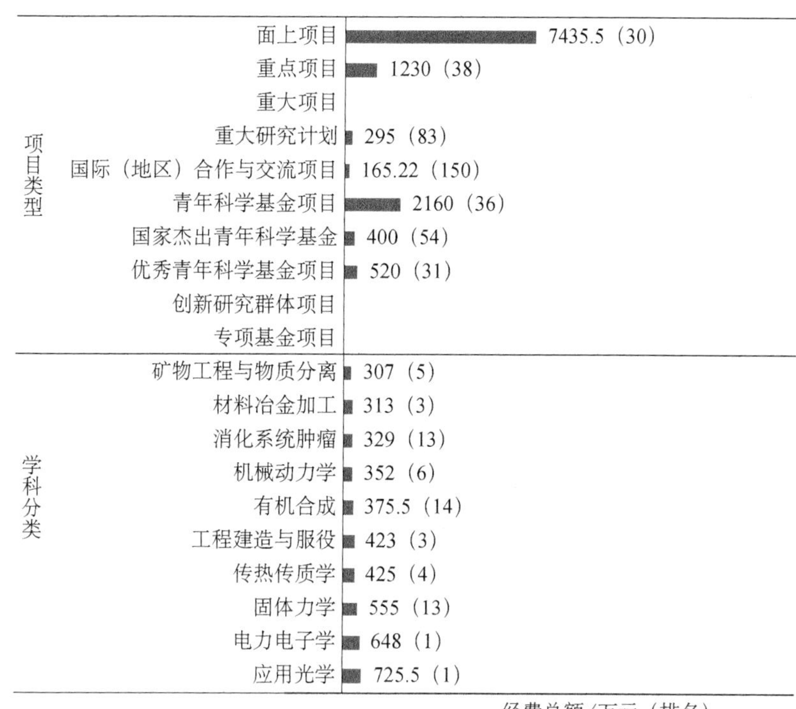

图 4-28　2019 年重庆大学争取国家自然科学基金项目经费数据

资料来源：科技大数据湖北省重点实验室、中国产业智库大数据中心

表 4-57　2015～2019 年重庆大学争取国家自然科学基金项目经费十强学科变化趋势及指标

领域	指标	2015 年	2016 年	2017 年	2018 年	2019 年
全部	项目数/项	197（34）	212（31）	241（32）	234（33）	237（35）
	项目经费/万元	10 934.25（44）	11 469.1（34）	12 799.02（41）	13 850.1（31）	14 149.22（40）
	主持人数/人	195（33）	211（31）	238（32）	228（34）	233（35）
应用光学	项目数/项	1（4）	0（6）	0（5）	1（3）	2（5）
	项目经费/万元	60（4）	0（6）	0（5）	63（2）	725.5（1）
	主持人数/人	1（4）	0（6）	0（5）	1（3）	2（5）
电力电子学	项目数/项	3（2）	2（3）	6（1）	2（2）	3（5）
	项目经费/万元	159（2）	82.5（3）	212（1）	120（3）	648（1）
	主持人数/人	3（2）	2（3）	6（1）	2（2）	3（5）
固体力学	项目数/项	6（9）	5（14）	5（12）	8（9）	7（12）
	项目经费/万元	344（10）	528（10）	1 068（7）	402（14）	555（12）
	主持人数/人	6（9）	5（14）	5（12）	8（9）	7（12）
传热传质学	项目数/项	2（4）	7（1）	3（3）	2（4）	2（6）
	项目经费/万元	134（5）	477（1）	80（6）	119（4）	425（4）
	主持人数/人	2（4）	7（1）	3（3）	2（4）	2（6）
工程建造与服役	项目数/项	1（7）	4（2）	4（2）	1（7）	7（1）
	项目经费/万元	74（7）	234（2）	163（4）	60（6）	423（3）
	主持人数/人	1（7）	4（2）	4（2）	1（7）	7（1）

续表

领域	指标	2015 年	2016 年	2017 年	2018 年	2019 年
有机合成	项目数/项	0（11）	0（11）	1（13）	5（6）	5（7）
	项目经费/万元	0（11）	0（11）	64（11）	245（8）	375.5（9）
	主持人数/人	0（11）	0（11）	1（13）	5（6）	5（7）
机械动力学	项目数/项	0（22）	6（2）	2（3）	5（3）	7（2）
	项目经费/万元	0（22）	284（2）	123（3）	229（3）	352（3）
	主持人数/人	0（22）	6（2）	2（3）	5（3）	7（2）
消化系统肿瘤	项目数/项	0（28）	0（26）	0（25）	0（26）	2（19）
	项目经费/万元	0（28）	0（26）	0（25）	0（26）	329（8）
	主持人数/人	0（28）	0（26）	0（25）	0（26）	2（19）
材料冶金加工	项目数/项	5（3）	5（2）	2（5）	6（3）	7（3）
	项目经费/万元	298（3）	275（2）	83（7）	325（3）	313（3）
	主持人数/人	5（3）	5（2）	2（5）	6（3）	7（3）
矿物工程与物质分离	项目数/项	1（10）	2（4）	1（10）	1（8）	6（3）
	项目经费/万元	22（11）	82（4）	60（10）	26（13）	307（5）
	主持人数/人	1（10）	1（8）	1（10）	1（8）	5（3）

资料来源：科技大数据湖北省重点实验室、中国产业智库大数据中心

表 4-58　2009～2019 年重庆大学 SCI 论文总量分布及 2019 年 ESI 排名

序号	研究领域	SCI 发文量/篇	被引次数/次	篇均被引/次	高被引论文/篇	ESI 全球排名
	全校合计	25 885	25 7331	9.94	348	645
1	生物与生化	640	8 106	12.67	3	970
2	化学	3 723	47 085	12.65	52	301
3	临床医学	429	3 735	8.71	3	4 385
4	计算机科学	1 151	8 629	7.50	15	209
5	工程科学	7 654	63 354	8.28	125	62
6	环境生态学	887	7 062	7.96	19	806
7	材料科学	5 614	71 436	12.72	75	110
8	数学	1 114	5 874	5.27	16	207
9	物理学	2 347	22 248	9.48	22	713
10	植物与动物科学	286	3 500	12.24	2	1 215

资料来源：科技大数据湖北省重点实验室、中国产业智库大数据中心

4.2.29　深圳大学

2019 年，深圳大学的基础研究竞争力指数为 32.9533，全国排名第 29 位。争取国家自然科学基金项目总数为 368 项，全国排名第 16 位；项目经费总额为 17 661.9 万元，全国排名第 28 位；争取国家自然科学基金项目经费金额大于 1000 万元的学科有 1 个，能源与照明光子学争取国家自然科学基金项目经费全国排名第 1 位（图 4-29）；工程材料、能源与照明光子学、激光、传输与交换光子器件、光子集成技术与器件、医学信息检测与处理、雷达原理与技术、心理学、工程建造与服役，信息安全争取国家自然科学基金项目经费与 2018 年相比呈上升趋

势（表 4-59）。SCI 论文数 2507 篇，全国排名第 40 位；7 个学科入选 ESI 全球 1%（表 4-60）。发明专利申请量 1065 件，全国排名第 72 位。

截至 2020 年 4 月，深圳大学共有 24 个学院、2 所直属附属医院。深圳大学设有本科专业 100 个，硕士学位授权一级学科 38 个，博士学位授权一级学科点 10 个，博士后科研流动站 9 个。深圳大学有全日制本科生 28 632 人，硕士研究生 8337 人，博士研究生 301 人，留学生 414 人；专任教师 2385 人，其中，教授 553 人，副教授 688 人，中国科学院院士、中国工程院院士共 18 人（含短聘 6 人），“万人计划”入选者 4 人，“长江学者奖励计划”学者 9 人，“新世纪优秀人才支持计划”入选 9 人，国家自然科学基金杰出青年科学基金获得者 20 人，国家自然科学基金优秀青年科学基金获得者 15 人[29]。

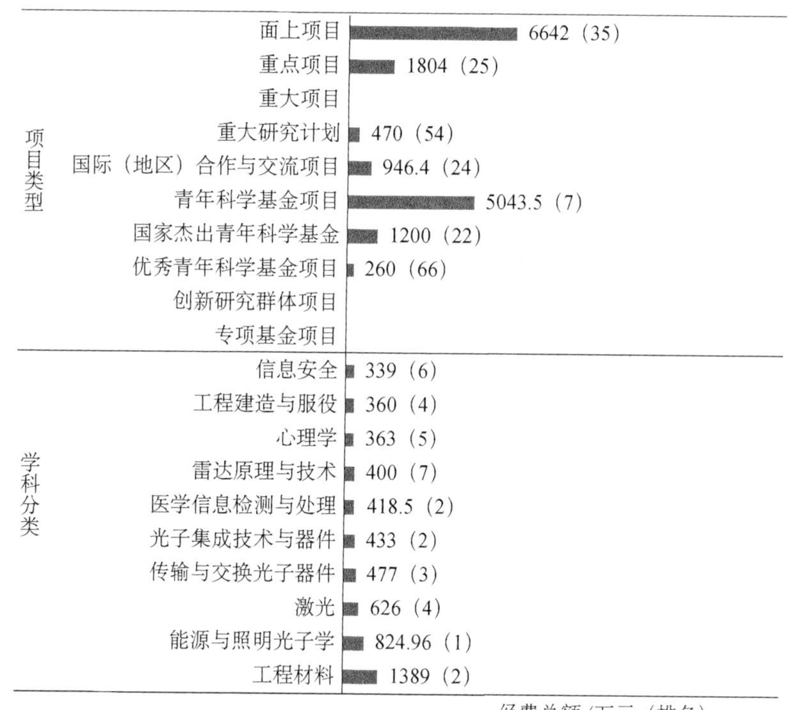

图 4-29 2019 年深圳大学争取国家自然科学基金项目经费数据

资料来源：科技大数据湖北省重点实验室、中国产业智库大数据中心

表 4-59 2015～2019 年深圳大学争取国家自然科学基金项目经费十强学科变化趋势及指标

领域	指标	2015 年	2016 年	2017 年	2018 年	2019 年
全部	项目数/项	209（31）	207（34）	279（24）	292（24）	368（16）
	项目经费/万元	8 105.19（63）	7 370.25（64）	13 460.07（35）	11 648.17（38）	17 661.9（28）
	主持人数/人	206（31）	207（34）	275（24）	291（22）	361（16）
工程材料	项目数/项	11（5）	7（7）	6（6）	10（5）	16（2）
	项目经费/万元	1 013（4）	502（5）	290（7）	422（6）	1 389（2）
	主持人数/人	11（5）	7（7）	6（6）	10（5）	16（2）
能源与照明光子学	项目数/项	4（1）	4（1）	8（1）	8（1）	13（1）
	项目经费/万元	413（1）	285（1）	447（1）	547.3（1）	824.96（1）
	主持人数/人	4（1）	4（1）	8（1）	7（1）	12（1）

续表

领域	指标	2015年	2016年	2017年	2018年	2019年
激光	项目数/项	3（2）	0（7）	0（6）	1（4）	6（1）
	项目经费/万元	127（2）	0（7）	0（6）	63（4）	626（4）
	主持人数/人	3（2）	0（7）	0（6）	1（4）	6（1）
传输与交换光子器件	项目数/项	5（1）	3（2）	2（2）	4（1）	9（1）
	项目经费/万元	236（2）	359（1）	91（3）	174（2）	477（1）
	主持人数/人	5（1）	3（2）	2（2）	4（1）	9（1）
光子集成技术与器件	项目数/项	0（1）	0（1）	0（1）	2（1）	3（1）
	项目经费/万元	0（1）	0（1）	0（1）	47（1）	433（2）
	主持人数/人	0（1）	0（1）	0（1）	2（1）	3（1）
医学信息检测与处理	项目数/项	2（2）	1（3）	4（1）	3（2）	5（2）
	项目经费/万元	86（3）	16（5）	132（4）	119（4）	418.5（2）
	主持人数/人	2（2）	1（3）	4（1）	3（2）	5（2）
雷达原理与技术	项目数/项	0（10）	0（11）	2（7）	1（9）	1（9）
	项目经费/万元	0（10）	0（11）	124（6）	27（10）	400（6）
	主持人数/人	0（10）	0（11）	2（7）	1（9）	1（9）
心理学	项目数/项	0（1）	0（3）	0（2）	0（2）	4（6）
	项目经费/万元	0（1）	0（3）	0（2）	0（2）	363（4）
	主持人数/人	0（1）	0（3）	0（2）	0（2）	4（6）
工程建造与服役	项目数/项	0（10）	1（7）	0（12）	1（7）	2（6）
	项目经费/万元	0（10）	62（7）	0（12）	60（6）	360（4）
	主持人数/人	0（10）	1（7）	0（12）	1（7）	2（6）
信息安全	项目数/项	0（4）	0（2）	0（3）	4（5）	3（6）
	项目经费/万元	0（4）	0（2）	0（3）	208（6）	339（4）
	主持人数/人	0（4）	0（2）	0（3）	4（5）	3（6）

资料来源：科技大数据湖北省重点实验室、中国产业智库大数据中心

表 4-60　2009～2019 年深圳大学 SCI 论文总量分布及 2019 年 ESI 排名

序号	研究领域	SCI 发文量/篇	被引次数/次	篇均被引/次	高被引论文/篇	ESI 全球排名
全校合计		15 728	147 191	9.36	304	1 029
1	生物与生化	685	11 923	17.41	9	725
2	化学	2 048	20 271	9.90	47	705
3	临床医学	1 108	8 298	7.49	9	2 606
4	计算机科学	1 221	12 084	9.90	34	134
5	工程科学	2 302	16 579	7.20	38	390
6	材料科学	2 614	29 154	11.15	56	286
7	物理学	2 326	25 703	11.05	56	660

资料来源：科技大数据湖北省重点实验室、中国产业智库大数据中心

4.2.30　郑州大学

2019 年，郑州大学的基础研究竞争力指数为 31.0043，全国排名第 30 位。争取国家自然

科学基金项目总数为305项，全国排名第23位；项目经费总额为12 834.1万元，全国排名第53位；争取国家自然科学基金项目经费金额大于300万元的学科共有2个，数学物理和循环系统争取国家自然科学基金项目经费全国排名第1位（图4-30）；数学物理，肿瘤免疫，循环系统，光电磁功能有机高分子材料，成形制造，超分子化学与组装，凝聚态物性Ⅱ：电子结构、电学、磁学和光学性质，呼吸系统肿瘤，肿瘤综合治疗争取国家自然科学基金项目经费与2018年相比呈上升趋势（表4-61）。SCI论文数3573篇，全国排名第26位；8个学科入选ESI全球1%（表4-62）。发明专利申请量736件，全国排名第116位。

截至2019年12月，郑州大学共有51个院系、10家附属医院。郑州大学设有本科专业116个，一级学科硕士学位授权点59个，一级学科博士学位授权点30个，博士后科研流动站28个，国家重点（培育）学科6个。郑州大学有全日制本科生54 000余人、研究生19 000余人，留学生2500人；教职工5700余人，其中，教授747人，中国科学院院士、中国工程院院士、学部委员16人，“长江学者奖励计划”入选者10人，“国家百千万人才工程”入选者24人，国家级教学名师6人，国家自然科学基金杰出青年科学基金获得者8人，国家级教学团队4个[30]。

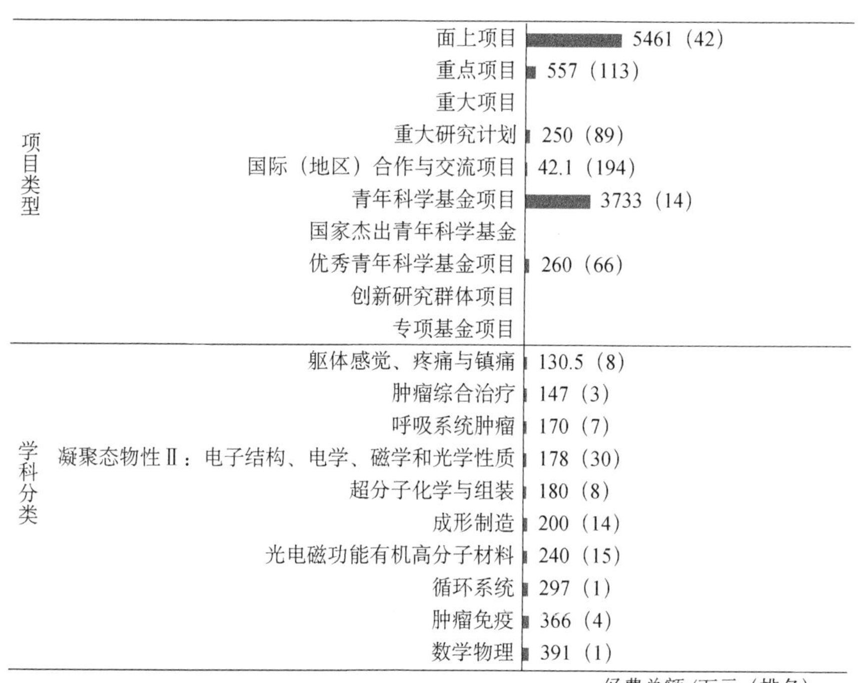

图4-30 2019年郑州大学争取国家自然科学基金项目经费数据

资料来源：科技大数据湖北省重点实验室、中国产业智库大数据中心

表4-61 2015～2019年郑州大学争取国家自然科学基金项目经费十强学科变化趋势及指标

领域	指标	2015年	2016年	2017年	2018年	2019年
全部	项目数/项	217（29）	238（27）	250（29）	231（34）	305（23）
	项目经费/万元	8 090.2（64）	9 164.7（50）	10 381.8（54）	9 459.4（51）	12 834.1（53）
	主持人数/人	216（30）	236（27）	247（29）	231（33）	302（23）

续表

领域	指标	2015 年	2016 年	2017 年	2018 年	2019 年
数学物理	项目数/项	3（1）	1（1）	0（3）	2（1）	4（1）
	项目经费/万元	166（1）	19（1）	0（3）	78（1）	391（1）
	主持人数/人	3（1）	1（1）	0（3）	2（1）	4（1）
肿瘤免疫	项目数/项	1（2）	0（3）	5（1）	3（2）	5（2）
	项目经费/万元	16.5（3）	0（3）	211（1）	98.5（2）	366（2）
	主持人数/人	1（2）	0（3）	5（1）	3（2）	5（2）
循环系统	项目数/项	0（3）	0（2）	0（4）	0（3）	1（3）
	项目经费/万元	0（3）	0（2）	0（4）	0（3）	297（1）
	主持人数/人	0（3）	0（2）	0（4）	0（3）	1（3）
光电磁功能有机高分子材料	项目数/项	2（6）	0（17）	1（17）	1（14）	4（7）
	项目经费/万元	40（11）	0（17）	21（20）	59（14）	240（11）
	主持人数/人	2（6）	0（17）	1（17）	1（14）	4（7）
成形制造	项目数/项	0（17）	0（16）	1（12）	0（16）	1（18）
	项目经费/万元	0（17）	0（16）	23（20）	0（16）	200（8）
	主持人数/人	0（17）	0（16）	1（12）	0（16）	1（18）
超分子化学与组装	项目数/项	0（2）	0（1）	0（5）	0（4）	1（5）
	项目经费/万元	0（2）	0（1）	0（5）	0（4）	180（4）
	主持人数/人	0（2）	0（1）	0（5）	0（4）	1（5）
凝聚态物性Ⅱ：电子结构、电学、磁学和光学性质	项目数/项	2（16）	1（20）	3（13）	3（13）	4（13）
	项目经费/万元	93（16）	59（24）	78（20）	77（22）	178（18）
	主持人数/人	2（16）	1（20）	3（13）	3（13）	4（12）
呼吸系统肿瘤	项目数/项	0（4）	1（2）	1（3）	2（2）	5（1）
	项目经费/万元	0（4）	17（2）	20（3）	78（3）	170（2）
	主持人数/人	0（4）	1（2）	1（3）	2（2）	5（1）
肿瘤综合治疗	项目数/项	1（1）	2（1）	1（2）	0（2）	4（2）
	项目经费/万元	62（1）	77（1）	55（2）	0（2）	147（2）
	主持人数/人	1（1）	2（1）	1（2）	0（2）	4（2）
躯体感觉、疼痛与镇痛	项目数/项	4（1）	3（2）	3（2）	4（2）	3（2）
	项目经费/万元	150.5（1）	137（2）	140（2）	158（2）	130.5（3）
	主持人数/人	4（1）	3（2）	3（2）	4（2）	3（2）

资料来源：科技大数据湖北省重点实验室、中国产业智库大数据中心

表 4-62　2009～2019 年郑州大学 SCI 论文总量分布及 2019 年 ESI 排名

序号	研究领域	SCI 发文量/篇	被引次数/次	篇均被引/次	高被引论文/篇	ESI 全球排名
全校合计		24 998	233 979	9.36	361	698
1	生物与生化	1 773	11 127	6.28	9	756
2	化学	5 219	64 283	12.32	115	203
3	临床医学	6 299	50 803	8.07	58	761
4	工程科学	1 348	10 880	8.07	32	576
5	材料科学	2 499	33 046	13.22	90	251

续表

序号	研究领域	SCI 发文量/篇	被引次数/次	篇均被引/次	高被引论文/篇	ESI 全球排名
6	分子生物与基因	1 692	18 197	10.75	9	733
7	神经科学与行为	828	7 135	8.62	2	895
8	药理学与毒物学	1 253	8 380	6.69	7	456

资料来源：科技大数据湖北省重点实验室、中国产业智库大数据中心

4.2.31 湖南大学

2019 年，湖南大学的基础研究竞争力指数为 29.2751，全国排名第 31 位。争取国家自然科学基金项目总数为 233 项，全国排名第 36 位；项目经费总额为 13 452.88 万元，全国排名第 46 位；争取国家自然科学基金项目经费金额大于 500 万元的学科共有 3 个，化学与生物传感，软件理论、软件工程与服务，化学测量学，工程建造与服役争取国家自然科学基金项目经费全国排名第 2 位（图 4-31）；软件理论、软件工程与服务，化学测量学，无机非金属类高温超导与磁性材料，计算机网络，工程建造与服役，新型信息器件，固体力学，无机非金属半导体与信息功能材料争取国家自然科学基金项目经费与 2018 年相比呈上升趋势（表 4-63）。SCI 论文数 2639 篇，全国排名第 37 位；7 个学科入选 ESI 全球 1%（表 4-64）。发明专利申请量 783 件，全国排名第 103 位。

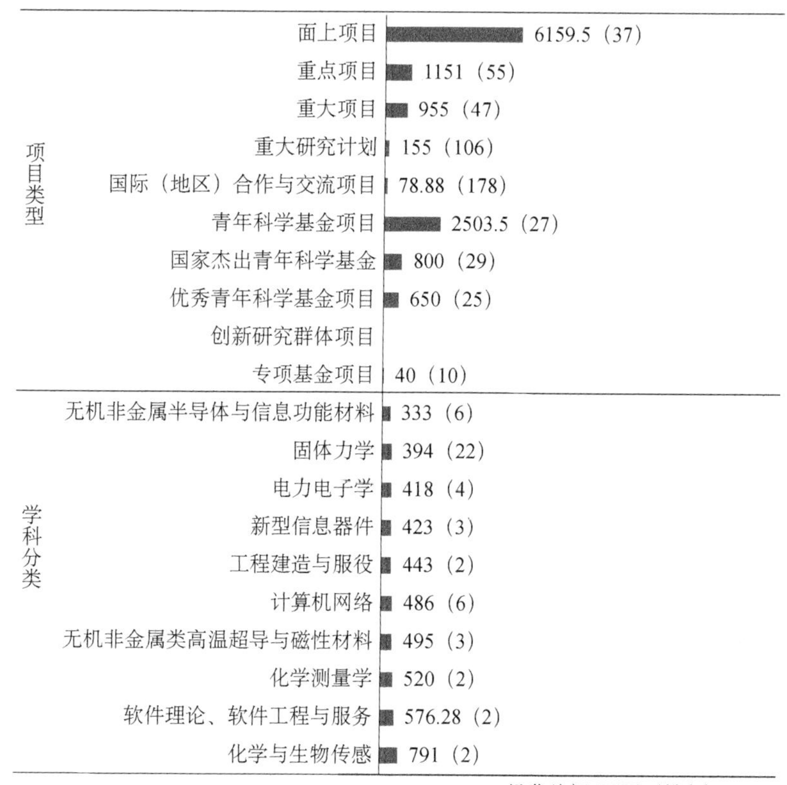

图 4-31　2019 年湖南大学争取国家自然科学基金项目经费数据

资料来源：科技大数据湖北省重点实验室、中国产业智库大数据中心

截至2020年1月，湖南大学共有25个学院和研究生院。湖南大学设有本科专业60个，一级学科硕士学位授权点36个，一级学科博士学位授权点27个，博士后科研流动站28个，一级学科国家重点学科 2 个、二级学科国家重点学科 14 个。湖南大学有全日制在校本科生20 000余人，研究生15 000余人；专任教师2140人，其中，教授和副教授1340人，中国科学院院士、中国工程院院士12人，“万人计划”学者28人，国家级教学名师3人，“长江学者奖励计划”特聘教授17人，“国家百千万人才工程”入选者19人，“创新人才推进计划”中青年科技创新领军人才14人，“新世纪优秀人才支持计划”134人，国家自然科学基金杰出青年科学基金获得者21人，国家自然科学基金优秀青年科学基金获得者19人，国家自然科学基金委员会创新研究群体4个，国家级教学团队7个，“长江学者和创新团队发展计划”创新团队研究计划8个[31]。

表 4-63　2015～2019 年湖南大学争取国家自然科学基金项目经费十强学科变化趋势及指标

领域	指标	2015年	2016年	2017年	2018年	2019年
全部	项目数/项	179（37）	141（60）	176（47）	222（36）	233（36）
	项目经费/万元	11 992.79（33）	8 385.03（57）	10 747（49）	13 469.5（32）	13 452.88（46）
	主持人数/人	176（37）	140（58）	173（46）	218（36）	228（36）
化学与生物传感	项目数/项	0（2）	0（2）	13（1）	8（1）	10（1）
	项目经费/万元	0（2）	0（2）	1 153（1）	1 286（1）	791（1）
	主持人数/人	0（2）	0（2）	13（1）	8（1）	10（1）
软件理论、软件工程与服务	项目数/项	2（3）	3（3）	6（1）	4（2）	8（1）
	项目经费/万元	130（3）	141（3）	453（1）	250（2）	576.28（2）
	主持人数/人	2（3）	3（3）	6（1）	4（2）	8（1）
化学测量学	项目数/项	0（1）	0（1）	0（2）	0（1）	1（2）
	项目经费/万元	0（1）	0（1）	0（2）	0（1）	520（2）
	主持人数/人	0（1）	0（1）	0（2）	0（1）	1（2）
无机非金属类高温超导与磁性材料	项目数/项	1（1）	0（4）	2（1）	4（1）	2（2）
	项目经费/万元	350（1）	0（4）	120（2）	173（1）	495（2）
	主持人数/人	1（1）	0（4）	2（1）	4（1）	2（2）
计算机网络	项目数/项	3（2）	1（7）	0（14）	1（10）	6（3）
	项目经费/万元	151（3）	63（8）	0（14）	64（7）	486（3）
	主持人数/人	3（2）	1（7）	0（14）	1（10）	6（3）
工程建造与服役	项目数/项	4（3）	3（4）	1（7）	3（3）	4（3）
	项目经费/万元	212（3）	144（5）	25（11）	145（4）	443（2）
	主持人数/人	4（3）	3（4）	1（7）	3（3）	4（3）
新型信息器件	项目数/项	0（3）	1（1）	1（1）	2（2）	2（3）
	项目经费/万元	0（3）	22（3）	22（2）	34（3）	423（2）
	主持人数/人	0（3）	1（1）	1（1）	2（2）	2（3）

续表

领域	指标	2015年	2016年	2017年	2018年	2019年
电力电子学	项目数/项	3（2）	5（1）	3（2）	6（1）	8（1）
	项目经费/万元	193（1）	299（1）	108（3）	463（1）	418（3）
	主持人数/人	3（2）	5（1）	3（2）	6（1）	8（1）
固体力学	项目数/项	5（11）	3（18）	6（10）	5（14）	7（12）
	项目经费/万元	310（11）	110（22）	305（14）	145（23）	394（18）
	主持人数/人	5（11）	3（18）	6（10）	5（14）	7（12）
无机非金属半导体与信息功能材料	项目数/项	0（5）	1（3）	1（2）	1（2）	3（2）
	项目经费/万元	0（5）	62（2）	60（2）	60（2）	333（4）
	主持人数/人	0（5）	1（3）	1（2）	1（2）	3（2）

资料来源：科技大数据湖北省重点实验室、中国产业智库大数据中心

表4-64　2009～2019年湖南大学SCI论文总量分布及2019年ESI排名

序号	研究领域	SCI发文量/篇	被引次数/次	篇均被引/次	高被引论文/篇	ESI全球排名
	全校合计	21 039	321 991	15.30	684	530
1	生物与生化	495	12 922	26.11	33	676
2	化学	5 123	117 589	22.95	195	83
3	计算机科学	1 274	11 412	8.96	17	144
4	工程科学	5 205	56 389	10.83	177	74
5	环境生态学	763	15 298	20.05	71	443
6	材料科学	3 391	56 644	16.70	81	146
7	物理学	2 307	29 435	12.76	53	622

资料来源：科技大数据湖北省重点实验室、中国产业智库大数据中心

4.2.32　东北大学

2019年，东北大学的基础研究竞争力指数为28.7634，全国排名第32位。争取国家自然科学基金项目总数为186项，全国排名第45位；项目经费总额为14 364.2万元，全国排名第37位；争取国家自然科学基金项目经费金额大于1000万元的学科共有2个，人工智能驱动的自动化、材料冶金加工、矿业与冶金工程、资源利用科学及其他争取国家自然科学基金项目经费全国排名第1位（图4-32）；人工智能驱动的自动化、材料冶金加工、自动化检测技术与装置、资源利用科学及其他、加工制造、钢铁冶金和资源循环利用争取国家自然科学基金项目经费与2018年相比呈上升趋势（表4-65）。SCI论文数3053篇，全国排名第31位；4个学科入选ESI全球1%（表4-66）。发明专利申请量1921件，全国排名第30位。

截至2020年4月，东北大学共有19个学院/直属系。东北大学设有本科专业76个，一级学科硕士学位授权点35个，一级学科博士学位授权点24个，博士后科研流动站19个；一级学科国家重点学科3个，二级学科国家重点学科4个，国家重点培育学科1个。东北大学有全日制在校本科生30 059人，硕士研究生13 212人，博士研究生4176人；教职工4470人，其中，专任教师2741人，中国科学院、中国工程院院士5人，“新世纪优秀人才支持计划”入选者102人，国家自然科学基金委员会创新研究群体4个[32]。

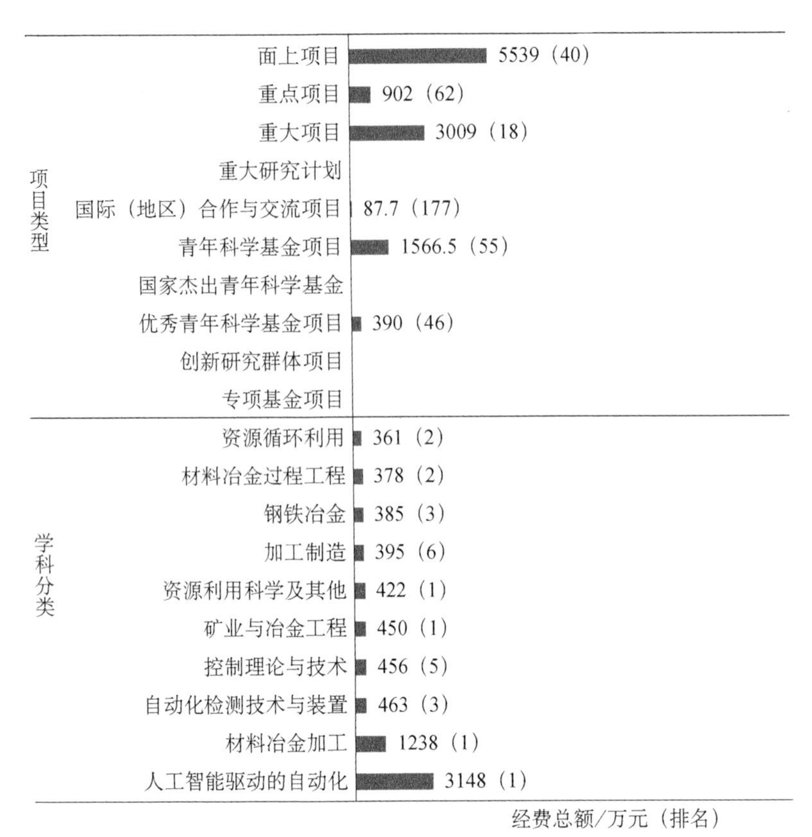

图 4-32　2019 年东北大学争取国家自然科学基金项目经费数据

资料来源：科技大数据湖北省重点实验室、中国产业智库大数据中心

表 4-65　2015～2019 年东北大学争取国家自然科学基金项目经费十强学科变化趋势及指标

领域	指标	2015 年	2016 年	2017 年	2018 年	2019 年
全部	项目数/项	168（43）	184（40）	197（38）	153（61）	186（45）
	项目经费/万元	11 146.8（39）	11 940.8（32）	15 595.29（30）	10 881.52（42）	14 364.2（37）
	主持人数/人	166（43）	183（39）	194（38）	150（63）	184（45）
人工智能驱动的自动化	项目数/项	0（1）	0（1）	0（1）	3（1）	6（1）
	项目经费/万元	0（1）	0（1）	0（1）	472（1）	3 148（1）
	主持人数/人	0（1）	0（1）	0（1）	3（1）	5（2）
材料冶金加工	项目数/项	8（2）	9（1）	10（2）	9（2）	17（1）
	项目经费/万元	468（2）	385（1）	670（2）	450（2）	1 238（1）
	主持人数/人	8（2）	9（1）	10（2）	9（2）	17（1）
自动化检测技术与装置	项目数/项	3（2）	0（3）	2（2）	4（1）	5（1）
	项目经费/万元	147（2）	0（3）	90（2）	134（2）	463（2）
	主持人数/人	3（2）	0（3）	2（2）	4（1）	5（1）
控制理论与技术	项目数/项	13（1）	15（1）	19（1）	5（5）	10（1）
	项目经费/万元	1 418.4（2）	2 535.4（1）	1 120（1）	857（1）	456（4）
	主持人数/人	12（1）	15（1）	19（1）	5（5）	10（1）

续表

领域	指标	2015年	2016年	2017年	2018年	2019年
矿业与冶金工程	项目数/项	3（2）	2（3）	7（1）	3（3）	3（1）
	项目经费/万元	720（1）	312（1）	750（1）	670（2）	450（1）
	主持人数/人	3（2）	2（3）	7（1）	3（3）	3（1）
资源利用科学及其他	项目数/项	1（3）	3（1）	4（1）	1（3）	5（1）
	项目经费/万元	63（2）	330（1）	100（3）	60（2）	422（1）
	主持人数/人	1（3）	3（1）	4（1）	1（3）	5（1）
加工制造	项目数/项	4（5）	0（12）	5（2）	1（10）	4（4）
	项目经费/万元	349（4）	0（12）	227（5）	60（9）	395（5）
	主持人数/人	4（5）	0（12）	5（2）	1（10）	4（4）
钢铁冶金	项目数/项	3（6）	6（2）	6（3）	6（2）	7（3）
	项目经费/万元	105（6）	294（3）	450（2）	362（1）	385（3）
	主持人数/人	3（6）	6（2）	6（3）	6（2）	7（3）
材料冶金过程工程	项目数/项	15（1）	10（1）	11（1）	9（1）	8（1）
	项目经费/万元	884（1）	761（1）	768（1）	416.6（1）	378（2）
	主持人数/人	15（1）	10（1）	11（1）	9（1）	8（1）
资源循环利用	项目数/项	7（1）	3（1）	6（1）	4（1）	4（2）
	项目经费/万元	663（1）	201（2）	515（1）	136（1）	361（1）
	主持人数/人	7（1）	3（1）	5（1）	4（1）	4（2）

资料来源：科技大数据湖北省重点实验室、中国产业智库大数据中心

表4-66　2009～2019年东北大学SCI论文总量分布及2019年ESI排名

序号	研究领域	SCI发文量/篇	被引次数/次	篇均被引/次	高被引论文/篇	ESI全球排名
	全校合计	19 362	162 487	8.39	170	956
1	化学	2 404	23 267	9.68	16	629
2	计算机科学	1 646	15 466	9.40	36	89
3	工程科学	5 166	44 327	8.58	77	113
4	材料科学	6 398	51 323	8.02	16	167

资料来源：科技大数据湖北省重点实验室、中国产业智库大数据中心

4.2.33　江苏大学

2019年，江苏大学的基础研究竞争力指数为25.988，全国排名第33位。争取国家自然科学基金项目总数为164项，全国排名第53位；项目经费总额为7572.1万元，全国排名第90位；争取国家自然科学基金项目经费金额大于500万元的学科有1个，机械设计学、水工结构、食品安全与质量控制争取国家自然科学基金项目经费全国排名第1位（图4-33）；电能存储与应用、机械设计学、农业水利与农村水利、水工结构、食品安全与质量控制、农学基础、传热传质学和内流流体力学争取国家自然科学基金项目经费与2018年相比呈上升趋势（表4-67）。SCI论文数2684篇，全国排名第36位；7个学科入选ESI全球1%（表4-68）。发明专利申请量1966件，全国排名第26位。

截至2020年3月，江苏大学共有25个学院、1个附属医院。江苏大学设有本科专业93个，一级学科硕士学位授权点44个，一级学科博士学位授权点14个，博士后科研流动站13个，国家重点学科2个，国家重点（培育）学科1个。江苏大学有在校本科生23 000余人，研究生12 000余人，留学生2000余人；专任教师2600余人[33]。

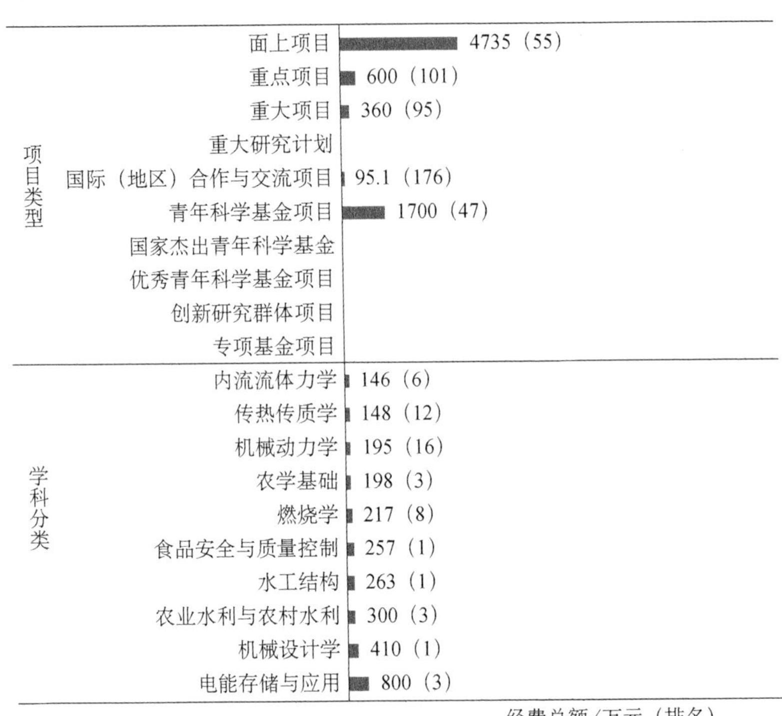

图4-33 2019年江苏大学争取国家自然科学基金项目经费数据

资料来源：科技大数据湖北省重点实验室、中国产业智库大数据中心

表4-67 2015～2019年江苏大学争取国家自然科学基金项目经费十强学科变化趋势及指标

领域	指标	2015年	2016年	2017年	2018年	2019年
全部	项目数/项	162（49）	175（42）	181（44）	168（49）	164（53）
	项目经费/万元	6 787.87（74）	7 002（68）	7 590.1（75）	6 991.2（76）	7 572.1（90）
	主持人数/人	160（48）	174（42）	180（44）	167（48）	162（55）
电能存储与应用	项目数/项	0（2）	2（4）	4（2）	6（2）	6（3）
	项目经费/万元	0（2）	128（5）	174（3）	263（5）	800（3）
	主持人数/人	0（2）	2（4）	4（2）	6（2）	6（3）
机械设计学	项目数/项	6（1）	7（1）	3（1）	6（1）	8（1）
	项目经费/万元	284（1）	222（1）	109（1）	263（1）	410（1）
	主持人数/人	6（1）	7（1）	3（1）	6（1）	8（1）
农业水利与农村水利	项目数/项	2（4）	3（2）	1（5）	1（7）	1（7）
	项目经费/万元	83（5）	90（4）	25（8）	21（7）	300（3）
	主持人数/人	2（4）	3（2）	1（5）	1（7）	1（7）

续表

领域	指标	2015年	2016年	2017年	2018年	2019年
水工结构	项目数/项	7（1）	5（1）	2（1）	4（1）	5（1）
	项目经费/万元	226（1）	226（1）	120（1）	202（1）	263（1）
	主持人数/人	7（1）	5（1）	2（1）	4（1）	5（1）
食品安全与质量控制	项目数/项	1（6）	4（2）	6（1）	3（3）	5（1）
	项目经费/万元	20（10）	121（3）	240（2）	73（5）	257（1）
	主持人数/人	1（6）	4（2）	6（1）	3（3）	5（1）
燃烧学	项目数/项	4（5）	7（3）	6（3）	6（2）	6（3）
	项目经费/万元	213（4）	300（4）	327（3）	293（2）	217（4）
	主持人数/人	4（5）	7（3）	6（3）	6（2）	6（3）
农学基础	项目数/项	1（5）	2（2）	1（3）	1（2）	4（2）
	项目经费/万元	61（4）	125（2）	19（8）	60（2）	198（2）
	主持人数/人	1（5）	2（2）	1（3）	1（2）	4（2）
机械动力学	项目数/项	5（2）	2（4）	6（2）	6（2）	5（4）
	项目经费/万元	493（1）	82（6）	183（2）	293（2）	195（8）
	主持人数/人	5（2）	2（4）	6（2）	6（2）	5（4）
传热传质学	项目数/项	1（6）	0（8）	0（9）	2（4）	3（3）
	项目经费/万元	64（6）	0（8）	0（9）	52（6）	148（7）
	主持人数/人	1（6）	0（8）	0（9）	2（4）	3（3）
内流流体力学	项目数/项	1（6）	2（5）	3（5）	1（5）	3（5）
	项目经费/万元	60（6）	110（4）	105（5）	25（5）	146（5）
	主持人数/人	1（6）	2（5）	3（5）	1（5）	3（5）

资料来源：科技大数据湖北省重点实验室、中国产业智库大数据中心

表 4-68　2009～2019 年江苏大学 SCI 论文总量分布及 2019 年 ESI 排名

序号	研究领域	SCI 发文量/篇	被引次数/次	篇均被引/次	高被引论文/篇	ESI 全球排名
	全校合计	18 149	192 398	10.60	260	824
1	农业科学	960	8 200	8.54	24	284
2	生物与生化	788	7 409	9.40	4	1 038
3	化学	3 977	58 271	14.65	59	229
4	临床医学	1 516	15 082	9.95	13	1 829
5	工程科学	2 998	25 890	8.64	82	250
6	材料科学	2 864	36 001	12.57	41	231
7	药理学与毒物学	530	4 983	9.40	0	735

资料来源：科技大数据湖北省重点实验室、中国产业智库大数据中心

4.2.34　中国农业大学

2019 年，中国农业大学的基础研究竞争力指数为 25.9537，全国排名第 34 位。争取国家自然科学基金项目总数为 220 项，全国排名第 38 位；项目经费总额为 22 304.1 万元，全国排名第 20 位；争取国家自然科学基金项目经费金额大于 1000 万元的学科共有 2 个，作物遗传育

种学、植物生理学、畜禽遗传育种学、农业水利与农村水利、兽医药学和动物营养学争取国家自然科学基金项目经费全国排名第 1 位（图 4-34）；作物遗传育种学、植物生理学、畜禽遗传育种学、作物种质资源学、农业水利与农村水利、兽医药学、动物营养学、植物营养基础和兽医微生物学争取国家自然科学基金项目经费与 2018 年相比呈上升趋势（表 4-69）。SCI 论文数 2434 篇，全国排名第 42 位；10 个学科入选 ESI 全球 1%（表 4-70）。发明专利申请量 774 件，全国排名第 106 位。

截至 2019 年 12 月，中国农业大学共有 19 个学院。中国农业大学设有本科专业 66 个，一级学科硕士学位授权点 32 个，一级学科博士学位授权点 21 个，博士后科研流动站 19 个。中国农业大学有全日制本科生 12 182 人，全日制硕士研究生 5086 人，博士研究生 3844 人，在站博士后研究人员 260 人；专任教师 1860 人，其中，教授（含研究员）672 人、副教授（含副研究员）917 人，中国科学院院士 5 人，中国工程院院士 8 人，“万人计划”教学名师 3 人，“国家百千万人才工程”27 人，国家级教学名师 2 人，国家自然科学基金杰出青年科学基金获得者 45 人，国家自然科学基金优秀青年科学基金获得者 32 人，国家级优秀教学团队 5 个[34]。

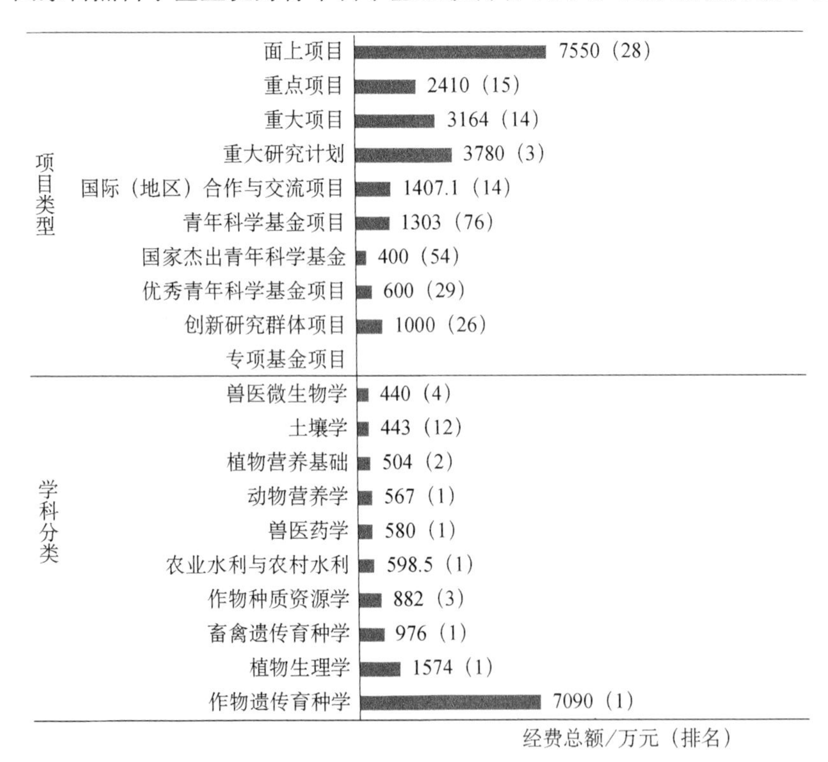

图 4-34 2019 年中国农业大学争取国家自然科学基金项目经费数据

资料来源：科技大数据湖北省重点实验室、中国产业智库大数据中心

表 4-69 2015～2019 年中国农业大学争取国家自然科学基金项目经费十强学科变化趋势及指标

领域	指标	2015 年	2016 年	2017 年	2018 年	2019 年
全部	项目数/项	173（39）	147（55）	187（41）	172（47）	220（38）
	项目经费/万元	11 908.45（35）	10 952.6（38）	16 851.37（28）	10 358.45（47）	22 304.1（20）
	主持人数/人	169（39）	146（54）	182（42）	167（48）	217（37）

续表

领域	指标	2015年	2016年	2017年	2018年	2019年
作物遗传育种学	项目数/项	0（6）	0（5）	0（9）	0（6）	16（2）
	项目经费/万元	0（6）	0（5）	0（9）	0（6）	7 090（1）
	主持人数/人	0（6）	0（5）	0（9）	0（6）	15（2）
植物生理学	项目数/项	2（7）	7（2）	5（3）	3（8）	7（2）
	项目经费/万元	133（7）	791（1）	889（2）	180（8）	1 574（1）
	主持人数/人	2（7）	7（2）	5（3）	3（8）	7（2）
畜禽遗传育种学	项目数/项	0（1）	0（3）	0（1）	0（2）	7（1）
	项目经费/万元	0（1）	0（3）	0（1）	0（2）	976（1）
	主持人数/人	0（1）	0（3）	0（1）	0（2）	7（1）
作物种质资源学	项目数/项	8（4）	11（3）	14（2）	8（5）	6（2）
	项目经费/万元	1 326（1）	555（5）	1 534（1）	690.25（2）	882（3）
	主持人数/人	8（4）	11（3）	14（2）	8（5）	6（2）
农业水利与农村水利	项目数/项	3（3）	9（1）	6（1）	7（1）	10（1）
	项目经费/万元	153（3）	1 317（1）	2 725（1）	534（1）	598.5（1）
	主持人数/人	3（3）	9（1）	5（1）	6（2）	9（1）
兽医药学	项目数/项	2（2）	5（1）	4（1）	3（2）	6（2）
	项目经费/万元	347（2）	334（2）	431（1）	140（3）	580（1）
	主持人数/人	2（2）	5（1）	4（1）	3（2）	6（1）
动物营养学	项目数/项	0（1）	0（1）	0（1）	0（1）	8（1）
	项目经费/万元	0（1）	0（1）	0（1）	0（1）	567（1）
	主持人数/人	0（1）	0（1）	0（1）	0（1）	8（1）
植物营养基础	项目数/项	0（1）	0（1）	0（1）	0（1）	6（2）
	项目经费/万元	0（1）	0（1）	0（1）	0（1）	504（2）
	主持人数/人	0（1）	0（1）	0（1）	0（1）	6（2）
土壤学	项目数/项	0（1）	0（1）	2（1）	5（13）	8（7）
	项目经费/万元	0（1）	0（1）	461（2）	464（8）	443（11）
	主持人数/人	0（1）	0（1）	2（1）	5（13）	8（7）
兽医微生物学	项目数/项	1（1）	1（1）	1（2）	2（1）	4（5）
	项目经费/万元	64（1）	62（1）	58（2）	85（1）	440（4）
	主持人数/人	1（1）	1（1）	1（2）	2（1）	4（5）

资料来源：科技大数据湖北省重点实验室、中国产业智库大数据中心

表4-70　2009～2019年中国农业大学SCI论文总量分布及2019年ESI排名

序号	研究领域	SCI发文量/篇	被引次数/次	篇均被引/次	高被引论文/篇	ESI全球排名
	全校合计	22 506	293 674	13.05	314	571
1	农业科学	5 301	65 785	12.41	74	7
2	生物与生化	1 765	31 032	17.58	20	318
3	化学	2 440	26 403	10.82	12	558
4	工程科学	1 173	10 543	8.99	10	587
5	环境生态学	1 763	22 361	12.68	19	292

续表

序号	研究领域	SCI 发文量/篇	被引次数/次	篇均被引/次	高被引论文/篇	ESI 全球排名
6	微生物学	1 148	14 955	13.03	13	179
7	分子生物与基因	1 510	30 989	20.52	16	476
8	药理学与毒物学	473	6 134	12.97	1	616
9	植物与动物科学	4 613	58 207	12.62	116	60
10	社会科学	195	3 094	15.87	11	1 053

资料来源：科技大数据湖北省重点实验室、中国产业智库大数据中心

4.2.35 南京航空航天大学

2019 年，南京航空航天大学的基础研究竞争力指数为 25.4643，全国排名第 35 位。争取国家自然科学基金项目总数为 164 项，全国排名第 53 位；项目经费总额为 10 084 万元，全国排名第 67 位；争取国家自然科学基金项目经费金额大于 1000 万元的学科有 1 个，机械设计与制造争取国家自然科学基金项目经费全国排名第 1 位（图 4-35）；机械设计与制造、动力学与控制、加工制造、固体力学、成形制造、制造系统与智能化、电子学与信息系统、通信网络、控制理论与技术争取国家自然科学基金项目经费与 2018 年相比呈上升趋势（表 4-71）。SCI 论文数 2905 篇，全国排名第 33 位；5 个学科入选 ESI 全球 1%（表 4-72）。发明专利申请量 2164 件，全国排名第 23 位。

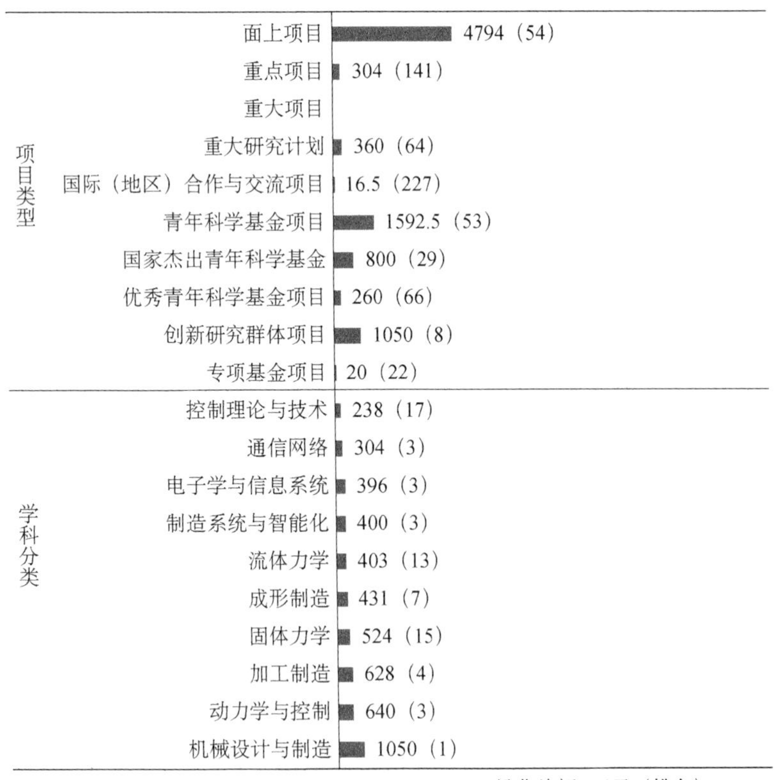

图 4-35 2019 年南京航空航天大学争取国家自然科学基金项目经费数据

资料来源：科技大数据湖北省重点实验室、中国产业智库大数据中心

截至2019年年底，南京航空航天大学共有16个学院和174个科研机构。南京航空航天大学设有本科专业58个，一级学科硕士学位授权点33个，一级学科博士学位授权点17个，博士后科研流动站16个，一级学科国家重点学科2个，二级学科国家重点学科9个，国家重点（培育）学科2个。南京航空航天大学有全日制在校本科生18 000余人，研究生10 000余人，留学生1000余人；专任教师1845人，其中，高级职称获得者1263人，中国科学院院士、中国工程院院士（含双聘）11人，“万人计划”教学名师3人、科技创新领军人才8人、青年拔尖人才9人，“长江学者奖励计划”特聘教授12人、讲座教授4人、青年学者4人，“国家百千万人才工程”入选者11人，国家级教学名师2人，国家级、省部级有突出贡献的中青年专家22人，国家自然科学基金杰出青年科学基金获得者11人，国家自然科学基金优秀青年科学基金获得者12人[35]。

表4-71　2015～2019年南京航空航天大学争取国家自然科学基金项目经费十强学科变化趋势及指标

领域	指标	2015年	2016年	2017年	2018年	2019年
全部	项目数/项	147（57）	142（59）	152（62）	152（64）	164（53）
	项目经费/万元	10 904.3（45）	7 225.5（67）	7 113.5（81）	8 752.24（56）	10 084（67）
	主持人数/人	142（57）	139（60）	151（60）	150（63）	160（57）
机械设计与制造	项目数/项	0（1）	0（1）	0（1）	0（1）	1（1）
	项目经费/万元	0（1）	0（1）	0（1）	0（1）	1 050（1）
	主持人数/人	0（1）	0（1）	0（1）	0（1）	1（1）
动力学与控制	项目数/项	11（1）	5（2）	4（4）	4（4）	6（3）
	项目经费/万元	759（2）	252（3）	244（4）	134（5）	640（2）
	主持人数/人	9（1）	5（2）	4（3）	4（4）	6（3）
加工制造	项目数/项	6（2）	8（1）	3（3）	7（1）	7（2）
	项目经费/万元	577（2）	450（2）	155（6）	279（2）	628（3）
	主持人数/人	6（2）	8（1）	3（3）	7（1）	7（2）
固体力学	项目数/项	4（13）	7（10）	6（10）	7（10）	12（7）
	项目经费/万元	174（15）	414（12）	206（18）	409（11）	524（14）
	主持人数/人	4（13）	7（10）	6（10）	7（10）	12（7）
成形制造	项目数/项	1（12）	2（6）	3（5）	3（6）	5（5）
	项目经费/万元	65（12）	115（6）	336（3）	108（9）	431（5）
	主持人数/人	1（12）	2（6）	3（5）	3（6）	5（5）
流体力学	项目数/项	6（4）	6（6）	6（6）	12（2）	7（7）
	项目经费/万元	510（4）	428（6）	305（10）	776（3）	403（12）
	主持人数/人	6（4）	6（5）	6（6）	12（2）	7（7）
制造系统与智能化	项目数/项	5（1）	1（3）	4（1）	3（2）	1（4）
	项目经费/万元	498（1）	62（3）	205（1）	147（2）	400（3）
	主持人数/人	5（1）	1（3）	4（1）	3（2）	1（4）
电子学与信息系统	项目数/项	4（2）	3（2）	4（2）	3（2）	6（2）
	项目经费/万元	128（3）	112（2）	144（2）	106（5）	396（3）
	主持人数/人	4（2）	3（2）	4（2）	3（2）	6（2）

续表

领域	指标	2015年	2016年	2017年	2018年	2019年
通信网络	项目数/项	0（6）	0（6）	1（4）	2（2）	1（6）
	项目经费/万元	0（6）	0（6）	25（5）	53（5）	304（3）
	主持人数/人	0（6）	0（6）	1（4）	2（2）	1（6）
控制理论与技术	项目数/项	5（7）	7（3）	4（6）	3（10）	4（6）
	项目经费/万元	463（5）	372（3）	133（13）	142（12）	238（12）
	主持人数/人	5（7）	7（3）	4（6）	3（10）	4（6）

资料来源：科技大数据湖北省重点实验室、中国产业智库大数据中心

表4-72 2009～2019年南京航空航天大学SCI论文总量分布及2019年ESI排名

序号	研究领域	SCI发文量/篇	被引次数/次	篇均被引/次	高被引论文/篇	ESI全球排名
全校合计		17 506	168 976	9.65	213	918
1	化学	1 349	20 056	14.87	23	712
2	计算机科学	1 320	8 660	6.56	11	207
3	工程科学	7 442	53 967	7.25	76	80
4	材料科学	3 453	53 497	15.49	56	159
5	社会科学	90	1 851	20.57	11	1 469

资料来源：科技大数据湖北省重点实验室、中国产业智库大数据中心

4.2.36 北京科技大学

2019年，北京科技大学的基础研究竞争力指数为25.4224，全国排名第36位。争取国家自然科学基金项目总数为168项，全国排名第51位；项目经费总额为14 608.71万元，全国排名第35位；争取国家自然科学基金项目经费金额大于2000万元的学科有1个，无机非金属类高温超导与磁性材料、金属基复合材料与结构功能一体化、金属材料、材料冶金过程工程、金属材料的腐蚀与防护争取国家自然科学基金项目经费全国排名第1位（图4-36）；无机非金属类高温超导与磁性材料、金属基复合材料与结构功能一体化、金属材料、材料冶金过程工程、金属材料的腐蚀与防护、矿物工程与物质分离、机器人学与智能系统、功能陶瓷争取国家自然科学基金项目经费与2018年相比呈上升趋势（表4-73）。SCI论文数2910篇，全国排名第32位；5个学科入选ESI全球1%（表4-74）。发明专利申请量1114件，全国排名第68位。

截至2020年1月，北京科技大学共有14个学院/直属系。北京科技大学设有本科专业53个，一级学科硕士学位授权点30个，一级学科博士学位授权点20个，博士后科研流动站17个。北京科技大学有全日制本科生13 545人，硕士研究生7570人，博士研究生3472人，留学生876人；专任教师1851人，其中，教授556人，副教授798人，中国科学院院士6人（双聘3人），中国工程院院士8人（双聘4人），“万人计划”领军人才14人、青年拔尖人才4人，“长江学者奖励计划”特聘教授15人、青年学者5人，国家有突出贡献专家15人，“国家百千万人才工程”入选者18人，“新世纪优秀人才支持计划”入选者103人，国家级教学名师2人，国家自然科学基金杰出青年科学基金获得者20人，国家自然科学基金优秀青年科学基金获得者18人[36]。

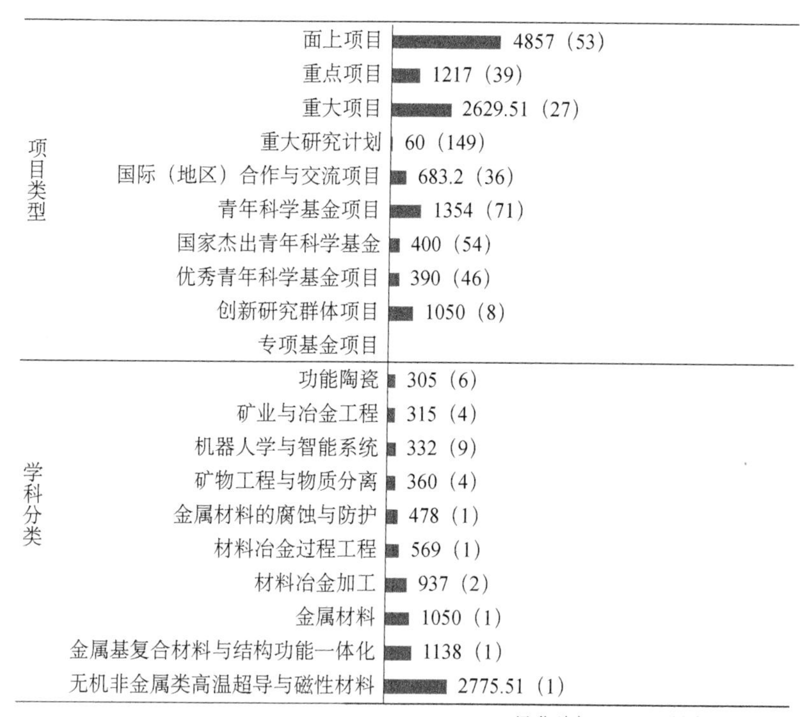

图 4-36 2019 年北京科技大学争取国家自然科学基金项目经费数据

资料来源：科技大数据湖北省重点实验室、中国产业智库大数据中心

表 4-73 2015～2019 年北京科技大学争取国家自然科学基金项目经费十强学科变化趋势及指标

领域	指标	2015 年	2016 年	2017 年	2018 年	2019 年
全部	项目数/项	134（63）	143（57）	163（53）	182（42）	168（51）
	项目经费/万元	9 074.78（55）	7 246.5（66）	10 668.5（51）	15 525.36（26）	14 608.71（35）
	主持人数/人	131（64）	141（57）	161（52）	178（42）	163（52）
无机非金属类高温超导与磁性材料	项目数/项	1（1）	1（1）	1（2）	0（3）	5（1）
	项目经费/万元	64（2）	20（3）	60（3）	0（3）	2 775.51（1）
	主持人数/人	1（1）	1（1）	1（2）	0（3）	4（1）
金属基复合材料与结构功能一体化	项目数/项	6（1）	4（2）	1（9）	6（1）	8（1）
	项目经费/万元	213（4）	530（2）	300（2）	701（1）	1 138（1）
	主持人数/人	6（1）	4（2）	1（8）	6（1）	7（1）
金属材料	项目数/项	1（1）	1（1）	0（1）	0（1）	1（1）
	项目经费/万元	2.84（1）	12（1）	0（1）	0（1）	1 050（1）
	主持人数/人	1（1）	1（1）	0（1）	0（1）	1（1）
材料冶金加工	项目数/项	11（1）	4（5）	7（3）	21（1）	13（2）
	项目经费/万元	524（1）	165（5）	880（1）	1 113（1）	937（2）
	主持人数/人	11（1）	4（5）	7（3）	21（1）	13（2）
材料冶金过程工程	项目数/项	4（2）	4（3）	1（4）	2（3）	5（2）
	项目经费/万元	161（2）	162（3）	60（3）	95.35（3）	569（1）
	主持人数/人	4（2）	4（3）	1（4）	2（3）	5（2）

续表

领域	指标	2015年	2016年	2017年	2018年	2019年
金属材料的腐蚀与防护	项目数/项	6（2）	3（2）	9（1）	6（2）	7（1）
	项目经费/万元	353（2）	180（2）	691（1）	325（1）	478（1）
	主持人数/人	6（2）	3（2）	8（1）	6（2）	7（1）
矿物工程与物质分离	项目数/项	2（5）	1（9）	3（4）	1（8）	2（8）
	项目经费/万元	127（5）	20（12）	180（5）	60（8）	360（4）
	主持人数/人	2（5）	1（8）	3（4）	1（8）	2（8）
机器人学与智能系统	项目数/项	0（1）	0（1）	0（1）	2（6）	2（7）
	项目经费/万元	0（1）	0（1）	0（1）	85（8）	332（6）
	主持人数/人	0（1）	0（1）	0（1）	2（6）	2（7）
矿业与冶金工程	项目数/项	5（1）	5（1）	4（2）	5（1）	2（2）
	项目经费/万元	454（2）	266（2）	374（2）	461（3）	315（3）
	主持人数/人	5（1）	5（1）	4（2）	5（1）	2（2）
功能陶瓷	项目数/项	0（8）	0（9）	1（3）	0（4）	1（2）
	项目经费/万元	0（8）	0（9）	25（4）	0（4）	305（2）
	主持人数/人	0（8）	0（9）	1（3）	0（4）	1（2）

资料来源：科技大数据湖北省重点实验室、中国产业智库大数据中心

表 4-74　2009～2019 年北京科技大学 SCI 论文总量分布及 2019 年 ESI 排名

序号	研究领域	SCI 发文量/篇	被引次数/次	篇均被引/次	高被引论文/篇	ESI 全球排名
全校合计		22 342	244 052	10.92	273	681
1	化学	3 572	55 617	15.57	55	248
2	计算机科学	856	7 468	8.72	25	247
3	工程科学	3 311	31 032	9.37	70	193
4	环境生态学	574	4 736	8.25	3	1 058
5	材料科学	10 346	112 121	10.84	77	52

资料来源：科技大数据湖北省重点实验室、中国产业智库大数据中心

4.2.37　南开大学

2019 年，南开大学的基础研究竞争力指数为 25.1313，全国排名第 37 位。争取国家自然科学基金项目总数为 242 项，全国排名第 34 位；项目经费总额为 17 727.9 万元，全国排名第 27 位；争取国家自然科学基金项目经费金额大于 1000 万元的学科共有 2 个，组织工程与再生医学、电化学能源化学和数理统计争取国家自然科学基金项目经费全国排名第 1 位（图 4-37）；组织工程与再生医学、电化学能源化学、光学、配位合成化学、元素化学、网络与系统安全、其他有机高分子功能材料、污染物行为过程及其环境效应、数理统计、理论与计算化学争取国家自然科学基金项目经费与 2018 年相比呈上升趋势（表 4-75）。SCI 论文数 2250 篇，全国排名第 49 位；13 学科入选 ESI 全球 1%（表 4-76）。发明专利申请量 474 件，全国排名第 200 位。

截至 2020 年 1 月，南开大学共有 26 个专业学院。南开大学设有本科专业 92 个，一级学科硕士学位授权点 11 个，一级学科博士学位授权点 31 个，博士后科研流动站 28 个，一级学

科国家重点学科6个（覆盖35个二级学科），二级学科国家重点学科9个。南开大学有全日制在校本科生16 372人，硕士研究生8322人，博士研究生3863人；专任教师2162人，其中，教授864人，副教授840人，中国科学院院士11人，中国工程院院士3人，“万人计划”领军人才23人、青年拔尖人才11人，“长江学者奖励计划”特聘教授43人、青年学者16人，国家有突出贡献专家19人，“国家百千万人才工程”入选者28人，“新世纪优秀人才支持计划”入选者159人，国家重点研发计划项目负责人17人，国家级教学名师7人，国家自然科学基金杰出青年科学基金获得者54人，国家自然科学基金优秀青年科学基金获得者34人，国家级教学团队9个[37]。

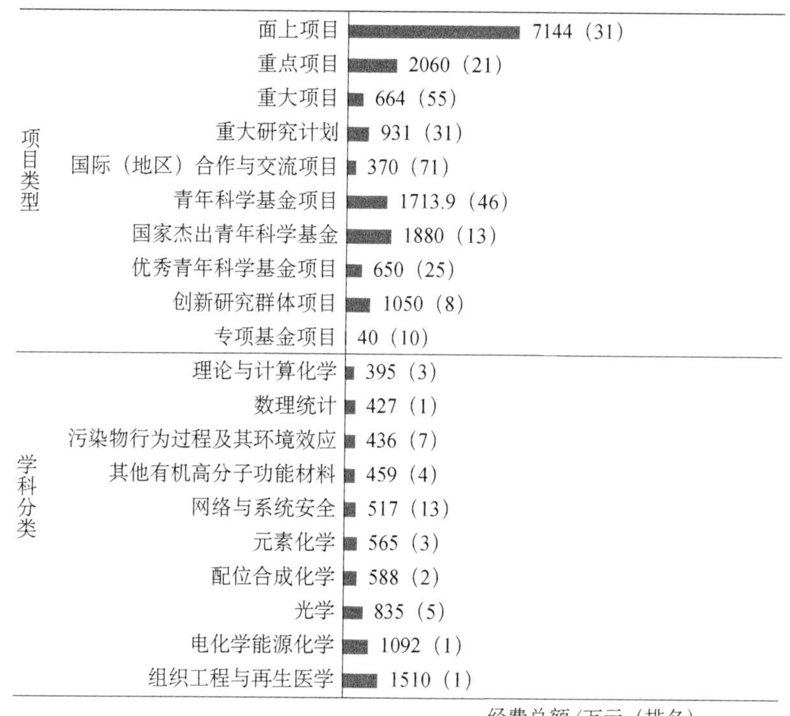

图4-37　2019年南开大学争取国家自然科学基金项目经费数据

资料来源：科技大数据湖北省重点实验室、中国产业智库大数据中心

表4-75　2015～2019年南开大学争取国家自然科学基金项目经费十强学科变化趋势及指标

领域	指标	2015年	2016年	2017年	2018年	2019年
全部	项目数/项	169（42）	188（39）	189（40）	229（35）	242（34）
	项目经费/万元	12 434.15（31）	12 001.8（31）	13 415（37）	15 344.6（27）	17 727.9（27）
	主持人数/人	168（40）	183（39）	183（41）	224（35）	238（34）
组织工程与再生医学	项目数/项	2（1）	3（1）	1（1）	1（1）	4（1）
	项目经费/万元	404（1）	141（1）	55（1）	57（1）	1 510（1）
	主持人数/人	2（1）	3（1）	1（1）	1（1）	4（1）
电化学能源化学	项目数/项	0（1）	0（1）	0（2）	6（1）	5（3）
	项目经费/万元	0（1）	0（1）	0（2）	695.5（1）	1 092（1）
	主持人数/人	0（1）	0（1）	0（2）	6（1）	5（3）

续表

领域	指标	2015 年	2016 年	2017 年	2018 年	2019 年
光学	项目数/项	12（2）	8（4）	10（4）	10（4）	9（4）
	项目经费/万元	951（2）	557（7）	927（4）	452.7（10）	835（5）
	主持人数/人	12（2）	8（4）	9（5）	10（4）	9（4）
配位合成化学	项目数/项	0（1）	1（2）	3（2）	3（2）	6（2）
	项目经费/万元	0（1）	80（1）	155（2）	131.5（3）	588（2）
	主持人数/人	0（1）	1（2）	3（2）	3（2）	6（2）
元素化学	项目数/项	0（3）	0（5）	0（7）	4（1）	4（1）
	项目经费/万元	0（3）	0（5）	0（7）	259（1）	565（3）
	主持人数/人	0（3）	0（5）	0（7）	4（1）	4（1）
网络与系统安全	项目数/项	2（22）	1（25）	2（24）	1（24）	4（16）
	项目经费/万元	127（19）	20（40）	49（31）	26（28）	517（10）
	主持人数/人	2（22）	1（25）	2（24）	1（24）	4（16）
其他有机高分子功能材料	项目数/项	0（5）	6（3）	4（3）	4（4）	3（4）
	项目经费/万元	0（5）	688（1）	205（4）	209（4）	459（3）
	主持人数/人	0（5）	6（3）	4（3）	4（4）	3（4）
污染物行为过程及其环境效应	项目数/项	0（1）	0（1）	0（2）	0（2）	3（8）
	项目经费/万元	0（1）	0（1）	0（2）	0（2）	436（6）
	主持人数/人	0（1）	0（1）	0（2）	0（2）	3（8）
数理统计	项目数/项	2（4）	3（1）	4（1）	3（2）	6（1）
	项目经费/万元	68（5）	398（1）	145（2）	158（3）	427（1）
	主持人数/人	2（4）	2（3）	4（1）	3（2）	6（1）
理论与计算化学	项目数/项	0（4）	1（2）	6（1）	0（5）	3（1）
	项目经费/万元	0（4）	65（2）	309（1）	0（5）	395（2）
	主持人数/人	0（4）	1（2）	6（1）	0（5）	3（1）

资料来源：科技大数据湖北省重点实验室、中国产业智库大数据中心

表 4-76　2009～2019 年南开大学 SCI 论文总量分布及 2019 年 ESI 排名

序号	研究领域	SCI 发文量/篇	被引次数/次	篇均被引/次	高被引论文/篇	ESI 全球排名
	全校合计	26 125	467 495	17.89	547	371
1	农业科学	307	4 556	14.84	1	533
2	生物与生化	1 357	20 429	15.05	11	477
3	化学	8 581	185 613	21.63	185	37
4	临床医学	938	11 429	12.18	5	2 162
5	计算机科学	439	4 042	9.21	18	487
6	工程科学	1 447	18 275	12.63	33	348
7	环境生态学	1 236	22 890	18.52	17	285
8	材料科学	2 572	76 498	29.74	125	94
9	数学	1 805	9 954	5.51	26	84
10	分子生物与基因	742	18 252	24.60	6	731
11	药理学与毒物学	480	7 637	15.91	5	511
12	物理学	3 374	46 544	13.79	77	446
13	植物与动物科学	629	3 573	5.68	5	1 194

资料来源：科技大数据湖北省重点实验室、中国产业智库大数据中心

4.2.38 西安电子科技大学

2019年，西安电子科技大学的基础研究竞争力指数为24.4456，全国排名第38位。争取国家自然科学基金项目总数为181项，全国排名第46位；项目经费总额为11 027.58万元，全国排名第59位；争取国家自然科学基金项目经费金额大于1000万元的学科有1个，信息安全和空天通信争取国家自然科学基金项目经费全国排名第1位（图4-38）；信息安全，雷达原理与技术，半导体电子器件与集成，集成电路设计，生物、医学光学与光子学，计算机网络，机器学习，复杂性科学与人工智能理论，空天通信，集成电路器件、制造与封装争取国家自然科学基金项目经费与2018年相比呈上升趋势（表4-77）。SCI论文数2509篇，全国排名第39位；3个学科入选ESI全球1%（表4-78）。发明专利申请量1939件，全国排名第27位。

截至2020年6月，西安电子科技大学共有18个学院（部）。西安电子科技大学设有本科专业63个，一级学科硕士学位授权点26个，一级学科博士学位授权点14个，博士后科研流动站9个，一级学科国家重点学科2个，二级学科国家重点学科1个。西安电子科技大学有全日制在校本科生22 236人，硕士研究生10 460人，博士研究生2262人；专任教师2200余人，其中，中国科学院院士、中国工程院院士（含双聘）19人，“万人计划”入选者25人（含“青年拔尖人才计划”入选者6人），“长江学者奖励计划”入选者33人（含青年学者4人），“新世纪优秀人才支持计划”入选者52人，“国家百千万人才工程”入选者11人，国家级教学名师4人，国家自然科学基金杰出青年科学基金获得者15人，国家自然科学基金优秀青年科学

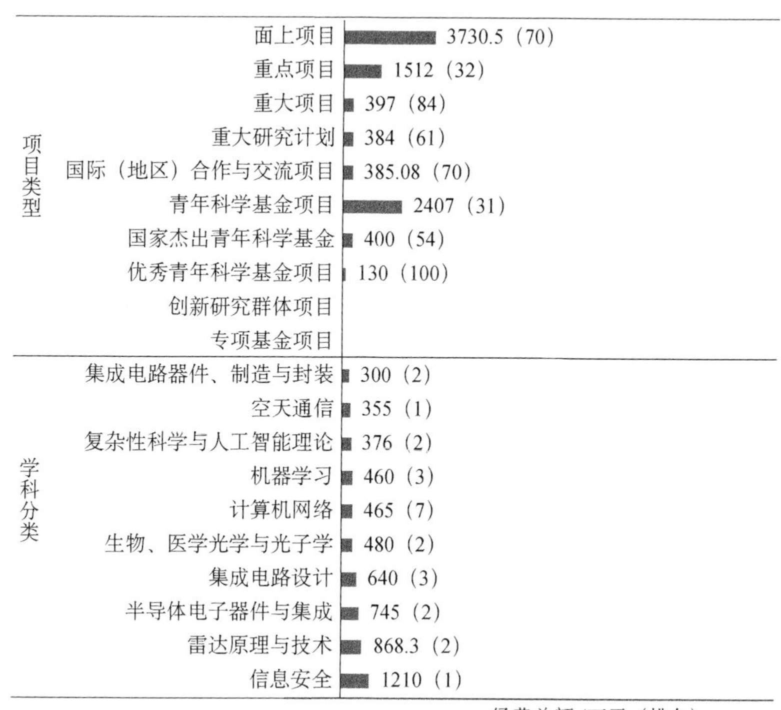

图4-38 2019年西安电子科技大学争取国家自然科学基金项目经费数据

资料来源：科技大数据湖北省重点实验室、中国产业智库大数据中心

基金获得者 13 人，国家级教学团队 6 个，教育部“创新团队发展计划”6 个，国家自然科学基金委员会创新研究群体 1 个[38]。

表 4-77　2015～2019 年西安电子科技大学争取国家自然科学基金项目经费十强学科变化趋势及指标

领域	指标	2015 年	2016 年	2017 年	2018 年	2019 年
全部	项目数/项	144（59）	148（54）	171（51）	155（58）	181（46）
	项目经费/万元	6 803.67（73）	8 510.05（55）	8 370.5（68）	7 550.5（67）	11 027.58（59）
	主持人数/人	141（58）	147（52）	171（49）	154（59）	178（46）
信息安全	项目数/项	0（4）	0（2）	0（3）	2（12）	12（1）
	项目经费/万元	0（4）	0（2）	0（3）	47（13）	1 210（1）
	主持人数/人	0（4）	0（2）	0（3）	2（12）	12（1）
雷达原理与技术	项目数/项	8（2）	11（1）	9（1）	7（2）	13（1）
	项目经费/万元	674（1）	1 490（1）	409（1）	613（1）	868.3（2）
	主持人数/人	8（2）	11（1）	9（1）	7（2）	13（1）
半导体电子器件与集成	项目数/项	5（1）	6（1）	7（1）	5（1）	8（1）
	项目经费/万元	238（2）	160（1）	323（1）	198（2）	745（2）
	主持人数/人	5（1）	6（1）	7（1）	5（1）	8（1）
集成电路设计	项目数/项	8（1）	6（1）	2（1）	7（1）	8（1）
	项目经费/万元	340（1）	791（1）	88（2）	552（1）	640（1）
	主持人数/人	8（1）	6（1）	2（1）	7（1）	8（1）
生物、医学光学与光子学	项目数/项	0（1）	0（1）	0（1）	0（1）	3（1）
	项目经费/万元	0（1）	0（1）	0（1）	0（1）	480（2）
	主持人数/人	0（1）	0（1）	0（1）	0（1）	3（1）
计算机网络	项目数/项	3（2）	10（2）	9（2）	2（6）	6（3）
	项目经费/万元	110（5）	375（2）	388（3）	54（10）	465（4）
	主持人数/人	3（2）	10（2）	9（2）	2（6）	6（3）
机器学习	项目数/项	0（1）	0（1）	0（1）	9（2）	9（1）
	项目经费/万元	0（1）	0（1）	0（1）	416（2）	460（3）
	主持人数/人	0（1）	0（1）	0（1）	9（2）	9（1）
复杂性科学与人工智能理论	项目数/项	0（1）	0（1）	0（1）	2（2）	4（1）
	项目经费/万元	0（1）	0（1）	0（1）	344（1）	376（2）
	主持人数/人	0（1）	0（1）	0（1）	2（2）	4（1）
空天通信	项目数/项	3（1）	3（1）	3（1）	2（1）	2（1）
	项目经费/万元	167（1）	369（1）	80（2）	129（1）	355（1）
	主持人数/人	3（1）	3（1）	3（1）	2（1）	2（1）
集成电路器件、制造与封装	项目数/项	1（2）	1（2）	1（2）	1（2）	1（3）
	项目经费/万元	65（2）	130（2）	25（2）	63（2）	300（1）
	主持人数/人	1（2）	1（2）	1（2）	1（2）	1（3）

资料来源：科技大数据湖北省重点实验室、中国产业智库大数据中心

表 4-78 2009～2019 年西安电子科技大学 SCI 论文总量分布及 2019 年 ESI 排名

序号	研究领域	SCI 发文量/篇	被引次数/次	篇均被引/次	高被引论文/篇	ESI 全球排名
全校合计		17 190	126 372	7.35	187	1 152
1	计算机科学	3 878	31 143	8.03	76	24
2	工程科学	6 784	49 664	7.32	80	94
3	地球科学	853	7 878	9.24	2	657

资料来源：科技大数据湖北省重点实验室、中国产业智库大数据中心

4.2.39 南昌大学

2019 年，南昌大学的基础研究竞争力指数为 23.7843，全国排名第 39 位。争取国家自然科学基金项目总数为 289 项，全国排名第 28 位；项目经费总额为 13 154 万元，全国排名第 48 位；争取国家自然科学基金项目经费金额大于 2000 万元的学科有 1 个，无机与纳米材料化学、神经症和应激相关障碍争取国家自然科学基金项目经费全国排名第 1 位（图 4-39）；无机与纳米材料化学，神经症和应激相关障碍，神经科学，心肌细胞/血管细胞损伤、修复、重构和再生，食品营养学，神经系统肿瘤（含特殊感受器肿瘤）争取国家自然科学基金项目经费与 2018 年相比呈上升趋势（表 4-79）。SCI 论文数 2287 篇，全国排名第 46 位；7 个学科入选 ESI 全球 1%（表 4-80）。发明专利申请量 471 件，全国排名 202 位。

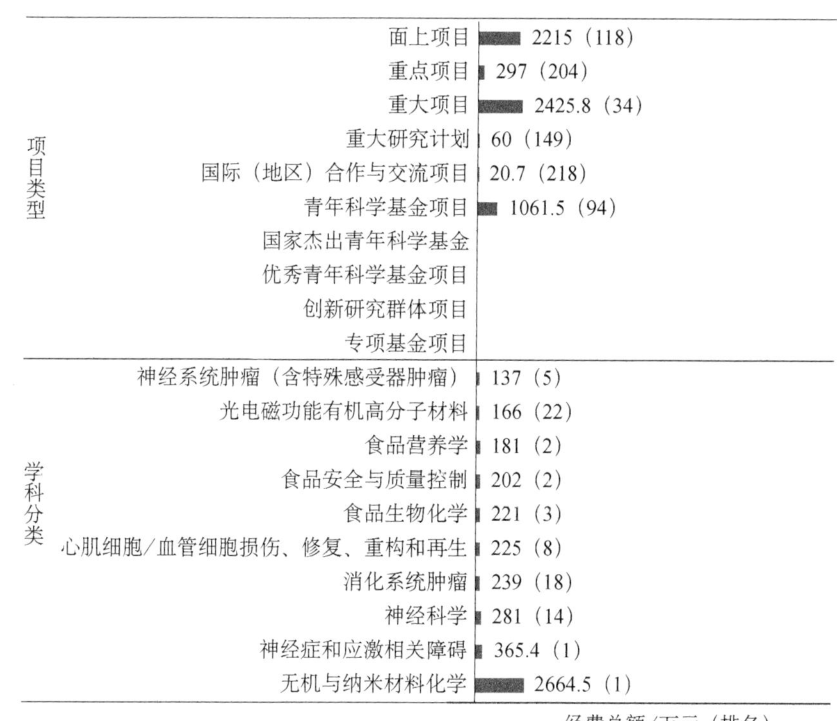

图 4-39 2019 年南昌大学争取国家自然科学基金项目经费数据

资料来源：科技大数据湖北省重点实验室、中国产业智库大数据中心

截至2019年11月，南昌大学设有33个学院，5家附属医院。南昌大学设有本科专业126个，一级学科硕士学位授权点47个，一级学科博士学位授权点15个，博士后科研流动站11个，国家重点（培育）学科3个。南昌大学有全日制本科生34 753人，研究生14 980人，留学生1492人；专任教师2524人，其中，正、副教授1461人，中国科学院院士1人，“万人计划”领军人才7人、青年拔尖人才1人，“长江学者奖励计划”特聘教授5人、特聘讲座教授1人，“新世纪优秀人才支持计划”入选者12人，“国家百千万人才工程”入选者13人，中国科学院率先行动“百人计划”入选者1人，国家自然科学基金杰出青年科学基金获得者5人、国家自然科学基金优秀青年科学基金获得者2人[39]。

表4-79　2015～2019年南昌大学争取国家自然科学基金项目经费十强学科变化趋势及指标

领域	指标	2015年	2016年	2017年	2018年	2019年
全部	项目数/项	200（33）	251（26）	273（25）	257（26）	289（28）
	项目经费/万元	8 069.28（66）	9 522.19（48）	10 723.7（50）	10 481.6（44）	13 154（48）
	主持人数/人	194（34）	247（26）	270（25）	254（26）	282（28）
无机与纳米材料化学	项目数/项	0（3）	0（2）	1（2）	1（4）	9（1）
	项目经费/万元	0（3）	0（2）	39（6）	40（5）	2 664.5（1）
	主持人数/人	0（3）	0（2）	1（2）	1（4）	6（2）
神经症和应激相关障碍	项目数/项	0（2）	1（1）	1（1）	0（1）	3（1）
	项目经费/万元	0（2）	17（2）	54（1）	0（1）	365.4（1）
	主持人数/人	0（2）	1（1）	1（1）	0（1）	3（1）
神经科学	项目数/项	0（8）	1（5）	0（5）	0（6）	6（5）
	项目经费/万元	0（8）	38（8）	0（5）	0（6）	281（10）
	主持人数/人	0（8）	1（5）	0（5）	0（6）	6（5）
消化系统肿瘤	项目数/项	6（9）	6（9）	6（6）	10（6）	7（8）
	项目经费/万元	234（9）	225（9）	202（7）	339（7）	239（12）
	主持人数/人	6（9）	6（9）	6（6）	10（6）	7（8）
心肌细胞/血管细胞损伤、修复、重构和再生	项目数/项	6（2）	1（10）	4（2）	5（3）	6（2）
	项目经费/万元	194（2）	65（10）	138（3）	175（4）	225（3）
	主持人数/人	6（2）	1（10）	4（2）	5（3）	6（2）
食品生物化学	项目数/项	2（4）	3（2）	5（3）	6（3）	5（2）
	项目经费/万元	83（5）	98（5）	198（3）	537（1）	221（3）
	主持人数/人	2（4）	3（2）	5（3）	6（3）	5（2）
食品安全与质量控制	项目数/项	2（1）	6（1）	4（2）	6（1）	5（1）
	项目经费/万元	86（1）	256（1）	185（3）	250（1）	202（2）
	主持人数/人	2（1）	6（1）	4（2）	6（1）	5（1）
食品营养学	项目数/项	4（1）	2（1）	2（1）	3（1）	4（1）
	项目经费/万元	167（1）	82（1）	62（1）	145（1）	181（2）
	主持人数/人	4（1）	2（1）	2（1）	3（1）	4（1）
光电磁功能有机高分子材料	项目数/项	2（6）	4（7）	2（12）	4（6）	4（7）
	项目经费/万元	79（9）	206（6）	75（15）	406（5）	166（13）
	主持人数/人	2（6）	4（7）	2（12）	4（6）	4（7）

续表

领域	指标	2015年	2016年	2017年	2018年	2019年
神经系统肿瘤（含特殊感受器肿瘤）	项目数/项	3（1）	1（3）	4（1）	2（3）	4（2）
	项目经费/万元	111（1）	34（4）	134（3）	68（3）	137（2）
	主持人数/人	3（1）	1（3）	4（1）	2（3）	4（2）

资料来源：科技大数据湖北省重点实验室、中国产业智库大数据中心

表4-80　2009～2019年南昌大学SCI论文总量分布及2019年ESI排名

序号	研究领域	SCI发文量/篇	被引次数/次	篇均被引/次	高被引论文/篇	ESI全球排名
	全校合计	14 265	140 277	9.83	169	1 067
1	农业科学	968	14 348	14.82	41	137
2	生物与生化	996	10 000	10.04	5	815
3	化学	2 369	29 179	12.32	28	507
4	临床医学	2 661	20 889	7.85	22	1459
5	工程科学	896	7 432	8.29	19	791
6	材料科学	1 360	15 400	11.32	16	513
7	药理学与毒物学	607	5 192	8.55	5	698

资料来源：科技大数据湖北省重点实验室、中国产业智库大数据中心

4.2.40　武汉理工大学

2019年，武汉理工大学的基础研究竞争力指数为23.3308，全国排名第40位。争取国家自然科学基金项目总数为139项，全国排名第73位；项目经费总额为8354万元，全国排名第80位；争取国家自然科学基金项目经费金额大于1000万元的学科有1个，无机非金属类生物材料、无机非金属基复合材料、无机非金属能量转换与存储材料、偏微分方程争取国家自然科学基金项目经费全国排名第1位（图4-40）；无机非金属类生物材料、海洋工程、无机非金属基复合材料、无机非金属能量转换与存储材料、偏微分方程、机械设计与制造、资源管理与政策、岩土与基础工程争取国家自然科学基金项目经费与2018年相比呈上升趋势（表4-81）。SCI论文数2273篇，全国排名第47位；3个学科入选ESI全球1%（表4-82）。发明专利申请量1812件，全国排名第34位。

截至2019年11月，武汉理工大学共有25个学院（部）。武汉理工大学设有本科专业91个，一级学科硕士学位授权点46个，一级学科博士学位授权点19个，博士后科研流动站17个，一级学科国家重点学科2个，二级学科国家重点学科7个。武汉理工大学有普通本科生36 000余人，硕士研究生、博士研究生18 000余人，留学生1700余人；专任教师3243人，其中，教授794人，副教授1452人，中国科学院院士1人，中国工程院院士4人，“万人计划”入选者9人，国家级教学名师3人，“国家百千万人才工程”入选者12人，国家自然科学基金杰出青年科学基金获得者8人[40]。

	类别	经费总额/万元（排名）
项目类型	面上项目	4427（60）
	重点项目	860（73）
	重大项目	
	重大研究计划	420（57）
	国际（地区）合作与交流项目	926（25）
	青年科学基金项目	1186（83）
	国家杰出青年科学基金	400（54）
	优秀青年科学基金项目	130（100）
	创新研究群体项目	
	专项基金项目	
学科分类	钢铁冶金	172（9）
	岩土与基础工程	180（14）
	资源管理与政策	200（12）
	成形制造	205（13）
	机械设计与制造	250（2）
	偏微分方程	313（1）
	无机非金属能量转换与存储材料	325（1）
	无机非金属基复合材料	665（1）
	海洋工程	851（4）
	无机非金属类生物材料	1434（1）

图 4-40　2019 年武汉理工大学争取国家自然科学基金项目经费数据

资料来源：科技大数据湖北省重点实验室、中国产业智库大数据中心

表 4-81　2015～2019 年武汉理工大学争取国家自然科学基金项目经费十强学科变化趋势及指标

领域	指标	2015 年	2016 年	2017 年	2018 年	2019 年
全部	项目数/项	112（78）	139（61）	155（58）	130（78）	139（73）
	项目经费/万元	5 764.6（87）	6 142（79）	6 685.73（88）	6 324.9（86）	8 354（80）
	主持人数/人	112（78）	139（60）	153（57）	128（78）	137（72）
无机非金属类生物材料	项目数/项	0（7）	4（2）	3（5）	4（3）	14（1）
	项目经费/万元	0（7）	164（5）	110（8）	445（1）	1 434（1）
	主持人数/人	0（7）	4（2）	3（5）	4（3）	13（1）
海洋工程	项目数/项	13（2）	18（2）	18（2）	12（3）	15（3）
	项目经费/万元	653（2）	654（3）	818.78（2）	434（5）	851（4）
	主持人数/人	13（2）	18（2）	18（2）	12（3）	15（3）
无机非金属基复合材料	项目数/项	4（2）	2（2）	3（1）	3（1）	6（1）
	项目经费/万元	126（2）	124（2）	147（1）	147（2）	665（1）
	主持人数/人	4（2）	2（2）	3（1）	3（1）	6（1）
无机非金属能量转换与存储材料	项目数/项	4（1）	1（1）	0（5）	2（1）	2（1）
	项目经费/万元	126（1）	9（3）	0（5）	87（1）	325（1）
	主持人数/人	4（1）	1（1）	0（5）	2（1）	2（1）
偏微分方程	项目数/项	0（4）	4（1）	1（2）	2（2）	2（2）
	项目经费/万元	0（4）	44（6）	23（2）	73（3）	313（1）
	主持人数/人	0（4）	4（1）	1（2）	2（2）	2（2）

续表

领域	指标	2015年	2016年	2017年	2018年	2019年
机械设计与制造	项目数/项	0（1）	0（1）	0（1）	0（1）	1（1）
	项目经费/万元	0（1）	0（1）	0（1）	0（1）	250（2）
	主持人数/人	0（1）	0（1）	0（1）	0（1）	1（1）
成形制造	项目数/项	4（4）	5（3）	3（5）	8（2）	4（7）
	项目经费/万元	427（2）	142（5）	131（8）	306（2）	205（7）
	主持人数/人	4（4）	5（3）	3（5）	8（2）	4（7）
资源管理与政策	项目数/项	0（1）	0（1）	0（5）	0（7）	1（8）
	项目经费/万元	0（1）	0（1）	0（5）	0（7）	200（7）
	主持人数/人	0（1）	0（1）	0（5）	0（7）	1（7）
岩土与基础工程	项目数/项	4（7）	4（8）	5（9）	1（13）	3（11）
	项目经费/万元	150（7）	156（9）	191（9）	60（13）	180（11）
	主持人数/人	4（7）	4（8）	5（9）	1（13）	3（11）
钢铁冶金	项目数/项	5（2）	1（8）	3（6）	5（4）	4（6）
	项目经费/万元	144（4）	62（8）	111（7）	262（4）	172（9）
	主持人数/人	5（2）	1（8）	3（6）	5（4）	4（6）

资料来源：科技大数据湖北省重点实验室、中国产业智库大数据中心

表4-82　2009～2019年武汉理工大学SCI论文总量分布及2019年ESI排名

序号	研究领域	SCI发文量/篇	被引次数/次	篇均被引/次	高被引论文/篇	ESI全球排名
	全校合计	14 632	224 616	15.35	375	725
1	化学	2 824	80 770	28.60	154	145
2	工程科学	3 098	23 623	7.63	41	277
3	材料科学	5 283	87 628	16.59	133	77

资料来源：科技大数据湖北省重点实验室、中国产业智库大数据中心

4.2.41　上海大学

2019年，上海大学的基础研究竞争力指数为22.6356，全国排名第41位。争取国家自然科学基金项目总数为164项，全国排名第53位；项目经费总额为11 597.12万元，全国排名第56位；争取国家自然科学基金项目经费金额大于2000万元的学科有1个，自然语言处理和代数学争取国家自然科学基金项目经费全国排名第1位（图4-41）；自然语言处理、金属材料使役行为与表面工程、代数学、生物力学、多媒体通信、光学和材料冶金过程工程争取国家自然科学基金项目经费与2018年相比呈上升趋势（表4-83）。SCI论文数2439篇，全国排名第41位；9个学科入选ESI全球1%（表4-84）。发明专利申请量1011件，全国排名第78位。

截至2019年9月，上海大学共有29个学院、1个学部（筹）和2个校管系。上海大学设有本科专业86个，一级学科硕士学位授权点42个，一级学科博士学位授权点24个，博士后科研流动站19个，国家重点学科4个。上海大学有全日制本科生20 406人，研究生16 464人；专任教师3155人，其中，教授722人，副教授1102人，中国科学院院士、中国工程院院士6人，“万人计划”入选者8人，“长江学者奖励计划”特聘教授11人、讲座教授4人、青

年学者5人，“国家百千万人才工程”入选者9人，国家自然科学基金杰出青年科学基金获得者20人，国家自然科学基金优秀青年科学基金获得者16人[41]。

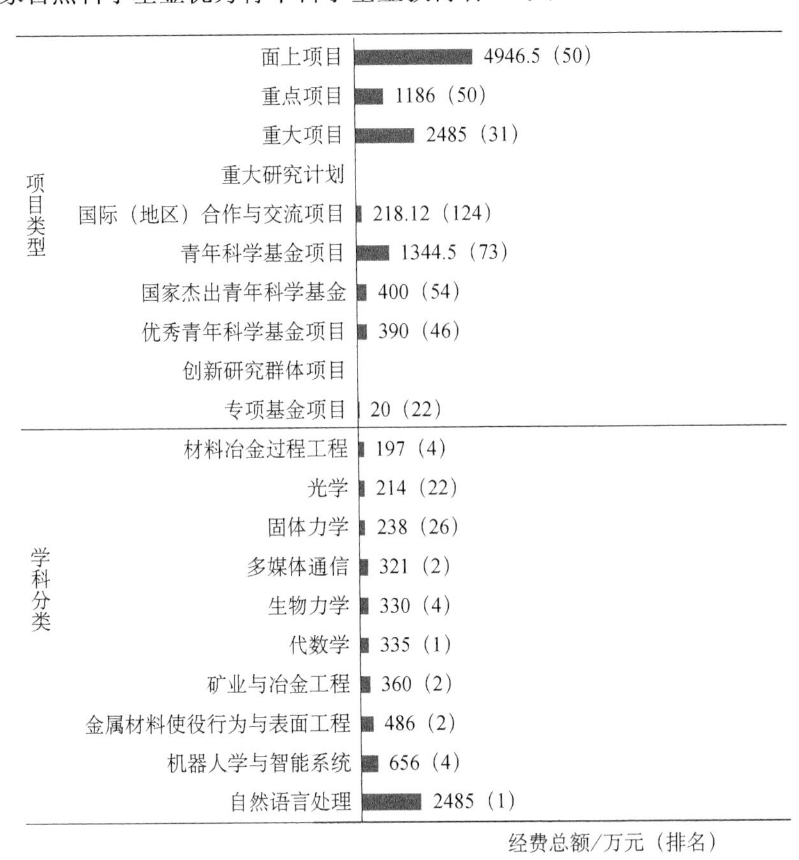

图4-41 2019年上海大学争取国家自然科学基金项目经费数据

资料来源：科技大数据湖北省重点实验室、中国产业智库大数据中心

表4-83 2015～2019年上海大学争取国家自然科学基金项目经费十强学科变化趋势及指标

领域	指标	2015年	2016年	2017年	2018年	2019年
全部	项目数/项	157（52）	165（44）	144（67）	156（57）	164（53）
	项目经费/万元	8 759.8（57）	11 112.3（36）	7 954（72）	9 303.12（52）	11 597.12（56）
	主持人数/人	156（51）	162（44）	142（66）	155（57）	163（52）
自然语言处理	项目数/项	0（1）	0（1）	0（1）	0（4）	2（2）
	项目经费/万元	0（1）	0（1）	0（1）	0（4）	2 485（1）
	主持人数/人	0（1）	0（1）	0（1）	0（4）	1（5）
机器人学与智能系统	项目数/项	0（1）	0（1）	0（1）	6（2）	7（2）
	项目经费/万元	0（1）	0（1）	0（1）	1 164.75（2）	656（4）
	主持人数/人	0（1）	0（1）	0（1）	6（2）	7（2）
金属材料使役行为与表面工程	项目数/项	1（4）	3（1）	2（3）	2（2）	3（2）
	项目经费/万元	21（5）	180（1）	240（1）	120（1）	486（2）
	主持人数/人	1（4）	3（1）	2（3）	2（2）	3（2）

续表

领域	指标	2015年	2016年	2017年	2018年	2019年
矿业与冶金工程	项目数/项	1（4）	1（4）	3（3）	4（2）	2（2）
	项目经费/万元	260（3）	54（4）	340（3）	683（1）	360（2）
	主持人数/人	1（4）	1（4）	3（3）	4（2）	2（2）
代数学	项目数/项	1（3）	2（2）	3（1）	2（1）	3（1）
	项目经费/万元	50（3）	96（2）	114（1）	98（1）	335（1）
	主持人数/人	1（3）	2（2）	3（1）	2（1）	3（1）
生物力学	项目数/项	1（2）	0（4）	1（2）	1（1）	1（5）
	项目经费/万元	58（1）	0（4）	56（4）	63（1）	330（1）
	主持人数/人	1（2）	0（4）	1（2）	1（1）	1（5）
多媒体通信	项目数/项	1（1）	3（1）	0（1）	0（1）	2（1）
	项目经费/万元	67（1）	246（1）	0（1）	0（1）	321（1）
	主持人数/人	1（1）	3（1）	0（1）	0（1）	2（1）
固体力学	项目数/项	2（24）	7（10）	4（16）	6（11）	5（15）
	项目经费/万元	43（28）	337（13）	136（22）	407（13）	238（20）
	主持人数/人	2（24）	7（10）	4（16）	6（11）	5（15）
光学	项目数/项	2（13）	2（16）	4（8）	1（21）	4（16）
	项目经费/万元	82（17）	88（18）	193（9）	26（27）	214（16）
	主持人数/人	2（13）	2（16）	4（8）	1（21）	4（16）
材料冶金过程工程	项目数/项	2（4）	3（4）	2（3）	0（7）	5（2）
	项目经费/万元	83（4）	101（4）	50（5）	0（7）	197（4）
	主持人数/人	2（4）	3（4）	2（3）	0（7）	5（2）

资料来源：科技大数据湖北省重点实验室、中国产业智库大数据中心

表 4-84　2009～2019 年上海大学 SCI 论文总量分布及 2019 年 ESI 排名

序号	研究领域	SCI 发文量/篇	被引次数/次	篇均被引/次	高被引论文/篇	ESI 全球排名
	全校合计	20 103	228 068	11.34	267	719
1	生物与生化	530	8 407	15.86	2	931
2	化学	3 749	58 495	15.60	60	226
3	计算机科学	932	7 958	8.54	16	225
4	工程科学	3 525	30 173	8.56	57	204
5	环境生态学	533	6 583	12.35	12	842
6	材料科学	4 295	55 030	12.81	43	153
7	数学	1 310	7 162	5.47	28	148
8	物理学	3 192	31 532	9.88	31	597
9	社会科学	207	1 714	8.28	3	1 543

资料来源：科技大数据湖北省重点实验室、中国产业智库大数据中心

4.2.42　广东工业大学

2019 年，广东工业大学的基础研究竞争力指数为 22.4524，全国排名第 42 位。争取国家

自然科学基金项目总数为160项，全国排名第59位；项目经费总额为10 901.78万元，全国排名第60位；争取国家自然科学基金项目经费金额大于2000万元的学科有1个，计算机科学争取国家自然科学基金项目经费全国排名第1位（图4-42）；计算机科学、光子与光电子器件、污染物行为过程及其环境效应、传输与交换光子器件、无机非金属类生物材料、非线性光学、有机高分子功能材料化学、电化学能源化学、自然语言处理和人工智能驱动的自动化争取国家自然科学基金项目经费与2018年相比呈上升趋势（表4-85）。SCI论文数1337篇，全国排名第86位；5个学科入选ESI全球1%（表4-86）。发明专利申请量2543件，全国排名第19位。

截至2020年5月，广东工业大学共有20个学院、4个公共课教学部（中心）。广东工业大学设有本科专业81个，一级学科硕士学位授权点23个，一级学科博士学位授权点7个，博士后科研流动站6个。广东工业大学有全日制在校本科生36 000余人，研究生7000余人；专任教师2000余人，其中，教授400余人，副教授约700人，中国科学院院士2人，中国工程院院士4人，"新世纪百千万人才工程"、"新世纪优秀人才支持计划"、国家自然科学基金杰出青年科学基金获得者、国家自然科学基金优秀青年科学基金获得者等国家级人才共100余人[42]。

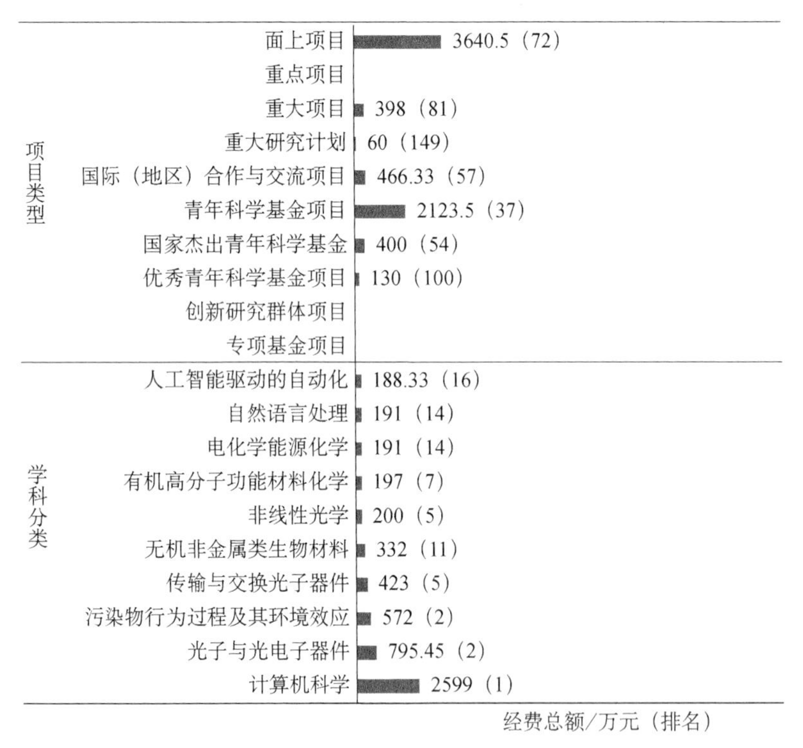

图4-42 2019年广东工业大学争取国家自然科学基金项目经费数据

资料来源：科技大数据湖北省重点实验室、中国产业智库大数据中心

表4-85 2015～2019年广东工业大学争取国家自然科学基金项目经费十强学科变化趋势及指标

领域	指标	2015年	2016年	2017年	2018年	2019年
全部	项目数/项	66（141）	114（80）	128（81）	153（61）	160（59）
	项目经费/万元	3 279.6（153）	4 801.9（108）	6 108.6（93）	5 305.9（102）	10 901.78（60）
	主持人数/人	66（136）	113（79）	127（82）	151（61）	158（58）

续表

领域	指标	2015 年	2016 年	2017 年	2018 年	2019 年
计算机科学	项目数/项	0（3）	1（2）	0（4）	0（3）	1（2）
	项目经费/万元	0（3）	450（2）	0（4）	0（3）	2 599（1）
	主持人数/人	0（3）	1（2）	0（4）	0（3）	1（2）
光子与光电子器件	项目数/项	1（3）	1（4）	1（3）	2（3）	1（5）
	项目经费/万元	20（4）	60（3）	25（5）	44（4）	795.45（2）
	主持人数/人	1（3）	1（4）	1（3）	2（3）	1（5）
污染物行为过程及其环境效应	项目数/项	0（1）	0（1）	0（2）	0（2）	5（4）
	项目经费/万元	0（1）	0（1）	0（2）	0（2）	572（2）
	主持人数/人	0（1）	0（1）	0（2）	0（2）	5（3）
传输与交换光子器件	项目数/项	0（6）	0（5）	1（5）	2（3）	2（5）
	项目经费/万元	0（6）	0（5）	21（6）	86（3）	423（3）
	主持人数/人	0（6）	0（5）	1（5）	2（3）	2（5）
无机非金属类生物材料	项目数/项	0（7）	1（7）	0（19）	1（17）	3（9）
	项目经费/万元	0（7）	20（11）	0（19）	25（21）	332（8）
	主持人数/人	0（7）	1（7）	0（19）	1（17）	3（9）
非线性光学	项目数/项	0（3）	0（2）	0（3）	0（2）	1（3）
	项目经费/万元	0（3）	0（2）	0（3）	0（2）	200（3）
	主持人数/人	0（3）	0（2）	0（3）	0（2）	1（3）
有机高分子功能材料化学	项目数/项	0（4）	0（3）	0（5）	1（3）	3（3）
	项目经费/万元	0（4）	0（3）	0（5）	25（4）	197（3）
	主持人数/人	0（4）	0（3）	0（5）	1（3）	3（3）
电化学能源化学	项目数/项	0（1）	0（1）	0（2）	0（14）	6（1）
	项目经费/万元	0（1）	0（1）	0（2）	0（14）	191（5）
	主持人数/人	0（1）	0（1）	0（2）	0（14）	6（1）
自然语言处理	项目数/项	0（1）	0（1）	0（1）	1（1）	2（2）
	项目经费/万元	0（1）	0（1）	0（1）	62（2）	191（7）
	主持人数/人	0（1）	0（1）	0（1）	1（1）	2（2）
人工智能驱动的自动化	项目数/项	0（1）	0（1）	0（1）	1（4）	5（3）
	项目经费/万元	0（1）	0（1）	0（1）	25（6）	188.33（10）
	主持人数/人	0（1）	0（1）	0（1）	1（4）	5（2）

资料来源：科技大数据湖北省重点实验室、中国产业智库大数据中心

表 4-86　2009～2019 年广东工业大学 SCI 论文总量分布及 2019 年 ESI 排名

序号	研究领域	SCI 发文量/篇	被引次数/次	篇均被引/次	高被引论文/篇	ESI 全球排名
	全校合计	8 259	73 384	8.89	185	1 682
1	化学	1 424	14 248	10.01	15	900
2	计算机科学	635	6 956	10.95	39	271
3	工程科学	2 244	20 865	9.30	91	308
4	环境生态学	412	6 267	15.21	16	873
5	材料科学	1 725	13 723	7.96	12	559

资料来源：科技大数据湖北省重点实验室、中国产业智库大数据中心

4.2.43 暨南大学

2019 年，暨南大学的基础研究竞争力指数为 21.4323，全国排名第 43 位。争取国家自然科学基金项目总数为 273 项，全国排名第 32 位；项目经费总额为 11 587.34 万元，全国排名第 57 位；争取国家自然科学基金项目经费金额大于 400 万元的学科共有 2 个，中药药效物质、抗肿瘤药物药理和食品加工的生物学基础争取国家自然科学基金项目经费全国排名第 1 位(图 4-43)；中药药效物质、抗肿瘤药物药理、计算机网络、食品加工的生物学基础、神经科学、环境化学和环境地球化学争取国家自然科学基金项目经费与 2018 年相比呈上升趋势（表 4-87）。SCI 论文数 1843 篇，全国排名第 65 位；9 个学科入选 ESI 全球 1%（表 4-88）。发明专利申请量 512 件，全国排名第 180 位。

截至 2020 年 3 月，暨南大学共有 37 个学院和研究生院、本科生院，有 58 个系，有 20 个直属研究院（所）。暨南大学设有本科专业 98 个，一级学科硕士学位授权点 40 个，一级学科博士学位授权点 24 个，博士后科研流动站 19 个，国家二级重点学科 4 个。暨南大学有全日制本科生 27 487 人，研究生 12 056 人，在校华侨、港澳台和外国留学生 11 902 人；专任教师 2534 人，其中，教授 788 人，副教授 964 人，中国科学院院士、中国工程院院士（含双聘）7 人，“长江学者奖励计划”（含特聘教授、青年长江）学者 15 人，国家自然科学基金杰出青年科学基金和国家自然科学基金优秀青年科学基金获得者共 39 人[43]。

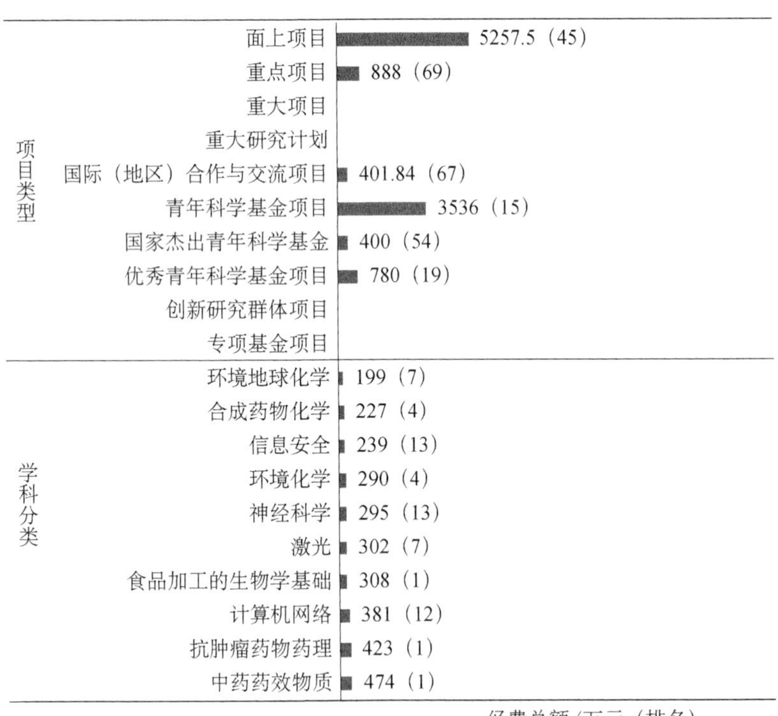

图 4-43 2019 年暨南大学争取国家自然科学基金项目经费数据

资料来源：科技大数据湖北省重点实验室、中国产业智库大数据中心

表 4-87　2015～2019 年暨南大学争取国家自然科学基金项目经费十强学科变化趋势及指标

领域	指标	2015 年	2016 年	2017 年	2018 年	2019 年
全部	项目数/项	131（68）	152（50）	242（31）	239（31）	273（32）
	项目经费/万元	6 408（79）	7 409.8（63）	10 436（53）	11 427.1（40）	11 587.34（57）
	主持人数/人	128（68）	151（50）	240（31）	237（31）	266（32）
中药药效物质	项目数/项	4（1）	1（6）	2（5）	0（13）	3（3）
	项目经费/万元	153（4）	58（7）	75（5）	0（13）	474（1）
	主持人数/人	4（1）	1（6）	2（5）	0（13）	3（2）
抗肿瘤药物药理	项目数/项	1（4）	2（3）	1（4）	3（3）	7（1）
	项目经费/万元	60（4）	71.3（3）	52（4）	99（3）	423（1）
	主持人数/人	1（4）	2（3）	1（4）	3（3）	6（1）
计算机网络	项目数/项	2（7）	3（3）	3（6）	1（10）	3（7）
	项目经费/万元	85（6）	87（5）	117（6）	59（9）	381（8）
	主持人数/人	2（7）	3（3）	3（6）	1（10）	3（7）
食品加工的生物学基础	项目数/项	0（11）	1（6）	2（4）	0（8）	5（1）
	项目经费/万元	0（11）	20（7）	85（5）	0（8）	308（1）
	主持人数/人	0（11）	1（6）	2（4）	0（8）	4（1）
激光	项目数/项	0（7）	1（4）	0（6）	1（4）	1（7）
	项目经费/万元	0（7）	20（6）	0（6）	568（1）	302（6）
	主持人数/人	0（7）	1（4）	0（6）	1（4）	1（7）
神经科学	项目数/项	0（8）	0（10）	0（5）	1（4）	5（7）
	项目经费/万元	0（8）	0（10）	0（5）	10（5）	295（9）
	主持人数/人	0（8）	0（10）	0（5）	1（4）	5（7）
环境化学	项目数/项	0（1）	0（1）	0（1）	0（1）	1（1）
	项目经费/万元	0（1）	0（1）	0（1）	0（1）	290（3）
	主持人数/人	0（1）	0（1）	0（1）	0（1）	1（1）
信息安全	项目数/项	0（4）	0（2）	0（3）	3（7）	4（3）
	项目经费/万元	0（4）	0（2）	0（3）	395（2）	239（8）
	主持人数/人	0（4）	0（2）	0（3）	3（7）	4（3）
合成药物化学	项目数/项	3（3）	1（4）	1（5）	4（2）	4（3）
	项目经费/万元	85.8（3）	52（5）	19（6）	372.5（2）	227（2）
	主持人数/人	3（3）	1（4）	1（5）	4（2）	4（3）
环境地球化学	项目数/项	0（1）	0（1）	0（1）	0（1）	5（3）
	项目经费/万元	0（1）	0（1）	0（1）	0（1）	199（6）
	主持人数/人	0（1）	0（1）	0（1）	0（1）	5（3）

资料来源：科技大数据湖北省重点实验室、中国产业智库大数据中心

表 4-88　2009～2019 年暨南大学 SCI 论文总量分布及 2019 年 ESI 排名

序号	研究领域	SCI 发文量/篇	被引次数/次	篇均被引/次	高被引论文/篇	ESI 全球排名
全校合计		16 174	162 067	10.02	164	959
1	农业科学	550	5 518	10.03	5	430
2	生物与生化	1 150	15 358	13.35	14	598

续表

序号	研究领域	SCI 发文量/篇	被引次数/次	篇均被引/次	高被引论文/篇	ESI 全球排名
3	化学	2 309	25 940	11.23	21	574
4	临床医学	2 552	21 290	8.34	10	1 443
5	工程科学	919	8 094	8.81	23	743
6	环境生态学	1 044	9 620	9.21	16	662
7	材料科学	1 334	20 491	15.36	21	394
8	药理学与毒物学	1 286	11 693	9.09	3	304
9	植物与动物科学	341	3 201	9.39	4	1 288

资料来源：科技大数据湖北省重点实验室、中国产业智库大数据中心

4.2.44 江南大学

2019 年，江南大学的基础研究竞争力指数为 21.4235，全国排名第 44 位。争取国家自然科学基金项目总数为 146 项，全国排名第 61 位；项目经费总额为 7145 万元，全国排名第 96 位；争取国家自然科学基金项目经费金额大于 500 万元的学科共有 2 个，食品微生物学和食品生物化学争取国家自然科学基金项目经费全国排名第 1 位（图 4-44）；人工智能驱动的自动化、食品生物化学、化学与生物传感、化学成像、农业水利与农村水利、网络与系统安全和工程结构争取国家自然科学基金项目经费与 2018 年相比呈上升趋势（表 4-89）。SCI 论文数 2174 篇，全国排名第 54 位；6 个学科入选 ESI 全球 1%（表 4-90）。发明专利申请量 1837 件，全国排名第 32 位。

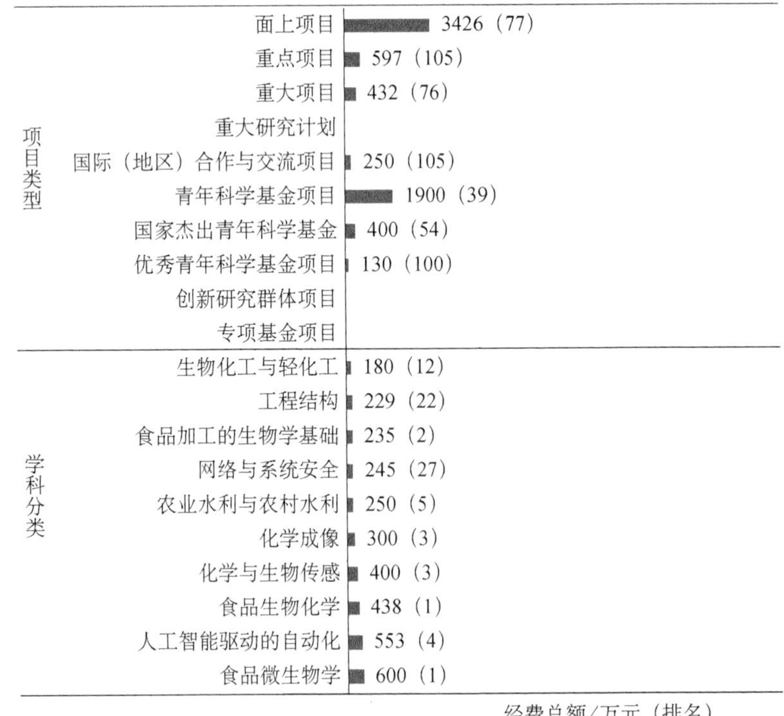

图 4-44　2019 年江南大学争取国家自然科学基金项目经费数据

资料来源：科技大数据湖北省重点实验室、中国产业智库大数据中心

截至2020年5月，江南大学共有18个学院（部）。江南大学设有本科专业51个，一级学科硕士学位授权点29个，一级学科博士学位授权点7个，博士后科研流动站7个，一级学科国家重点学科1个，二级学科国家重点学科5个。江南大学有在校本科生20 153人、博硕士研究生8940人，留学生1285人；专任教师2056人，其中，教授和副教授比例为66.7%，中国工程院院士3人，“万人计划”入选者19人，“长江学者奖励计划”教授19人，“新世纪百千万人才工程”入选者7人，国家自然科学基金杰出青年科学基金和国家自然科学基金优秀青年科学基金获得者18人[44]。

表4-89 2015～2019年江南大学争取国家自然科学基金项目经费十强学科变化趋势及指标

领域	指标	2015年	2016年	2017年	2018年	2019年
全部	项目数/项	128（71）	109（85）	138（70）	140（72）	146（61）
	项目经费/万元	5 212.8（95）	4 470.26（114）	5 954.5（97）	6 644.3（82）	7 145（96）
	主持人数/人	128（68）	108（86）	137（69）	138（72）	146（61）
食品微生物学	项目数/项	9（1）	9（1）	11（1）	8（1）	8（1）
	项目经费/万元	616（1）	303（1）	555（1）	835（1）	600（1）
	主持人数/人	9（1）	9（1）	11（1）	8（1）	8（1）
人工智能驱动的自动化	项目数/项	0（1）	0（1）	0（1）	1（4）	3（4）
	项目经费/万元	0（1）	0（1）	0（1）	67（4）	553（4）
	主持人数/人	0（1）	0（1）	0（1）	1（4）	3（4）
食品生物化学	项目数/项	8（1）	6（1）	9（2）	7（2）	11（1）
	项目经费/万元	336（1）	247（1）	751（2）	348（3）	438（1）
	主持人数/人	8（1）	6（1）	8（2）	7（2）	11（1）
化学与生物传感	项目数/项	1（1）	1（1）	0（7）	0（5）	1（6）
	项目经费/万元	65（1）	20（1）	0（7）	0（5）	400（2）
	主持人数/人	1（1）	1（1）	0（7）	0（5）	1（6）
化学成像	项目数/项	0（2）	0（2）	0（2）	3（1）	1（3）
	项目经费/万元	0（2）	0（2）	0（2）	120（2）	300（2）
	主持人数/人	0（2）	0（2）	0（2）	3（1）	1（3）
农业水利与农村水利	项目数/项	0（11）	0（10）	0（9）	0（9）	1（7）
	项目经费/万元	0（11）	0（10）	0（9）	0（9）	250（5）
	主持人数/人	0（11）	0（10）	0（9）	0（9）	1（7）
网络与系统安全	项目数/项	2（22）	4（18）	9（7）	4（12）	7（7）
	项目经费/万元	86（24）	165（17）	425（10）	143（13）	245（17）
	主持人数/人	2（22）	4（18）	9（6）	4（12）	7（7）
食品加工的生物学基础	项目数/项	8（1）	4（2）	5（1）	12（1）	4（2）
	项目经费/万元	688（1）	252（2）	231（1）	647（1）	235（2）
	主持人数/人	8（1）	4（2）	5（1）	11（1）	4（1）
工程结构	项目数/项	3（13）	2（21）	1（25）	1（26）	5（7）
	项目经费/万元	103（17）	124（16）	27（28）	27（30）	229（14）
	主持人数/人	3（13）	2（21）	1（25）	1（26）	5（7）

续表

领域	指标	2015年	2016年	2017年	2018年	2019年
生物化工与轻化工	项目数/项	0（1）	0（1）	0（4）	8（1）	4（5）
	项目经费/万元	0（1）	0（1）	0（4）	469（2）	180（7）
	主持人数/人	0（1）	0（1）	0（4）	8（1）	4（5）

资料来源：科技大数据湖北省重点实验室、中国产业智库大数据中心

表4-90　2009～2019年江南大学SCI论文总量分布及2019年ESI排名

序号	研究领域	SCI发文量/篇	被引次数/次	篇均被引/次	高被引论文/篇	ESI全球排名
全校合计		16 910	176 876	10.46	200	886
1	农业科学	3 123	37 349	11.96	66	24
2	生物与生化	2 315	26 010	11.24	5	395
3	化学	3 840	45 859	11.94	18	310
4	临床医学	868	8 039	9.26	10	2 649
5	工程科学	1 767	19 857	11.24	57	325
6	材料科学	1 713	14 277	8.33	6	543

资料来源：科技大数据湖北省重点实验室、中国产业智库大数据中心

4.2.45　浙江工业大学

2019年，浙江工业大学的基础研究竞争力指数为21.3723，全国排名第45位。争取国家自然科学基金项目总数为144项，全国排名第66位；项目经费总额为7301.5万元，全国排名第95位；争取国家自然科学基金项目经费金额大于300万元的学科共有3个，决策理论与方法争取国家自然科学基金项目经费全国排名第1位（图4-45）；网络与系统安全、资源与环境化工、决策理论与方法、精细化工与绿色制造、加工制造、机器学习、无机非金属能量转换与存储材料、生物化工与轻化工、环境毒理与健康争取国家自然科学基金项目经费与2018年相比呈上升趋势（表4-91）。SCI论文数1683篇，全国排名第73位；7个学科入选ESI全球1%（表4-92）。发明专利申请量2630件，全国排名第17位。

截至2019年12月，浙江工业大学共有26个二级学院、1个部、独立学院——之江学院。浙江工业大学设有本科专业66个，一级学科硕士学位授权点29个，一级学科博士学位授权点9个，博士后科研流动站9个，国家重点（培育）学科1个。浙江工业大学有普通全日制本科生19 179人，研究生10 022人，留学生980人；专任教师2277人，其中，教授487人，副教授970人，中国工程院院士3人，中国科学院、中国工程院双聘院士4人，“万人计划”入选者10人，“长江学者奖励计划”入选者3人，国家级有突出贡献的中青年专家10人，国家级教学名师3人，国家自然科学基金杰出青年科学基金获得者4人，国家自然科学基金优秀青年科学基金获得者4人，教育部“创新团队发展计划”创新团队2个，国家级教学团队2个[45]。

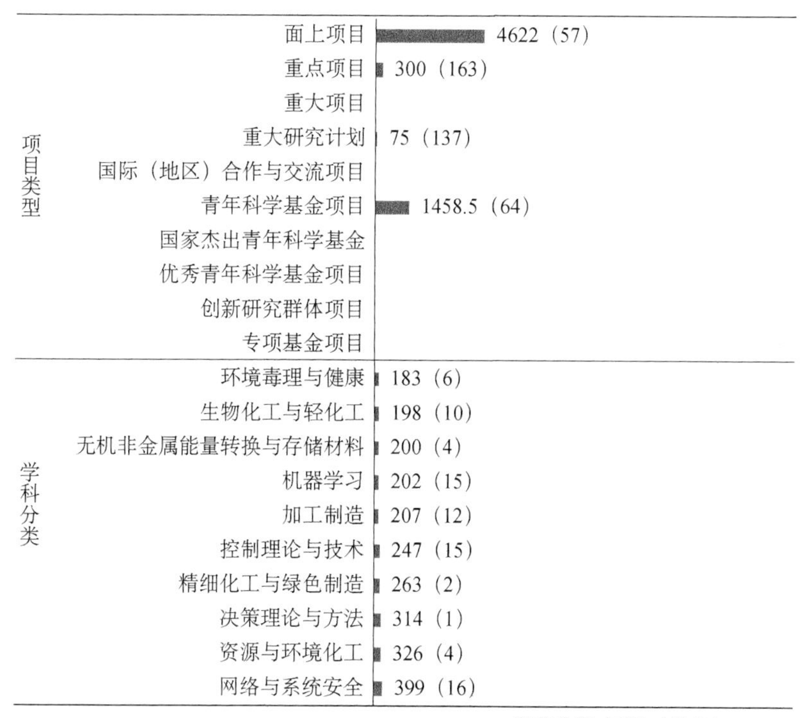

图 4-45　2019 年浙江工业大学争取国家自然科学基金项目经费数据

资料来源：科技大数据湖北省重点实验室、中国产业智库大数据中心

表 4-91　2015～2019 年浙江工业大学争取国家自然科学基金项目经费十强学科变化趋势及指标

领域	指标	2015 年	2016 年	2017 年	2018 年	2019 年
全部	项目数/项	109（80）	136（62）	161（55）	107（92）	144（66）
	项目经费/万元	5 160.25（100）	5 316.5（98）	8 757.3（65）	4 793（115）	7 301.5（95）
	主持人数/人	108（79）	135（62）	160（54）	107（91）	143（66）
网络与系统安全	项目数/项	7（9）	7（6）	7（11）	2（20）	6（10）
	项目经费/万元	853.4（3）	265（12）	289（12）	53（24）	399（12）
	主持人数/人	7（9）	7（6）	7（11）	2（20）	6（10）
资源与环境化工	项目数/项	0（1）	0（1）	0（2）	0（8）	2（5）
	项目经费/万元	0（1）	0（1）	0（2）	0（8）	326（2）
	主持人数/人	0（1）	0（1）	0（2）	0（8）	2（5）
决策理论与方法	项目数/项	0（3）	1（2）	0（1）	1（1）	2（1）
	项目经费/万元	0（3）	18（3）	0（1）	48（1）	314（1）
	主持人数/人	0（3）	1（2）	0（1）	1（1）	2（1）
精细化工与绿色制造	项目数/项	0（1）	0（1）	0（2）	4（2）	4（2）
	项目经费/万元	0（1）	0（1）	0（2）	139（2）	263（2）
	主持人数/人	0（1）	0（1）	0（2）	4（2）	4（2）
控制理论与技术	项目数/项	3（10）	3（10）	3（7）	6（1）	4（6）
	项目经费/万元	195（8）	144（10）	287（6）	337（5）	247（10）
	主持人数/人	3（10）	3（10）	3（7）	6（1）	4（6）

续表

领域	指标	2015年	2016年	2017年	2018年	2019年
加工制造	项目数/项	5（3）	4（5）	8（1）	3（2）	4（4）
	项目经费/万元	413（3）	82（8）	373（1）	109（8）	207（7）
	主持人数/人	5（3）	4（5）	8（1）	3（2）	4（4）
机器学习	项目数/项	0（1）	0（1）	0（1）	2（7）	4（5）
	项目经费/万元	0（1）	0（1）	0（1）	126（7）	202（9）
	主持人数/人	0（1）	0（1）	0（1）	2（7）	4（5）
无机非金属能量转换与存储材料	项目数/项	0（4）	1（1）	1（1）	0（3）	1（5）
	项目经费/万元	0（4）	20（2）	24（3）	0（3）	200（3）
	主持人数/人	0（4）	1（1）	1（1）	0（3）	1（5）
生物化工与轻化工	项目数/项	0（1）	0（1）	0（4）	1（8）	3（7）
	项目经费/万元	0（1）	0（1）	0（4）	65（8）	198（6）
	主持人数/人	0（1）	0（1）	0（4）	1（8）	3（7）
环境毒理与健康	项目数/项	1（1）	1（1）	5（2）	0（9）	4（2）
	项目经费/万元	21（1）	64（1）	284（3）	0（9）	183（3）
	主持人数/人	1（1）	1（1）	5（2）	0（9）	4（2）

资料来源：科技大数据湖北省重点实验室、中国产业智库大数据中心

表 4-92　2009～2019 年浙江工业大学 SCI 论文总量分布及 2019 年 ESI 排名

序号	研究领域	SCI 发文量/篇	被引次数/次	篇均被引/次	高被引论文/篇	ESI 全球排名
全校合计		12 451	126 437	10.15	151	1 150
1	农业科学	293	3 126	10.67	3	741
2	生物与生化	651	7 040	10.81	4	1 086
3	化学	4 487	49 623	11.06	43	279
4	计算机科学	549	4 460	8.12	13	428
5	工程科学	1 930	16 190	8.39	34	405
6	环境生态学	710	8 753	12.33	17	704
7	材料科学	1 446	19 119	13.22	27	421

资料来源：科技大数据湖北省重点实验室、中国产业智库大数据中心

4.2.46　中国地质大学（武汉）

2019 年，中国地质大学（武汉）的基础研究竞争力指数为 21.2012，全国排名第 46 位。争取国家自然科学基金项目总数为 208 项，全国排名第 41 位；项目经费总额为 12 862.3 万元，全国排名第 52 位；争取国家自然科学基金项目经费金额大于 500 万元的学科共有 6 个，同位素地球化学、工程地质、岩石学和生物地质学争取国家自然科学基金项目经费全国排名第 1 位（图 4-46）；同位素地球化学，计算机科学，工程地质，地理信息系统，工程地质环境与灾害，岩石学，石油、天然气地质学，环境地质学和生物地质学争取国家自然科学基金项目经费与 2018 年相比呈上升趋势（表 4-93）。SCI 论文数 1631 篇，全国排名第 76 位；7 个学科入选

ESI全球1%（表4-94）。发明专利申请量763件，全国排名第111位。

截至2019年11月，中国地质大学（武汉）共有23个学院（所）。中国地质大学（武汉）设有本科专业65个，一级学科硕士学位授权点34个，一级学科博士学位授权点16个，博士后科研流动站15个，一级学科国家重点学科2个。中国地质大学（武汉）有全日制在校本科生18 092人，硕士研究生7774人，博士研究生1764人，留学生1005人；专任教师1876人，其中，教授520人，副教授927人，中国科学院院士11人，"万人计划"领军人才9人、青年拔尖人才4人，"长江学者奖励计划"入选者19人，"新世纪优秀人才支持计划"入选者29人，国家级教学名师1人，国家自然科学基金杰出青年科学基金16人，国家自然科学基金优秀青年科学基金19人，国家自然科学基金委员会创新研究群体3个，国家级教学团队6个[46]。

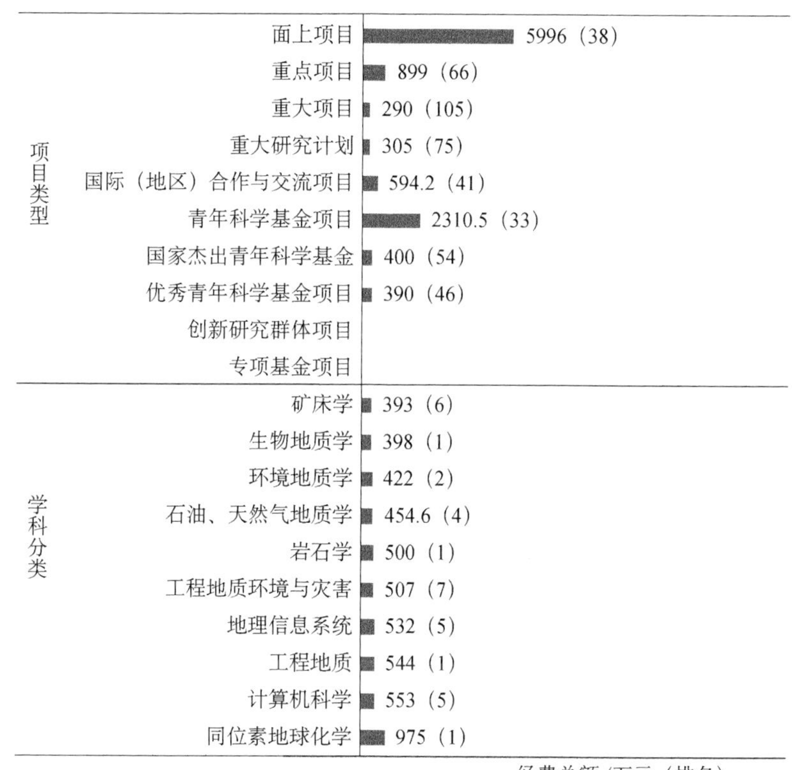

图4-46 2019年中国地质大学（武汉）争取国家自然科学基金项目经费数据

资料来源：科技大数据湖北省重点实验室、中国产业智库大数据中心

表4-93 2015～2019年中国地质大学（武汉）争取国家自然科学基金项目经费十强学科变化趋势及指标

领域	指标	2015年	2016年	2017年	2018年	2019年
全部	项目数/项	156（53）	154（49）	182（43）	212（37）	208（41）
	项目经费/万元	9 558（51）	10 485.49（42）	11 937（45）	13 298.63（33）	12 862.3（52）
	主持人数/人	155（52）	153（49）	182（42）	211（37）	206（41）
同位素地球化学	项目数/项	0（4）	5（2）	3（2）	5（1）	4（2）
	项目经费/万元	0（4）	308（3）	117（3）	164（4）	975（1）
	主持人数/人	0（4）	5（2）	3（2）	5（1）	4（2）

续表

领域	指标	2015年	2016年	2017年	2018年	2019年
计算机科学	项目数/项	0（3）	0（4）	2（1）	0（3）	1（2）
	项目经费/万元	0（3）	0（4）	990（2）	0（3）	553（5）
	主持人数/人	0（3）	0（4）	2（1）	0（3）	1（2）
工程地质	项目数/项	10（2）	10（2）	10（1）	0（2）	6（2）
	项目经费/万元	553（2）	782（1）	724（1）	0（2）	544（1）
	主持人数/人	10（2）	10（2）	10（1）	0（2）	6（2）
地理信息系统	项目数/项	5（5）	4（5）	7（5）	10（3）	5（6）
	项目经费/万元	140（5）	168（5）	252（5）	386.6（3）	532（5）
	主持人数/人	5（5）	4（5）	7（5）	10（3）	5（6）
工程地质环境与灾害	项目数/项	0（1）	0（1）	0（1）	4（1）	5（4）
	项目经费/万元	0（1）	0（1）	0（1）	449（1）	507（7）
	主持人数/人	0（1）	0（1）	0（1）	4（1）	5（4）
岩石学	项目数/项	6（1）	5（1）	3（2）	4（3）	4（3）
	项目经费/万元	468（1）	500（1）	167（3）	181（3）	500（1）
	主持人数/人	6（1）	5（1）	3（2）	4（3）	4（3）
石油、天然气地质学	项目数/项	4（7）	10（2）	4（6）	6（4）	7（2）
	项目经费/万元	294（4）	3 026（1）	194（6）	232（6）	454.6（4）
	主持人数/人	4（7）	9（2）	4（6）	6（4）	7（2）
环境地质学	项目数/项	0（1）	0（1）	0（1）	0（4）	3（1）
	项目经费/万元	0（1）	0（1）	0（1）	0（4）	422（2）
	主持人数/人	0（1）	0（1）	0（1）	0（4）	3（1）
生物地质学	项目数/项	7（1）	5（1）	4（1）	0（1）	4（1）
	项目经费/万元	608（1）	306（1）	241（1）	0（1）	398（1）
	主持人数/人	7（1）	5（1）	4（1）	0（1）	4（1）
矿床学	项目数/项	4（3）	4（3）	5（3）	11（1）	9（2）
	项目经费/万元	325（3）	175（4）	523（2）	422（3）	393（5）
	主持人数/人	4（3）	4（3）	5（3）	11（1）	9（2）

资料来源：科技大数据湖北省重点实验室、中国产业智库大数据中心

表 4-94　2009～2019 年中国地质大学（武汉）SCI 论文总量分布及 2019 年 ESI 排名

序号	研究领域	SCI 发文量/篇	被引次数/次	篇均被引/次	高被引论文/篇	ESI 全球排名
	全校合计	22 983	274 385	11.94	335	614
1	化学	2 288	31 964	13.97	44	463
2	计算机科学	808	8 612	10.66	20	210
3	工程科学	2 666	25 981	9.75	49	249
4	环境生态学	2 033	17 845	8.78	12	367
5	地球科学	10 901	146 381	13.43	151	20
6	材料科学	1 966	24 571	12.50	22	341
7	社会科学	234	1 622	6.93	9	1 599

资料来源：科技大数据湖北省重点实验室、中国产业智库大数据中心

4.2.47 南京理工大学

2019 年，南京理工大学的基础研究竞争力指数为 21.1213，全国排名第 47 位。争取国家自然科学基金项目总数为 137 项，全国排名第 75 位；项目经费总额为 7370.5 万元，全国排名第 93 位；争取国家自然科学基金项目经费金额大于 500 万元的学科有 1 个，系统可靠性与管理争取国家自然科学基金项目经费全国排名第 1 位（图 4-47）；网络与系统安全、控制理论与技术、机器人学与智能系统、电磁场与波、金属能源与环境材料、系统可靠性与管理、雷达原理与技术、无机非金属半导体与信息功能材料争取国家自然科学基金项目经费与 2018 年相比呈上升趋势（表 4-95）。SCI 论文数 2337 篇，全国排名第 43 位；4 个学科入选 ESI 全球 1%（表 4-96）。发明专利申请量 1735 件，全国排名第 38 位。

截至 2020 年 4 月，南京理工大学共有 15 个专业学院。南京理工大学设有一级学科硕士学位授权点 17 个，一级学科博士学位授权点 18 个，博士后科研流动站 16 个，国家重点学科 9 个。南京理工大学有全日制在校生 30 000 余人，留学生 1000 余人；专任教师 2000 余人，其中，教授、副教授 1200 余人，中国科学院院士、中国工程院院士 20 人，“长江学者奖励计划”入选者 19 人，“万人计划”入选者 21 人，“国家百千万人才工程”入选者 14 人，国家级、省部级有突出贡献中青年专家 26 人，国家级教学名师 3 人，国家自然科学基金杰出青年科学基金获得者 8 人，国家级教学团队 5 个，教育部“创新团队发展计划”创新团队 5 个，国防科技创新团队 9 个[47]。

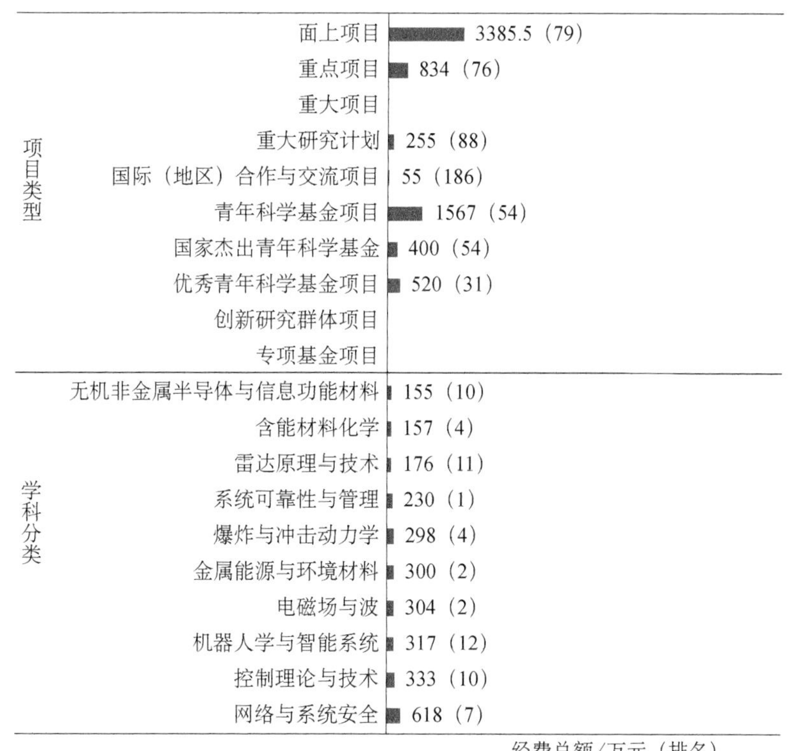

图 4-47 2019 年南京理工大学争取国家自然科学基金项目经费数据

资料来源：科技大数据湖北省重点实验室、中国产业智库大数据中心

表 4-95 2015～2019 年南京理工大学争取国家自然科学基金项目经费十强学科变化趋势及指标

领域	指标	2015 年	2016 年	2017 年	2018 年	2019 年
全部	项目数/项	134（63）	130（65）	155（58）	143（68）	137（75）
	项目经费/万元	6 304.1（80）	6 427.29（72）	9 035.95（62）	6 895.2（77）	7 370.5（93）
	主持人数/人	131（64）	130（65）	151（60）	142（67）	135（74）
网络与系统安全	项目数/项	2（22）	5（14）	9（7）	7（6）	4（16）
	项目经费/万元	151（16）	181（16）	690（8）	300（7）	618（5）
	主持人数/人	2（22）	5（14）	9（6）	7（6）	4（16）
控制理论与技术	项目数/项	3（10）	12（2）	5（5）	4（9）	5（4）
	项目经费/万元	132（12）	566（2）	263（9）	178（10）	333（6）
	主持人数/人	3（10）	12（2）	5（5）	4（9）	5（4）
机器人学与智能系统	项目数/项	0（1）	0（1）	0（1）	0（10）	2（7）
	项目经费/万元	0（1）	0（1）	0（1）	0（10）	317（8）
	主持人数/人	0（1）	0（1）	0（1）	0（10）	2（7）
电磁场与波	项目数/项	2（3）	0（5）	3（2）	3（2）	1（5）
	项目经费/万元	149（2）	0（5）	122（3）	196（1）	304（2）
	主持人数/人	2（3）	0（5）	3（2）	3（2）	1（5）
金属能源与环境材料	项目数/项	0（4）	1（2）	1（2）	0（3）	1（2）
	项目经费/万元	0（4）	20（2）	300（2）	0（3）	300（2）
	主持人数/人	0（4）	1（2）	1（2）	0（3）	1（2）
爆炸与冲击动力学	项目数/项	4（4）	5（3）	8（2）	10（2）	6（2）
	项目经费/万元	171（4）	210（4）	278（3）	318（2）	298（3）
	主持人数/人	4（4）	5（3）	8（2）	10（2）	6（2）
系统可靠性与管理	项目数/项	0（2）	0（2）	0（1）	1（1）	1（1）
	项目经费/万元	0（2）	0（2）	0（1）	19（1）	230（1）
	主持人数/人	0（2）	0（2）	0（1）	1（1）	1（1）
雷达原理与技术	项目数/项	2（7）	2（7）	0（9）	3（4）	3（6）
	项目经费/万元	128（8）	106（6）	0（9）	69.2（8）	176（8）
	主持人数/人	2（7）	2（7）	0（9）	3（4）	3（6）
含能材料化学	项目数/项	0（1）	0（1）	0（1）	4（3）	3（3）
	项目经费/万元	0（1）	0（1）	0（1）	185（3）	157（3）
	主持人数/人	0（1）	0（1）	0（1）	4（3）	3（3）
无机非金属半导体与信息功能材料	项目数/项	5（1）	1（3）	0（6）	0（5）	2（6）
	项目经费/万元	297（1）	62（2）	0（6）	0（5）	155（6）
	主持人数/人	4（1）	1（3）	0（6）	0（5）	2（6）

资料来源：科技大数据湖北省重点实验室、中国产业智库大数据中心

表 4-96 2009～2019 年南京理工大学 SCI 论文总量分布及 2019 年 ESI 排名

序号	研究领域	SCI 发文量/篇	被引次数/次	篇均被引/次	高被引论文/篇	ESI 全球排名
	全校合计	17 191	184 945	10.76	247	852
1	化学	3 760	48 538	12.91	36	290
2	计算机科学	1 289	10 850	8.42	18	162

续表

序号	研究领域	SCI 发文量/篇	被引次数/次	篇均被引/次	高被引论文/篇	ESI 全球排名
3	工程科学	5 134	42 988	8.37	74	115
4	材料科学	2 933	50 118	17.09	74	172

资料来源：科技大数据湖北省重点实验室、中国产业智库大数据中心

4.2.48 兰州大学

2019 年，兰州大学的基础研究竞争力指数为 21.0524，全国排名第 48 位。争取国家自然科学基金项目总数为 221 项，全国排名第 37 位；项目经费总额为 14 078.36 万元，全国排名第 41 位；争取国家自然科学基金项目经费金额大于 1000 万元的学科有 1 个，行星大气和草地科学争取国家自然科学基金项目经费全国排名第 1 位（图 4-48）；行星大气、草地科学、第四纪地质学、力学、固体力学、核技术及其应用、矿床学和极地科学争取国家自然科学基金项目经费与 2018 年相比呈上升趋势（表 4-97）。SCI 论文数 2298 篇，全国排名第 45 位；13 个学科入选 ESI 全球 1%（表 4-98）。发明专利申请量 356 件，全国排名第 275 位。

截至 2020 年 4 月，兰州大学共有 33 个学院（部）、3 所附属医院。兰州大学设有本科专业 103 个，一级学科硕士学位授权点 47 个，一级学科博士学位授权点 25 个，博士后科研流动站 21 个，国家重点学科 8 个，国家重点（培育）学科 2 个。兰州大学有本科生 20 030 人，硕士研究生 11 285 人，博士研究生 2773 人；教学科研人员 2250，其中，教授等正高职获得者

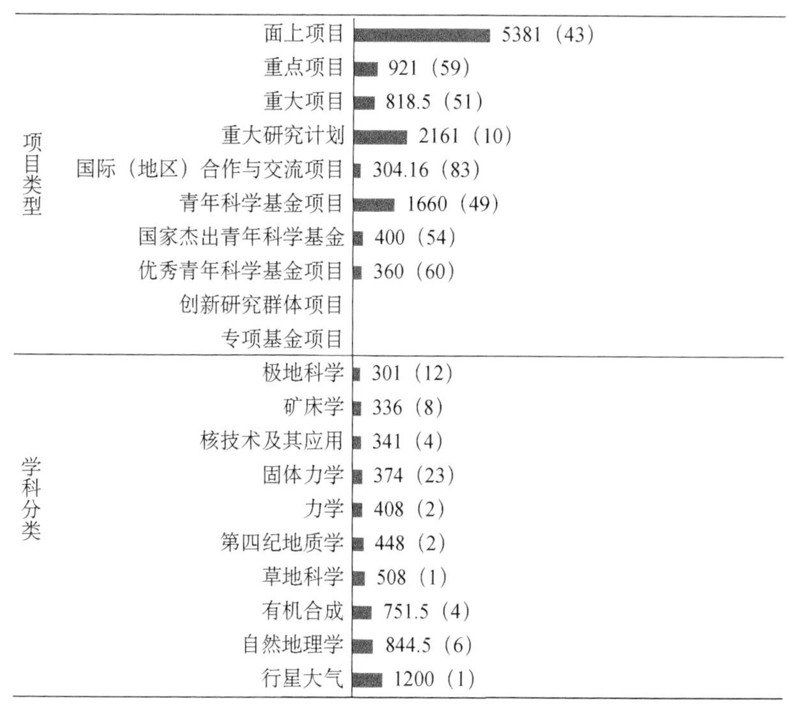

图 4-48 2019 年兰州大学争取国家自然科学基金项目经费数据

资料来源：科技大数据湖北省重点实验室、中国产业智库大数据中心

825 人，副教授等副高职获得者 910 人，临床医学教授 109 人，中国科学院院士、中国工程院院士 18 人，“万人计划”领军人才 14 人，“长江学者奖励计划”特聘教授 19 人、青年学者 10 人，国家百千万人才工程入选者 13 人，创新人才推进计划入选者 7 人，高等学校教学名师 4 人，“新世纪优秀人才支持计划”入选者 129 人，国家自然科学基金杰出青年科学基金 24 人，国家自然科学基金优秀青年科学基金获得者 24 人，国家级教学团队 5 个，国家自然科学基金委员会创新研究群体 4 个，教育部“创新团队发展计划”8 个[48]。

表 4-97　2015～2019 年兰州大学争取国家自然科学基金项目经费十强学科变化趋势及指标

领域	指标	2015 年	2016 年	2017 年	2018 年	2019 年
全部	项目数/项	164（47）	168（43）	177（46）	182（42）	221（37）
	项目经费/万元	9 433.55（52）	9 128（51）	12 398.6（43）	10 497（43）	14 078.36（41）
	主持人数/人	164（44）	168（43）	176（45）	178（42）	217（37）
行星大气	项目数/项	2（2）	1（2）	0（2）	0（4）	1（2）
	项目经费/万元	91（2）	68（2）	0（2）	0（4）	1 200（1）
	主持人数/人	2（2）	1（2）	0（2）	0（4）	1（2）
自然地理学	项目数/项	8（5）	8（7）	6（8）	10（4）	11（5）
	项目经费/万元	667（4）	473（7）	543（9）	853（3）	844.5（6）
	主持人数/人	8（5）	8（7）	6（8）	10（4）	11（5）
有机合成	项目数/项	1（5）	2（3）	6（2）	9（4）	9（4）
	项目经费/万元	20（8）	85（3）	384（2）	790.5（3）	751.5（4）
	主持人数/人	1（5）	2（3）	6（2）	9（4）	9（4）
草地科学	项目数/项	0（1）	0（1）	0（1）	0（1）	10（1）
	项目经费/万元	0（1）	0（1）	0（1）	0（1）	508（1）
	主持人数/人	0（1）	0（1）	0（1）	0（1）	10（1）
第四纪地质学	项目数/项	1（2）	2（2）	2（1）	0（1）	1（2）
	项目经费/万元	22（3）	144（3）	100（1）	0（1）	448（2）
	主持人数/人	1（2）	2（2）	2（1）	0（1）	1（2）
力学	项目数/项	0（1）	1（1）	0（2）	0（1）	2（1）
	项目经费/万元	0（1）	4（1）	0（2）	0（1）	408（2）
	主持人数/人	0（1）	1（1）	0（2）	0（1）	2（1）
固体力学	项目数/项	2（24）	3（18）	3（21）	3（20）	3（23）
	项目经费/万元	106（22）	260（14）	109（23）	196（19）	374（19）
	主持人数/人	2（24）	3（18）	3（21）	3（20）	3（23）
核技术及其应用	项目数/项	5（6）	5（6）	2（7）	3（6）	6（3）
	项目经费/万元	205（6）	302（6）	164（7）	161（6）	341（3）
	主持人数/人	5（6）	5（6）	2（7）	3（6）	6（3）
矿床学	项目数/项	0（10）	0（14）	0（16）	2（6）	2（8）
	项目经费/万元	0（10）	0（14）	0（16）	132（8）	336（7）
	主持人数/人	0（10）	0（14）	0（16）	2（6）	2（8）
极地科学	项目数/项	0（1）	0（1）	0（1）	0（1）	1（8）
	项目经费/万元	0（1）	0（1）	0（1）	0（1）	301（8）
	主持人数/人	0（1）	0（1）	0（1）	0（1）	1（8）

资料来源：科技大数据湖北省重点实验室、中国产业智库大数据中心

表 4-98 2009～2019 年兰州大学 SCI 论文总量分布及 2019 年 ESI 排名

序号	研究领域	SCI 发文量/篇	被引次数/次	篇均被引/次	高被引论文/篇	ESI 全球排名
	全校合计	24 325	351 462	14.45	296	489
1	农业科学	633	8 113	12.82	13	290
2	生物与生化	863	9 477	10.98	3	844
3	化学	5 806	117 193	20.18	66	84
4	临床医学	1 732	16 138	9.32	21	1 753
5	工程科学	1 229	15 108	12.29	24	428
6	环境生态学	1 252	14 023	11.20	14	496
7	地球科学	1 966	31 003	15.77	33	218
8	材料科学	2 196	46 451	21.15	34	182
9	数学	1 229	8 905	7.25	17	103
10	药理学与毒物学	665	6 260	9.41	3	607
11	物理学	3 634	37 876	10.42	31	527
12	植物与动物科学	1 052	11 868	11.28	14	474
13	社会科学	122	1 663	13.63	8	1 573

资料来源：科技大数据湖北省重点实验室、中国产业智库大数据中心

4.2.49 华东理工大学

2019 年，华东理工大学的基础研究竞争力指数为 20.5261，全国排名第 49 位。争取国家自然科学基金项目总数为 142 项，全国排名第 67 位；项目经费总额为 16 730.8 万元，全国排名第 29 位；争取国家自然科学基金项目经费金额大于 2000 万元的学科有 1 个，自动化、表面化学和系统建模理论与仿真技术争取国家自然科学基金项目经费全国排名第 1 位（图 4-49）；自动化、表面化学、控制系统与应用、生物化工与轻化工、分子探针、无机非金属类高温超导与磁性材料、系统建模理论与仿真技术、基因表达调控与表观遗传学争取国家自然科学基金项目经费与 2018 年相比呈上升趋势（表 4-99）。SCI 论文数 2184 篇，全国排名第 53 位；7 个学科入选 ESI 全球 1%（表 4-100）。发明专利申请量 584 件，全国排名第 162 位。

截至 2020 年 1 月，华东理工大学共有 20 个学院。华东理工大学设有本科专业 72 个，一级学科硕士学位授权点 29 个，一级学科博士学位授权点 13 个，博士后科研流动站 14 个，国家重点学科 8 个。华东理工大学有在校全日制本科生 16 569 人，硕士研究生 7766 人，博士研究生 1832 人，留学生（含非学历留学生）1630 人；教职员工 3100 余人，其中，中国科学院院士、中国工程院院士 8 人，国家级教学名师 3 人，国家自然科学基金杰出青年科学基金获得者 100 余人，国家自然科学基金委员会创新研究群体、“创新人才推进计划”重点领域创新团队等高水平创新团队 9 个，国家级教学团队 5 个[49]。

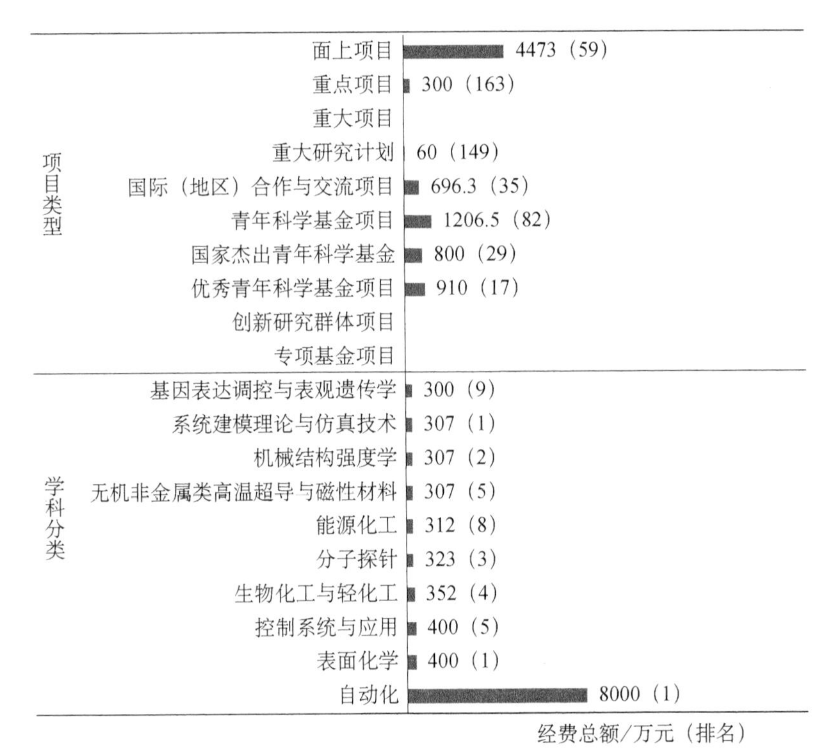

图 4-49　2019 年华东理工大学争取国家自然科学基金项目经费数据

资料来源：科技大数据湖北省重点实验室、中国产业智库大数据中心

表 4-99　2015～2019 年华东理工大学争取国家自然科学基金项目经费十强学科变化趋势及指标

领域	指标	2015 年	2016 年	2017 年	2018 年	2019 年
全部	项目数/项	153（54）	120（75）	154（60）	153（61）	142（67）
	项目经费/万元	8 254.18（62）	7 765.5（62）	10 074.3（56）	10 414.92（46）	16 730.8（29）
	主持人数/人	150（55）	118（76）	151（60）	151（61）	139（69）
自动化	项目数/项	0（1）	0（1）	0（1）	0（1）	1（1）
	项目经费/万元	0（1）	0（1）	0（1）	0（1）	8 000（1）
	主持人数/人	0（1）	0（1）	0（1）	0（1）	1（1）
表面化学	项目数/项	0（1）	0（1）	0（3）	0（2）	1（4）
	项目经费/万元	0（1）	0（1）	0（3）	0（2）	400（1）
	主持人数/人	0（1）	0（1）	0（3）	0（2）	1（4）
控制系统与应用	项目数/项	4（1）	1（2）	3（2）	1（5）	1（7）
	项目经费/万元	481.5（1）	53（3）	260（3）	25（5）	400（5）
	主持人数/人	4（1）	1（2）	3（2）	1（5）	1（7）
生物化工与轻化工	项目数/项	0（1）	0（1）	1（2）	3（6）	5（3）
	项目经费/万元	0（1）	0（1）	64（2）	196（7）	352（3）
	主持人数/人	0（1）	0（1）	1（2）	3（6）	5（3）
分子探针	项目数/项	0（3）	1（1）	3（2）	1（1）	2（2）
	项目经费/万元	0（3）	33.9（1）	495（1）	67（2）	323（2）
	主持人数/人	0（3）	1（1）	3（2）	1（1）	2（2）

续表

领域	指标	2015年	2016年	2017年	2018年	2019年
能源化工	项目数/项	0（1）	0（2）	1（2）	8（1）	6（3）
	项目经费/万元	0（1）	0（2）	172（2）	427（2）	312（7）
	主持人数/人	0（1）	0（2）	1（2）	8（1）	6（3）
无机非金属类高温超导与磁性材料	项目数/项	0（4）	0（4）	1（2）	0（3）	2（2）
	项目经费/万元	0（4）	0（4）	350（1）	0（3）	307（3）
	主持人数/人	0（4）	0（4）	1（2）	0（3）	2（2）
机械结构强度学	项目数/项	7（1）	4（1）	4（1）	4（1）	5（1）
	项目经费/万元	302（1）	162（1）	494（1）	438（1）	307（2）
	主持人数/人	7（1）	4（1）	4（1）	4（1）	5（1）
系统建模理论与仿真技术	项目数/项	0（1）	0（2）	0（2）	1（1）	4（1）
	项目经费/万元	0（1）	0（2）	0（2）	59（1）	307（1）
	主持人数/人	0（1）	0（2）	0（2）	1（1）	4（1）
基因表达调控与表观遗传学	项目数/项	0（10）	0（8）	1（6）	0（9）	1（9）
	项目经费/万元	0（10）	0（8）	23（7）	0（9）	300（6）
	主持人数/人	0（10）	0（8）	1（6）	0（9）	1（9）

资料来源：科技大数据湖北省重点实验室、中国产业智库大数据中心

表4-100　2009～2019年华东理工大学SCI论文总量分布及2019年ESI排名

序号	研究领域	SCI发文量/篇	被引次数/次	篇均被引/次	高被引论文/篇	ESI全球排名
	全校合计	21 439	349 005	16.28	294	494
1	农业科学	257	2 887	11.23	3	796
2	生物与生化	1 512	20 888	13.81	3	467
3	化学	10 040	185 674	18.49	143	36
4	计算机科学	449	4 173	9.29	13	468
5	工程科学	2 506	28 034	11.19	51	221
6	材料科学	2 726	54 406	19.96	42	154
7	药理学与毒物学	437	5 398	12.35	0	674

资料来源：科技大数据湖北省重点实验室、中国产业智库大数据中心

4.2.50　中国矿业大学

2019年，中国矿业大学的基础研究竞争力指数为20.505，全国排名第50位。争取国家自然科学基金项目总数为136项，全国排名第77位；项目经费总额为8185.6万元，全国排名第82位；争取国家自然科学基金项目经费金额大于1000万元的学科有1个，冶金物理化学与冶金原理争取国家自然科学基金项目经费全国排名第1位（图4-50）；冶金物理化学与冶金原理、钢铁冶金、工程地质环境与灾害、传动与驱动、应用地球物理学、复杂性科学与人工智能理论、工程材料和机械动力学争取国家自然科学基金项目经费与2018年相比呈上升趋势（表4-101）。SCI论文数2337篇，全国排名第43位；7个学科入选ESI全球1%（表4-102）。发明专利申请量1199件，全国排名第59位。

截至2020年4月，中国矿业大学共有21个学院，另有徐海学院和银川学院两个独立学院。中国矿业大学设有本科专业63个，一级学科硕士学位授权点33个，一级学科博士学位授权点17个，博士后科研流动站16个，一级学科国家重点学科1个，二级学科国家重点学科8个，国家重点（培育）学科1个。中国矿业大学有全日制普通本科生23 900余人，各类硕士、博士研究生13 000余人，留学生740余人；专任教师1977余人，其中，教授459人，副教授841人，中国科学院院士、中国工程院院士（含外聘）15人，“万人计划”入选者14人，“国家百千万人才工程”入选者16人，国家级教学名师5人，国家级有突出贡献的中青年专家12人，国家自然科学基金杰出青年科学基金获得者16人，国家自然科学基金优秀青年科学基金获得者3人，国家级教学团队4个，国家自然科学基金委创新研究群体3个，教育部“创新团队发展计划”创新团队4个[50]。

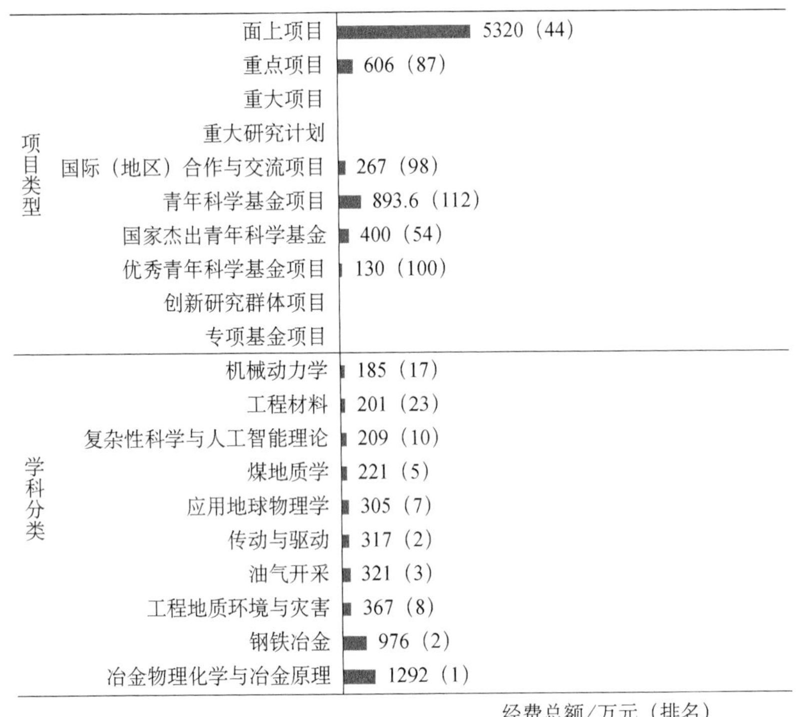

图4-50 2019年中国矿业大学争取国家自然科学基金项目经费数据

资料来源：科技大数据湖北省重点实验室、中国产业智库大数据中心

表4-101 2015～2019年中国矿业大学争取国家自然科学基金项目经费十强学科变化趋势及指标

领域	指标	2015年	2016年	2017年	2018年	2019年
全部	项目数/项	118（77）	129（67）	127（83）	127（79）	136（77）
	项目经费/万元	5 291.6（93）	5 614.3（89）	7 086.8（82）	6 088.6（87）	8 185.6（82）
	主持人数/人	118（77）	129（66）	126（83）	126（79）	135（74）
冶金物理化学与冶金原理	项目数/项	10（1）	6（2）	15（1）	16（1）	15（2）
	项目经费/万元	419（1）	284（3）	724（1）	1 179（1）	1 292（1）
	主持人数/人	10（1）	6（2）	15（1）	16（1）	15（2）

续表

领域	指标	2015年	2016年	2017年	2018年	2019年
钢铁冶金	项目数/项	10（1）	12（1）	12（1）	5（4）	16（1）
	项目经费/万元	773（1）	749（1）	545（1）	192（5）	976（2）
	主持人数/人	10（1）	12（1）	12（1）	5（4）	16（1）
工程地质环境与灾害	项目数/项	0（1）	0（1）	0（1）	0（9）	2（8）
	项目经费/万元	0（1）	0（1）	0（1）	0（9）	367（8）
	主持人数/人	0（1）	0（1）	0（1）	0（9）	2（8）
油气开采	项目数/项	12（1）	11（1）	10（1）	12（1）	6（3）
	项目经费/万元	516（1）	705（1）	951（1）	652（1）	321（3）
	主持人数/人	12（1）	11（1）	10（1）	12（1）	6（3）
传动与驱动	项目数/项	3（3）	1（4）	1（3）	4（2）	2（5）
	项目经费/万元	146（2）	62（4）	56（4）	205（2）	317（1）
	主持人数/人	3（3）	1（4）	1（3）	4（2）	2（5）
应用地球物理学	项目数/项	0（7）	3（3）	3（4）	1（6）	5（3）
	项目经费/万元	0（7）	108（3）	118（4）	25（7）	305（4）
	主持人数/人	0（7）	3（3）	3（4）	1（6）	5（3）
煤地质学	项目数/项	4（1）	5（2）	7（1）	7（1）	4（1）
	项目经费/万元	223（2）	278（2）	1 054（1）	295（2）	221（4）
	主持人数/人	4（1）	5（2）	7（1）	7（1）	4（1）
复杂性科学与人工智能理论	项目数/项	0（1）	0（1）	0（1）	0（6）	4（1）
	项目经费/万元	0（1）	0（1）	0（1）	0（6）	209（6）
	主持人数/人	0（1）	0（1）	0（1）	0（6）	4（1）
工程材料	项目数/项	1（28）	2（19）	2（20）	1（26）	4（14）
	项目经费/万元	20（31）	84（17）	81（24）	60（25）	201（16）
	主持人数/人	1（28）	2（19）	2（20）	1（26）	4（14）
机械动力学	项目数/项	6（1）	7（1）	1（6）	2（5）	3（6）
	项目经费/万元	483（2）	319（1）	60（5）	85（5）	185（9）
	主持人数/人	6（1）	7（1）	1（6）	2（5）	3（6）

资料来源：科技大数据湖北省重点实验室、中国产业智库大数据中心

表 4-102　2009～2019 年中国矿业大学 SCI 论文总量分布及 2019 年 ESI 排名

序号	研究领域	SCI 发文量/篇	被引次数/次	篇均被引/次	高被引论文/篇	ESI 全球排名
	全校合计	17 192	141 397	8.22	261	1 064
1	化学	2 292	19 615	8.56	11	726
2	计算机科学	755	5 395	7.15	9	358
3	工程科学	5 363	40 603	7.57	80	128
4	环境生态学	1 208	7 828	6.48	12	750
5	地球科学	2 703	27 182	10.06	44	258
6	材料科学	1 944	16 922	8.70	15	458
7	数学	984	6 750	6.86	60	165

资料来源：科技大数据湖北省重点实验室、中国产业智库大数据中心

参 考 文 献

[1] 上海交通大学. 学校简介[EB/OL]. [2020-04-27]. https://www.sjtu.edu.cn/xxjj/index.html.
[2] 浙江大学. 学校概况[EB/OL]. [2020-04-23]. http://www.zju.edu.cn/512/list.htm.
[3] 清华大学. 统计资料[EB/OL]. [2020-04-27]. https://www.tsinghua.edu.cn/xxgk/tjzl.htm.
[4] 华中科技大学. 学校简介[EB/OL]. [2020-04-27]. http://www.hust.edu.cn/xxgk/xxjj.htm.
[5] 中山大学. 学校概况[EB/OL]. [2020-04-27]. http://www.sysu.edu.cn/2012/cn/zdgk/zdgk01/index.htm.
[6] 中南大学. 学校概况[EB/OL]. [2020-04-27]. http://www.csu.edu.cn/xxgk.htm.
[7] 北京大学. 北大信息公开[EB/OL]. [2020-04-27]. https://xxgk.pku.edu.cn/gksx/jbxx/tjsj/index.htm.
[8] 西安交通大学. 交大简介[EB/OL]. [2020-04-27]. http://www.xjtu.edu.cn/jdgk/jdjj.htm.
[9] 复旦大学. 复旦概况[EB/OL]. [2020-04-27]. https://www.fudan.edu.cn/18/list.htm.
[10] 四川大学. 学校简介[EB/OL]. [2020-04-27]. http://www.scu.edu.cn/xxgknew/xxjj.htm.
[11] 山东大学. 山大简介[EB/OL]. [2020-04-27]. http://www.sdu.edu.cn/sdgk/sdjj.htm.
[12] 天津大学. 学校简介[EB/OL]. [2020-04-29]. http://www.tju.edu.cn/tdgk/xxjj.htm.
[13] 武汉大学. 学校简介[EB/OL]. [2020-04-27]. http://www.whu.edu.cn/xxgk/xxjj.htm.
[14] 同济大学. 学校简介[EB/OL]. [2020-04-29]. https://www.tongji.edu.cn/xxgk1/xxjj1.htm.
[15] 哈尔滨工业大学. 学校简介[EB/OL]. [2020-04-27]. http://www.hit.edu.cn/236/list.htm.
[16] 吉林大学. 吉大简介[EB/OL]. [2020-04-30]. https://www.jlu.edu.cn/xxgk/jdjj.htm.
[17] 南京大学. 南大简介[EB/OL]. [2020-05-13]. https://www.nju.edu.cn/3642/list.htm.
[18] 中国科学技术大学. 学校简介[EB/OL]. [2020-05-13]. https://www.ustc.edu.cn/2062/list.htm.
[19] 东南大学. 东南大学简介[EB/OL]. [2020-04-30]. http://www.seu.edu.cn/2017/0531/c17410a190422/page.htm.
[20] 华南理工大学. 学校简介[EB/OL]. [2020-05-13]. https://www.scut.edu.cn/new/8995/list.htm.
[21] 北京航空航天大学. 今日北航[EB/OL]. [2020-04-30]. https://www.buaa.edu.cn/bhgk1/jrbh.htm.
[22] 大连理工大学. 学校简介[EB/OL]. [2020-06-24]. https://www.dlut.edu.cn/xxgk/xxjj.htm.
[23] 西北工业大学. 学校概况[EB/OL]. [2020-06-27]. http://www.nwpu.edu.cn/xxgk.htm.
[24] 苏州大学. 学校简介[EB/OL]. [2020-06-24]. http://www.suda.edu.cn/general_situation/xxjj.jsp.
[25] 电子科技大学. 学校简介[EB/OL]. [2020-06-27]. https://www.uestc.edu.cn/1d047b07b9d953022ac7aa77c318837a.html?n=8e7z368tn51.
[26] 厦门大学. 学校简介[EB/OL]. [2020-06-27]. https://www.xmu.edu.cn/about/xuexiaojianjie.
[27] 北京理工大学. 学校简介[EB/OL]. [2020-06-27]. http://www.bit.edu.cn/gbxxgk/gbxqzl/xxjj/index.htm.
[28] 重庆大学. 重大概况[EB/OL]. [2020-06-27]. https://www.cqu.edu.cn/Channel/000-002-001-001/1/index.html.
[29] 深圳大学. 学校简介[EB/OL]. [2020-06-27]. https://www.szu.edu.cn/xxgk/xxjj.htm.
[30] 郑州大学. 郑大介绍[EB/OL]. [2020-06-27]. http://www.zzu.edu.cn/gaikuang.htm.
[31] 湖南大学. 学校简介[EB/OL]. [2020-06-27]. http://www.hnu.edu.cn/hdgk/xxjj.htm.
[32] 东北大学. 东大简介[EB/OL]. [2020-06-28]. http://www.neu.edu.cn/2019/0125/c14a1/page.htm.
[33] 江苏大学. 学校简介[EB/OL]. [2020-06-28]. http://www.ujs.edu.cn/xxgk/xxjj.htm.
[34] 中国农业大学. 学校简介[EB/OL]. [2020-06-28]. http://www.cau.edu.cn/col/col10247/index.html.
[35] 南京航空航天大学. 南航简介[EB/OL]. [2020-06-28]. http://www.nuaa.edu.cn/479/list.htm.
[36] 北京科技大学. 学校简介[EB/OL]. [2020-06-28]. http://www.ustb.edu.cn/xxgk/xxjj/index.htm.
[37] 南开大学. 南开简介[EB/OL]. [2020-06-28]. https://www.nankai.edu.cn/162/list.htm.
[38] 西安电子科技大学. 学校简介[EB/OL]. [2020-06-28]. https://www.xidian.edu.cn/xxgk/xxjj.htm.
[39] 南昌大学. 学校简介[EB/OL]. [2020-06-28]. http://www.ncu.edu.cn/xxgk/xxjj.html.
[40] 武汉理工大学. 学校简介[EB/OL]. [2020-06-28]. http://www.whut.edu.cn/xxgk/.
[41] 上海大学. 学校简介[EB/OL]. [2020-06-28]. http://www.shu.edu.cn/xxgk/xxjj.htm.
[42] 广东工业大学. 学校简介[EB/OL]. [2020-06-28]. https://www.gdut.edu.cn/xxgk/xxjj.htm.
[43] 暨南大学.学校简介[EB/OL]. [2020-06-29]. https://www.jnu.edu.cn/2561/list.htm.
[44] 江南大学. 学校简介[EB/OL]. [2020-06-29]. https://www.jiangnan.edu.cn/xxgk/xxjj.htm.
[45] 浙江工业大学. 学校概况[EB/OL]. [2020-06-29]. http://www.zjut.edu.cn/ReadClassDetail.jsp?bigclassid=5&sid=80.
[46] 中国地质大学. 学校简介[EB/OL]. [2020-06-29]. http://www.cug.edu.cn/xxgk/xxjj.htm.
[47] 南京理工大学. 学校简介[EB/OL]. [2020-06-29]. http://www.njust.edu.cn/3619/list.htm.
[48] 兰州大学. 校情概览[EB/OL]. [2020-06-29]. http://www.lzu.edu.cn/static/xqgl/.
[49] 华东理工大学. 学校简介[EB/OL]. [2020-06-29]. https://www.ecust.edu.cn/10703/list.htm.
[50] 中国矿业大学. 学校简介[EB/OL]. [2020-06-29]. http://www.cumt.edu.cn/19834/list.htm.